Conceitualização de Casos Colaborativa

K95c   Kuyken, Willem

         Conceitualização de casos colaborativa : o trabalho em equipe com pacientes em terapia cognitivo-comportamental / Willem Kuyken, Christine A. Padesky, Robert Dudley ; tradução Sandra Maria Mallmann da Rosa ; consultoria, supervisão e revisão técnica Marco Montarroyos Callegaro. – Porto Alegre : Artmed, 2010.

         367 p. ; 23 cm.

         ISBN 978-85-363-2208-7

         1. Psicoterapia. 2. Terapia Cognitivo-comportamental. I. Padesky, Christine A. II. Dudley, Robert. III. Título.

CDU 615.851

Catalogação na publicação Renata de Souza Borges – CRB 10/1922

Willem Kuyken
Christine A. Padesky
Robert Dudley

Conceitualização de Casos Colaborativa

o trabalho em equipe com pacientes
em terapia cognitivo-comportamental

Tradução:
Sandra Maria Mallmann da Rosa

Consultoria, supervisão e revisão técnica desta edição:
Marco Montarroyos Callegaro
Mestre em Neurociências e Comportamento pela
Universidade Federal de Santa Catarina
Diretor do Instituto Catarinense de Terapia Cognitiva e
Instituto Paranaense de Terapia Cognitiva
Presidente da Federação Brasileira de Terapia Cognitiva – Gestão 2009-2011

2010

Obra originalmente publicada sob o título
*Collaborative Case Conceptualization: Working Effectively with
Clients in Cognitive-Behavioral Therapy*
ISBN 978-1-60623-072-5

© 2009 The Guilford Press
A Division of Guilford Publications, Inc.
All Rights Reserved

Capa: *Paola Manica*

Leitura final: *Josiane Tibursky*

Editora sênior – Saúde mental: *Mônica Ballejo Canto*

Editora responsável por esta obra: *Amanda Munari*

Editoração eletrônica: *Formato Artes Gráficas*

Reservados todos os direitos de publicação, em língua portuguesa, à
ARTMED® EDITORA S.A.
Av. Jerônimo de Ornelas, 670 - Santana
90040-340 Porto Alegre RS
Fone (51) 3027-7000 Fax (51) 3027-7070

É proibida a duplicação ou reprodução deste volume, no todo ou em parte,
sob quaisquer formas ou por quaisquer meios (eletrônico, mecânico, gravação,
fotocópia, distribuição na Web e outros), sem permissão expressa da Editora.

SÃO PAULO
Av. Angélica, 1091 - Higienópolis
01227-100 São Paulo SP
Fone (11) 3665-1100 Fax (11) 3667-1333

SAC 0800 703-3444

IMPRESSO NO BRASIL
PRINTED IN BRAZIL

Agradecimentos

Inúmeras pessoas deram forma e contribuíram para esta publicação, e reconhecemos com gratidão as suas contribuições. Em diversos estágios, testamos as ideias contidas nesta obra com colegas cujas opiniões valorizamos muito. O livro se beneficiou com as ideias e comentários de Peter Bieling, Gillian Butler, Paul Chadwick, Tracy Eells, Melanie Fennell, Mark Freeston, Kevin Meares, Kathleen Mooney, Ed Watkins e Kim Wright. Somos gratos pelo talento artístico de Bruce Lim, que criou ilustrações originais, incluindo o caldeirão da conceitualização de caso, uma imagem central para nosso modelo. Agradecemos a Bibiana Rojas por seu excelente trabalho de desenho gráfico nas figuras. Também agradecemos a Seymour Weungarten, da The Guilford Press, por seu apoio construtivo a este trabalho em cada estágio do seu desenvolvimento. Finalmente, estamos em débito com nossa editora na Guilford, Barbara Watkins, cujos comentários profissionais e esclarecedores dos diversos esboços melhoraram significativamente a clareza e a coesão do texto.

Willem Kuyken, Christine A. Padesky, Robert Dudley

Sou grato aos meus mentores, colaboradores e clientes, que me ajudaram a cruzar a linha divisória entre ciência e prática por tantas vezes que eu já não a encaro mais como uma divisão, mas como uma dialética criativa! Agradeço aos professores Aaron T. Beck, Chris Brewin, Tony Lavender e Paul Webley, que, de maneiras diferentes e importantes, forneceram inspiração, desafios e apoio durante meu desenvolvimento profissional. Tive muita sorte em trabalhar com esplêndidos colaboradores, incluindo Peter Bieling, Sarah Byford, Paul Chadwick, TIM Dalgleish, Emily Holden, Rachel Howell, Michelle Moulds, Eugene Mullan, Rod Taylor, Ed Watkins, Kat White e o Grupo de Qualidade de Vida da Organização Mundial de Saúde (WHOQOL). A colaboração é a parte essencial de todo o meu trabalho profissional. Em minha opinião, os desafios com que se defrontam os pesquisadores clínicos são, em geral, mais bem enfrentados por equipes multidisciplinares. Tenho a sorte de ter recebido colaborações produtivas de colegas e estudantes cuja criatividade e trabalho árduo me ajudaram a visualizar, articular e colocar em prática ideias novas. O corpo docente e a equipe de trabalho do Centro de Transtornos do Humor da Universidade de Exeter são um exemplo desse processo.

Também agradeço à equipe de pesquisas e aos estudantes pós-graduados que trabalharam comigo em conceitualização de caso: Rachel Day, Claire Fothergill e Meyrem Musa. Como acontece com muitos terapeutas cognitivo-comportamentais, o trabalho com os meus clientes é um processo de aprendizagem nas duas direções. Aprendi muito com vários dos meus clientes ao lado dos quais tive o privilégio de trabalhar, dentro de uma variedade de contextos terapêuticos. Fui apoiado e aprendi muito com meus pais, Jan e Miets Kuyken, minha esposa Halley e os amigos Andy, Edoardo, Emmanuelle e Tim. Por fim, gostaria de agradecer aos meus coautores, Christine Padesky e Robert Dudley. Em cada fase deste livro, meu respeito por seus pontos fortes únicos foi crescendo e se aprofundando. Escrever um livro juntos foi uma experiência extremamente gratificante, e eu a considero como um ponto alto na minha carreira profissional.

Willem Kuyken

No início da minha carreira, apresentei um caso para Aaron T. (Tim) Beck. Depois de me fazer algumas perguntas, Tim resumiu sem nenhum esforço os problemas centrais do meu cliente. A seguir, ele articulou uma sucinta conceitualização explanatória do caso que me impressionou por ser mais precisa do que a minha compreensão de uma pessoa que eu vinha tratando há vários meses. As habilidades de conceitualização de Tim eram tão superiores às minhas que eu pensei: "Ele parece entender tão bem o meu cliente. Por que eu não enxerguei isto? Nunca serei eficiente em conceitualização de caso. Não devo ter o gene da conceitualização." Eu achava que uma conceitualização de caso habilidosa fosse um talento inato e não uma habilidade que se desenvolvia com o tempo. Felizmente, eu estava errada. Adquiri as habilidades e aprendi princípios que me ajudaram a conceitualizar casos de forma mais eficiente. Mesmo assim, eu estava certa ao reconhecer que Tim Beck conceitualiza casos melhor do que qualquer outra pessoa que eu já conheci. Praticamente todas as boas ideias e princípios que eu "descobri" na minha carreira como psicóloga têm um débito com ele. Sua sabedoria, compaixão e rigor científico são inspiração para este livro.

Meu desenvolvimento como psicóloga, instrutora e escritora tem igual débito a Kathleen Mooney, cujos comentários perspicazes, contribuições e perguntas continuam a energizar meu pensamento depois de 27 anos de colaboração e parceria. Outros terapeutas de TCC que aportam informações aos meus conhecimentos sobre a conceitualização de caso incluem Judith S. Beck, Gillian Butler, David M. Clark, Melanie Fennell, Kate Gillespie, Emily Holmes, Helen Kennerley e Jacqueline Persons. Os terapeutas que buscaram consulta para assistência na conceitualização de caso durante os últimos anos contribuíram direta e indiretamente com ideias que aperfeiçoaram este livro, incluindo Monica Hill, Susan Reynolds, Jennifer Shannon, Ann Twomey e Mary Beth Whittaker. Terapeutas de todo o mundo que participam dos meus *workshops* fazem muitas perguntas provocativas; as respostas frequentemente levam anos para serem desenvolvidas e aparecerem em livros como este. A sua curiosidade geralmente inspira novos desenvolvimentos no meu pensamento e fico grata pelo seu interesse pela TCC. Um agradecimento especial a todos os terapeutas que participaram de muitos dos nossos Workshops de Inverno e Terapia Cognitiva em Acampamentos.

Tenho um profundo compromisso com a colaboração durante a terapia. Esse posicionamento é encorajado pelos clientes, que me mostram cada vez mais que, quanto mais eu lhes solicito a participarem de cada aspecto da terapia, mais frutífera se torna a participação deles. O entusiasmo dos clientes pela conceitualização de caso levou-me a crer que seria importante escrever este livro. Agradeço aos meus clientes por me ensinarem que toda a atividade terapêutica pode ser melhorada por meio da colaboração do cliente.

Por fim, a minha admiração por Willem e Robert aumenta a cada ano. A colaboração com vocês é uma experiência rica e agradável. Espero que vocês não se importem que eu continue a lhes telefonar às terças-feiras, às 20 horas, para levar adiante a conversa que parece ter sido iniciada ainda ontem.

Christine A. Padesky

Relaciono o começo do meu interesse pelo propósito e pelo processo de conceitualização em um momento-chave muito específico. Tive a sorte de ser supervisionado pela professora Ivy Blackburn e lhe perguntei sobre um estudo de caso que ela havia publicado 12 anos antes. Quando comecei a descrever os detalhes do caso, ela me interrompeu: "Não me fale sobre os detalhes, me diga a formulação. Nunca esqueço uma formulação." Descrevi os elementos pricipais da sua formulação publicada e imediatamente ela conseguiu lembrar-se do caso em ricos detalhes clínicos. Soube naquele momento o quanto uma conceitualização coerente podia ser uma estrutura de organização poderosa.

O valor da conceitualização de caso para os clínicos era óbvio. Com o passar dos anos, me esforcei para aprender a usar de forma eficiente com meus clientes este instrumento poderoso. Fui auxiliado nesse processo por muitos colegas excelentes que apoiaram meu trabalho clínico, incluindo Peter Armtrong, Paul Cromarty, Kevin Gibson, Carolyn John, Brian Scott, Vivien Twaddle, Douglas Turkington e membros do Centro de Terapias Cognitivas e Comportamentais de Newcastle e do Serviço de Intervenção Precoce em Psicose de South of Tyne. A minha pesquisa referente à conceitualização foi realizada com a contribuição valiosa de colegas, incluindo Stephen Barton, Mark Freeston, Ian James, Kevin Meares, Guy Dogson, Isabelle Park, Pauline Summerfield, Jaime Dixon, Clare Maddison, Jonna Siitarinen, Barry Ingham e Katy Sowerby. Muitos dos meus clientes proporcionaram um *feedback* e forneceram ideias que moldaram a forma como abordo o processo de conceitualização. Sinto-me em débito com muitas pessoas, mas especificamente com minha esposa, Joy, que apoiou meus esforços para concluir este livro. Também expresso profunda admiração pelos meus coautores, que fizeram desse processo um prazer.

Robert Dudley

Com amor para

Halley, Zoe e Ava

Willem Kuyken

Tim, pelas origens, e Kathleen, pela nossa evolução

Christine A. Padesky

Joy, Jessica, James e Samuel

Robert Dudley

Sobre os Autores

Willem Kuyken, PhD – É professor de Psicologia Clínica na Universidade de Exeter, no Reino Unido, cofundador do Centro de Transtornos do Humor e membro da Academia de Terapia Cognitiva. Sua pesquisa principal e interesses clínicos são a conceitualização de caso e abordagens cognitivo-comportamentais da depressão. Já publicou mais de 50 artigos e capítulos de livros. O Dr. Kuyken recebeu a May Division Award da Sociedade Britânica de Psicologia.

Christine A. Padesky, PhD – É membro fundador da Academia de Terapia Cognitiva e recebeu o Aaron T. Beck Award desta instituição. É uma palestrante renomada, conhecida internacionalmente, consultora e coautora de seis livros, incluindo o *best-seller* "Mind Over Mood". Os inúmeros prêmios da Dra. Padesky incluem o Distinguished Contribution to Psychology Award, da Associação de Psicologia da Califórnia. Através do seu *site* na *web*, www.padesky.com, ela produz programas audiovisuais sobre conceitualização de caso e outros temas que proporcionam treinamento em TCC para terapeutas em mais de 45 países.

Robert Dudley, PhD – É psicólogo clínico, consultor do Serviço de Intervenção Precoce em Psicose, em Northumberland, Tyne, e Wear Mental Health NHS Trust, no Reino Unido. Trabalha atualmente como Beck Institute Scholar no Instituto Beck de Terapia e Pesquisa Cognitiva. O principal foco clínico e de pesquisa do Dr. Dudley é a compreensão e o tratamento dos sintomas psicóticos. Como clínico, treinador e supervisor, ele desenvolveu um interesse por conceitualização de caso e executou vários projetos de pesquisa nessa área.

Sumário

Prefácio 15

1 O dilema de Procrusto 19

2 O caldeirão da conceitualização de caso
   Um novo modelo 44

3 Duas cabeças pensam melhor do que uma
   Empirismo colaborativo 78

4 Incorporação dos pontos fortes do cliente e
   desenvolvimento da resiliência 112

5 "Você pode me ajudar?"
   Conceitualização de caso descritiva 140

6 "Por que isso continua acontecendo comigo?"
   Conceitualizações explanatórias transversais 185

7 "O meu futuro se parece com o meu passado?"
   Conceitualizações explanatórias longitudinais 227

8 Aprendizagem e ensino da conceitualização de caso 256

9 Avaliação do modelo 314

Apêndice – Formulário de auxílio à coleta da história 335

Referências 345

Índice 357

Prefácio

A terapia cognitivo-comportamental (TCC) é, ao mesmo tempo, arte e ciência. Em nenhum outro lugar isso seria mais verdadeiro do que durante a conceitualização de caso, quando os terapeutas se colocam em sintonia com as experiências únicas dos clientes, ao mesmo tempo em que se mantêm atentos às teorias e às pesquisas científicas que sustentam a TCC. Assim como muitos terapeutas cognitivos, apreciamos profundamente a TCC precisamente porque ela serve como uma ponte entre arte e ciência, prática e teoria, experiências idiossincráticas e pontos em comum encapsulados pelas teorias cognitiva e comportamental da emoção. Ficamos colocados sobre esta ponte com nossos clientes, trabalhando juntos para aliviar o sofrimento e construir resiliência.

Nós três nos encontramos pela primeira vez em 2002, em Warwick, Inglaterra, em um simpósio de TCC intitulado "Conceitualização de Caso: O Imperador Está Vestido?". Os organizadores da conferência haviam agendado o simpósio em uma sala de seminários relativamente pequena. O tema gerou tanto interesse que a sala ficou cheia, com muitas pessoas de pé ao fundo ou sentadas nos corredores. Como na história alegórica de Hans Christian Andersen aludida no título do simpósio, o encontro destacava vários "fatos" importantes. Primeiro, a conceitualização de caso é considerada uma habilidade terapêutica fundamental. Mesmo assim, muitos terapeutas carecem de confiança sobre como conceitualizar. Segundo, o interesse do terapeuta na conceitualização de caso ultrapassa a esparsa base de evidência. Terceiro, a pouca pesquisa existente desafia os pressupostos sobre o valor positivo da conceitualização de caso em TCC. O simpósio concluiu que o imperador da conceitualização de caso parecia estar nu!

No final do simpósio, nós três prolongamos a conversa e começamos a falar sobre conceitualização de caso. À medida que conversávamos, fomos nos dando conta de que compartilhávamos de um grande interesse pela conceitualização de caso e cada um de nós trouxe perspectivas diferentes, valiosas e complementares ao tema. Durante o tempo em que nós três ensinamos, supervisionamos, consultamos e conduzimos pesquisas em TCC, cada um de nós adquiriu um conhecimento especial em pelo menos uma destas áreas. Robert apresenta *insights* clínicos marcantes colhidos em seus anos de experiência como terapeuta e supervisor trabalhando com casos clínicos complexos. Christine é instrutora e inovadora em TCC, reconhecida internacionalmente. Willem é pesquisador de destaque e professor de conceitualização de caso. Achamos que esta combinação de experiências e conhecimentos traria avanços à compreensão de como tornar a conceitualização de caso mais efetiva na TCC.

Este livro é resultado de uma colaboração contínua que se iniciou naquela conferência. Nossas ideias se desenvolveram em estágios durante os últimos 6 anos. Primeiramente, tornamos explícitos os desafios clínicos e de pesquisa à conceitualização de caso que estavam implícitos. Eles estão resumidos para o leitor no Capítulo 1. À medida que fomos realizando um esforço conjunto na busca das respostas para esses desafios, percebemos que muitas das nossas soluções eram insuficientes. Geramos, então, novas ideias e as testamos entre nós, em discussões com colegas, na nossa prática clínica, em nosso trabalho como supervisores, consultores e instrutores e em relação à pesquisa emergente. Destilamos as ideias úteis até a sua forma mais simples, usando o empirismo colaborativo como controle e equilíbrio para nos resguardarmos contra influências heurísticas. Após alguns anos, chegamos a um consenso sobre um modelo para conceitualização de caso que acreditamos que aborda de forma adequada os desafios existentes.

Nosso modelo está descrito no Capítulo 2, juntamente aos três princípios para orientar a sua prática: o empirismo colaborativo, a incorporação dos pontos fortes do cliente e o desenvolvimento de níveis de conceitualização. Esse modelo tem suas raízes nas tradições conceituais e empíricas de Aaron T. Beck, fundador da TCC e também nosso mentor e amigo. Recorremos ao rico empirismo da terapia comportamental, especialmente a análise funcional. Além disso, nossas ideias são alimentadas pelas pesquisas contemporâneas sobre resiliência e pontos fortes. Nosso objetivo é oferecer uma abordagem de conceitualização que os terapeutas possam usar em colaboração com os clientes para alcançarem maior eficácia no alívio do sofrimento e o desenvolvimento da resiliência.

Este livro ensina nossa abordagem da conceitualização de caso e traz de forma vívida exemplos de casos, dicas clínicas práticas e amostras de diálogos. Passo a passo, mostramos como desenvolver uma conceitualização que primeiro descreva os temas apresentados pelo cliente e então se aprofunde no poder explanatório à medida que o tratamento progride. Os pontos fortes do cliente são identificados e aproveitados durante o processo de conceitualização para ajudar a alcançar uma melhora efetiva e duradoura. Descrevemos como terapeuta e cliente podem colaborar verdadeiramente para criarem conjunta e explicitamente e para testarem as conceitualizações durante o curso da terapia.

O Capítulo 3 delineia nosso primeiro princípio de conceitualização, o *empirismo colaborativo*, e mostra aos leitores como uma abordagem colaborativa e empírica à terapia conduz a uma resolução efetiva de uma série de desafios da conceitualização. No Capítulo 4, mostramos como o nosso segundo princípio, a *incorporação dos pontos fortes do cliente*, amplia a conceitualização de caso para abranger os objetivos de restabelecimento e de construção da resiliência do cliente. Os Capítulos 5, 6 e 7 ilustram nosso terceiro princípio, os *níveis de conceitualização*, acompanhando um cliente, Mark, durante o curso da terapia enquanto ele enfrenta a depressão, o transtorno obsessivo-compulsivo, preocupações com a saúde, dificuldades no trabalho e desentendimentos familiares.

Embora Mark seja a mistura de muitos clientes, o seu caso retrata uma apresentação clínica comum que requer uma conceitualização individualizada: ele vivencia níveis altos de sofrimento no contexto de muitos aspectos diagnósticos sobrepostos. Os leitores aprendem como Mark e seu terapeuta progridem a partir de conceitualizações de caso mais simples e descritivas (Capítulo 5) para conceitualizações explanatórias sobre o que desencadeia e mantém os seus problemas atuais (Capítulo 6), até um relato longitudinal do que o predispôs a este grupo particular de dificuldades atuais e de quais pontos fortes o protegeram de dificuldades piores (Capitulo 7). A ilustração detalhada do caso de Mark demonstra como nossa abordagem pode simultaneamente ajudar a diminuir o sofrimento psicológico e a promover a resiliência.

Como supervisores, instrutores e consultores de TCC, observamos que aprender a usar com eficiência a conceitualização de caso é um dos maiores desafios com que se defrontam os terapeutas. No Capítulo 8, desmitificamos o processo de aprendizagem e sugerimos uma abordagem sistemática para que terapeutas e instrutores aprendam e ensinem habilidades para a conceitualização de caso. Em nosso capítulo de encerramento, consideramos alguns dos aspectos com que os terapeutas podem se defrontar ao utilizarem nosso modelo em uma variedade de contextos terapêuticos. Coerentes com nosso comprometimento com o empirismo, também propomos um programa de pesquisa para testar as hipóteses e os princípios que são centrais ao nosso modelo.

Uma das medidas de uma colaboração valiosa é o quanto as partes permanecem envolvidas durante todo o processo. Por esse critério, nossa colaboração como autores possui um grande valor. Cada um de nós está agora ainda mais entusiasmado e interessado na conceitualização de caso do que estávamos no início deste projeto. Demos o melhor de nós para capturar para os leitores a essência das discussões e dos debates acalorados que inspiraram nossas interações ao longo destes últimos anos. Agora este livro está nas mãos dos leitores. Esperamos que ele incremente o seu entendimento da conceitualização de caso, que lhe mostre como colaborar ativamente com os clientes durante estes processos e que estimule pesquisas que avaliem nossas ideias. Nos próximos anos, esperamos com ansiedade por uma conversa mais ampla que inclua muitos de vocês, enquanto continuamos a explorar os limites e a profundidade da conceitualização colaborativa de caso.

1

O dilema de Procrusto

O personagem mitológico Procrusto era um anfitrião que trazia convidados para a sua casa, declarando que todos os visitantes, não importa a altura tivessem, caberiam na cama do seu quarto de hóspedes. Esse argumento tão grande e mágico atraía muita atenção. O que Procrusto não dizia aos seus convidados era que ele estava disposto a cortar as pernas deles ou esticá-las em uma armação para que se adequassem à cama. A história de Procrusto poderia servir como um alerta aos clientes de psicoterapia. Embora existam muitos modelos testados empiricamente para a compreensão do sofrimento psicológico, poucos clientes querem se consultar com um terapeuta que corte ou distorça as experiências do seu cliente para encaixá-lo nas teorias preexistentes.

Os clientes trazem apresentações complexas e com comorbidade para as quais nenhuma abordagem irá se adequar 100%. Este livro ensina aos terapeutas como se tornarem hábeis nos métodos de conceitualização de caso que ofereçam uma hospitalidade sob medida para os pacientes que buscam ajuda. Os leitores aprenderão a formular conceitualizações de caso que sintetizem os aspectos individuais de um determinado caso, com a teoria e a pesquisa relevantes, sem a necessidade de recorrer às medidas de Procrusto.

Como ilustração de um caso, Steve é um homem solteiro de 28 anos, encaminhado a uma clínica ambulatorial para terapia cognitivo-comportamental (TCC). O encaminhamento destaca que Steve tem dificuldades de adaptação ao seu prazer de *cross-dressing**. Na avaliação, Steve confirma que *cross--dressing* é algo que ele deseja discutir em terapia, mas que a sua prioridade maior é falar sobre ter sido "aterrorizado na cidade onde eu morava até

---

* N. do T.: *Cross-dressing* é o comportamento de vestir roupas comumente associadas ao sexo oposto, nem sempre estando relacionado a transexualismo.

recentemente... e... eu estou tendo muitos problemas para me recuperar, embora já tenha me mudado". Steve sofreu repetidos ataques físicos violentos na cidade onde vivia e se mudou de lá porque nada indicava que esses ataquem fossem parar. Steve tem um tipo franzino, fala em um tom de voz baixo e inseguro. No processo diagnóstico, ele preenche os critérios para transtorno de estresse pós-traumático (TEPT), transtorno depressivo maior e agorafobia com pânico. Em termos do Eixo II, existem evidências de traços de personalidade evitativa. Seu terapeuta levantou a hipótese de que o estilo franzino e inseguro de Steve tenha levado a vizinhança a provocá-lo e a persegui-lo. O seu TEPT era uma reação às repetidas agressões físicas que ele se sentia incapaz de evitar. O seu afastamento, permanecendo dentro do seu apartamento, exacerbou os sintomas de TEPT e contribuiu para que Steve ficasse deprimido e agorafóbico.

Steve e o terapeuta combinaram iniciar a terapia pelo foco nos sintomas do TEPT de Steve. Na sexta sessão, ele revelou que no ano anterior, em sua casa, os vizinhos o tinham visto vestido com roupas femininas. Então se espalhou rapidamente pela vizinhança a notícia de que Steve era um *cross-dresser*. Com esta revelação, um grupo de adolescentes iniciou uma campanha de violência contra ele. Os repetidos ataques físicos fizeram com que Steve decidisse se mudar.

As questões com que o terapeuta de Steve se defrontou são similares às que os terapeutas enfrentam com cada cliente no início da terapia:

- "Considerando os vários problemas apresentados e os diagnósticos do Eixo I e/ou II, qual deve ser o foco primário do trabalho?"
- "Abordo os problemas do Eixo I ou do Eixo II, ou ambos? Se forem ambos, em que ordem?"
- "Como os problemas que Steve apresenta se relacionam um com o outro, se for o caso?"
- "Que protocolo de TCC eu uso aqui? O que eu faço quando nenhum protocolo particular parece apropriado?"
- "Como eu devo trabalhar com este *cross-dressing*? Como eu faço isto sem exacerbar seu medo?"
- "Como eu trabalho colaborativamente com Steve para combinar suas prioridades e o meu julgamento clínico na nossa tomada de decisão sobre a terapia?"
- "Como eu trabalho com as minhas crenças, valores e reações se por vezes eles forem diferentes dos do meu paciente?"

Resumindo, o terapeuta de Steve se defronta com a questão que se apresenta a todos os terapeutas no começo da terapia: "Qual a melhor forma de usar o meu treinamento e a minha experiência juntamente às abordagens de terapia baseadas em evidências para ajudar essas questões particulares apresentadas por esta pessoa?". Este livro responde a essa pergunta ao mostrar como a conceituação competente de um caso oferece formas de trabalhar colaborativamente com os clientes para (1) descrever os problemas apresentados, (2) entendê-los em termos cognitivo-comportamentais e então (3) encontrar maneiras construtivas de aliviar o sofrimento e de desenvolver a resiliência do cliente.

O QUE É CONCEITUALIZAÇÃO DE CASO?

Definimos conceitualização de caso em TCC da seguinte forma:

Conceitualização de caso é um processo em que terapeuta e cliente trabalham em colaboração para primeiro descrever e depois explicar os problemas que o cliente apresenta na terapia. A sua função primária é guiar a terapia de modo a aliviar o sofrimento do cliente e a desenvolver a sua resiliência.

Utilizamos a metáfora do caldeirão para enfatizar vários aspectos da nossa definição (Figura 1.1). Um caldeirão é um recipiente usado para combinar substâncias diferentes de modo que elas sejam transformadas em algo novo. Tipicamente, aquecer o caldeirão facilita o processo de mudança. O processo de conceitualização de caso é assim, na medida em que ele combina as dificuldades e as experiências que o cliente apresenta com a teoria e a pesquisa da TCC para formarem um novo entendimento, que é original e único daquele cliente. A teoria e a pesquisa em TCC são ingredientes essenciais no caldeirão; é a integração do conhecimento empírico que diferencia a conceitualização de caso dos processos naturais de obtenção de significado das experiências em que as pessoas se envolvem a todo o momento.

A metáfora do caldeirão ilustra também os princípios-chave da definição de conceitualização de caso desenvolvidos em detalhes durante este livro e apresentados na Figura 1.1. Primeiro, o aquecimento aciona as reações químicas em um caldeirão. Em nosso modelo, o empirismo colaborativo aciona o processo de conceitualização. As mãos na Figura 1.1 representam o empirismo colaborativo entre terapeuta e cliente; elas geram o calor que estimula a transformação dentro do caldeirão. A colaboração ajuda a assegurar que os ingredientes certos sejam misturados de forma adequada. As perspectivas do terapeuta e do cliente se combinam para desenvolver uma compreensão compartilhada que seja adequada, que seja útil para o cliente e informe a terapia. O empirismo é um princípio fundamental em TCC (J. S. Beck, 1995). Ele se refere à pesquisa empírica e à teoria pertinente que fundamentam a terapia e também ao uso de métodos empíricos dentro da prática diária. Uma abordagem empírica é aquela em que as hipóteses são desenvolvidas continuamente com base na experiência do cliente, na teoria e na pesquisa. Estas hipóteses são testadas e depois revisadas com base em observações e no *feedback* do cliente.

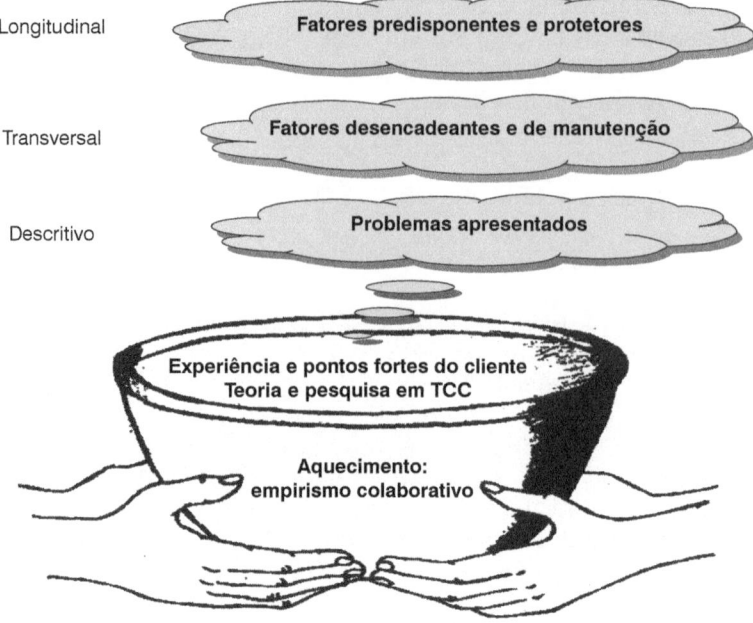

Figura 1.1 O caldeirão da conceitualização de caso.

Em segundo lugar, assim como acontece com a reação química em um caldeirão, uma conceitualização se desenvolve ao longo do tempo. Tipicamente, ela começa em níveis mais descritivos (p. ex., descrevendo os problemas de Steve em termos cognitivos e comportamentais), depois inclui modelos explanatórios (p. ex., um entendimento baseado na teoria de como são mantidos seus sintomas de estresse pós-traumático) e, se necessário, desenvolve-se mais para incluir uma explicação histórica de como os fatores predisponentes e protetores participaram do desenvolvimento das dificuldades de Steve (p. ex., incorporando a história do seu desenvolvimento à conceitualização).

Em terceiro lugar, as novas substâncias formadas em um caldeirão dependem das características dos materiais colocados dentro dele. As experiências do cliente, juntamente à teoria e à pesquisa em TCC são os ingredientes principais em uma conceitualização. Tradicionalmente, a ênfase tem sido nos problemas do cliente. Em vez de simplesmente examiná-las, nosso modelo incorpora os pontos fortes do cliente em cada estágio do processo de conceitualização. Independente da sua apresentação e da sua história, todos os clientes têm seus pontos fortes, que usaram para lidar com os problemas de forma eficaz nas suas vidas. A incorporação dos pontos fortes do cliente às conceitualizações aumenta as possibilidades de que o resultado seja o alívio do sofrimento e o desenvolvimento da resiliência do cliente. Conforme ilustrado na Figura 1.1, os pontos fortes do cliente fazem parte da mistura do caldeirão.

Este livro responde ao dilema procrustiano ao propor uma nova abordagem à conceitualização de caso que une a teoria e a pesquisa às particularidades da experiência de vida de um indivíduo. Três princípios norteiam essa abordagem: (1) o empirismo colaborativo, (2) níveis de conceitualização que se desenvolvem com o tempo, desde descritivo até o explanatório e (3) incorporação dos pontos fortes do cliente. Cada capítulo deste livro oferece orientações específicas de "como fazer" em relação ao desenvolvimento das conceitualizações de caso que podem melhorar a eficiência da terapia.

Neste capítulo de abertura, sugerimos que a conceitualização de caso tornou-se central para a prática da TCC porque ela serve às dez funções principais descritas abaixo. No entanto, também continuamos a levar em consideração alguns desafios empíricos importantes para a centralidade da conceitualização de caso na prática da TCC. Esses desafios foram importantes na formulação da abordagem da conceitualização de caso proposta neste livro.

FUNÇÕES DA CONCEITUALIZAÇÃO DE CASO NA TCC

Propomos que a terapia tem dois objetivos abrangentes: (1) aliviar o sofrimento dos pacientes e (2) desenvolver a resiliência. Existe um consenso crescente de que a conceitualização de caso na TCC ajuda a alcançar esses dois objetivos quando ela preenche as 10 funções que descrevemos a seguir (veja o Quadro 1.1; Butler, 1998; Denman, 1995; Eells, 2007; Flitcroft, James, Freeston e Wood-Mitchell, 2007; Needleman, 1999; Persons, 2005; Tarrier, 2006).

1. *A conceitualização de caso sintetiza a experiência do cliente, a teoria e a pesquisa pertinentes em TCC.* Conforme articulado em nossa definição, uma função primária da conceitualização de caso é integrar de forma significativa as experiências do cliente à teoria e à pesquisa pertinentes em TCC. No caso de Steve, as teorias da TCC do TEPT (Ehlers e Clark, 2000), da depressão (Clark, Beck e Alford, 1999), da ansiedade (Beck, Emery e Greenberg, 1985) e da personalidade (Beck et al., 2004) podem ser úteis para informar a conceitualização de caso. Essas ideias teóricas são integradas à pesquisa e aos aspectos-chave da história pessoal de Steve, sua situação de vida atual, suas crenças e a forma como lida com as situações para criar uma conceitualização de caso única. A teoria e a pesquisa baseadas em evidências garantem que o melhor conhecimento disponível informe a nossa compreensão emergente das dificuldades presentes.

2. *A conceitualização de caso normaliza os problemas apresentados pelos clientes e é validante.* Muitos clientes temem que seus problemas apresentados sejam estigmatizantes, os afastem dos outros e os tornem de certa forma

"anormais". Os clientes às vezes dizem: "Eu achei que estivesse louco", ou "Eu tenho tanta vergonha de ter esses problemas". A conceitualização de caso descreve os problemas em uma linguagem construtiva e ajuda os clientes a entenderem como os problemas se mantêm. Embora ainda exista um verdadeiro estigma social em relação a muitos problemas de saúde mental, o processo de conceitualização de caso colaborativa pode ser útil em validar e em normalizar a experiência do cliente. Conforme Steve disse mais adiante em sua terapia: "Existem outras pessoas como eu e eu não sou um anormal. Eu sei que não sou a única pessoa que faz *cross-dress* e não preciso me culpar ou esperar ser atacado". A normalização das dificuldades que os clientes apresentam em terapia pode despertar esperança, ajudá-los a verem a relevância pessoal do modelo cognitivo e oferece uma oportunidade de mudança.

Quadro 1.1 Funções da Conceitualização de Caso na TCC

1. Sintetiza a experiência do cliente, a teoria e a pesquisa em TCC.
2. Normaliza os problemas apresentados e é validante.
3. Promove o engajamento do cliente.
4. Torna inúmeros problemas complexos mais manejáveis.
5. Orienta a escolha, o foco e a sequência das intervenções.
6. Identifica os pontos fortes do cliente e sugere formas de desenvolver a resiliência.
7. Sugere intervenções mais simples e com maior custo-benefício.
8. Antecipa e aborda os problemas na terapia.
9. Ajuda a entender a não resposta em terapia e sugere rotas alternativas para a mudança.
10. Possibilita uma supervisão de alta qualidade.

3. *A conceitualização de caso promove o engajamento do cliente.* O engajamento na TCC é um pré-requisito para a mudança. A conceitualização de caso frequentemente gera curiosidade e interesse, o que conduz a um engajamento por parte do cliente. A maioria dos clientes gosta da conceitualização de caso porque ela oferece uma sensação de domínio das dificuldades e sugere caminhos para alcançar os objetivos. Mesmo quando existem dificuldades, os clientes experienciam um domínio quando as situações acontecem da forma esperada: "Foi bem como nós discutimos na semana passada, quando a minha filha começou a se queixar, eu percebi o meu peito apertando e me senti envergonhado. Mesmo não tendo conseguido dominar aquela reação, pela primeira vez eu me entendi um pouco. Eu não me senti tão louco. E aquilo me fez muito bem!"

Às vezes, os clientes começam a terapia com crenças que afetam negativamente o seu engajamento na mesma. Esse foi o caso de Steve, que evitava revelar ao terapeuta informações relevantes sobre o seu comportamento de *cross-dressing*. Quando Steve optou por trazer mais dados sobre a sua história, o terapeuta usou isso como uma oportunidade de trazer à tona crenças que poderiam estar interferindo no seu engajamento:

TERAPEUTA: Obrigado, Steve, por ser honesto comigo – isto vai nos ajudar a trabalharmos juntos de um jeito melhor. (*Steve parece desconfortável e com medo. O terapeuta usa esta informação não verbal como um estímulo para perguntar*): O que você acha que vai acontecer agora que você me contou como começou a perseguição no bairro em que você morava antes?
STEVE: (*hesitante e evitando o contato visual*) Você vai me desprezar e não vai mais querer trabalhar comigo. Eu me sinto muito envergonhado. (*Parece com medo e começa a soluçar.*)

Esse exemplo ilustra como um problema imprevisto na terapia é usado para definir melhor a conceitualização de caso, limpando o caminho para um progresso maior da terapia e o engajamento do cliente. Quando bem manejados, momentos como esse podem significar um verdadeiro avanço, porque crenças, emoções e comportamentos importantes do cliente são desvelados e integrados à conceitualização. O terapeuta ajudou Steve a entender que os sentimentos de vergonha e medo que rodeavam o *cross-dressing* eram compreensíveis no contexto das suas experiências prévias e crenças associadas. Quando criança, sua mãe apoiava quando ele expressava o desejo de se travestir, embora seu pai reagisse de forma violenta, ameaçando expulsá-lo de casa, a menos que Steve parasse. Os posteriores assédios e ataques violentos dos vizinhos afirmavam a perspectiva do seu pai. Essas experiências foram vinculadas ao seu temor de que o terapeuta o desprezasse caso seu comportamento fosse revelado. Construir colaborativamente esta conceitualização de caso com o terapeuta dissolveu muitos dos temores de Steve quanto a se engajar mais na terapia.

4. *A conceitualização de caso pode fazer com que inúmeros problemas complexos pareçam mais possíveis de serem manejados pelos clientes e terapeutas.* Os clientes, particularmente os que apresentam dificuldades complexas e de longa data, podem se sentir sobrecarregados pelo número total de problemas que eles têm que enfrentar. A lista de queixas que Steve apresentava e os diagnósticos de comorbidade exemplificam este fenômeno. Os terapeutas também podem se sentir sobrecarregados quando se defrontam com problemas complexos e antigos dos clientes. Quando realizada com habilidade, a conceitualização de caso pode ajudar a tornar os problemas mais manejáveis para os clientes *e também para os terapeutas*. Um terapeuta descreveu isto como o processo de "transformar a grande confusão em alguma coisa mais palatável". Um cliente descreveu como: "Todas estas peças do quebra-cabeça agora se encaixam".

5. *A conceitualização de caso orienta a escolha, o foco e a sequência das intervenções.* Possivelmente, a função mais importante da conceitualização de caso é informar a terapia. O número de intervenções em TCC que são potencialmente adequadas para um determinado cliente é amplo e está sempre em expansão (J. S. Beck, 1995, 2005). Além do mais, nem sempre é óbvio qual protocolo se deve escolher para os clientes com apresentações comórbidas ou para as apresentações que não se encaixam em um modelo particular. Como

um terapeuta cognitivo escolhe em meio a este vasto leque de opções? A conceitualização de caso ajuda o terapeuta a escolher, a focalizar e a organizar a sequência das intervenções. Ela ajuda os clientes a entenderem por que eles estão fazendo o que estão fazendo, enfatiza a necessidade de mudança e oferece um foco mais claro para a terapia.

Depois que terapeuta e cliente possuem uma compreensão articulada das dificuldades presentes, eles podem começar a considerar qual(is) aspecto(s) abordarão primeiro. A TCC envolve inúmeros pontos de escolha para os terapeutas e seus clientes. As conceitualizações de caso oferecem justificativas explícitas para que sejam feitas determinadas escolhas. Quando terapeuta e cliente concordam em uma conceitualização, pode então ser formulada uma justificativa clara para que sejam seguidas determinadas abordagens terapêuticas. Além do mais, uma conceitualização de caso que é compartilhada permite que os clientes participem integralmente na tomada de decisão sobre a priorização das dificuldades presentes e os pontos de escolha na terapia.

Por exemplo, as dificuldades presentes mais urgentes de Steve no início da terapia eram seu temor de voltar a ser perseguido e as aterrorizantes lembranças diárias da violência que ele havia vivenciado. Nos estágios iniciais da conceitualização, ficou claro que a evitação cognitiva e comportamental de Steve estavam mantendo o seu medo. Isso levou Steve e seu terapeuta a se focarem inicialmente nos sintomas do TEPT. Contudo, quando, à medida que este trabalho progredia, Steve revelou que não havia tomado precauções suficientes para assegurar a privacidade do seu *cross-dressing* no bairro em que vivia, arriscando-se, assim, às reações negativas dos outros. A essas alturas, o terapeuta decidiu desenvolver uma descrição e um entendimento mais completos do comportamento de *cross-dressing* de Steve. A conceitualização que surgiu levou a uma melhor descrição e um entendimento do seu *cross--dressing*, de modo que Steve pode ser apoiado nas expressões seguras deste comportamento.

Esse processo de intervenções em sequência continua durante toda a terapia. O desenvolvimento de conceitualizações do caso fornece o mapa do caminho para ajudar terapeuta e cliente a decidirem juntos quais as melhores rotas em direção aos objetivos da terapia.

6. *A conceitualização de caso pode identificar os pontos fortes e sugerir formas de ajudar a desenvolver a resiliência do cliente.* Uma conceitualização que atenta para os pontos fortes do cliente e que usa a lente da resiliência para entender como os clientes respondem adaptativamente aos desafios apresenta uma série de vantagens. Ela proporciona uma descrição e compreensão da pessoa como um todo, não apenas dos pontos problemáticos. Um foco nos pontos fortes amplia os resultados potenciais da terapia, o alívio do sofrimento e a retomada do funcionamento normal para a melhoria

da qualidade de vida do cliente e para o fortalecimento da sua resiliência. A discussão dos pontos fortes do cliente em geral fortalece uma aliança terapêutica positiva e pode conduzir à incorporação dos valores positivos do cliente aos objetivos da terapia.

7. *A conceitualização de caso frequentemente sugere as intervenções com maior relação custo-benefício.* Existem muitas influências no tocante à relação custo-benefício na prestação de serviços de atenção à saúde. Os clientes e outras entidades que pagam pela TCC desejam uma abordagem que seja custo-efetivo. Uma abordagem de conceitualização de caso pode propiciar isso quando ajuda terapeutas e clientes a escolherem a forma mais eficiente de trabalhar em direção aos objetivos da terapia. Pode ser que um determinado mecanismo cognitivo ou comportamental seja um elo que conecte os problemas principais do cliente. Induzir, alterar e corrigir tal mecanismo poderá, como uma pedra que é atirada em um lago, propagar suas ondulações para outras áreas da vida do cliente. Por exemplo, alguém que está deprimido, parou de trabalhar e não atende mais ao telefone ou à porta tem oportunidades muito mais reduzidas de domínio de situações ou de prazer. Para uma pessoa como essa, a ativação do comportamento reintroduz contingências reforçadoras que podem conduzir a outras mudanças positivas (p. ex., senso de autoeficácia) que, por sua vez, poderão levar a mais mudanças (p. ex., a confiança para se engajar em mais atividades reforçadoras).

8. *A conceitualização de caso antecipa e aborda os problemas na terapia.* Os impasses e as dificuldades terapêuticas oferecem oportunidades de testar ou de desenvolver a conceitualização. Uma boa conceitualização oferece uma compreensão das dificuldades terapêuticas, bem como as formas de tratá-las. Idealmente, toda a conceitualização possibilita que o terapeuta formule hipóteses sobre problemas que provavelmente surgirão na terapia. Por exemplo, pode-se esperar que um cliente avaliado para grupo de TCC que sofre de depressão com comorbidade com fobia social tenha crenças e temores que venham a interferir em sua participação na terapia de grupo. As possíveis crenças incluem: "A terapia de grupo não vai me ajudar porque eu sou menos capaz do que os outros", "As pessoas do grupo vão ver como eu sou inadequado", ou "Eu vou ficar tão ansioso que vou ter vontade de escapar". A avaliação dessas crenças como parte de uma conceitualização inicial permite que o terapeuta trate essas preocupações do cliente, tornando a terapia de grupo acessível para alguém que de outra forma evitaria um grupo ou o abandonaria após umas poucas sessões.

9. *A conceitualização de caso nos ajuda a compreender a não resposta à terapia e sugere rotas alternativas para a mudança.* Estudos de pesquisas sobre os resultados da TCC relatam que uma parcela significativa dos casos responde apenas parcialmente ou não responde (Butler, Chapman, Forman e Beck, 2006). Quando muito, uma conceitualização de caso sugere formas de tratar

a resposta parcial ou a não resposta, voltando-se para os mecanismos cognitivos e comportamentais que mantêm os problemas do cliente. Por exemplo, sintomas depressivos residuais são excelentes preditores de recaída depressiva (Judd et al., 1999), e as inovações em TCC estão começando a informar a nossa prática de trabalho para prevenir a recaída (Hollon et al., 2005). Contudo, sempre haverá casos que não terão sucesso. Para estes, uma conceitualização de caso proporcionará algum entendimento da não resposta. A não resposta pode, por exemplo, ser o resultado de uma desesperança permanente ou de evitação firmemente estabelecida (Kuyken, Kurzer, DeRubeis, Beck e Brown, 2001; Kuiken, 2004). O caldeirão da conceitualização de caso oferece uma estrutura para que terapeutas e clientes explorem os vários fatores que podem explicar a não resposta em termos da apresentação e da história do cliente, da teoria pertinente ou da pesquisa (Hamilton e Dobson, 2002).

10. *A conceitualização de caso possibilita supervisão e consulta de alta qualidade.* Durante a conceitualização de caso, começamos a entender o que desencadeia, mantém e predispõe aos problemas apresentados pelo cliente. Também começamos a entender os fatores que protegem os clientes e estimulam a resiliência. Ao mesmo tempo em que estas constatações se revelam na terapia, existe um processo paralelo de supervisão e de consulta. A conceitualização de caso estrutura o pensamento e a discussão do supervisor e supervisionado. O processo de conceitualização colaborativa entre supervisor e supervisionado pode se constituir em uma fantástica experiência de aprendizagem porque oferece um modelo para a curiosidade e a descoberta guiada que o supervisionado pode repetir na terapia com o cliente. Os planos de tratamento, o progresso da terapia, os resultados de determinadas intervenções, os impasses terapêuticos e as reações do terapeuta são discutidos na supervisão. Cada uma dessas discussões supervisionadas pode ser examinada através das lentes de uma conceitualização de caso para testar a sua "adequação", para entender melhor o que ocorreu e para então planejar uma forma de seguir em frente.

Como ocorre com muitos outros terapeutas, nós somos atraídos para a TCC devido ao diálogo criativo que existe entre a experiência clínica, a teoria e a pesquisa. Nossa experiência clínica está de acordo com a posição da tendência atual (cf. Eells, 2007), de que a conceitualização de caso pode de fato funcionar segundo as 10 formas recém-descritas. Mas a pesquisa existente conta uma história mais incerta. As próximas seções revisam a base de evidências para a conceitualização de caso em TCC e os desafios que ela impõe. No Capítulo 2, descrevemos por que acreditamos que nosso modelo resolve os principais desafios apresentados pela pesquisa e pela prática clínica.

O QUE NOS DIZEM AS EVIDÊNCIAS SOBRE CONCEITUALIZAÇÃO DE CASO

A literatura da pesquisa da conceitualização de caso foi revisada de forma abrangente em outro lugar (veja Bieling e Kuyken, 2003; Kyken, 2006). Esta sinopse destaca desafios importantes ao argumento de que a conceitualização de caso em TCC está "baseada em evidências".

A conceitualização de caso pode ser submetida à pesquisa?

Alguns terapeutas defendem que a conceitualização de caso não pode ser submetida à pesquisa. Em psicoterapia psicodinâmica, existe uma resposta convincente a essa crítica, que vem na forma de um programa de pesquisa que examina uma estrutura de conceitualização de caso particular, o Tema Central de Relacionamento Conflituoso (CCRT; Luborsky e Crits-Christoph, 1998). Para ilustrar que a conceitualização de caso pode ser baseada em evidências, apresentamos uma sinopse desse programa de pesquisa.

As descrições que os pacientes fazem das suas relações são usadas no método do CCRT para inferir temas centrais nos conflitos interpessoais (ou seja, expectativas em relação a si mesmo, em relação aos outros, às respostas dos outros e às respostas da própria pessoa). Os autores (Luborsky e Crits-Christoph, 1998) explicitam as ligações com a teoria psicodinâmica subjacente e desenvolveram uma metodologia sistemática e transparente para a pontuação.

O CCRT se mostrou confiável. Uma revisão de oito estudos que examinam a concordância dos juízes quanto aos temas centrais nas relações dos pacientes encontrou concordância na faixa de moderada a boa (kappa = 0,6 – 0,8; Luborsky e Diguer, 1998). A fidedignidade foi melhor para alguns aspectos do CCRT do que para outros, e os juízes mais capacitados e sistemáticos tenderam a apresentar índices mais altos de concordância um com o outro. As evidências de confiabilidade do teste-reteste foram estabelecidas a partir da avaliação da fase inicial do tratamento (Barber, Luborsky, Crits-Christoph e Diguer, 1998). Em estudos de validade, a aplicação dos temas centrais de relacionamentos conflituosos foi associada de maneira previsível ao funcionamento defensivo (Luborsky, Crits-Chrostoph e Alexander, 1990). Além do mais, as mudanças na prevalência do CCRT foram associadas a mudanças nos sintomas durante a terapia (Crits-Christoph, 1998), embora a dimensão das mudanças tenha sido pequena (especialmente nas expectativas em relação a si e aos outros) e o tamanho da associação tenha sido modesto. O CCRT foi vinculado aos resultados da terapia. Interpretações acuradas baseadas nas conceitualizações de caso derivadas do CCRT foram associadas às melhoras do paciente em um estudo de 43 pacientes em psicoterapia dinâmica breve (Crits-Christoph, Cooper e Luborsky, 1988).

Assim sendo, o CCRT parece ser um método de conceitualização de caso que é confiável, válido e relacionado com os resultados de melhora. Em suma, o método do CCRT sugere que uma abordagem de conceitualização de caso sistemática e coerente usada por terapeutas bem treinados e habilidosos pode ser baseada em evidências.

Existe uma base de evidências para a conceitualização de caso em TCC?

A conceitualização de caso em TCC está baseada em evidências da mesma forma que o CCRT psicodinâmico? Peter Bieling e Willem Kuyken estabeleceram critérios para avaliar se a conceitualização de caso merece o título de "o coração da prática baseada em evidências" (Bieling e Kuyken, 2003, p. 53), "o elo que une teoria e prática" (Butler, 1998, p. 1) e de princípio-chave que sustenta a terapia cognitiva (J. S. Beck, 1995). Conforme apresentado a seguir, os critérios para a conceitualização de caso baseada em evidências podem ser classificados de um modo mais amplo como *top-down* e *bottom-up*:

Critério top-down

- A teoria sobre a qual está fundamentada a conceitualização está baseada em evidências?

Critérios bottom-up

- A conceitualização é confiável? Ou seja:
  – O processo de conceitualização é confiável?
  – Os clínicos podem concordar com a conceitualização?
- A conceitualização é válida? Ela triangula com a experiência do cliente, com as medidas padronizadas e as impressões do terapeuta e do supervisor clínico?
- A conceitualização melhora a intervenção e os resultados da terapia?
- A conceitualização é aceitável e útil aos clientes e terapeutas?

Critério top-down *para a conceitualização baseada em evidências*

O critério *top-down* é satisfeito pelas respostas afirmativas a suas perguntas: "A teoria da qual a conceitualização de caso é derivada está baseada em uma observação clínica sólida?" e "Os elementos descritivos e explanatórios da teoria cognitiva são sustentados pela pesquisa?" Para considerarmos essas duas perguntas, descrevemos brevemente os elementos da teoria cognitiva e a base de evidência para as teorias da TCC dos transtornos emocionais.

Desde o seu início, a teoria da TCC foi apreciada pelas suas descrições e explanações sistemáticas das dificuldades emocionais. Embora a TCC tenha se desenvolvido entre o final da década de 1950 e o fim da década de 1970, os relatos dominantes dos transtornos emocionais eram biológicos e psicológicos. Pioneiros como Aaron T. Beck e Albert Ellis foram treinados em terapia psicanalítica, mas descobriram que, quando tentavam aplicar essas teorias aos seus clientes, elas se mostraram procrustianas. Para fazer com que a teoria psicanalítica se adequasse, eles tinham que desconsiderar a forma como as pessoas descreviam sua depressão e sua ansiedade. Esta desconformidade levou Aaron T. Beck a articular um modelo dos transtornos emocionais que estivesse fundamentado em como as pessoas descreviam o seu sofrimento (Beck, 1967) e o qual continua a se desenvolver (Beck, 2005). O modelo atual reconhece os modos de processamento de informação (Barnard e Teasdale, 1991; Power e Dalgleish, 1997) e dois níveis de crenças: as crenças centrais e os pressupostos condicionais subjacentes (Beck, 1996, 2005; J. S. Beck, 1995, 2005). Considera-se que as estratégias que as pessoas usam em várias situações estão vinculadas ao modo de operar e às crenças e aos pressupostos ativados. Os modos, as crenças centrais, os pressupostos subjacentes e as estratégias comportamentais favorecidas estão ligados uns aos outros e à história do desenvolvimento da pessoa. Por fim, os pensamentos automáticos descrevem os pensamentos e as imagens que surgem espontaneamente na mente a cada momento.

Modos

Os modos constituem o mais abrangente desses conceitos. Os modos descrevem os padrões integrais de processamento da informação que auxiliam as pessoas a se adaptarem às mudanças das demandas. Eles são ativados quando os esquemas de orientação identificam essas demandas. Um exemplo clássico de um modo em ação é quando uma pessoa *instantaneamente* se orienta e atenta seletivamente para uma ameaça, provocando processos cognitivos finamente harmonizados (p. ex., onde, quem, o quê), reações emocionais (p. ex., medo), estados psicológicos (p. ex., excitação autonômica) e reações comportamentais (p. ex., imobilização, luta ou fuga).

O conteúdo dos modos é organizado em torno de temas centrais e reflete os temas associados a transtornos emocionais particulares. Perda, derrota e falta de energia estão associados ao transtorno depressivo maior. Ameaça, medo e energia estão associados a transtornos de ansiedade. Uma pessoa no modo depressivo conserva os recursos; na ansiedade, é enfatizada a busca imediata de segurança. Neste sentido, alguns modos são "primitivos" e são experienciados como ações reflexas aos estímulos (p. ex., hostilidade e preconceito) e associados a reações comportamentais mais complexas.

Crenças centrais

As crenças centrais são aquelas que uma pessoa tem a respeito de si mesma, dos outros e do mundo. Diferente dos modos, que representam padrões integrais de processamento de informação e resposta, as crenças centrais referem-se a constructos cognitivos específicos ou a conteúdos como "Eu sou adorável" ou "Não se pode confiar nas pessoas". As crenças centrais são geralmente formadas em idade precoce. A maioria das pessoas irá formar crenças centrais em pares, tais como "Eu sou forte" e "Eu sou fraco" (Padesky, 1994a). Apenas um dos pares dessas crenças centrais é ativado a cada vez. Quando se está ansioso, a crença central "Eu sou fraco" provavelmente será ativada. Em circunstâncias menos ameaçadoras, a crença central "Eu sou forte" será ativada. Quando ativadas, as crenças centrais são vivenciadas como verdades absolutas; como tais, elas são tipicamente carregadas de afeto.

Às vezes as pessoas não desenvolvem crenças centrais aos pares em todos os domínios. Seja devido a circunstâncias adversas no desenvolvimento, a eventos traumáticos ou a fatores biológicos, algumas pessoas possuem crenças centrais fortemente desenvolvidas que não são equilibradas por uma crença central alternativa (Beck et al., 2004). Por exemplo, pessoas com diagnóstico de transtorno de ansiedade ou com depressão crônica e ansiedade frequentemente possuem crenças centrais altamente carregadas emocionalmente que se generalizam incondicionalmente em todas as situações e humores. Uma pessoa com transtorno da personalidade histriônica irá provavelmente encarar os outros como "precisando ser entretidos" e a si mesma como "chata e incapaz de inspirar afeição", mesmo sob condições de segurança. Assim sendo, uma forma de se detectar a presença de uma crença central é observar a existência de pensamentos que são acompanhados de emoção intensa e que não se alteram diante de evidências contraditórias.

Pressupostos subjacentes

Os pressupostos subjacentes são crenças de nível intermediário que (1) mantêm as crenças centrais explicando experiências de vida que de outra forma poderiam contradizer a crença central ativada, (2) oferecem regras de vida em inúmeras situações que estão em consonância com as crenças centrais e (3) protegem a pessoa do afeto negativo associado à ativação das crenças centrais. Eles são chamados de intermediários porque se situam entre as crenças centrais, que são absolutas, e os pensamentos automáticos, que são específicos das situações. O Quadro 1.2 ilustra as ligações entre os modos, as crenças centrais, os pressupostos subjacentes e as estratégias para duas pessoas, Suzette e Bob.

Os terapeutas cognitivos oferecem uma variedade de terminologias para descrever os pressupostos subjacentes. Judith S. Beck (1995) os chama de

Quadro 1.2 Exemplos de casos vinculando modos, crenças centrais, pressupostos subjacentes e estratégias

	Suzette: "Eu estou sempre em ação."	Bob: "Você tem que cuidar do número 1!"
Modos	Hiperexcitação	Modo de luta
Crenças Centrais	"Eu sou chata e incapaz de inspirar afeição." "Os outros precisam ser entretidos."	"Eu sou poderoso e superior." "Os outros me exploram e merecem ser explorados."
Pressupostos subjacentes	"Se eu divertir as pessoas, elas vão me achar interessante/me amar." "Se eu não for especial e diferente, ninguém vai me achar interessante ou capaz de despertar afeição."	"Enquanto eu ficar acima das outras pessoas, elas não vão conseguir tirar vantagem de mim." "Se eu não explorar as pessoas primeiro, elas vão me explorar."
Estratégias	Agir, divertir, encantar e seduzir. Quanto isso não é conseguido com reconhecimento, danos a si mesmo e tentativas de suicídio.	Manipular e mentir. Vigilante quanto ao comportamento dos outros.
Pensamentos automáticos	Pensamento: "Eu não sou especial." Imagem de si mesmo contando uma história aos colegas e vendo-os serem "persuadidos" por ele.	Pensamento: "O meu chefe só está me usando." Imagem de si mesmo desaparecendo em uma multidão.

crenças associadas e distingue entre pressupostos (p. ex., "Se eu não for especial e diferente, ninguém vai me achar interessante ou capaz de inspirar afeição"), regras para viver (p. ex., "O 'show' deve continuar") e atitudes (p. ex., "Somente as pessoas que são divertidas são apreciadas"). Padesky usa o termo *pressuposto subjacente* para destacar que estas crenças operam abaixo da superfície dos pensamentos automáticos e dos comportamentos (Padesky e Greenberger, 1995). Ela argumenta que é útil sempre que possível definir os pressupostos subjacentes como crenças condicionais do tipo "se ... então ...". A sua justificativa é que as crenças definidas na forma "se ... então ..." são preditivas e, assim, podem ser testadas com mais facilidade na terapia por meio de experimentos comportamentais. Também pode haver muitas razões diferentes para uma regra particular de vida. A regra "o 'show' deve continuar" pode da mesma forma ser resultante dos pressupostos subjacentes: "Se eu não for especial e diferente, ninguém me achará interessante ou capaz de inspirar afeição", ou "Se as pessoas não conseguirem me divertir, elas não merecem a minha atenção". Expressar os pressupostos subjacentes de uma forma "se ... então ..." explicita as crenças de uma forma mais clara.

Sejam elas chamadas de pressupostos subjacentes, de crenças associadas ou de pressupostos condicionais, essas crenças formam uma rede de crenças geralmente coerentes que apoiam crenças centrais relacionadas. As crenças centrais são uma forma primária de construir a si mesmo, os outros e o mundo; os pressupostos subjacentes apoiam essa interpretação primária. Mesmo assim, as crenças centrais não predizem quais pressupostos subjacentes específicos uma pessoa terá, porque existe uma variedade de pressupostos que podem sustentar uma crença central.

Estratégias

As estratégias descrevem o que a pessoa faz quando são ativados os modos, as crenças centrais e os pressupostos subjacentes. Elas estão intimamente ligados aos modos e ao conteúdo das crenças centrais e dos pressupostos subjacentes. Por exemplo, em um modo de ameaça primitiva, a estratégia pode ser lutar ou fugir. Em um modo paranoide mais diferenciado, a reação comportamental pode ser afastamento e hipervigilância. As estratégias podem ser cognitivas e comportamentais, e a sua abrangência é enorme; o importante é que elas são inteligíveis quando compreendemos os modos e as crenças de uma pessoa.

Mesmo as estratégias mais incomuns podem se tornar reações possíveis de ser entendidas quando são identificados o modo, as crenças centrais e os pressupostos subjacentes. Por exemplo, Suzette, uma das pessoas conceitualizadas no Quadro 1.2, cortou os pulsos quando um colega de trabalho lhe assegurou: "Você é igual a todas as outras pessoas nesta empresa." Para ela, esta inclusão na normalidade foi devastadora, porque Suzette tinha um pressuposto subjacente: "Se eu não for especial e diferente, ninguém vai me achar interessante ou capaz de despertar afeição." O comentário feito pelo colega de que Suzette era normal ativou um alto nível de angústia, à qual ela reagiu se cortando.

As estratégias são ativadas por um termostato afetivo; uma pessoa reage cognitiva ou comportamentalmente quando o seu estado interno se desregula. Estes padrões de reação frequentemente se fortalecem com o passar do tempo através do processo de condicionamento operante ou clássico. As estratégias que com o tempo se tornam reflexas frequentemente parecem disfuncionais até suas origens serem examinadas. Pode ser normalizante para os clientes verem o quanto as estratégias inúteis que eles usam foram altamente adaptativas em um estágio anterior das suas vidas.

Pensamentos automáticos

Os pensamentos automáticos descrevem pensamentos e imagens que surgem para todas as pessoas ao longo do dia. Eles são chamados "automáticos" porque surgem rotineiramente para as pessoas à medida que estão em consonância com a sua experiência. As pessoas são tipicamente mais conscientes das suas reações emocionais do que dos pensamentos e das imagens que as precedem ou as acompanham. Os pensamentos automáticos são o foco da conceitualização quando eles explicam a ligação entre uma situação e uma reação emocional. No exemplo acima, o pensamento automático de Suzette quando seu colega disse "Você é igual a todas as outras pessoas nesta empresa" foi "Eu não sou especial", com a associação de uma imagem de si mesma desaparecendo na multidão.

Desde a publicação do seu livro original *Cognitive Therapy and the Emotional Disorders* (Beck, 1976), Beck e colaboradores desenvolveram formulações de uma ampla gama de áreas-problema com base na escuta cuidadosa dos relatos de clientes sobre suas crenças, suas emoções e seus comportamentos. Cada teoria da TCC postula conjuntos de crenças particulares junto a estilos de processamento da informação que descrevem e explicam o transtorno. O modelo cognitivo da depressão enfatiza a negatividade, especificamente em relação a si mesmo (Clark et al., 1999), e os modelos cognitivos de ansiedade enfatizam uma sensibilidade superdesenvolvida a ameaças (Beck et al., 1985). Os modelos cognitivos de transtorno da personalidade enfatizam as crenças e as estratégias associadas a diferentes transtornos da personalidade (Beck et al., 2004), com Suzette e Bob ilustrando pessoas com traços histriônicos e antissociais, respectivamente (Quadro 1.2). Talvez porque as teorias cognitivo-comportamentais tenham suas origens em observações cuidadosas provenientes da prática clínica, estas teorias tendem a proporcionar bons relatos descritivos dos transtornos emocionais que têm alta validade de face com os clientes e são bem-apoiadas pela pesquisa. Conforme apresentado no Quadro 1.3, existe uma base empírica substancial para as teorias cognitivas de muitos transtornos do Eixo I e II e também um crescente apoio empírico aos modelos cognitivos de psicose e, mais recentemente, aos modelos de resiliência.

No entanto, as pesquisas que apoiam as hipóteses explanatórias contidas nas teorias da TCC são mais conflitantes. Por exemplo, a teoria cognitiva do transtorno do pânico tem um sólido apoio da pesquisa tanto para o modelo geral quanto para muitas das suas hipóteses explanatórias (Clark, 1986). Por outro lado, embora exista uma quantidade substancial de pesquisas que apoiam o modelo cognitivo difuso do transtorno de ansiedade generalizada (TAG), existem muito menos estudos apoiando as suas hipóteses explanatórias; na verdade, existem hipóteses explanatórias que se contrapõem. Mais especificamente, o modelo amplo é que as pessoas com TAG superestimam os perigos e subestimam a sua capacidade de lidar com essas ameaças (Beck et al., 1985). Entre os modelos que competem para explicar o desenvolvimento e a manutenção do TAG, Riskind postula um "estilo cognitivo ameaçado", um esquema específico de perigo que dá vez a preocupação e evitação (Riskind, Williams, Gessner, Chrosniak e Cortina, 2000). Wells oferece um modelo cognitivo do

TAG que propõe metacognições maladaptativas, tais como crenças negativas sobre as preocupações (Wells, 2004). Borkovec (2002) sugere que um foco inflexível em relação ao futuro pode ser um problema cognitivo central no TAG. Cada um desses modelos diferentes possui algum apoio empírico. Assim sendo, os clínicos que buscam um modelo baseado em evidências para conceitualizar a preocupação de um cliente com base no TAG têm à sua disposição vários modelos diferentes de TCC a serem considerados, como também modelos comportamentais apoiados empiricamente (p. ex., Ost e Breitholtz, 2000).

Quadro 1.3 Protocolos e resumos de evidências primários de TCC

Área-problema	Protocolo	Resumo de Evidências
Depressão (unipolar)	Beck et al. (1979)	Clark et al. (1999)
Depressão (bipolar)	Newman, Leahy, Beck, Reily-Harrington e Gyulai (2002)	Beynon, Soares-Weiser, Woolacott, Duffy e Geddes (2008)
Transtornos de ansiedade	Beck et al. (1985)	Butter et al. (2006); Chambless e Gillis (1993)
TEPT	Ehlers, Clark, Hackmann, McManus e Fennell (2005)	Harvey, Bryant e Tarrier (2003)
Transtornos da personalidade	Beck e Rector (2003)	Beck e Rector (2003), mas veja Roth e Fonagy (2005)
Abuso e dependência de substância	Beck, Wright, Newman e Liese (1993)	Nenhum resumo até o momento, mas veja Roth e Fonagy (2005)
Transtornos da alimentação	Fairburn, Cooper e Shafran	Nenhum resumo até o momento, mas veja Roth e Fonagy (2005)
Problemas de relacionamento	Beck (1989); Epstein e Baucom (1989)	Baucom, Shoham, Mueser, Daiuto e Stickle (1998)
Resiliência e saúde	Seligman e Csikszentmihalyi (2000); Wells-Federman, Stuart-Shor e Webster (2001); Williams (1997)	Nenhum resumo até o momento
Psicose	Beck e Rector (2003); Fowler, Garety e Kuipers (1995); Morrison (2002)	Tarrier e Wykes (2004)
Hostilidade e violência	Beck (2002)	R. Beck e Fernandez (1998)

Nota: Várias revisões importantes examinam o *status* empírico da TCC nas áreas-problema (Beck, 2005; Butler et al., 2006; Roth e Fonagy, 2005).

Em resumo, de acordo com o critério *top-down* para a conceitualização de caso baseada em evidências, a teoria cognitiva geral proporciona uma base sólida para o trabalho com os clientes para desenvolver conceitualizações. É necessário que haja mais pesquisas para examinar os elementos explanatórios das teorias cognitivas da depressão (Beck, 1967; Beck, Rush, Shaw e Emery, 1979; Clark et al., 1999), ansiedade (Beck et al., 1985; Clark, 19986; Craske e Barlow, 2001) e transtornos da personalidade (Beck et al., 2004; Linehan, 1993; Young, 1999). Contudo, estas teorias já oferecem estruturas ricas para uso dos terapeutas. As teorias cognitivas proporcionam fundamentos baseados em evidências para a descrição dos problemas apresentados pelos clientes e também geram hipóteses testáveis sobre os fatores desencadeantes, de manutenção, de predisposição e protetores. Consideramos a teoria da TCC um ingrediente vital no caldeirão da conceitualização de caso porque ela é derivada da observação clínica fundamentada e possui um amplo apoio da pesquisa. Quando os terapeutas têm uma teoria consistente com a qual estão familiarizados, eles estão muito mais bem equipados para integrar de forma consistente a teoria à sua prática em conceitualização.

Critérios bottom-up *para a conceitualização com base em evidências*

Os outros critérios para avaliação da base de evidência da conceitualização de caso são descritos por Bieling e Kuyken (2003) como *bottom-up*, fazendo referência ao processo, à utilidade e ao impacto da conceitualização de caso na prática clínica. Uma conceitualização de caso satisfaz os critérios *bottom-up* se ela for fidedigna, válida (isto é, tiver uma relação significativa com as experiências dos clientes e puder ser validada no cruzamento com outras medidas das experiências e do funcionamento dos clientes), afetar significativamente os processos e os resultados da terapia e se for encarada como aceitável e útil pelos clientes, pelos terapeutas e pelos supervisores. Existem evidências de que as conceitualizações da TCC satisfazem estes critérios *bottom-up*? Nesta seção apresentamos um sumário das evidências existentes até o momento.

A conceitualização de caso na TCC é fidedigna?

Os estudos da fidedignidade respondem a uma ou a estas duas perguntas:
1. A conceitualização de caso é fidedigna?
2. Os terapeutas concordam um com o outro em relação à conceitualização de um determinado caso?

Para responder a essas perguntas, os pesquisadores apresentaram aos terapeutas em TCC material de casos e um esquema para conceitualização e lhes pediram que formulassem um caso para ver se os terapeutas concordavam nos aspectos-chave da conceitualização (Kuyken, Fothergill, Musa e Chadwick, 2005; Mumma e Smith, 2001; Persons et al., 1995; Persons e Bertagnolli, 1999). Estes estudos convergem ao sugerirem que os terapeutas em geral concordam nos aspectos descritivos da conceitualização (p. ex., a lista de problemas do cliente), mas a fidedignidade se perde quando é necessária mais inferência para fazer hipóteses sobre os mecanismos explanatórios cognitivos e comportamentais subjacentes (p. ex., crenças-chave e as estratégias associadas).

Com esquemas mais sistemáticos de conceitualização de caso são atingidos índices mais altos de concordância entre os mecanismos cognitivos subjacentes, embora mesmo assim a fidedignidade não seja alta. Em um estudo de Kuyken e colaboradores (Kuyken, Fothergill et al., 2005), 115 terapeutas que participaram de um *workshop* de um dia sobre conceitualização de caso formularam um caso usando o Diagrama de Conceitualização de Caso de J. S. Beck (1995). Judith Beck formulou o mesmo caso também usando seu diagrama. Os índices de concordância entre a conceitualização prototípica da autora e a dos participantes do *workshop* foram altos para as informações descritivas (p. ex., informações passadas relevantes), moderados para informações fáceis de inferir (p. ex., estratégias compensatórias) e fracos para informações difíceis de ser inferidas (p. ex., pressupostos disfuncionais). A concordância foi mais alta entre os terapeutas mais experientes.

Propomos que uma abordagem sistemática, um treinamento focado e a experiência dos terapeutas aumentam a qualidade da conceitualização à medida que ela vai evoluindo dos níveis mais descritivos para os níveis explanatórios, o que requer inferências muito maiores baseadas na teoria. Estudos mais recentes fornecem algum apoio a essa visão (Eells, Lombart, Kendjelic, Turner e Lucas, 2005; Kendjelic e Eells, 2007; Kuyken, Fothergill et al., 2005).

A conceitualização de caso em TCC é válida?

O próximo critério *bottom-up* pergunta: "A conceitualização é válida?". Embora a fidedignidade seja normalmente um pré-requisito para a validade, existe valor na consideração da validade por si só, pelo menos para níveis mais descritivos de conceitualização, em que a fidedignidade já foi estabelecida. Diferentemente da abordagem dinâmica da CCRT revisada anteriormente, as evidências que apoiam esse critério só estão surgindo recentemente. Em um estudo que variava as informações que estavam disponíveis aos terapeutas ao longo do tempo e que lhes pedia que explicassem as mudanças na angústia dos seus clientes, os clínicos com mais experiência em conceitualização de caso explicaram, em média, o dobro da proporção da variância nas variáveis de angústia (Mumma e Mooney, 2007). Em um achado similar, em que a qualidade das conceitualizações em TCC geradas pelos terapeutas era julgada por avaliadores externos, os terapeutas mais experientes ou acreditados foram considerados como os que produziram conceitualizações de maior qualidade

(Kuyken, Fithergill et al., 2005). Entre as abordagens de terapia, a experiência do terapeuta está relacionada de forma consistente a conceitualizações de maior qualidade por serem mais abrangentes, elaboradas, complexas e sistemáticas (Eelles et al., 2005). Um estudo recente (Kendjelic e Eellis, 2007) demonstra que o treinamento que objetivava aperfeiçoar o uso dos terapeutas de uma abordagem sistemática à conceitualização levou a melhorias na qualidade global da conceitualização, como também a melhorias nas dimensões de elaboração, de abrangência e de precisão.

Em resumo, a escassez de dados que apoiam a validade da conceitualização de caso dentro do contexto da TCC é impressionante, embora os dados que estão surgindo sugiram que conceitualizações de alta qualidade requerem um alto nível de conhecimento do terapeuta.

A conceitualização de caso em TCC beneficia a terapia e seus resultados?

O próximo critério é se a conceitualização de caso beneficia as intervenções e os resultados da terapia. Se a conceitualização de caso não satisfizer esse critério, a sua utilidade para a prática clínica será questionável. A tradição clínica sustenta que as conceitualizações de caso individualizadas fortalecem o processo e os resultados da TCC porque elas orientam as intervenções e ajudam a prever problemas que precisam ser tratados na terapia (Flitcroft et al., 2007). Vem ocorrendo um crescimento no corpo de pesquisa que examina se a conceitualização de caso melhora o processo e os resultados da TCC. A maioria dessas pesquisas postula que uma abordagem individualizada deve superar uma abordagem manualizada porque a terapia está se adequando às necessidades particulares de um cliente.

Uma série de estudos de terapia comportamental, de TCC e de terapia cognitivo-analítica não conseguiu dar apoio a essa ideia básica (Chadwick, Williams e Mackenzie, 2003; Emmelkamp, Visser e Hoekstra, 1994; Evans e Parry, 1996; Ghaderi, 2006; Jacobson et al., 1989; Nelson-Gray, Herbert, Herbert, Sigmon e Brannon, 1989; Schulte, Kunzel, Pepping e Shutle-Bahrenberg, 1992). Um estudo inicial de Dietmar Schulte e colaboradores (Schulte et al., 1992) indicou aleatoriamente 120 pessoas diagnosticadas com fobias para terapia comportamental manualizada, terapia individualizada (baseada em uma análise funcional dos comportamentos-problema) ou para um controle conjunto em que eles recebiam um pacote de tratamento que havia sido adaptado a outra pessoa. Embora os três grupos diferissem significativamente, os autores não relatam comparações *pairwise*, embora as médias sugiram que a abordagem manualizada tenha superado as outras condições. Os controles individualizados e conjuntos não diferiram uns dos outros.

Nós realizamos testes *t post hoc* comparando os ramos padronizados e individualizados. Os resultados sugerem que o ramo manualizado foi superior ao braço individualizado no questionário de reação à ansiedade ($t = 2,14, p < 0,05$) e a pontuação global dos clientes ($t = 2,39, p < 0,05$) e houve uma tendência para o termômetro do medo ($t = 1,63, p = 0,1$). À primeira vista, esses resultados sugerem que a terapia conceitualmente individualizada (baseada em uma análise funcional) não trouxe vantagens em termos de resultados na terapia, não era significativamente diferente da individualização errada e, em duas dimensões, era inferior ao tratamento manualizado! Por outro lado, as análises *post hoc* dos autores da integridade dos ramos individualizados e manualizados sugerem evidências significativas de individualização no ramo manualizado; ou seja, os terapeutas adaptaram o manual para seus clientes e, assim, o tratamento manualizado não foi idêntico entre os clientes (Schulte et al., 1992).

Em um estudo mais recente, envolvendo uma série de *designs* de caso aplicando a TCC à psicose, a conceitualização de caso não teve um impacto identificado nos resultados ou nas medidas do processo avaliado pelo cliente, como, por exemplo, a relação terapêutica (Chadwick et al., 2003). O único efeito discernível da conceitualização de caso foi para o terapeuta, que achou que a aliança havia melhorado após a sessão em que a conceitualização de caso foi compartilhada com o cliente. Contudo, os clientes não avaliaram a aliança como tendo melhorado.

Existem algumas exceções a essa tendência geral entre os achados (Ghaderi, 2006; Schneider e Byrne, 1987; Strauman et al., 2006). Por exemplo, em um pequeno ensaio controlado randomizado com clientes que relatavam sintomas depressivos, uma intervenção adaptada (terapia de autossistema), tratando especificamente as autodiscrepâncias e os objetivos dos clientes, mostrou-se particularmente efetiva com os clientes para os quais tais preocupações eram centrais para os problemas apresentados (Stauman et al., 2006). Em outro estudo, Ghaderi (2006) comparou as abordagens individualizadas e manualizadas para clientes com bulimia nervosa. Embora houvesse poucas diferenças entre as condições, algumas medidas dos resultados favoreceram a condição individualizada e a maioria dos não respondentes estava na condição manualizada.

Esses poucos estudos oferecem evidências preliminares promissoras de que os modelos de tratamento individualizados guiados pela teoria podem melhorar os resultados. No entanto, esta promessa vem acompanhada de duas observações cautelosas. Primeiro, as diferenças entre as condições manualizada e individualizada, tendem a surgir apenas em um pequeno subgrupo das medidas dos resultados, e o tamanho do efeito das diferenças significativas tende a ser pequeno. Em segundo lugar, os avaliadores que fizeram as avaliações do *follow-up* tipicamente não estavam cegos à condição do tratamento. Em resumo, os estudos que examinam a relação entre a conceitualização de caso e os resultados da terapia apresentam pouco apoio definitivo aos benefícios frequentemente alegados para a conceitualização de caso. Concordamos com outros comentários (p. ex., Eifert, Schulte, Zvolensky, Lejuez e Lau,

1997) de que o tratamento individualizado e o manualizado não são mutuamente excludentes. Além disso, propomos que os manuais sejam usados de uma forma flexível e guiados pela teoria, orientados até onde seja possível por uma abordagem empírica para a tomada de decisão clínica. Além do mais, nosso modelo propõe que as conceitualizações criadas em conjunto com os clientes têm maior probabilidade de oferecer justificativas convincentes para as intervenções terapêuticas.

A conceitualização na TCC é considerada aceitável e útil?

O critério *bottom-up* final para o julgamento da base de evidências da conceitualização de caso em TCC pergunta se a conceitualização de caso é de ajuda para os clientes da TCC e é considerado útil por terapeutas, supervisores e pesquisadores clínicos. Alguns estudos em pequena escala estão começando a abordar esta questão com resultados fascinantes (Chadwick et al., 2003; Evans e Parry, 1996). As reações dos clientes às conceitualizações de caso são positivas (levaram a uma melhor compreensão, sentiram-se mais esperançosos) e negativas (me fizeram achar que eu estava "louco", perturbado). Este trabalho é salutar porque a tendência principal da TCC tipicamente descreve a conceitualziação de caso como benéfica (como fazemos acima) e raramente menciona o seu impacto negativo potencial. As reações negativas a uma conceitualização de caso podem dificultar a terapia ou, como especulam Evans e Parry (1996) de uma forma *post hoc* a partir da perspectiva da terapia analítica cognitiva, motivam os clientes e facilitam a mudança.

A partir da perspectiva dos terapeutas, a conceitualização de caso está cada vez mais sendo vista como um aspecto central da TCC (Flitcroft et al., 2007). Programas básicos e avançados de treinamento em TCC tipicamente incluem a conceitualização de caso como uma habilidade fundamental. Embora há uma década existisse apenas um punhado de trabalhos empíricos sobre conceitualização de caso, a pesquisa nessa área está crescendo de forma constante. O crescimento do compromisso com a conceitualização de caso sugere que os terapeutas a consideram útil como método para individualizar os manuais de TCC para clientes particulares. Por outro lado, existe pouca evidência de que os clientes experienciem a conceitualização de caso como uma parte central da TCC.

Devemos eliminar a conceitualização de caso da TCC?

Muito embora os terapeutas de TCC e os programas de treinamento estejam muito comprometidos com a conceitualização de caso, as evidências desafiam os papéis alegados para a conceitualização de caso em TCC. Não podemos advogar com muita ênfase as abordagens existentes de conceitualização de caso como uma alternativa para as abordagens baseadas em protocolos simplesmente porque estas últimas por vezes não são eficientes nas apresentações comórbidas ou complexas. Argumentamos, no entanto, que as pesquisas até o momento não servem como motivo para o abandono da conceitualização de caso; ao contrário, acreditamos que ela nos desafia a desenvolver modelos mais prováveis de atender aos padrões baseados em evidências.

A partir de uma perspectiva *top-down*, as teorias cognitivas estão baseadas na observação clínica cuidadosa, têm uma base sólida de evidências e oferecem muitas hipóteses testáveis. Um bom terapeuta de TCC utiliza teorias cognitivas para planejar e para orientar a terapia. Contudo, diferentemente da base de evidências para a abordagem psicodinâmica de conceitualização de caso na CCRT, os terapeutas de TCC parecem não usar a conceitualização de caso de uma forma empírica e direcionada pelos princípios.

Este texto ensina uma abordagem à conceitualização de caso em TCC que sirva como uma ponte entre a teoria e a prática, informa a terapia e potencialmente resiste ao exame empírico. Acreditamos que é preciso dar um passo adiante para resolver alguns dos desafios apresentados pelos estudos de pesquisas que examinam a conceitualização de caso em TCC. Nos próximos capítulos, apresentamos nosso modelo de conceitualização de caso em TCC, justificamos por que os terapeutas devem segui-la e explicamos em detalhes como aplicá-la. A seguir, examinaremos os três princípios fundamentais do modelo: desenvolvimento de níveis de conceitualização (Capítulo 2), empirismo colaborativo (Capítulo 3) e incorporação dos pontos fortes do cliente (Capítulo 4). Posteriormente, damos vida a esses princípios, mostrando como a conceitualização de caso de um cliente em particular se desenvolve no curso do tratamento e serve de guia para este (Capítulos 5 a 7). A conceitualização de caso requer habilidades mais sofisticadas, que podem ser desenvolvidas por meio de treinamento e supervisão; o Capítulo 8 apresenta ideias para o aprendizado e o ensino das habilidades para a conceitualização de caso. No Capítulo 9, reunimos esses temas e sugerimos direções futuras para a pesquisa sobre a conceitualização de caso. Ao descrevermos explicitamente os processos e os princípios da conceitualização de caso, esperamos que este livro incentive os terapeutas de TCC a abordarem a conceitualização de caso como uma jornada que será excitante, criativa, dinâmica, gratificante e mais bem aproveitada com a participação integral do cliente.

Resumo do Capítulo 1

- A conceitualização de caso é um processo como o que ocorre em um caldeirão; ela sintetiza a experiência individual do cliente com a teoria pertinente e a pesquisa.
- O empirismo colaborativo é o "calor" que ativa o processo de conceitualização.

- A conceitualização se desenvolve durante o curso da TCC, progredindo dos níveis descritivos para níveis cada vez mais explanatórios.
- As conceitualizações incorporam não só os problemas do cliente, mas também seus pontos fortes e a resiliência.
- A conceitualização de caso em TCC serve a 10 funções-chave, que descrevem as dificuldades atuais do cliente em termos de TCC, facilitam o entendimento dessas dificuldades e informam a terapia.
- A conceitualização de caso ajuda a atingir os dois objetivos abrangentes da TCC: aliviar o sofrimento do cliente e desenvolver a resiliência.
- A base de evidências para a conceitualização de caso em TCC apresenta desafios importantes. Este livro responde a tais desafios, fornecendo uma estrutura para que seja feita a conceitualização.

2

O caldeirão da conceitualização de caso
Um novo modelo

> *Sei que deveria conceitualizar com os meus clientes,
> mas tenho medo de tender a agir só pelo instinto.*
>
> Terapeuta

Embora a maioria dos terapeutas ache que existem benefícios na conceitualização de caso, muitos não a incorporam com cuidado à sua prática terapêutica. Outros questionam a necessidade da conceitualização de caso: "Se existem manuais de TCC baseados em evidências, por que precisamos da conceitualização de caso? Um diagnóstico não é suficiente?". Mesmo quando os terapeutas desenvolvem uma conceitualização de caso, frequentemente ela é aplicada de formas que limitam a sua utilidade. Como supervisores e consultores, observamos o seguinte:

- A conceitualização de caso meramente copia a teoria da TCC, com aspectos da apresentação do cliente agregadas às seções do modelo da TCC. Os aspectos cruciais do caso são "cortados fora": a abordagem procrusteana.
- A conceitualização de caso integra pouca ou nenhuma teoria da TCC; em vez disso, ela meramente descreve a experiência da pessoa.
- O terapeuta produz diversas conceitualizações diferentes para cada condição comórbida. Estas são difíceis de serem ligadas e seriam incoerentes e devastadoras se compartilhadas com os clientes.
- A conceitualização é tão elaborada e complexa que se parece com uma caixa de circuitos elétricos.
- O nível de conceitualização usado não está adequado à fase da terapia. Por exemplo, o terapeuta desenvolve uma conceitualização exces-

sivamente elaborada em um momento muito precoce da terapia, antes mesmo de formular uma simples conceitualização descritiva.

Além disso, quando observamos gravações em áudio e vídeo de sessões de terapia com TCC como parte de uma supervisão ou consulta, frequentemente observamos:
- Os terapeutas conceitualizam unilateralmente, não colaborativamente.
- O conteúdo das sessões de TCC parece não ter relação com a conceitualização do caso.
- O terapeuta pressupõe que entende tudo, mas não faz uma pausa para verificar se o seu ponto de vista é compartilhado pelo cliente.
- O cliente parece estar trabalhando a partir de uma compreensão diferente da do terapeuta. O terapeuta ou não detecta isto ou não procura uma concordância esclarecedora da conceitualização.

Todos esses erros comuns na conceitualização de caso são fáceis de ser cometidos pelos terapeutas de TCC na prática diária, mas a nossa nova abordagem pode ajudá-los a evitar tais erros. O modelo de conceitualização de caso que propomos surgiu (1) da nossa experiência clínica como terapeutas, supervisores, consultores e instrutores de TCC e (2) da nossa resposta a achados importantes na pesquisa empírica em conceitualização de caso em TCC resumidos no capítulo anterior.

PRINCÍPIOS ORIENTADORES PARA A CONCEITUALIZAÇÃO DE CASO EM TCC

Conforme apresentado resumidamente no Capítulo 1, utilizamos a metáfora de um caldeirão para descrever o processo de conceitualização de caso. O caldeirão é onde a teoria, a pesquisa e as experiências do cliente são integradas para formar uma nova descrição e entendimento das dificuldades do cliente. Embora fundamentada em teoria baseada em evidências e na pesquisa, a conceitualização formada no caldeirão é original e única para o cliente e revela os caminhos para uma mudança duradoura. Existem várias características que consideramos como os princípios definidores fundamentais da conceitualização em TCC. Os três princípios orientadores são (1) níveis de conceitualização, (2) empirismo colaborativo e (3) incorporação dos pontos fortes do cliente (veja o Quadro 2.1). Estes princípios possibilitam uma abordagem à conceitualização que é flexível, mas sistemática.

O processo de conceitualização se desenvolve ao longo do curso da TCC. O vapor que emana do caldeirão na Figura 1.1 representa os diferentes níveis de conceitualizações descritivas e explanatórias.

Quadro 2.1 Princípios para orientar a conceitualização de caso na TCC

1. Níveis de conceitualização	A conceitualização se desenvolve a partir da descrição das dificuldades atuais de um cliente em termos de TCC, de forma a prover estruturas explanatórias que vinculam os desencadeantes, ciclos de manutenção e/ou fatores predisponentes e protetores;
2. Empirismo colaborativo	Terapeuta e cliente trabalham *juntos*, integrando a experiência do cliente com teoria e pesquisa apropriadas em um processo esclarecedor de formulação e testagem de hipóteses.
3. Foco nos pontos fortes	A conceitualização identifica e incorpora ativamente os pontos fortes do cliente com o objetivo de aplicar os recursos existentes no cliente às suas dificuldades atuais e para fortalecer a sua consciência e utilizar seus pontos fortes ao longo do tempo (ou seja, desenvolvendo a resiliência).

Princípio 1: Níveis de conceitualização

A conceitualização de caso em TCC começa pela *descrição* das dificuldades atuais em termos cognitivos e comportamentais. Enquanto os clientes relatam o que os trouxe à terapia, o terapeuta os ajuda a descrever as dificuldades atuais em termos de pensamentos, sentimentos e comportamentos. Geralmente, este nível de conceitualização ocorre durante o início da fase de avaliação. Tipicamente, este é o primeiro produto do caldeirão.

Depois disso, cliente e terapeuta começam a *explicar* como as dificuldades atuais são desencadeadas e mantidas, usando a teoria da TCC. Tipicamente, esse é o segundo produto do caldeirão. Finalmente, um terceiro nível de conceitualização pode ser desenvolvido para *explicar* como se originaram as dificuldades atuais. Este nível descreve os fatores históricos predisponentes e os fatores protetores em termos cognitivo-comportamentais. Em geral, este terceiro produto é uma conceitualização longitudinal que proporciona um contexto histórico para o entendimento dos problemas apresentados. Em suma, a TCC começa com níveis descritivos de conceitualização, encaminha-se para as explicações dos desencadeantes e para fatores de manutenção e então, quando necessário, considera os fatores que predispõem as pessoas e as protegem das preocupações atuais. Nem todos os casos requerem este terceiro nível. A conceitualização tipicamente progride através desses três níveis inferenciais crescentes de explicação, quando necessário, para atingir os objetivos do cliente na terapia. Para alguns clientes, o primeiro nível descritivo será suficiente. Mais frequentemente, são suficientes as conceitualizações descritivas seguidas por conceitualizações explanatórias dos desencadeantes e da manutenção. Para alguns clientes, especialmente aqueles com dificuldades crônicas, todos os três níveis podem ser necessários.

Princípio 2: Empirismo colaborativo

Em um caldeirão, o calor age como um catalisador para a reação química. No caso da conceitualização, o empirismo colaborativo é o catalisador que integra a teoria da TCC, a pesquisa e a experiência do cliente. As mãos na Figura 1.1 representam o terapeuta e o cliente trabalhando juntos, usando o empirismo colaborativo. Por razões elaboradas abaixo, o nosso processo de conceitualização de caso somente será efetivo se for desenvolvido pelo terapeuta e o cliente; o cliente deve estar integral e explicitamente envolvido em todos os estágios do processo de conceitualização. Cada um dos dois, terapeuta e cliente, colabora com alguma coisa importante e diferente para o processo: os terapeutas de TCC lançam mão das teorias e das pesquisas mais relevantes para descrever e explicar as preocupações dos clientes, enquanto que os clientes fornecem observações essenciais e *feedback* que mantêm a conceitualização dentro do caminho esperado. O empirismo é empregado em todo o processo de conceitualização como um controle metodológico e como equilíbrio entre as ideias alternativas e para encorajar o uso das melhores evidências disponíveis. Colaboração e empirismo trabalham em consonância. Assim sendo, chamamos nosso segundo princípio de "empirismo colaborativo". Consideramos o empirismo colaborativo essencial para que a conceitualização de caso desempenhe as suas funções (Quadro 1.1).

Princípio 3: Incorporação dos pontos fortes do cliente

As abordagens mais atuais da TCC preocupam-se exclusiva ou principalmente com os problemas, vulnerabilidades e história de adversidades de um cliente. Defendemos que os terapeutas identifiquem e trabalhem com os pontos fortes do cliente em cada estágio da conceitualização. Um foco nos pontos fortes é frequentemente mais motivador para o engajamento dos clientes e oferece a vantagem de aproveitar essa força no processo de mudança para preparar o caminho para uma recuperação duradoura. No interior do caldeirão da conceitualização de caso, a experiência do cliente inclui os seus pontos fortes. As teorias da resiliência em TCC (Snyder e Lopez, 2005) são destacadas e elaboradas durante o processo de conceitualização juntamente às teorias da TCC que são relevantes para os problemas.

Por que usar uma abordagem à conceitualização orientada pelos princípios?

Quando os tópicos são complexos, uma tomada de decisão que seja hábil envolve tipicamente múltiplos pontos de escolha (Garb, 1998). Em cada ponto de escolha durante a conceitualização, os terapeutas precisam incorporar diferentes tipos de informações (cliente, teoria, pesquisa) que são sobrepostas e complexas. As informações podem ser descritivas (p. ex., o relato de um cliente sobre o seu medo de cães), incorporar detalhes sobre como as dificuldades atuais variam nas diferentes situações (p. ex., o medo é maior em alguns contextos do que em outros) e incluir uma perspectiva histórica (p. ex., como se originou o medo e como ele foi se modificando com o passar do tempo). Além do mais, as conceitualizações são dinâmicas, desenvolvendo-se durante o curso da terapia. Assim sendo, os terapeutas provavelmente serão ajudados se tiverem princípios-chave a serem seguidos. Da mesma forma que um marinheiro na maior parte das áreas do mundo pode usar uma bússola para seguir um curso e acompanhar as condições meteorológicas, um terapeuta pode usar princípios para se manter no curso quando se defronta com complexidades e mudanças consideráveis.

As próximas seções oferecem justificativas teóricas e empíricas para a nossa escolha dos níveis de conceitualização, empirismo colaborativo e inclusão dos pontos fortes do cliente como os três princípios primários que orientam a conceitualização de caso.

NÍVEIS DE CONCEITUALIZAÇÃO

Por que encarar as conceitualizações como níveis em desenvolvimento?

A conceitualização de caso desenvolve-se progressivamente durante o curso da terapia como aspectos da experiência do cliente que são apresentados. Uma determinada conceitualização de caso pode apenas ser tão boa quanto as informações atuais disponíveis ao cliente e ao terapeuta. Novas informações estão continuamente sendo acrescentadas por meio da observação, de entrevistas e de experimentos. Assim, as conceitualizações de caso se desenvolvem com o tempo para fornecer a "melhor adequação" atual. Um cliente descreveu da seguinte forma: "Eu não acho que algum dia terei uma compreensão completa... estou sempre encontrando coisas que se vinculam a como eu estou me sentindo agora." Um terapeuta coloca desta forma: "O que você faz é mudar a conceitualização para adequar às informações que o cliente dá, em vez de mudar as informações para que elas se tornem adequadas. A vida do cliente irá apoiar ou rejeitar a conceitualização, e se ela rejeitar a conceitualização, a conceitualização estará errada." A maioria das revisões é incrementada à medida que nos movemos da descrição para níveis mais altos de explanação – observações são acrescentadas, fatores particulares são enfatizados ou eliminados e são descobertas novas conexões entre as diferentes partes da experiência do cliente.

Conforme o diagrama na Figura 2.1, nossa abordagem constrói progressivamente uma conceitualização de caso a partir de uma descrição inicial das dificuldades atuais até a identificação dos desencadeantes e dos fatores que mantêm as dificuldades atuais. Com o passar do tempo, podemos construir uma conceitualização longitudinal em que as dificuldades atuais do cliente podem ser entendidas em termos da história do seu desenvolvimento. Quando se tornam conhecidos, os fatores predisponentes são incorporados à conceitualização do caso juntamente aos fatores protetores que ajudam o cliente a lidar com as dificuldades.

Conceitualização explanatória

Níveis crescentes de inferência

Longitudinal: Fatores protetores e predisponentes

Transversal: Fatores desencadeantes e de manutenção

Dificuldades apresentadas

Conceitualização descritiva

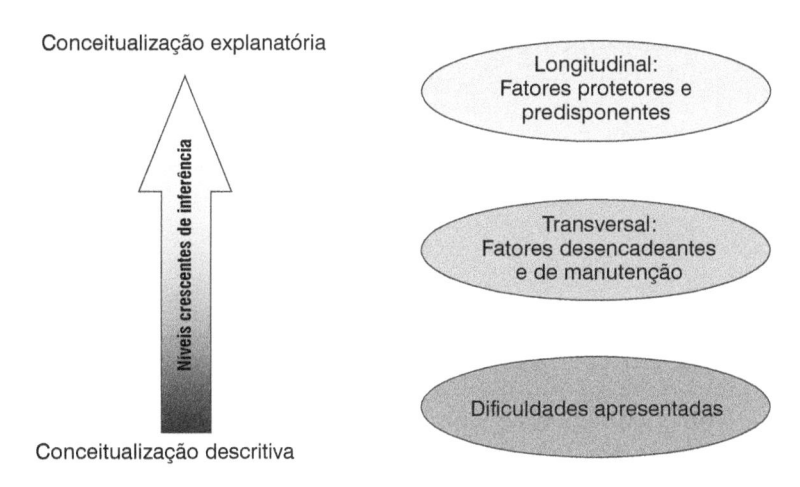

Figura 2.1 Níveis de conceitualização

À medida que a terapia progride, o terapeuta está em contínua avaliação de qual teoria da TCC se adequará melhor à experiência do cliente. Inicialmente, um modelo simples específico para um transtorno pode parecer adequar-se bem, mas, à medida que a terapia progride, novas informações trazidas pelo cliente podem sugerir a necessidade de um modelo diferente específico para o transtorno ou o uso do modelo genérico da TCC. Por exemplo, quando se trabalha com clientes com depressão unipolar recorrente não é raro que surjam evidências de hipomania, sugerindo a necessidade de que os terapeutas considerem modelos de TCC para o transtorno bipolar (Newman et al., 2002). Ou então o foco da terapia pode evoluir de modo que um modelo específico para um transtorno já não seja tão adequado às dificuldades apresentadas pelo cliente. Por exemplo, um cliente pode inicialmente pedir ajuda devido a ansiedade social, um problema para o qual existe um modelo específico do transtorno, e posteriormente pedir a ajuda do terapeuta para fazer uma opção na vida que não está relacionada com qualquer diagnóstico particular.

Encaramos a conceitualização de caso como uma atividade contínua, em camadas. Isto sugere uma explicação para que a pesquisa em conceitualização na TCC tenha produzido esses resultados decepcionantes. Até o momento, a pesquisa falhou em reconhecer que o nível de conceitualização vai se desenvolvendo à medida que a terapia evolui. Os estudos de pesquisas pedem que os terapeutas realizem a conceitualização de caso unilateralmente, imediatamente após a exposição às informações do cliente e sem a oportunidade de testar a hipótese. Sob tais circunstâncias, esperaríamos que os terapeutas conseguissem descrever os problemas com fidedignidade, mas sem concordarem quanto aos mecanismos subjacentes. Este é exatamente o padrão dos achados na pesquisa. A pesquisa também sugere que a incorporação de níveis mais inferenciais em uma conceitualização de caso é uma habilidade mais sofisticada (Eells et al., 2005; Kendjelic e Eells, 2007; Kuyken, Forthergill et al., 2005).

Em capítulos posteriores deste livro, mostramos em detalhes aos terapeutas como desenvolver relatos descritivos e explanatórios dos problemas apresentados pelos clientes durante a fase inicial, intermediária e posterior da terapia, usando modelos relevantes da TCC. Neste ponto, descrevemos brevemente e ilustramos os três níveis.

Nível 1: Conceitualizações descritivas

Durante as sessões iniciais, as dificuldades atuais do paciente são descritas em termos cognitivos e comportamentais fazendo uso da teoria e da pesquisa pertinentes da TCC. Essas primeiras conceitualizações conectam as experiências individuais do cliente à linguagem descritiva da teoria da TCC. Para este estágio de conceitualização, estão disponíveis todos os esquemas descritivos da TCC (Quadro 1.3). Argumentamos que qualquer modelo baseado em evidências será adequado, contanto que ele realize a tarefa do primeiro nível de conceitualização. Esta tarefa é unir a teoria com a experiência do cliente para *descrever* os problemas apresentados pelo cliente em termos cognitivos e comportamentais.

Ahmed: um exemplo de caso

Ahmed chegou à terapia relatando sintomas de depressão, ansiedade generalizada e dificuldades no trabalho. Ao final da entrevista inicial, o terapeuta ajudou Ahmed a formar uma conceitualização descritiva (veja a Figura 2.2 das suas preocupações usando o modelo de cinco partes (Padesky e Mooney, 1990):

TERAPEUTA: Obrigado por responder pacientemente a todas essas minhas perguntas, Ahmed. Dentro do tempo que nos resta hoje, eu gostaria de ver se podemos fazer algumas conexões entre os problemas que você descreveu para mim. Essas cone-

xões podem nos indicar uma direção útil para que você possa começar a se sentir melhor. Está bem assim para você?
AHMED: Eu não sei o que o senhor quer dizer.
TERAPEUTA: Deixe que eu lhe mostre (*pegando um bloco e uma caneta*). Vamos escrever neste papel alguns dos tópicos principais que discutimos hoje. Por exemplo, você começou me contando sobre as suas dificuldades no trabalho. Seu chefe lhe chamou a atenção, dizendo que você teria que ter um desempenho melhor ou então vai perder o emprego. (*Escreve no topo da página:* "Meu chefe diz que eu preciso ter um desempenho melhor, ou então vou perder o emprego.")
AHMED: Sim, isso me preocupa muito.
TERAPEUTA: OK. Vamos escrever "Preocupações" aqui. Você me falou dos tipos de preocupações que você tem: você está preocupado com o seu emprego, preocupado com dinheiro... Havia mais alguma coisa?
AHMED: Sim. Eu me preocupo com o meu futuro.
TERAPEUTA: (*Escreve "emprego, dinheiro, futuro" abaixo de "Preocupações"*). O seu emprego é a coisa principal na sua vida que faz com que você se preocupe com seu futuro?
AHMED: Eu me preocupo porque sou muçulmano e muitas pessoas odeiam os muçulmanos.
TERAPEUTA: Que experiências você já teve que lhe preocupam?
AHMED: Ouvi falar de ódio em programas de entrevistas no rádio. As pessoas no *shopping* me olham de um jeito estranho, às vezes. No trabalho, eu percebo que as pessoas param de falar em política quando eu entro na sala.
TERAPEUTA: Então parece que as pessoas podem ter algum preconceito contra você como muçulmano. Isto o preocupa porque tem medo de que alguém machuque você ou a sua família?
AHMED: Com certeza. E também rezo muito por isso, pedindo a Alá que me dê forças e misericórdia por essas pessoas que não me conhecem.
TERAPEUTA: Então a sua fé em Alá lhe dá força, mas também pode colocá-lo em risco com algumas pessoas.
AHMED: É isso mesmo.
TERAPEUTA: Vamos colocar isso no papel abaixo de "Minha Vida" – como a sua fé é ao mesmo tempo uma fonte de força e de risco. E vamos acrescentar aqui as suas preocupações sobre o preconceito das outras pessoas.
AHMED: OK.
TERAPEUTA: Você me contou que as suas preocupações o deixam acordado durante a noite.
AHMED: Sim, elas deixam.
TERAPEUTA: Vou escrever isso aqui, abaixo de "Reações físicas". Você consegue pensar em alguma outra reação física que você teve ultimamente?
AHMED: Eu estou muito cansado.
TERAPEUTA: (*Escreve: "Cansado"*).
AHMED: E também me sinto agitado.
TERAPEUTA: (*Escreve: "Sente-se agitado"*). Quando você está deitado à noite, sem conseguir dormir, e depois se sente agitado e cansado durante o dia, que tipo de humor você vivencia?

AHMED: Nervoso... e meio triste.
TERAPEUTA: E quando você está nervoso e triste e tendo todas essas preocupações e se sentindo cansado, que mudanças você observa no seu comportamento?
AHMED: Adio as coisas porque eu não tenho a confiança que tinha antes. Às vezes eu simplesmente fico olhando para a parede. E não me importa se o meu chefe está incomodado. Eu não sirvo para nada.
TERAPEUTA: Vou escrever isso aqui, abaixo de "Comportamento": "Adio as coisas. Olho para a parede." E vou colocar esta ideia, "Eu não sirvo para nada", aqui abaixo de "Pensamentos". Você acha que estas listas captam as coisas mais importantes que você me contou hoje?
AHMED: Sim.
TERAPEUTA: O motivo por que eu listei as coisas nestas categorias (*apontando para cada uma*) é que cada uma dessas áreas é importante para a compreensão das suas dificuldades. A sua vida (*apontando para o grande círculo*) rodeia e afeta estas quatro partes da sua experiência – seus pensamentos, reações físicas, humores e comportamento.
AHMED: Ã-hã.

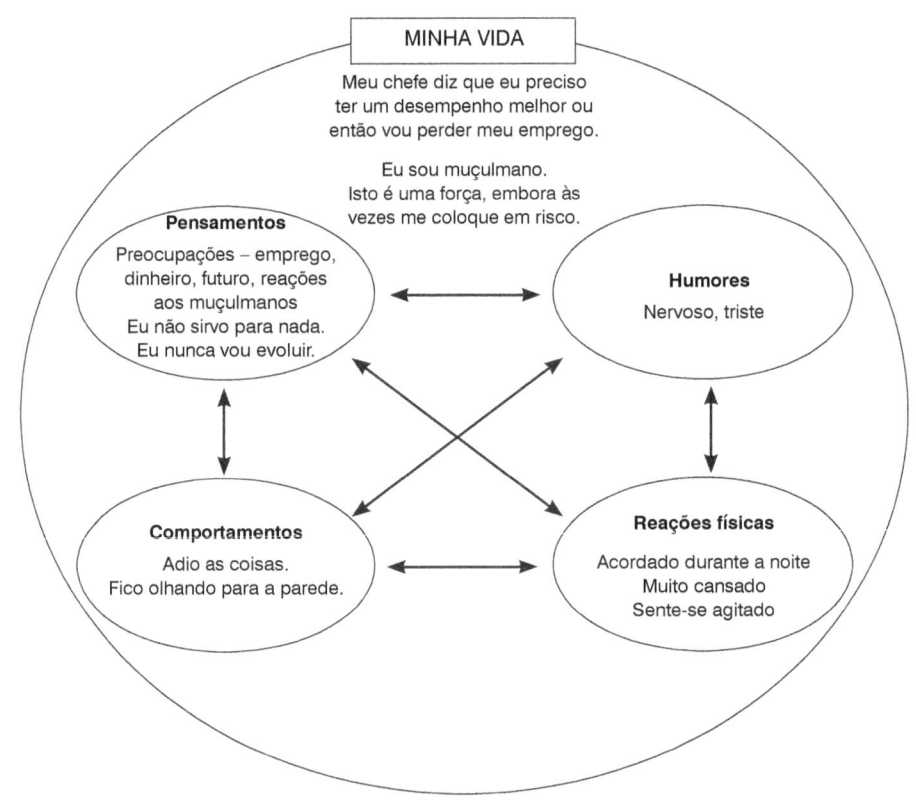

Figura 2.2 Conceitualização descritiva de Ahmed.

TERAPEUTA: Vou desenhar umas setas entre essas quatro partes. Por que você acha que vou fazer isso?
AHMED: Talvez para mostrar que elas afetam umas às outras?
TERAPEUTA: Sim, geralmente é assim. Você consegue pensar em algum momento nesta semana em que uma destas quatro partes afetou outra parte?
AHMED: (*pensando*) Bem, quando eu fico acordado à noite me preocupo.
TERAPEUTA: OK (*traçando uma seta de "Reações físicas" até "Pensamentos"*). Quando fica acordado, você se preocupa. E depois, quando você se preocupa, isto se conecta com algum destes humores aqui? *Traçando uma seta entre "Pensamentos" e "Humores".*)
AHMED: Sim, eu me sinto nervoso. E às vezes triste porque eu acho que nunca vou evoluir.
TERAPEUTA: Boa observação! Então quando você está triste (*traçando uma seta de "Humores" até "Pensamentos"*), isso também conduz a outro pensamento: "Eu nunca vou evoluir". Vamos escrever esse pensamento abaixo de "Pensamentos". (*Acrescenta estas palavras ao modelo.*)

Após alguma discussão adicional sobre as conexões entre as cinco partes diferentes do modelo, o terapeuta apresenta o seguinte resumo e sugestão do plano de tratamento:

TERAPEUTA: Como mostram essas setas que desenhamos, cada uma das cinco partes afeta as outras. Isso ajuda a explicar como você entrou nessa situação difícil, Ahmed. As pequenas mudanças negativas na sua vida podem ir se acumulando porque cada negativa pode levar a negativas nas outras quatro áreas. (*Aponta para as cinco partes relacionadas do modelo de cinco partes durante as afirmações seguintes.*) Você está preocupado e não consegue dormir. Quando você não dorme, fica cansado. Quando você está cansado, não tem vontade de fazer nada. Quando você não faz nada, começa a pensar: "Eu não sirvo para nada". E assim fica dando voltas. Depois de algum tempo, você entra em um grande buraco, e as coisas podem começar a parecer ainda piores, sem esperança.
AHMED: Sim, é assim que as coisas parecem para mim atualmente.
TERAPEUTA: Felizmente, existe uma boa notícia neste quadro.
AHMED: Existe? Eu realmente não consigo vê-la.
TERAPEUTA: Bem, a boa notícia é que pequenas mudanças em uma área podem levar a pequenas mudanças nas outras áreas. Assim como as pequenas mudanças negativas podem acabar lhe colocando dentro de um grande buraco, as pequenas mudanças positivas em uma área podem levar a pequenas mudanças positivas nas outras áreas, e, por fim, elas podem ajudá-lo a sair de dentro do buraco em que você se encontra. Considero que o meu trabalho é ajudá-lo a pensar nas pequenas mudanças que você pode fazer em alguma dessas áreas para chegar à maior evolução possível em todo o quadro. O que lhe parece?
AHMED: Bem, seria ótimo se isso funcionasse.
TERAPEUTA: Vamos olhar juntos para esta figura, Ahmed. Se você tivesse que escolher uma destas áreas na qual faria uma pequena mudança, por onde você acha que começaria? Qual a pequena mudança que poderia ajudar uma ou mais dessas áreas também?

AHMED: (*Olha para a Figura 2.2 por um minuto, em silêncio.*) Bem, acho que se eu não adiasse as coisas, poderia me sentir melhor, e isso também ajudaria no meu emprego.
TERAPEUTA: Esta é uma ideia interessante, Ahmed. Você poderia me contar sobre alguma pequena coisa que você adiou e que você poderia fazer nesta semana como um experimento para ver se você está certo?

Conforme mostra este diálogo, entre Ahmed e seu terapeuta, o modelo descritivo de cinco partes auxilia os clientes a começarem a fazer conexões entre pensamentos, humores, comportamento, reações físicas e eventos da vida. Além disso, o modelo de cinco partes oferece um mapa visual para mostrar como pequenas mudanças podem conduzir a grandes resultados. Esta noção é muito útil nos estágios iniciais da terapia, quando o esforço que o cliente precisa fazer parece muito grande em relação à percepção que ele tem da sua capacidade de mudança. Assim sendo, o modelo de cinco partes fornece um bom ponto de partida para a conceitualização de caso porque ele oferece uma descrição clara das dificuldades atuais, demonstra as ligações entre as experiências do cliente e frequentemente gera esperança.

Ao longo deste livro, ilustraremos como usar os modelos da TCC para descrever as dificuldades atuais dos clientes. O modelo de TCC escolhido para descrever as dificuldades do cliente não é tão importante quanto o princípio de descrever a experiência do cliente com um modelo adequado de TCC a serviço da descrição das suas dificuldades atuais em termos cognitivos e comportamentais.

Nível 2: Conceitualização transversal – entendendo os desencadeantes e os fatores de manutenção

As conceitualizações explanatórias transversais vinculam a teoria da TCC e a experiência clínica em um nível mais elevado ao identificarem os mecanismos-chave cognitivos e comportamentais que sustentam as dificuldades apresentadas pelos clientes. A TCC é "orientada para o objetivo" e "inicialmente enfatiza o presente" (J. S. Beck, 1995, p. 6). Neste nível de conceitualização, o foco dos terapeutas está no corte transversal da vida de um cliente que captura as dificuldades atuais. Em que situações as dificuldades atuais do cliente são desencadeadas e mantidas? A tarefa nesta fase de conceitualização é usar os modelos da TCC para explicar o que desencadeia e mantém as dificuldades apresentadas pelo cliente. Qualquer um dos inúmeros modelos pode ser usado aqui como, por exemplo, a análise funcional (Hayes e Follette, 1992; Kohlenberg e Tsai, 1991), o uso de sequências situação-pensamento-emoção-comportamento (Padesky e Greenberger, 1995), a aplicação de modelos da TCC específicos para um transtorno (veja o Quadro 1.3) ou o uso do modelo genérico da TCC dos transtornos emocionais resumido no Capítulo 1. Esses métodos ajudam a desenvolver conceitualizações que ajudam a compreender os padrões de comportamento do cliente e a sua reatividade emocional.

Sarah: um exemplo de caso

Sarah apresentava diversos problemas interpessoais. No início da sessão número 3, ela pediu ajuda para um problema que estava tendo com uma amiga. Sarah tinha ido ao funeral do pai da sua amiga, mas a estava evitando desde então e sentia-se envergonhada por isso. Ela não estava certa do porquê de se sentir envergonhada e por que vinha evitando a amiga desde o funeral. O terapeuta trabalhou com Sarah de modo a explorar as ligações entre o funeral, seu comportamento posterior e os sentimentos de vergonha. Como o terapeuta pode ajudar Sarah a entender seus sentimentos e seu comportamento?

TERAPEUTA: Sarah, o que você pensou sobre a sua amiga não ter falado com você no funeral?
SARAH: (*Faz uma pausa para pensar.*) Que eu a ofendi de alguma forma.
TERAPEUTA: Eu estou confuso, como você poderia tê-la ofendido?
SARAH: Bem, foi solicitado que todos levassem um girassol ao funeral para colocar sobre o caixão no final do serviço fúnebre. Eu tinha acabado de deixar meus filhos na escola e o florista que havia perto da igreja tinha vendido tudo, e assim eu cheguei sem o girassol. Ela pareceu notar isto.
TERAPEUTA: Interessante. Então você teve o pensamento: "Ela notou que eu não trouxe um girassol"? (*Sarah balança a cabeça afirmativamente.*) O que você supõe que isso significou para ela?
SARAH: (*Reflete por um momento.*) Que eu não me importo o suficiente com ela para me lembrar de trazer uma flor. Eu senti que ela me desaprovou por estar lá sem uma flor.
TERAPEUTA: OK, então vamos escrever isso neste Registro de Pensamentos. Escreva o que realmente aconteceu na coluna "Situação". (*Sarah escreve.*) Na coluna dos "Pensamentos Automáticos" escreva os pensamentos que você identificou: "Ela acha que eu não me importo o suficiente com ela para me lembrar de trazer uma flor" (*Sarah escreve*) e "Ela me desaprovou por estar lá sem uma flor." (*Faz uma pausa enquanto Sarah escreve.*) E qual foi o sentimento?
SARAH: Eu me senti envergonhada. (*Escreve "Envergonhada" na coluna "Humores".*)
TERAPEUTA: Então o que você está tentando fazer aqui é entender melhor o que levou a esses sentimentos e a esse comportamento...
SARAH: (*interrompendo*) É interessante porque, no calor da situação, os meus sentimentos de vergonha surgiram muito rapidamente, eu realmente não tinha percebido o pensamento de desaprovação dela. (*Após uma pausa.*) Funerais geralmente são lugares muito comoventes.

REGISTRO DE PENSAMENTOS			
1. Situação	2. Humores Proporção (0-100%)	3. Pensamentos Automáticos (Imagens)	4. Comportamento O que você fez nesta situação para ajudar a manejar os seus sentimentos?
No funeral do pai da minha amiga, eu não levei um girassol.	Envergonhada (80%)	Ela acha que eu não me importo com ela o suficiente para levar uma flor.	Evitei a minha amiga.
Ela não falou comigo no funeral, nem depois.		Ela me desaprovou por ter ido lá sem uma flor.	

Figura 2.3 Utilização de um Registro de Pensamentos para desenvolver um modelo cognitivo dos pensamentos automáticos de Sarah em uma situação interpessoal.

Esse exemplo ilustra como um modelo cognitivo-comportamental é usado para ajudar um cliente a entender o que desencadeia as dificuldades atuais em uma determinada situação (Figura 2.3). Para Sarah, a intenção que ela interpretou em relação ao afastamento da amiga no funeral influenciou suas emoções e o comportamento posterior. Se o exame de outras situações puder demonstrar a Sarah que os significados que ela atribui aos acontecimentos afetam seus comportamentos e sentimentos, ela e seu terapeuta terão começado a formar um trabalho de conceituação explanatória dos humores e dos comportamentos que de outra forma deixariam Sarah perplexa.

TERAPEUTA: Parece que você conseguiu entender por que está evitando a sua amiga. (Sarah balança a cabeça afirmativamente.) Algumas vezes pode ser útil começar a procurar algum padrão no que aciona os seus humores de modo que possamos começar a usar esses padrões para ajudá-la a lidar melhor com os seus relacionamentos no futuro.

SARAH: Sim, isso ajudaria. Parece que eu estou no meio de uma confusão, sempre brigando com as pessoas. Sabe, depois do funeral do meu marido, John [que morreu há vários anos], houve várias pessoas com quem eu briguei.

TERAPEUTA: Vamos usar o Registro de Pensamentos novamente para ver se podemos entender o que aconteceu a algumas das pessoas das suas relações após o funeral de John.

SARAH: OK. Eu me sinto muito envergonhada em relação aos pais de John. Eu não os visito mais; nós trocamos cartões de Natal, mas é só isso.

Sarah e seu terapeuta elaboram outro Registro de Pensamentos (veja a Figura 2.4). Depois de preencherem o Registro de Pensamentos, eles refletem sobre o objetivo da terapia de Sarah de administrar melhor os conflitos com as pessoas, portanto nem sempre ela "briga" com as pessoas.

REGISTRO DE PENSAMENTOS

1. Situação	2. Humores Proporção (0-100%)	3. Pensamentos Automáticos (Imagens)	4. Comportamento O que você fez nesta situação para ajudar a manejar os seus sentimentos?
No funeral de John, organizado pelos pais dele.	Envergonhada (90%)	Eles não acham que eu seja capaz de organizar o funeral. Eles acham que eu não fui uma esposa muito boa para John.	Evitei os pais de John.

Figura 2.4 Utilização de um segundo Registro de Pensamentos para desenvolver um modelo cognitivo dos pensamentos automáticos de Sarah em uma situação interpessoal.

TERAPEUTA: Você observa alguma coisa em relação a estes dois Registros de Pensamentos que sugira o que pode desencadear que você "brigue" com as pessoas?
SARAH: Além do fato de ambos envolverem funerais? (*O terapeuta concorda com a cabeça. Após uma pausa, Sarah continua.*) Bem, em ambos os casos eu me senti realmente desaprovada e depois me senti envergonhada. Eu odeio esse sentimento!
TERAPEUTA: OK, e como você lidou com esse sentimento?
SARAH: Evitando-os... e me afastando.

A conceitualização explanatória que deriva do diálogo acima é genérica (p.ex., pensamentos influenciam emoções e comportamentos). Especificamente, Sarah observa que a desaprovação que percebe nos outros desencadeia sentimentos de vergonha, um sentimento que ela administra evitando as pessoas que ela acha que a desaprovam.

À medida que a TCC evolui, as conceitualizações geralmente começam a incorporar os fatores que mantêm as dificuldades do cliente. Muitos terapeutas em TCC consideram a identificação dos fatores desencadeantes e de manutenção como a "sala de máquinas" da conceitualização porque ela informa a terapia dentro de muitos modelos específicos de transtornos. Os ciclos de manutenção especificam como as reações emocionais, físicas e comportamentais aos desencadeantes situacionais ajudam a manter as dificuldades do cliente. Eles ajudam os clientes a entenderem por que seus problemas não melhoram espontaneamente. Uma compreensão dos ciclos de manutenção também proporciona pontos de escolha para a intervenção. Quando os clientes saem desses ciclos e tentam estratégias cognitivas e comportamentais alternativas, eles conseguem avaliar o impacto dessas mudanças no problema.

No caso de Sarah, ela e seu terapeuta descobriram que ela frequentemente evitava as pessoas quando achava que a desaprovavam. Eles começaram a formular a hipótese de que a esquiva de Sarah dos conflitos na verdade exacerbava e mantinha muitas das suas dificuldades interpessoais. No caso de Ahmed, as setas na Figura 2.2 sugeriam vários fatores explanatórios da manutenção possíveis. Por exemplo, o terapeuta de Ahmed observou o pensamento "Eu não sirvo para nada" e se perguntou se esse pensamento fortalecia o comportamento de adiar as coisas. Os terapeutas geralmente formam hipóteses referentes a níveis mais elevados de conceitualização quando trabalham com os clientes em níveis mais simples de conceitualização. Estas hipóteses são compartilhadas com os clientes somente quando o terapeuta acredita que o cliente está pronto para testá-las e incorporar as ideias resultantes à terapia.

Nível 3: Conceitualização longitudinal – entendendo os fatores predisponentes e protetores

O nível seguinte de conceitualização faz uso da história desenvolvimental do cliente para melhor entender as suas dificuldades presentes. Geralmente, existem motivos para que pessoas em particular sejam vulneráveis a problemas específicos. Os fatores predisponentes descrevem um elemento que faz com que uma pessoa tenha maior probabilidade de responder de uma forma particular a uma circunstância da vida. As pesquisas mostram que uma gama de fatores, como temperamento e experiências significativas de adversidade, predispõem as pessoas a problemas de saúde mental (Rutter, 1999).

Por outro lado, os pontos fortes do cliente e experiências positivas, como paternidade suficientemente boa e boa relação adolescente com os iguais, servem como fatores protetores. Mais do que isso, Rutter destaca o ponto importante de que os fatores protetores interagem com os fatores predisponentes de forma complexa para afetar a vulnerabilidade e a resiliência (Figura 2.5; Rutter, 1999). Para ilustrar esse ponto, ele apresenta um exemplo de crianças expostas a privação precoce extrema que são capazes de se recuperarem completamente nos ambientes onde posteriormente são criadas. Ele também descreve como as pessoas em grande risco têm "momentos decisivos" nas suas vidas. Rutter (1999) apresenta um exemplo de como um homem jovem em risco por atividade criminosa alistou-se no exército e mudou a trajetória da sua vida de maneira positiva.

Embora os fatores predisponentes e protetores sejam identificados e incorporados aos modelos em desenvolvimento durante o processo de conceitualização, eles são especialmente enfatizados em estágios posteriores da terapia quando os clientes se preparam para manejá-los de forma independente. A conceitualização habilidosa dos fatores protetores e predisponentes pode estimular a percepção e o uso dos pontos fortes e do modo de lidar com as dificuldades. Posteriormente na terapia, Sarah e seu terapeuta revisaram as origens prováveis dos seus problemas pessoais. O casamento de Sarah com John tinha sido infeliz. Ele era possessivo, ciumento e a criticava continuamente pelas suas falhas, o que durante vários anos foi minando sua autoconfiança. Especificamente, ele a censurava por não ser suficientemente atenciosa com ele, acusando-a de dar mais atenção à sua família, colegas e amigos. O refrão típico dele era: "Você é tão insensível; você realmente não se importa com os outros. Você é egoísta."

Figura 2.5 Conceitualização longitudinal de vulnerabilidade e resiliência, incorporando fatores predisponentes e protetores.

Durante esse relacionamento, Sarah desenvolveu o pressuposto subjacente: "Se constantemente eu não atendo às necessidades dos outros, significa que eu sou egoísta." Esse pressuposto era particularmente perturbador para Sarah porque o dever era enfatizado como um valor importante em sua família de origem. Seus pais frequentemente diziam que era importante "cumprir com o seu dever". Quando John morreu de leucemia aos 45 anos, os pais dele organizaram o funeral. Os elogios fúnebres retratavam John como uma pessoa muito diferente daquela que Sarah conhecia, uma discrepância que ela resolveu culpando-se por não ter correspondido às expectativas de John. O início da conceitualização longitudinal se desenvolveu com Sarah usando um modelo genérico da TCC (J. S. Beck, 1995) que é apresentado na Figura 2.6. A partir dessa conceitualização, podemos entender como o funeral da sua amiga acionou o pressuposto subjacente "Se constantemente eu não atendo às necessidades dos outros, significa que eu sou egoísta", que ela aprendeu durante seu casamento infeliz com John.

A conceitualização longitudinal é o nível mais elevado de inferência e é usado somente quando necessário para ajudar o trabalho em direção aos objetivos do cliente. Com Sarah foi necessário o encaminhamento para esse nível de conceitualização porque seus problemas interpessoais eram mantidos por uma crença central sobre si mesma ("Eu sou egoísta") e um pressuposto subjacente sobre as outras pessoas ("Se constantemente eu não atendo às necessidades dos outros, significa que eu sou egoísta") que podiam ser mais bem entendidos no contexto histórico. Ilustraremos integralmente o processo de conceitualização longitudinal no Capítulo 7.

> O marido de Sarah, John, era muito possessivo, crítico com ela e ciumento.
> No funeral de John, os elogios fúnebres o retratavam de forma muito positiva.

> **Crenças centrais**
> *Eu sou egoísta.*
> *Eu não sou suficientemente boa.*
> *Os outros me desaprovam.*

> **Pressupostos subjacentes**
> *Se constantemente eu não atendo às necessidades dos outros, significa que eu sou egoísta.*

> **Estratégias**
> *Atender às necessidades dos outros.*
> *Evitar comportamentos que possam provocar críticas.*

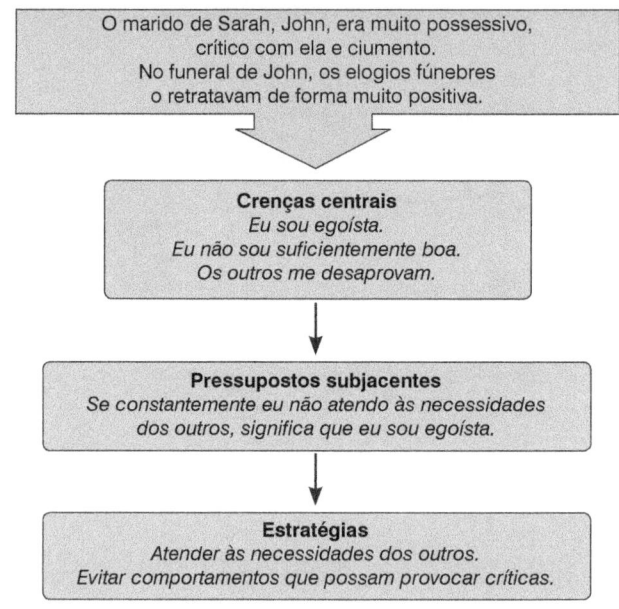

Figura 2.6 Conceitualização longitudinal dos problemas apresentados por Sarah.

Flexibilidade no nível de conceitualização

A utilização do nível de conceitualização adequado é uma orientação útil para os terapeutas. Um marinheiro que se dirige para noroeste usa uma bússola para seguir o curso, embora existam vários pontos de escolha quando as faixas de terra, as marés e as condições climáticas indicam uma necessidade de mudar o curso para alcançar o destino desejado. Trabalhar sequencialmente através dos níveis de conceitualização em TCC é como seguir o curso com uma bússola. Essas fases de conceitualização são as formas pelas quais a terapia *normalmente* se desenvolve. No entanto, às vezes o processo de conceitualização é influenciado pela natureza da apresentação do cliente, pela força de um modelo adequado baseado em evidências e pelos objetivos do cliente. Por exemplo, se uma apresentação do cliente parece adequar-se exatamente a um modelo cognitivo explanatório existente que inclui desencadeantes, fatores de manutenção e fatores de predisposição, o terapeuta e o cliente podem explorar esse modelo nas primeiras sessões da terapia sem gastar muito tempo desenvolvendo um modelo puramente descritivo das dificuldades apresentadas. Igualmente, se, no começo da terapia, um cliente apresenta uma questão que requer um ciclo de manutenção, um terapeuta de TCC pode se movimentar mais rapidamente para descrevê-lo. Nessas circunstâncias, o terapeuta muda o curso para chegar ao mesmo destino de aliviar o sofrimento do paciente e de desenvolver a resiliência. Um terapeuta descreveu essa escolha como: "Conceitualizo de uma maneira que seja sensível ao que é mais adequado ao cliente naquele momento".

A Figura 2.7 mostra alguns dos modelos de conceitualização comumente usados em TCC. Muitos desses modelos podem ser usados em cada um desses três níveis de conceitualização, dependendo se o conteúdo do cliente que é explorado é específico daquela situação, transversal ou longitudinal.

Todos esses modelos de conceitualização estão ilustrados neste texto. Chamamos atenção para que os leitores tenham em mente que os modelos que um terapeuta opta por utilizar dependem de quais modelos são mais adequados às dificuldades apresentadas pelos clientes. Isso frequentemente se altera durante o curso da terapia. Todas essas abordagens usam a melhor teoria à disposição para entender como pensamentos, crenças e comportamentos podem descrever e explicar as dificuldades atuais dos clientes. Contudo, esses elementos são combinados de formas um pouco diferentes em cada nível de conceitualização do caso. As conceitualizações descritivas demonstram as ligações entre os pensamentos, os humores e os comportamentos sem necessariamente pesarem a importância de cada um. As conceitualizações explanatórias procuram por padrões nessas ligações dos elementos nas diversas situações e, por vezes, nas dificuldades atuais. As conceitualizações explanatórias geralmente formulam hipóteses sobre a importância relativa de elementos particulares que se imagina funcionarem como fatores desencadeantes ou de manutenção. As conceitualizações longitudinais de nível mais elevado expandem esse foco transituacional para buscar padrões em longos períodos de tempo, até mesmo em toda a vida, para procurar as origens das principais crenças, estratégias e determinantes situacionais das dificuldades atuais.

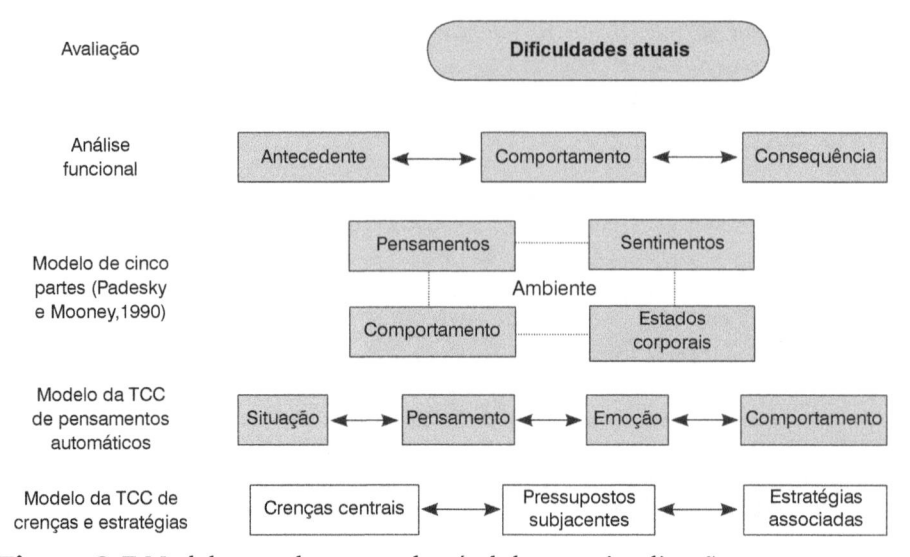

Avaliação	Dificuldades atuais
Análise funcional	Antecedente ↔ Comportamento ↔ Consequência
Modelo de cinco partes (Padesky e Mooney, 1990)	Pensamentos — Sentimentos / Ambiente / Comportamento — Estados corporais
Modelo da TCC de pensamentos automáticos	Situação ↔ Pensamento ↔ Emoção ↔ Comportamento
Modelo da TCC de crenças e estratégias	Crenças centrais ↔ Pressupostos subjacentes ↔ Estratégias associadas

Figura 2.7 Modelos usados em cada nível de conceitualização.

Passam a ser necessárias uma maior flexibilidade e habilidade à medida que o terapeuta se encaminha para níveis mais elevados de inferência requeridos para construir modelos de TCC que expliquem os desencadeantes, os ciclos de manutenção e as origens desenvolvimentais das dificuldades atuais. À medida que a conceitualização avança para níveis mais elevados de inferência, os terapeutas são guiados pela teoria apropriada da TCC e pelo *feedback* do cliente. A vergonha de Sarah foi acionada pelas suas percepções do comportamento das outras pessoas. Essas percepções foram moldadas pelas crenças centrais de Sarah e seus pressupostos subjacentes. Para clientes com TEPT, uma indicação visual pode ser um desencadeante de *flashbacks* traumáticos. Uma ansiedade excessiva com a saúde pode ser desencadeada por experiências somáticas e também pela leitura de informações médicas na internet. Às vezes terapeutas e clientes irão se questionar se uma experiência particular é um fator desencadeante ou de manutenção. Ao longo deste livro, exploramos a flexibilidade e a habilidade necessárias para aplicar os modelos de TCC para entender os desencadeantes, os ciclos de manutenção e as origens desenvolvimentais. É importante que se avalie regularmente como a terapia está evoluindo em direção aos objetivos e se as melhoras estão ocorrendo como seria o esperado. Tipicamente, em TCC, existe alguma forma de avaliação durante cada sessão, com os pontos para revisão mais detalhada sendo agendados durante a terapia (p. ex., J. S. Beck, 1995). Se os progressos não estiverem ocorrendo em um ritmo comparável ao documentado em estudos dos resultados com clientes e problemas similares, uma reavaliação da(s) conceitualização(ões) pode ser decisiva para que se entenda por que o progresso está sendo lento. Às vezes uma mudança no nível de conceitualização fará com que a terapia retome o seu caminho.

O primeiro princípio, níveis de conceitualização, será elaborado com mais detalhes do Capítulo 5 até 7, os quais acompanham um cliente específico, Mark, enquanto ele e seu terapeuta avançam pelos três níveis de conceitualização de caso, da conceitualização descritiva (Capítulo 5), até a percepção transversal dos fatores desencadeantes e de manutenção (Capítulo 6) e, finalmente, até a identificação longitudinal dos fatores predisponentes e protetores (Capítulo 7).

POR QUE EMPIRISMO COLABORATIVO?

Nosso segundo princípio recomenda que os terapeutas abordem a conceitualização de caso em colaboração com seus clientes, usando uma abordagem empírica. Esta seção descreve o empirismo colaborativo em mais detalhes e apresenta as justificativas para que ele seja um princípio que oriente a conceitualização de caso.

Desde o seu começo, a terapia cognitiva defendeu a ideia de um processo que fosse tanto colaborativo quanto empírico (Beck et al., 1979). Os terapeutas que incorporam um espírito de colaboração favorecem os métodos da terapia, os quais convidam e incentivam a participação ativa do cliente. Uma estrutura empírica valoriza a observação direta e a coleta de dados para avaliar as crenças, comportamentos e as respostas psicológicas e emocionais. Em consonância com esses processos gerais dentro das sessões de terapia, os terapeutas cognitivos motivam os clientes a continuarem esses processos fora da sessão por meio de exercícios de observação, por escrito e comportamentais. Assim, a incorporação da colaboração e do empirismo à conceitualização de caso será uma extensão natural desses processos que estão impregnados em tantas intervenções de TCC.

Empirismo e protocolos de terapia apoiados empiricamente

O empirismo possui uma série de elementos. O primeiro implica que os terapeutas façam o melhor uso possível da teoria, da pesquisa e dos protocolos de terapia que estão disponíveis. Embora este seja um livro sobre conceitualização de caso em TCC, os estudos revisados no Capítulo 1 que comparam as abordagens individualizadas e as orientadas por protocolos são modestos. Levando em consideração as pesquisas até o momento, sugerimos que os terapeutas sigam os protocolos apoiados por evidências sempre que possível, adotem orientações relevantes para a prática e utilizem a melhor teoria e pesquisa disponíveis (Quadro 1.3). Por exemplo, quando um cliente se apresenta com pânico como a principal dificuldade atual, nossa abordagem defende que nos voltemos para modelos e protocolos de tratamento já estabelecidos para pânico como um primeiro ponto a receber atenção (p. ex., Clark, 1986; Craske e Barlow, 2001).

Propomos que a conceitualização de caso aumenta os protocolos da TCC guiada pela teoria. A conceitualização fica em primeiro plano quando as apresentações dos clientes são comórbidas, especialmente complexas ou não se enquadram em nenhuma abordagem baseada em evidências. Nesses momentos, a TCC oferece modelos transdiagnósticos como o modelo genérico da TCC descrito no Capítulo 1. Ao longo deste livro, esperamos ilustrar como um modelo empírico colaborativo da conceitualização de caso possibilita que os terapeutas de TCC "enxerguem mais além".

Uma abordagem empírica à conceitualização de caso

Uma abordagem empírica à conceitualização de caso também significa que os terapeutas e os clientes avaliam ativamente as conceitualizações obtidas na terapia. Os exemplos de caso no Capítulo 3 ilustram testes colaborativos da utilidade e da exatidão das conceitualizações de caso. Outras ilustrações de caso naquele capítulo demonstram como as conceitualizações são usadas para gerar hipóteses explícitas provisórias que podem ser testadas por meio de experimentos comportamentais realizados durante e entre as sessões de terapia. Quando as observações desses experimentos não são adequadas à experiência do cliente, a conceitualização é modificada mesmo que originalmente ela seja proveniente de uma teoria de TCC apoiada empiricamente.

O empirismo como uma compensação para erros comuns na tomada de decisão

A conceitualização de caso é um processo complexo em que os terapeutas interagem com grande quantidade de informações e se ajustam às novas informações à medida que elas vão surgindo. Para lidar com essa tarefa complexa, os clínicos usam uma heurística que possibilite atalhos na tomada de decisão baseados em situações ditadas pela experiência (veja, p. ex., Kahneman, 2003). Por exemplo, durante a conceitualização de caso, os terapeutas buscam informações que se encaixem em uma teoria pertinente, ou eles encobrem as dificuldades atuais de um cliente com modelos mentais derivados das observações dos clientes que são intuídos como similares.

Os processos de tomada de decisão foram mapeados e pesquisados por muitas disciplinas e em vários contextos (veja, p. ex., Kahneman, 2003). Na maior parte do tempo, a heurística da tomada de decisão (atalhos) oferece vantagens sobre as soluções que usam exaustivamente todos os dados disponíveis porque as pessoas não possuem os recursos ou o tempo para gerar soluções ótimas. Além do mais, as soluções ótimas nem sempre são muito melhores do que as soluções suficientemente boas. Garb (1998) apresenta um excelente resumo da tomada de decisão clínica em psicoterapia e assinala que, embora a heurística apresente vantagens, ela é propensa a erros significativos. Alguns dos erros mais comuns são descritos aqui porque a consciência que o terapeuta tem desses erros heurísticos pode apoiar o comprometimento com uma abordagem empírica de conceitualização de caso.

Erros comuns dos terapeutas na conceitualização

Uma heurística problemática é a tendência a exagerar o quanto uma determinada pessoa é representativa de um transtorno, de um esquema teórico ou de um padrão demonstrado por clientes aparentemente parecidos. Esta é a abordagem procrusteana que já descrevemos no Capítulo 1, em que a experiência do cliente é reduzida para se adequar à teoria. O diálogo a seguir entre a terapeuta de Alan e um terapeuta consultor ilustra esse ponto.

TERAPEUTA: A minha expectativa é de que Alan irá abordar a tarefa de casa da terapia de forma obsessiva, perdendo de vista o porquê de termos combinado uma tarefa particular.
CONSULTOR: Esta é uma hipótese interessante. O que faz você pensar assim? Isso já aconteceu?
TERAPEUTA: Não, ainda não. Mas Alan me faz lembrar clientes que eu já atendi antes com TPOC [transtorno da personalidade obsessivo-compulsivo] e a tarefa de casa passou a ser parte do problema deles.
CONSULTOR: Qual é a evidência disso com Alan? Como ele se saiu com as tarefas de casa até agora?
TERAPEUTA: Bem, muito bem, na verdade. Ele diz que isso afrouxou parte do seu comportamento compulsivo que é guiado pelo perfeccionismo. (*Ri*) Realmente, eu não tenho nenhuma evidência. Acho que eu preciso rever o meu pensamento negativo!
CONSULTOR: Talvez. (*Sorri*) A nossa experiência com clientes parecidos é realmente importante, mas também precisamos comparar as nossas hipóteses com as evidências.

Outro erro cognitivo comum que pode afetar a conceitualização é a tendência a superestimar a importância das informações que estão disponíveis mais de imediato. As informações podem ser superestimadas devido à sua frequência, atualidade, intensidade e aparente relevância. O cliente Ahmed (acima e na Figura 2.2) estava particularmente propenso a conversar sobre as dificuldades no trabalho, o que cegou seu terapeuta para a importância de outros aspectos da sua vida. O seguinte diálogo de supervisão que se seguiu à sessão de avaliação ilustra esse ponto:

TERAPEUTA: O trabalho de Ahmed está claramente no centro dos seus problemas, e eu me pergunto se ele tem algum pressuposto subjacente e crenças centrais sobre o trabalho que eu precise descobrir.
SUPERVISOR: Isto parece ser uma boa hipótese inicial a ser levada adiante. Também vamos ter em mente que o que Ahmed não está falando também pode ser importante

para a compreensão das suas dificuldades. Ao mesmo tempo em que você testa a sua hipótese sobre as crenças de Ahmed no trabalho, existem outras áreas da vida dele que podem ser importantes, mas que por alguma razão não estão tendo muito espaço?

Como todas as pessoas, os terapeutas tendem a ancorar as informações em torno de um determinado ponto, como uma hipótese favorecida. Isto pode conduzir a outros erros na conceitualização de caso. Por exemplo, Ahmed e seu terapeuta podem formar uma conceitualização no início da terapia e depois ancorar as informações posteriores em torno dessa conceitualização sem ficarem abertos à possibilidade de que ela esteja incompleta ou até mesmo errada. Antes de uma sessão de revisão na metade da terapia, terapeuta e supervisor devem fazer uma pausa para reflexão:

TERAPEUTA: Ahmed e eu estamos prestes a ter uma sessão de revisão na próxima semana e, francamente, ainda não fizemos o progresso que eu esperava.
SUPERVISOR: Vamos dar outra olhada na conceitualização e ver se ela se encaixa no que você sabe sobre Ahmed e também se existe algo importante que você está perdendo. Talvez isso ajude você e Ahmed a entenderem na sessão de revisão por que vocês não fizeram muito progresso até agora.

O supervisor incentivou o terapeuta a rever colaborativamente com Ahmed o trabalho de conceitualização. Enquanto fazia isto, Ahmed articulou o pressuposto subjacente, "Para ser um bom pai de família, tenho que prover a minha família financeiramente", conectado com uma predição preocupante: "A minha família vai acabar na miséria". Ficou claro que o pensamento provocado enquanto era desenvolvido o modelo de cinco partes (Figura 2.2), "Eu não presto para nada", teve ressonância nos pressupostos subjacentes de Ahmed sobre a vida da sua família. Para explorar estes pressupostos subjacentes sobre a importância central da sua contribuição financeira para a família, Ahmed concordou em convidar sua esposa para vir à terapia. Ela expressou seu desejo de passar mais tempo com Ahmed e a preocupação de que o excesso de trabalho estava não só comprometendo a saúde dele como também a alegria que ele costumava ter no relacionamento do casal. Ahmed ficou surpreso em saber que uma atmosfera mais relaxada em casa era mais importante para a esposa do que o sucesso financeiro.

Sistemas intuitivo e racional

O que orienta a tomada de decisão dos terapeutas nestes tipos de situações? Daniel Kahneman, um psicólogo ganhador do prêmio Nobel, desenvolveu um modelo de decisão heurística que é útil para o entendimento de como os terapeutas conceitualizam (Kahneman, 2003). Kahneman sugere que dois sistemas cognitivos relativamente independentes parecem apoiar a tomada de decisão: os sistemas intuitivo e racional. O sistema intuitivo tende a ser rápido, automático e é frequentemente carregado emocionalmente. O sistema racional é mais lento, mais deliberado e monitorado de forma intencional (veja a Figura 2.8). Devido à sua rapidez, os processos cognitivos são geralmente os primeiros em operação durante a conceitualização de caso. O sistema racional é ativado um pouco mais tarde como um controle e um equilíbrio para o sistema intuitivo ou quando o sistema intuitivo não consegue oferecer hipóteses.

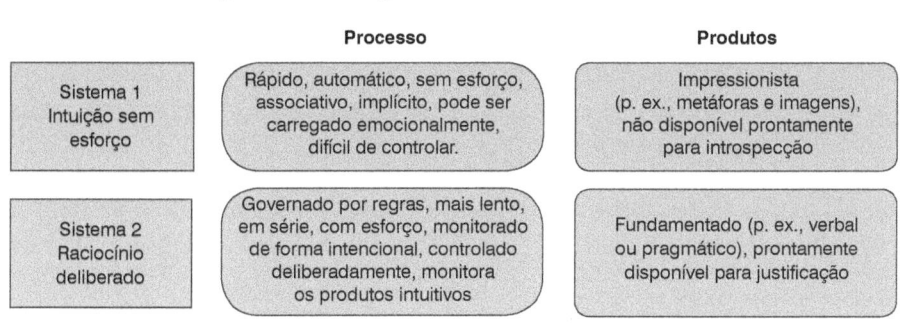

	Processo	Produtos
Sistema 1 Intuição sem esforço	Rápido, automático, sem esforço, associativo, implícito, pode ser carregado emocionalmente, difícil de controlar.	Impressionista (p. ex., metáforas e imagens), não disponível prontamente para introspecção
Sistema 2 Raciocínio deliberado	Governado por regras, mais lento, em série, com esforço, monitorado de forma intencional, controlado deliberadamente, monitora os produtos intuitivos	Fundamentado (p. ex., verbal ou pragmático), prontamente disponível para justificação

Figura 2.8 Tomada de decisão clínica (heurística): Processo e produtos em dois sistemas. Segundo Kahneman (2003).

Assim um cliente pode inicialmente causar ao terapeuta a impressão "dependente" porque as frequentes solicitações de ajuda na sessão acionam intuitivamente este rótulo. Mais tarde, ao refletir sobre a sessão enquanto faz suas anotações sobre a terapia, o terapeuta pode formular uma hipótese alternativa de que o cliente não tem a capacidade de fazer o que o terapeuta está lhe solicitando. Há evidências de que a função que coordena o sistema racional é reforçada pela inteligência e pelo treinamento e prejudicado pela pressão de tempo, por solicitações que competem e pelos estados de humor ativados (veja Kahneman, 2003). Estas observações se enquadram no conceito de perícia do terapeuta (Eells et al., 2005) e, principalmente, no achado de que o treinamento em conceitualização de caso conduz a conceitualizações de caso mais elaboradas, abrangentes, complexas e precisas (Kendjelic e Eells, 2007). A perícia do terapeuta é o processo de enxergar padrões maiores dentro do material complexo do caso, padrões voltado para a compreensão e o planejamento do tratamento. É provável que terapeutas com maior conhecimento se baseiem mais nos processos "intuitivos" informados pela experiência prévia, com o sistema racional testando e fornecendo equilíbrio.

Comprometimento do terapeuta com o empirismo

Tais sistemas de tomada de decisão, assim como seus erros de pensamento inerentes, são familiares para os terapeutas em TCC. Infelizmente, a familiaridade não impede erros clínicos. Os erros heurísticos na tomada de decisão podem ser uma razão para que os terapeutas não produzam conceitualizações de caso fidedignas. Sabemos que os terapeutas estão sujeitos a erros na conceitualização, particularmente quando as informações são complexas e ambíguas ou quando os terapeutas tentam inferir hipóteses sem as informações adequadas, trabalham de forma não colaborativa, são menos experientes, estão sob considerável pressão de tempo ou têm muitas demandas competindo por atenção. Sustentamos que, se a conceitualização for conduzida de formas que contrabalancem esses erros heurísticos, a conceitualização de caso em TCC pode ser tornar fidedigna e alcançar padrões de validade baseados em evidências. Nas próximas seções, fornecemos orientações de como o uso de empirismo e de colaboração podem salvaguardar a conceitualização dos erros na tomada de decisão. Ao longo do livro, também enfatizamos a importância dessas atividades com quadros com textos chamados "Na Cabeça do Terapeuta". Essas seções destacam as formas como um terapeuta pode utilizar o empirismo colaborativo para avaliar as dificuldades atuais do paciente, para planejar as intervenções terapêuticas e para revisar o processo de terapia.

Orientações para acompanhar os princípios empíricos na conceitualização

A seguir e no Quadro 2.2, identificamos uma série de orientações para a prática consistente de uma conceitualização de caso "suficientemente boa" com uma abordagem empírica.

Quadro 2.2 Orientações Baseadas em evidências para a geração de conceitualizações de caso "suficientemente boas" em TCC

> 1. Conceitualizar usando a melhor teoria e pesquisa em TCC disponíveis.
> 2. Usar uma abordagem de teste das hipóteses.
> 3. Realizar testes adequados das conceitualizações.
> 4. Contrabalançar os erros na tomada de decisões.
> 5. Tornar explícitas as conceitualizações.

- *Usar a melhor teoria e pesquisa em TCC disponíveis.* A aplicação da teoria e da pesquisa pertinente para ajudar a descrever e a explicar as dificuldades atuais dos pacientes é o aspecto central do empirismo. O Quadro 1.3 fez referência a alguns dos principais conjuntos de conhecimentos teóricos e de pesquisa que os terapeutas podem usar. Os terapeutas de TCC que têm um conhecimento articulado dessa teoria e dessa pesquisa pertinente terão melhores condições de aplicar esse conhecimento ao processo de conceitualização.
- *Usar o teste das hipóteses.* O compromisso com o empirismo também significa usar uma abordagem de teste das hipóteses. À medida que se

desenvolve a conceitualização, o cliente e o terapeuta trabalham juntos para formular continuamente hipóteses que ajudem a entender os problemas atuais. Durante esse processo, é importante que os terapeutas tenham em mente hipóteses alternativas para evitar um compromisso prematuro com um único esquema conceitual. Dessa forma, se uma hipótese não for apoiada, uma hipótese alternativa pode ser desenvolvida e testada com mais facilidade. O trecho da consulta descrita anteriormente com a terapeuta de Alan é um bom exemplo da necessidade da terapeuta ter duas hipóteses em mente: ou os traços obsessivos de Alan se manifestam em todas as situações (incluindo as tarefas de casa), ou então os seus traços obsessivos se manifestam apenas em determinados papéis. Quando a terapeuta ficou curiosa sobre por que Alan não era obsessivo com a tarefa de casa, ela entendeu que os traços obsessivos do paciente estavam baseados nos relacionamentos. Ele tinha um pressuposto subjacente, "Se eu causar problemas a outras pessoas, então elas vão me considerar um irresponsável". Este pressuposto subjacente estava ligado a uma crença central, "Eu sou irresponsável".

- *Realizar testes adequados.* O teste das hipóteses envolve necessariamente a realização de testes adequados de cada hipótese. Existem muitas formas de testar hipóteses em TCC (J. S. Beck, 1995). Os experimentos comportamentais geralmente são escolhidos durante a conceitualização de caso porque eles oferecem uma abordagem clássica para o desenvolvimento e o teste das hipóteses (Bennett-Levy et al., 2004). Outras "ferramentas" da TCC para o teste das hipóteses incluem o processo do questionamento socrático (Padesky e Greenberger, 1995), formulários como o Registro de Pensamentos Disfuncionais (veja Beck et al., 1979) ou Registro de Pensamentos Automáticos (Greenberger e Padesky, 1995), medidas padronizadas como a Escala de Atitudes Disfuncionais (Beck, Brown, Steer e Weissman, 1991; Weissman e Beck, 1978) e a corroboração feita por outras pessoas importantes na rede do cliente (p. ex., um companheiro).

Conforme descrito anteriormente, a companheira de Alan foi convidada a participar de uma sessão de revisão. A presença dela possibilitou que Ahmed visse mais claramente a importância de um pressuposto subjacente central ("Para ser um bom chefe de família, tenho que prover financeiramente a minha família") e uma predição terrível ("A minha família vai acabar na miséria") que mantinham essas dificuldades. Ahmed havia escapado da fome em um país da África ao se mudar para a Europa. Essa sessão possibilitou que a sua companheira e seu terapeuta entendessem muito mais as realidades existentes por trás do medo da fome e da pobreza que é comum às pessoas da terra natal de Ahmed. Um terapeuta que busca múltiplas fontes de informação a partir de perspectivas diferentes para formar uma conceitualização tem maior probabilidade de ver não só os aspectos importantes, mas também os detalhes importantes dentro do quadro que, de outra forma, acabariam esquecidos.

- *Contrabalançar os erros nas tomadas de decisões.* Conforme discutido anteriormente, os erros heurísticos que afetam a decisão clínica podem conduzir a conceitualizações errôneas. Essa probabilidade aumenta quando os problemas são particularmente complexos, os terapeutas são inexperientes e existem demandas competindo (Garb, 1998). A prática reflexiva na terapia e na supervisão pode aumentar a consciência desses fatores e ajudar a evitar problemas. Por exemplo, os terapeutas se beneficiam ao desenvolverem explicitamente conceitualizações de caso por escrito e compartilhando estas com os clientes e supervisores/consultores, um processo que envolve, necessariamente, o sistema racional de tomada de decisão, que cumpre a função de contrabalançar a tomada de decisão intuitiva (Figura 2.8; Kahneman, 2003). Considerando-se a evidência preliminar de que a experiência possibilita uma conceitualização de caso de maior qualidade, os terapeutas novatos podem esperar um trabalho árduo para desenvolverem as habilidades para a conceitualização de caso. Treinamento e supervisão são aspectos centrais para esse processo de aprendizado (veja o Capítulo 8).
- *Tornar explícitas as conceitualizações.* Anotar as conceitualizações de caso na sessão, nos registros sobre o caso e com o objetivo de consulta incentiva o terapeuta a tornar explícito o processo intuitivo. O processo de escrever por extenso a conceitualização geralmente direciona o foco para as lacunas na compreensão ou para as inconsistências no pensamento. Como já foi dito, isso é especialmente importante se a terapia não estiver evoluindo conforme o planejado ou esperado. Nesses momentos, reservar um tempo para desenvolver a formulação pode realmente melhorar os resultados (veja Lambert et al., 2003).

Em resumo, empirismo envolve fazer uso integral da base de evidências em TCC para informar a conceitualização de caso. Além disso, o terapeuta adota uma atitude empírica durante a terapia, em que as hipóteses conceituais são desenvolvidas e testadas por meio das observações clínicas e os experimentos. A heurística é parte essencial da tomada de decisão clínica, embora seja importante identificar e remediar heurísticas problemáticas para aumentar a fidedignidade e a validade da conceitualização de caso. As orientações propostas para o empirismo na conceitualização de caso estão resumidas no Quadro 2.2.

Colaboração: duas cabeças pensam melhor do que uma

A conceitualização de caso é frequentemente descrita como uma atividade que acontece na cabeça do terapeuta durante ou entre as sessões de terapia. Muitos textos de terapia cognitiva descrevem a conceitualização de caso como uma formulação de problemas, fatores precipitantes e fatores de manutenção apresentada ao cliente pelo terapeuta depois que são reunidas e organizadas as informações clínicas (p. ex., Persons, 1989; J. S. Beck, 1995). A maior parte das pesquisas revisadas neste capítulo pressupõe que as conceitualizações de caso são construídas principalmente pelos terapeutas. Em alguns estudos, a conceitualização de caso é apresentada aos clientes de uma forma bastante compreensível em um momento particular da terapia (p. ex., Chadwick et al., 2003; Evans e Parry, 1996). As pesquisas sugerem que, quando são apresentadas aos clientes as conceitualizações de caso derivadas do clínico, o impacto que causam nos clientes pode ser neutro e por vezes negativo (cf. Chadwick et al.,., 2003; Evans e Parry, 1996).

O nosso modelo de conceitualização de caso advoga que terapeuta e cliente desenvolvam *colaborativamente* cada nível de conceitualização. Essa abordagem transforma como pensamos a fidedignidade e a validade de uma conceitualização de caso. A fidedignidade da conceitualização de caso pode ser pensada como acompanhando o diálogo entre terapeuta e cliente e perguntando: "O terapeuta e o cliente concordaram no trabalho de conceitualização?". O terapeuta e o cliente criam em conjunto e verificam continuamente um com o outro o desenvolvimento da sua conceitualização, de modo que não existe uma conceitualização unilateral do terapeuta ou uma compreensão do cliente que seja diferente da do terapeuta. Nas fases iniciais da terapia, o terapeuta pode estruturar esta interação e, à medida que a terapia progride, o cliente vai tomando a iniciativa. Uma cliente descreveu a sua experiência nesse processo:

> "Quando a terapeuta estava resumindo alguma coisa, ela parou perto do ponto crucial e eu tomei aquilo como um sinal para que eu pulasse para dentro e dissesse ah-ah" (*rindo*), mas eu também achei que aquilo era muito inteligente. E então ela reforçou pedindo que eu repetisse."

A validade da conceitualização de caso é considerada em termos do seu papel dentro do curso de uma terapia, não em termos absolutos. Por exemplo, a conceitualização de caso prediz corretamente os resultados de experimentos? Os métodos de tratamento sugeridos pela conceitualização levam até o resultado esperado? As conceitualizações originadas dentro da hora de terapia e baseadas na participação ativa dos clientes provavelmente ofereçam valida-de de face para o cliente. Esta validade de face será melhorada se a dupla terapeuta-cliente tiver a disposição de ir corrigindo a conceitualização ao longo do tempo para levar em conta as experiências do cliente dentro e fora da terapia. Quando cliente e terapeuta trabalham juntos para formular e testar hipóteses, os dados observacionais ou as medidas independentes podem indicar que uma conceitualização particular também possui validade preditiva ou de constructo. Sob essas circunstâncias, podemos perguntar se a conceitualização de caso condiz com a experiência do cliente, com medidas padronizadas, as impressões clínicas do terapeuta e as impressões de um supervisor ou consultor clínico. Essas questões em grande parte não são examinadas na pesquisa. Para estudar essa perspectiva sobre a validade da conceitualização de caso, as visões das conceitualizações do cliente e do terapeuta precisam ser avaliadas e comparadas. Até o momento, os estudos sobre conceitualização de caso pediram aos avaliadores que classificassem as conceitualizações formuladas pelo terapeuta sem avaliar a perspectiva do cliente.

A colaboração entre terapeuta e cliente diminui a probabilidade de que os erros cognitivos borrem o quadro da conceitualização. Embora o cliente esteja sujeito aos mesmos processos cognitivos e parcialidades que o terapeuta, a colaboração aumenta a probabilidade do *feedback* corretivo porque terapeuta e cliente inevitavelmente abordam a conceitualização a partir de perspectivas diferentes. Cada um deles acrescenta diferentes informações relevantes ao caldeirão da conceitualização. O cliente contribui com informações históricas, observações atuais sobre acontecimentos declarados e secretos e os objetivos da terapia, enquanto o terapeuta mescla ideias baseadas na pesquisa empírica, modelos psicológicos e com a experiência passada com dificuldades similares de outros clientes.

No entanto, a confluência de todas essas informações não é uma garantia de que irá surgir uma conceitualização significativa. A abordagem colaborativa entre terapeuta e cliente será essencial caso seja formulada uma conceitualização significativa.

PETE: Eu realmente não sei por que eu adio tanto as coisas.
TERAPEUTA: Algumas pesquisas vinculam o adiamento ao perfeccionismo. Enquanto a pessoa não terminar alguma coisa, ela não terá que lidar com a ansiedade em relação a erros ou críticas. Se ela deixar para fazer no último minuto, então qualquer crítica que receber não causará tanta aflição porque ela pensa que poderia ter feito melhor se tivesse feito com mais tempo. Existe alguma possibilidade de que alguma coisa relacionada a esta ideia esteja acontecendo com você?
PETE: *(longa pausa)* Não sei. Acho que é mais a questão de que eu não gosto de me esforçar para enfrentar grandes projetos.
TERAPEUTA: Porque se você se esforçar para enfrentar grandes projetos, então...?
PETE: Então eu nunca vou conseguir fazer alguma coisa divertida na minha vida. *(Parece pensativo.)* Eu vou ficar em função disso o dia inteiro sem uma chance de relaxar. Isso é uma coisa esquisita de se dizer?
TERAPEUTA: Alguma imagem ou lembrança vem à sua mente quando você diz isso?
PETE: Sim. Eu vejo meu pai quando eu tinha uns 8 anos. Se eu começava alguma

coisa, ele dizia que eu precisava terminá-la antes de poder fazer alguma outra coisa. Ele tinha uma regra rígida quanto a terminar qualquer coisa que você tivesse começado. Uma vez eu comecei a construir uma casa de brinquedo, e quando eu me cansei e quis ir brincar com os meus amigos, ele disse que eu precisava continuar trabalhando nela com ele até que estivesse terminada.

Neste caso, o terapeuta inicia com um modelo conceitual de que a procrastinação é estimulada pelo perfeccionismo e pelo medo de crítica. Ao apresentar explicitamente esse modelo ao cliente e pedir *feedback*, o terapeuta dá ao cliente uma oportunidade de confirmar ou de corrigir a sua hipótese antes que a terapia continue por esse caminho. Além disso, eles podem combinar uma tarefa para fazer em casa para verificar estas ideias no contexto da experiência rotineira de Pete. O terapeuta sinaliza a verdadeira colaboração ao abandonar o modelo do perfeccionismo para explorar o relato do cliente de pensamentos e imagens relevantes.

As hipóteses do terapeuta não são necessariamente compartilhadas integralmente com o cliente em cada ponto do caminho. Imagine que o cliente está dirigindo um carro e o terapeuta está lendo um mapa. Compartilhar todo o mapa em um ponto particular da jornada provavelmente não irá ajudar o motorista. É mais útil compartilhar as informações moderadamente em pontos-chave (p. ex., Motorista: "Estamos chegando a um cruzamento, o que eu faço lá?" Leitor do mapa: "Você precisa dobrar à direita"). Da mesma forma, um terapeuta pode não compartilhar hipóteses de conceitualização que estão afastadas da "estrada" da terapia quando uma concordância conceitual mais básica ainda não foi alcançada. Por exemplo, uma cliente que encara a sua depressão como "completamente biológica" provavelmente irá se beneficiar com o exame de hipóteses referentes a pressupostos subjacentes que a predispõem à depressão. É muito mais provável que seja útil examinar a hipótese de que comportamentos e pensamentos podem às vezes contribuir para o seu humor.

Em resumo, consideramos o empirismo colaborativo como essencial se a conceitualização servir às funções para conceitualização de caso apresentadas no Capítulo 1 (Quadro 1.1). Também acreditamos que uma abordagem colaborativa da conceitualização de caso resolve muitos dos desafios apresentados pelos estudos de pesquisas.

POR QUE INCORPORAR OS PONTOS FORTES DO CLIENTE?

Por fim, defendemos uma abordagem focada nos pontos fortes do paciente na conceitualização de caso. Uma conceitualização que inclui "tudo o que está certo com uma pessoa" baseia-se nos recursos existentes e amplia o campo das intervenções possíveis (Mooney e Padesky, 2002; Padesky e Mooney, 2006; Mooney, 2006). Quando são identificados os pontos fortes, os clientes frequentemente são capazes de transferir as habilidades das áreas fortes para ajudarem a manejar as áreas de dificuldade com uma maior facilidade. Um propósito primário da conceitualização de caso é desenvolver a resiliência. A incorporação dos pontos fortes em conceitualização de caso revela áreas mais abrangentes para intervenção que podem desenvolver a resiliência do paciente.

Resiliência é um conceito abrangente que se refere a como as pessoas negociam com a adversidade. Ela descreve os processos de adaptação psicológica através da qual as pessoas utilizam seus pontos fortes para se adaptarem aos desafios para que consigam manter seu bem-estar. Mais uma vez, o caldeirão é uma metáfora adequada para que compreendamos como conceitualizar a resiliência de um indivíduo (Figura 1.1). A teoria pertinente pode ser integrada às particularidades de um caso individual usando o "aquecimento" do empirismo colaborativo. Como a resiliência é um conceito amplo e multidimensional, os terapeutas podem adaptar as teorias existentes dos transtornos psicológicos (veja o Quadro 1.3) ou então buscá-las em um amplo leque de ideias teóricas da psicologia positiva (veja, p. ex., Snyder e Lopez, 2005).

A nossa ênfase no desenvolvimento da resiliência como um objetivo da terapia não é nova em TCC. O primeiro manual de tratamento com TCC escrito por Aaaron T. Beck e colaboradores diz:

> O paciente precisa adquirir um conhecimento especializado, experiência e habilidade para lidar com determinados tipos de problemas; a terapia é um período de treinamento em que o paciente irá aprender formas mais efetivas de lidar com esses problemas. Não se pede ao paciente, nem se espera dele que adquira domínio ou habilidades integrais na terapia: *Em vez disso, a ênfase está colocada no crescimento e no desenvolvimento.* O paciente terá muito tempo após a terapia para se desenvolver nessas habilidades cognitivas e comportamentais para lidar com as dificuldades. (Beck et al., 1979, PP. 317-318; grifo nosso.)

A TCC sempre enfatizou a importância de trabalhar com os clientes para que eles se tornem seus próprios terapeutas, capazes de aplicar as habilidades cognitivas e comportamentais quando for necessário. Esses processos descritos nos textos originais de TCC (Beck, 1976; Beck et al., 1979, 1985) podem ser ainda mais efetivos quando os pontos fortes do cliente estiverem especificamente vinculados à resiliência. Em anos recentes, começaram a surgir modelos de TCC que integram a identificação dos pontos fortes e a resiliência do cliente na prática corrente da TCC (p. ex., Mooney e Padesky, 2002; Padesky, 2005; Padesky e Mooney, 2006).

Possivelmente, a pesquisa que examina o impacto da conceitualização no processo e no resultado psicoterápico poderia ser mais conclusiva se a conceitualização incluísse mais de um foco nos pontos fortes do cliente. Por exemplo, propomos que os clientes têm menos probabilidade de achar a conceitualização pesada e angustiante quando ela estiver relacionada com o que está indo bem com eles do que com o que os levou a procurar ajuda. Além do mais, os pontos fortes do cliente oferecem caminhos naturais para se alcançar os seus objetivos. Os processos cognitivos e comportamentais que se mostraram úteis aos clientes no passado têm boas chances de se mostrarem úteis novamente.

A identificação e o trabalho com os pontos fortes dos clientes iniciam na avaliação e continuam em cada nível de conceitualização. Quando os clientes articulam as dificuldades atuais, os terapeutas podem indagar sobre as vezes em que os clientes conseguiram lidar com elas com sucesso. O Capítulo 5 demonstra como prestar atenção aos recursos pessoais e sociais dos clientes durante uma avaliação psicossocial mais abrangente. A conceitualização dos fatores desencadeantes e de manutenção inclui os recursos do cliente que impediram que as dificuldades piorassem (Capítulo 6). Quando a conceitualização se torna mais longitudinal, os fatores que predispuseram *e protegeram* o cliente são identificados (Capítulo 7). Durante a terapia, defendemos que os terapeutas identifiquem os valores do cliente, seus objetivos de longo prazo e as qualidades positivas que podem servir como base para desenvolver uma recuperação duradoura e uma participação integral na vida (Capítulo 4).

Embora a literatura sobre TCC tenha incluído os pontos fortes apenas de forma esparsa nos modelos cognitivos, vários inovadores em TCC começaram a fazê-lo (veja, p. ex., Seligman e Csiksentmihalyi, 2000; Snyder e Lopez, 2005), e, no Capítulo 4, fazemos uma revisão de como a literatura pode informar a conceitualização de caso na TCC. Ao demonstrarmos ao longo de todo este livro como os pontos fortes podem ser avaliados e incorporados às conceitualizações de caso, esperamos estar apoiando tais desenvolvimentos.

EM DIREÇÃO A UMA CONCEITUALIZAÇÃO DE CASO MAIS EFETIVA

A nossa revisão sobre a teoria pertinente da TCC e suas evidências oferece uma oportunidade, mas também impõe um desafio. A oportunidade é de que os terapeutas de TCC façam máximo uso da extensa teoria e pesquisa cognitivo-comportamental para individualizar a terapia para uma variedade de transtornos emocionais. O desafio é que as abordagens atuais à conceitualização de caso não estão percebendo essa oportunidade. Por que os terapeutas parecem não conseguir concordar quanto aos aspectos explanatórios da conceitualização do cliente? Por que a conceitualização parece não afetar o processo e o resultado da TCC?

Uma história clássica de Sufi do "tolo esperto" Nasruddin oferece uma resposta metafórica a esse desafio. Na história, Nasruddin é visto certa noite pelo seu vizinho sob a luz de um poste de rua procurando alguma coisa. O

vizinho sai para falar com Nasruddin:
VIZINHO: Boa noite, Nasruddin. O que você está procurando sob a luz do poste?
NASRUDDIN: Minhas chaves, eu perdi as minhas chaves.
(Eles procuram juntos por algum tempo, inutilmente. Então ocorre ao vizinho perguntar:)
VIZINHO: Nasruddin, onde você perdeu as suas chaves?
NASRUDDIN: Lá, perto da casa.
VIZINHO: *(confuso)* Então por que você está procurando perto do poste?
NASRUDDIN: Por que aqui tem luz!

Assim como a constatação do vizinho no final da história, argumentamos que as abordagens atuais de conceitualização de caso focam a sua busca nos lugares errados (porque há luz). Para que a conceitualização de caso cumpra a sua promessa, acreditamos que ela deve ser praticada e pesquisada no contexto da colaboração ativa entre terapeuta e cliente, utilizando métodos empíricos. A pesquisa sobre conceitualização de caso deve levar em conta que as conceitualizações se desenvolvem ao longo do tempo e frequentemente evoluem do nível descritivo de entendimento para o explanatório. Além do mais, sugerimos que as melhores conceitualizações provavelmente incorporam os pontos fortes do cliente. A identificação dos recursos positivos do cliente ajuda a formar uma compreensão holística das suas preocupações e pode fornecer uma base para desenvolver resiliência e mudanças duradouras. Embora atualmente exista menos luz direcionada para essas questões do que seria o ideal, argumentamos que os três princípios de conceitualização de caso descritos neste capítulo podem ser a chave que estamos procurando.

Figura 2.9 Nasruddin procurando suas chaves.

Resumo do Capítulo 2

Este capítulo apresenta um novo modelo de conceitualização que responde aos desafios da pesquisa e da prática do terapeuta. Usamos a metáfora de um caldeirão para descrever as características principais:

- A experiência do cliente, a teoria e a pesquisa são sintetizadas para produzir uma descrição e uma explanação única das dificuldades apresentadas pelo cliente.
- O caldeirão é aquecido por meio do empirismo colaborativo, essencial para formar uma descrição e uma explanação únicas com validade de face para cliente e terapeuta.
- A conceitualização se desenvolve do nível descritivo para o explanatório durante o curso da terapia.
- Os pontos fortes do cliente são incorporados em cada nível de conceitualização com o objetivo de revelar caminhos positivos para mudar e para desenvolver resiliência.

3

Duas cabeças pensam melhor do que uma
Empirismo colaborativo

PAUL: As vozes me dizem coisas que me apavoram.
TERAPEUTA: Que tipo de coisas as vozes lhe dizem?
PAUL: Elas dizem para eu me machucar e para machucar as outras pessoas.
TERAPEUTA: Você estaria disposto a conversar comigo sobre as vozes hoje? Talvez possamos encontrar uma forma de ajudá-lo a lidar com elas.
PAUL: *(Parece cauteloso.)* Sim.
TERAPEUTA: De quem você acha que são essas vozes?
PAUL: Eu acho que são anjos... ou demônios.
TERAPEUTA: Isto significa que elas são poderosas?
PAUL: Sim, é claro. Isto é o que me assusta tanto. Eu tenho medo de que elas me forcem a fazer coisas ruins.
TERAPEUTA: Você já fez alguma coisa ruim até agora?
PAUL: Não tão ruins assim.
TERAPEUTA: Como você consegue parar quando as vozes lhe dizem para fazer coisas ruins?
PAUL: Eu rezo. E eu toco música alta para não ter que ouvir. E eu fico longe das pessoas que eu poderia machucar.
TERAPEUTA: Parece que você usou a sua fé e resolução de problemas para encontrar algumas formas de proteger a si e aos outros.
PAUL: Sim. Mas eu não sei por quanto tempo eu consigo ser mais esperto do que elas.
TERAPEUTA: Talvez hoje possamos saber algo mais sobre as vozes que possa lhe ajudar. Eu tenho uma teoria de que gostaria de lhe falar a respeito e que poderia ajudar.
PAUL: O que é?
TERAPEUTA: Essas vozes podem ser anjos ou demônios. Ou é possível que elas sejam pensamentos na sua cabeça que lhe assustam e que na verdade não têm muito poder. Eu acho que é importante que tentemos entender exatamente quem são

essas vozes e o quanto de poder elas têm. Você acha que saber mais sobre essas vozes poderia ajudá-lo?
PAUL: Sim, mas eu tenho certeza de que elas não estão somente na minha cabeça.
TERAPEUTA: OK. Então talvez isto seja uma coisa que deveríamos testar.

A terapeuta de Paul está começando a ajudá-lo a conceitualizar as vozes que ele ouve. Observe como os três elementos no caldeirão da conceitualização do caso descrito no Capítulo 2 – teoria, pesquisa e detalhes individuais do cliente – estão entrelaçados de forma colaborativa neste diálogo. A terapeuta tem sua própria teoria a respeito das vozes que Paul escuta, informada pela experiência clínica e pela pesquisa sobre psicose (Kingdon e Turkington, 2002; Morrison, 2002). Mesmo assim, ela demonstra respeito pela teoria de Paul e o convida a examinar colaborativamente suas experiências com as vozes para ver o que se pode ficar sabendo. À medida que a sessão avança, a terapeuta irá encorajar Paul a assumir uma abordagem empírica, realizando experimentos dentro e fora da sessão para ajudá-lo a avaliar as várias teorias sobre as vozes.

Neste estágio inicial das discussões, as conceitualizações são bem simples: anjos/demônios ou pensamentos na cabeça de Paul. Quando a terapia avançar, essas conceitualizações ficarão mais elaboradas. Quando forem explorados níveis mais elevados de conceitualização, Paul e sua terapeuta avançarão de uma compreensão descritiva das vozes para uma identificação explanatória dos fatores desencadeantes, de manutenção, predisposição e protetores. Durante esse processo de conceitualização, a terapeuta faz perguntas e expressa interesse pelos pontos fortes de Paul. Ela irá incluí-los nas conceitualizações e usá-los para desenvolver a resiliência de Paul.

A maioria dos leitores com experiência em conceitualização de caso está familiarizada até certo ponto com todas as partes do processo de conceitualização descrito nos parágrafos anteriores. No entanto, mesmo terapeutas de nível avançado em TCC frequentemente carecem de experiência ou de habilidade em uma ou mais dessas áreas. Os terapeutas às vezes se esquecem de testar empiricamente a conceitualização do caso com o cliente. Os pontos fortes do cliente podem ocasionalmente ser avaliados, mas não são incorporados rotineiramente aos modelos conceituais. Como queremos que a conceitualização de caso sirva como um caldeirão ativo para a mudança, achamos que é importante integrar teoria, pesquisa e os aspectos individuais de um caso da forma mais completa possível durante toda a terapia. Além disso, achamos primordial que cada passo dessa integração seja feito colaborativamente com o cliente, com a avaliação empírica das ideias discutidas.

Neste capítulo, focamo-nos em como o empirismo colaborativo funciona na prática. Diversos exemplos de caso ilustram como ele cria uma síntese a partir dos três elementos: teoria, pesquisa e experiência do cliente.

COLABORAÇÃO EM AÇÃO

Uma relação terapêutica colaborativa é aquela em que terapeuta e cliente respeitam as ideias um do outro e trabalham como equipe para atingir os objetivos do cliente. Diferente de alguns modelos de terapia em que o terapeuta é o especialista que trabalha como um "paciente" que espera receber conselhos especializados, os terapeutas cognitivos estimulam relações em que todos os participantes contribuem igualmente para o processo terapêutico. Contribuição igual não significa que o terapeuta e o(s) cliente(s) contribuem para o processo com as mesmas habilidades e conhecimento. O terapeuta contribui com a sua experiência educacional, pessoal e profissional, o que idealmente inclui uma base de conhecimento empírico. Cada cliente participa com uma compreensão e uma consciência única da sua própria experiência pessoal e interpessoal, e também com o potencial para observar e para relatar reações internas e externas aos esforços por mudança.

A colaboração descreve o processo através do qual os pontos fortes do terapeuta e do cliente são reunidos em benefício do cliente. Na TCC, as relações terapêuticas colaborativas são atingidas e mantidas por meio da discussão explícita, uso de um esquema colaborativo dentro da sessão terapêutica, uma aliança terapêutica positiva, a estrutura terapêutica e um equilíbrio ótimo entre aliança e estrutura durante o curso da terapia.

Discussão explícita

Em geral, os terapeutas cognitivos discutem diretamente a importância da colaboração na primeira sessão de terapia. Uma explicação simples é geralmente suficiente se ela for seguida pela colaboração em ação:

TERAPEUTA: (*no início da primeira sessão*) Vamos usar alguns minutos para discutir como podemos trabalhar juntos. Eu gosto de trabalhar em conjunto, como uma equipe. Tenho algum conhecimento sobre a ajuda a pessoas com problemas de humor e preocupações, e já ajudei muitas delas a manejá-los melhor. Mas você é o especialista do seu próprio humor e de suas experiências de preocupação. Se você me contar o que você experiencia e eu lhe disser o que sei, é provável que consigamos propor um plano que poderá ajudá-lo. O que lhe parece?
ELLEN: OK, eu acho.
TERAPEUTA: Por exemplo, hoje eu gostaria de lhe fazer algumas perguntas sobre o que o trouxe aqui e outras perguntas para saber mais sobre os seus esforços e os seus pontos fortes. À medida que formos avançando, eu lhe darei informações sobre coisas que acho que podem lhe ajudar. Mas você é quem vai me dizer se essas ideias são úteis. Você estaria disposto a me falar sobre você e também a me dar um *feedback* se o que eu lhe digo é útil ou não?
ELLEN: Claro.

TERAPEUTA: E já que estamos trabalhando juntos, se você pensar em alguma coisa que seja importante me contar e eu não tenha lhe perguntado, eu quero que você traga o assunto, ok?
ELLEN: OK. Parece bom.
TERAPEUTA: Vamos começar fazendo uma lista rápida de todas as coisas que queremos ter a certeza de conversarmos hoje. Isso vai ajudar a garantir que utilizemos nosso tempo da forma mais útil para você. Como eu disse, quero descobrir o que o trouxe aqui e saber um pouco a seu respeito, especialmente o que lhe ajuda ao passar por momentos difíceis. (*Escreve no papel ou no quadro branco de modo que Ellen possa ver o que está sendo escrito: "o que me trouxe aqui", "o que me ajuda a passar por momentos difíceis".*) Tem alguma coisa que você quer assegurar que conversemos hoje?
ELLEN: Tive que sair mais cedo do trabalho para vir aqui hoje. Estava pensando se poderíamos achar outro horário para nos encontrarmos.
TERAPEUTA: Obrigado por trazer o assunto. Deixe-me escrever isso em nossa lista. (*Escreve: "Novo horário?"*) Mais alguma coisa?
ELLEN: O meu médico me receitou uma medicação, e ela me deixa muito nervosa. Existe uma medicação diferente que eu possa tomar?
TERAPEUTA: OK. Vou colocar a medicação na lista. (*Escreve "Medicação".*) Ah, isto me faz lembrar, eu gostaria de conversar com você sobre os resultados desses questionários de humor que você preencheu quando chegou hoje. Você gostaria que eu fizesse isso hoje ou na próxima vez?
ELLEN: Hoje! (*O terapeuta escreve "Escores de humor".*)
TERAPEUTA: Mais alguma coisa?
ELLEN: (*Balança a cabeça negativamente.*)
TERAPEUTA: OK. (*pausa*) Eu gostaria de acrescentar mais duas coisas à nossa lista, que são: dar-lhe a oportunidade de me fazer algumas perguntas, se quiser, e também me dar um *feedback* no final sobre o quanto esta sessão foi útil ou não. Está bem para você? (*Ellen acena com a cabeça positivamente; o terapeuta acrescenta estes dois itens e então lê a lista.*) Queremos conversar sobre o que a trouxe aqui, o que lhe ajuda a passar por momentos difíceis, um novo horário para nos encontrarmos, sua medicação, as suas respostas nos questionários de humor, alguma pergunta que você tenha para mim e o seu *feedback* sobre a sessão de hoje. Vamos usar mais dois minutos e decidir em que ordem iremos falar sobre estas coisas e quanto tempo achamos que iremos precisar para cada tópico.

Utilização de uma estrutura colaborativa

Como demonstra o diálogo anterior, a discussão explícita da intenção de colaboração é seguida imediatamente por uma experiência de colaboração ativa. Convidar Ellen a ajudar a planejar e a estruturar a primeira sessão da terapia lhe dá a oportunidade de entender diretamente o que o terapeuta quer dizer com colaboração. Quando a sessão avança, o terapeuta estrutura continuamente as interações como colaborativas. Se o terapeuta não fizer isto, a terapia poderá inadvertidamente mudar para uma dinâmica especialista-paciente. Aqui estão alguns exemplos de eventos comuns na sessão que enfatizam a estrutura colaborativa:

- *Verificação frequente sobre a compreensão do cliente*
  "Isso faz sentido para você? Você pode me dar um exemplo na sua própria experiência onde tal ideia se encaixa? Algum exemplo de onde ela não se encaixa?"

- *Negociação de alterações na agenda da sessão*
  "Estou vendo que só nos restam 15 minutos. Eu estou percebendo que o que estamos conversando é importante para você. Eu também me lembro que você queria falar sobre a medicação e a mudança do nosso horário de encontro, e eu gostaria de um *feedback* sobre a sessão de hoje. Vamos continuar falando sobre [o tópico atual] e conversamos sobre essas outras coisas na próxima vez, ou você quer mudar logo para esses outros assuntos?"

- *Planejamento colaborativo dos exercícios para fazer em casa*
  "Hoje você fez algumas observações importantes a respeito das ligações entre seus pensamentos e seus humores. Vamos falar sobre o que você poderia fazer nesta semana para usar essas informações para ajudá-lo. (*pausa*) Às vezes peço às pessoas para tomarem nota de alguns pensamentos quando o seu humor é ativado. Isso poderia ajudá-lo a estar mais consciente dos seus pensamentos como primeiro passo para testar as suas crenças. Você acha que isso lhe seria útil, ou você tem outra ideia?"

- *Perguntar a opinião do cliente em relação aos pontos de escolha da terapia*
  "Ao descrever as suas dificuldades, parece que você luta contra a depressão e os ataques de pânico. Existem bons tratamentos para essas dificuldades, mas pode ser mais útil trabalhar uma de cada vez. Você estaria disposto a trabalhar em um problema de cada vez? [Em caso positivo] qual você gostaria de tentar resolver primeiro? Por que você acha que seria melhor esse?"

O uso constante de uma estrutura colaborativa ajuda a minimizar a tendência dos clientes de acatarem o julgamento do terapeuta. Também pode reduzir batalhas desnecessárias na terapia que acontecem quando terapeuta e cliente começam inadvertidamente a perseguir objetivos diferentes ou a operar com expectativas diferentes. Quando os clientes se abstêm de expressar opiniões apesar dos esforços do terapeuta, este deverá questionar diretamente sobre essa postura. Às vezes os pacientes têm experiência limitada com pessoas que demonstram interesse pelas suas opiniões, e assim nunca aprenderam a prestar atenção às preferências pessoais. Esta é uma questão de habilidade que pode ser abordada pedindo-se ao cliente que passe algum tempo antes de cada sessão pensando sobre os possíveis itens da agenda e dando a ele algum tempo na sessão para pensar sobre as suas preferências. Se os clientes não se expressam porque as crenças interferem, o terapeuta pode ajudá-lo a identificar e testar essas crenças.

Uma estrutura colaborativa não significa que os terapeutas façam sempre o que o cliente quer na terapia. Se as escolhas de um cliente parecem afastadas do alvo, o terapeuta expressa a sua opinião, idealmente fundamentado em evidências empíricas ou na experiência profissional que é comunicada efetivamente ao cliente. Por exemplo, se um cliente persistentemente escolhe tópicos que evitam tratar dos problemas centrais, o terapeuta irá apontar isto e perguntar ao cliente sobre os pensamentos ou os temores que podem estar impedindo que ele trabalhe em um determinado assunto. Ou se o cliente solicita uma forma de tratamento que é contraindicada pela evidência empírica (p. ex., um cliente com preocupações de saúde que quer passar cada sessão obtendo a tranquilização do terapeuta de que alguns sintomas particulares não são sérios), o terapeuta o ajuda a entender por que essa abordagem de tratamento provavelmente não irá ajudar (Warwick, Clark, Cobb e Salkovskis, 1996). Será muito mais fácil para terapeuta e cliente resolverem colaborativamente tais discordâncias quando existe uma aliança terapêutica positiva.

Aliança terapêutica

A eficácia da TCC é melhorada quando os terapeutas mantêm uma aliança terapêutica positiva dentro de um formato terapêutico estruturado (Beck et al., 1979; J. S. Beck, 1995; Padesky e Greenberger, 1995; Raue e Goldfried, 1994). Uma aliança terapêutica positiva está correlacionada com os resultados positivos em psicoterapia (Horvath e Greenberg, 1994), incluindo a terapia cognitivo-comportamental (Raue e Goldfried, 1994). No entanto, os terapeutas cognitivos não acreditam que uma aliança terapêutica positiva garanta por si só os melhores resultados na terapia. Os terapeutas cognitivos se empenham para usar métodos terapêuticos apoiados empiricamente no contexto de uma aliança terapêutica positiva.

Tanto a aliança terapêutica positiva quanto os métodos de tratamento apoiados empiricamente melhoram os resultados da terapia. Existem evidências de que a aliança terapêutica positiva potencializa a eficácia dos métodos apoiados empiricamente (Raue e Goldfried, 1994) e também evidências de que o uso efetivo de abordagens terapêuticas conduz a uma aliança terapêutica mais positiva (DeRubeis, Brotman e Gibbons, 2005; Tang e DeRubeis, 1999).

Medidas da aliança terapêutica tais como o Inventário da Aliança de Trabalho (Horvath, 1994) avaliam três aspectos da aliança: (1) vínculo positivo, (2) concordância quanto às tarefas da terapia e (3) concordância quanto aos objetivos da terapia. Cada um desses marcadores da aliança está em consonância com os princípios básicos da prática da TCC (Beck et al., 1979). A resolução colaborativa das discordâncias em relação às tarefas ou aos objetivos da terapia ajuda a manter ou a restabelecer uma aliança positiva e pode, portanto, melhorar os resultados da terapia.

Estrutura da terapia

As sessões terapêuticas são estruturadas na TCC para maximizar o impacto de cada sessão. Uma sessão típica de TCC terá os seguintes componentes: definição da agenda, revisão do aprendizado do cliente desde a sessão anterior (p. ex., exercícios para fazer em casa e eventos da vida relevantes para o foco da terapia), introdução de novos aprendizados e habilidades, aplicação de novas ideias às dificuldades atuais do cliente, formulação de exercícios para aprendizagem (p. ex., exercícios de casa) para a(s) semana(s) seguinte(s) e *feedback* do cliente sobre a sessão (J. S. Beck, 1995; Padesky e Greenberger, 1995). A colaboração ajuda a manter a estrutura da terapia, especialmente quando o cliente entende as vantagens da estrutura. Embora o cliente assuma o papel principal na definição da agenda, o terapeuta também contribui com ideias e sugestões para os tópicos da sessão. Em geral, a maior parte do tempo da sessão é gasto interrogando sobre o aprendizado do cliente com as tarefas de casa, testando as crenças, ensinando habilidades e criando formas de testar as crenças e as habilidades práticas fora das sessões de terapia.

Da mesma forma que as sessões de terapia são estruturadas dentro da hora, existe uma estrutura geral para a TCC ao longo das sessões terapêuticas. As sessões iniciais geralmente identificam e conceitualizam as dificuldades atuais, conforme ilustrado no Capítulo 5. Quando são montados os planos de tratamento, as sessões intermediárias da terapia abordam sistematicamente os pensamentos automáticos, os pressupostos subjacentes e os comportamentos que mantêm as dificuldades do cliente, ensinam aos clientes habilidades pertinentes e o auxiliam a aplicar novas habilidades às circunstancias de vida que são cada vez mais desafiadoras. As sessões posteriores exploram como o cliente pode usar as habilidades recém-adquiridas e as crenças, em consonância com as forças existentes para reduzir a recaída e torná-lo mais resiliente com o tempo.

O equilíbrio ótimo entre estrutura e aliança

Muitos terapeutas acreditam que uma abordagem estruturada enfraquece a aliança terapêutica ou leva o terapeuta a controlar o conteúdo da sessão. Tal crença não é apoiada pela pesquisa. Décadas atrás, Truax (1966) estudou a influência relativa do terapeuta e do cliente na terapia centrada no cliente, conforme conduzida por Carl Rogers, fundador da abordagem. Rogers seguia de perto as expressões verbais do cliente, fazendo comentários reflexivos em vez de intervenções diretivas. Surpreendentemente, o estudo encontrou que o terapeuta, e não os clientes, controlava o conteúdo da hora de terapia, mesmo com intervenções que pretendiam ser altamente não diretivas. Truax descobriu que os clientes ficavam em tamanha sintonia com as reflexões e as expressões não verbais do terapeuta que falavam em maiores detalhes sobre os tópicos que recebiam atenção ou reação positiva do terapeuta. Assim, mesmo as tentativas de terapia não diretiva se revelam ser inadvertidamente muito diretivas.

É claro que a terapia estruturada também pode ser altamente diretiva e refletir apenas o esquema referencial do terapeuta. É impossível remover-se a influência do terapeuta durante a sessão psicoterápica. E dado que um terapeuta é contratado pelo seu conhecimento e perícia profissional, não faz sentido remover a sua influência. No entanto, os terapeutas em TCC acreditam que é desejável que os clientes compartilhem o controle do conteúdo e do curso da sua terapia. Assim, a TCC sempre defendeu que a relação terapêutica ideal envolve um trabalho ativo em equipe entre terapeuta e cliente (Beck et al., 1979, p. 54).

Uma abordagem de terapia colaborativamente estruturada pode ser a melhor forma de assegurar que cliente e terapeuta compartilhem a influência sobre a sessão terapêutica. Como sabemos a partir da pesquisa de Truax (1966), com ou sem estrutura explícita, o terapeuta controla a direção da sessão ao escolher quais partes dos comentários do cliente questionar, refletir ou interpretar. Quando se pede aos clientes para definirem a agenda, priorizarem os tópicos e tomarem decisões sobre as escolhas dentro da sessão, eles exercem maior influência sobre a própria terapia. A participação maior do cliente pode aumentar a aliança terapêutica e pode em parte explicar as pontuações altas para a aliança que clientes dão aos terapeutas cognitivo-comportamentais (Raue e Goldfried, 1994). Um estudo examinou por que os desvios da estrutura do tratamento algumas vezes comprometeram os resultados da terapia (Schulte e Eifert, 2002). Descobriu-se que os terapeutas tendem a evoluir dos métodos terapêuticos (p. ex., exposição) para o processo terapêutico (p. ex., abordando a motivação do paciente) com rapidez excessiva, frequência excessiva e, por vezes, pelos motivos errados.

A terapia cognitiva pode ser estruturada demais? Os fatores de estrutura e da relação devem ser equilibrados para maximizar cada um:

> O terapeuta saber escolher cuidadosamente quando falar e quando ouvir. Se ele interromper com muita frequência ou sem tato e de forma brusca, o paciente poderá se sentir cortado e o *rapport* será afetado. Se o terapeuta permite longos silêncios ou simplesmente permite ao paciente divagar sem um propósito apa-

rente, o paciente poderá ficar excessivamente ansioso e o *rapport* irá diminuir. (Beck et al., 1979, p. 53)

Como a pesquisa encontra uma correlação positiva entre a estrutura e os resultados da terapia em TCC (Shaw et al., 1999), o equilíbrio ótimo dos fatores de estrutura e de relação será provavelmente a melhor estrutura possível que não prejudique a aliança terapêutica. É claro que o grau e a natureza da estrutura variam com a tarefa da terapia. Pode haver mais estrutura quando se define uma tarefa de aprendizagem específica e menos quando o cliente e o terapeuta estão explorando um tópico novo. Conforme destacado na citação acima, uma estrutura maior tem mais probabilidade de ser mais bem tolerada dentro de uma relação cordial e responsiva. Além disso, a colaboração e a aliança são estimuladas quando os objetivos da estrutura são esclarecidos para o cliente, como nos exemplos das afirmações que apresentamos a seguir:

Afirmações do terapeuta que proporcionam um contexto para a estrutura da terapia

- "Eu quero me assegurar de que você aproveite o máximo de cada encontro, portanto vamos ocupar algum tempo no início de cada sessão para discutirmos o que é mais importante realizar naquele dia. Depois iremos planejar a nossa sessão e verificar periodicamente para nos assegurarmos de que estamos no caminho e que você ache que estamos fazendo progresso."
- "Existem alguns métodos de ajuda [para este problema] que acho que poderiam ajudá-lo. Você estaria disposto a passar algumas das próximas sessões experimentando essa abordagem passo a passo? Quero que, à medida que avancemos, você me dê um *feedback* do quanto isso lhe parece útil."
- (*em resposta a um cliente que conta longas histórias*) "Eu posso perceber o quanto é importante para você me contar todos os detalhes. Ao mesmo tempo, a minha preocupação é que você não está recebendo a melhor ajuda que posso oferecer. Quando a maior parte do nosso tempo juntos é gasta com a descrição das suas preocupações, não nos sobra muito tempo para conversarmos sobre as opções para ajudá-lo. Como seria se eu lhe interrompesse às vezes e lhe pedisse para me fornecer as ideias principais em vez de contar todos os detalhes – assim poderemos ter mais tempo para conversar sobre como ajudá-lo com essas questões?"

As páginas anteriores ilustram as qualidades que tipificam a relação colaborativa em TCC. A colaboração é um processo fundamental que permeia todos os aspectos da TCC e é também um componente natural da conceitualização de caso. Da mesma forma que uma atitude colaborativa na terapia propicia uma maior participação do cliente, a próxima seção mostra como a teoria cognitiva e uma abordagem empírica orientam positivamente a natureza dessa participação.

EMPIRISMO EM AÇÃO

A palavra *empirismo* abrange vários aspectos da prática da TCC: o conhecimento que o terapeuta tem da teoria e da pesquisa cognitiva, o uso de métodos científicos dentro da sessão terapêutica e uma preferência por métodos de prática baseados em evidências. Sem empirismo, todas as ideias no caldeirão têm um peso igual.

Primeiro, a base de conhecimento do terapeuta inclui uma familiaridade com teorias baseadas em evidências e com modelos conceituais para problemas particulares, bem como com tratamentos apoiados empiricamente (veja o Quadro 1.3). Estas são as bases sobre as quais montamos as conceitualizações de caso em TCC com os nossos clientes. Esse conhecimento pode ajudar o terapeuta a distinguir entre transtornos similares, saber quais as ligações que comumente ocorrem entre pensamentos, comportamentos, emoções e respostas fisiológicas em determinados transtornos, e escolher as opções de tratamento que provavelmente serão as mais eficazes. Quanto mais familiarizados os terapeutas estiverem com a teoria, mais naturalmente eles poderão sintetizar a experiência e a teoria do cliente de forma colaborativa no caldeirão da conceitualização de caso.

Um segundo aspecto do empirismo é o uso de métodos específicos dentro da sessão. Isso incentiva o empirismo nos clientes. Terapeuta e cliente baseiam a sua compreensão conceitual das dificuldades do cliente nos dados extraídos da vida do cliente. As evidências empíricas com um determinado cliente frequentemente apontam para a centralidade de crenças particulares, de comportamento e de contextos ambientais e as respostas físicas e emocionais na manutenção dos seus problemas. Assim, uma estrutura empírica aumenta a probabilidade de que o tempo da terapia seja utilizado em uma exploração frutífera das questões mais centrais do cliente. Se o terapeuta tiver um modelo cognitivo que se encaixe na experiência do cliente, ele será introduzido orientando a percepção do cliente para as suas experiências pessoais que ilustram o modelo. Se não houver um modelo já existente que combine com a experiência do cliente, terapeuta e cliente observarão cuidadosamente as ligações entre os aspectos da experiência do cliente e desenvolverão um modelo baseado nessas observações. Em qualquer um dos casos, um modelo conceitual é empiricamente testado verificando-se se ele descreve a experiência do cliente e se faz predições confiáveis sobre a experiência posterior do cliente.

Terceiro, um terapeuta de TCC considera primeiro as teorias baseadas em evidências em relação a um problema particular. Somente se tal modelo for inexistente ou não se adequar à experiência do cliente é que o terapeuta irá se voltar para uma estrutura genérica da TCC ou para algum outro modelo. Seja qual for a fonte original de um modelo de conceitualização, ele será comparado com os dados da vida do cliente para ver se satisfaz o critério de ser baseado em evidências para aquele cliente individual. O exame colaborativo dos modelos baseados em evidências conduz a conceitualizações de caso mais eficientes e eficazes. Além do mais, as conceitualizações baseadas em evidências oferecem uma esperança maior de transformar os problemas em desenvolvimento positivo.

Processos empíricos de conceitualização na sessão

A exploração da adequação dos modelos baseados em evidências às dificuldades apresentadas pelo cliente é geralmente alcançada por meio do uso de (1) observação, (2) diálogo socrático e (3) experimentos comportamentais. A curiosidade é fundamental para cada um desses três métodos.

Curiosidade

A curiosidade do terapeuta é a face do empirismo para o cliente. Em vez de explicar didaticamente a teoria cognitiva, os terapeutas adeptos da TCC expressam interesse frequente e genuíno nas opiniões, *insights*, observações e escolhas do cliente porque eles querem conhecer como os clientes entendem a sua experiência. A curiosidade do terapeuta não só estimula os clientes a se acostumarem mais à auto-observação e à autoexpressão, mas ela também desperta uma maior curiosidade no cliente. A curiosidade ativa os clientes e os auxilia a superar a esquiva natural que é frequentemente desencadeada por sentimentos de vergonha e de embaraço.

Por exemplo, um cliente chamado Gabriel tentava esconder seus problemas dos colegas de trabalho e da maioria dos seus amigos. Quando seu terapeuta expressou curiosidade sobre como os problemas de comportamento poderiam estar conectados a pensamentos e a sentimentos, Gabriel começou a observar seus pensamentos e seus sentimentos com interesse ao invés de aversão. Sem uma atmosfera de curiosidade, Gabriel poderia ter achado difícil relatar pensamentos e sentimentos que, embora centrais para suas dificuldades, lhe pareciam "bobos" nos momentos em que não estava em alguma situação problemática.

A curiosidade fortalece o empirismo. Devido aos riscos de erros na tomada de decisão que foram descritos no Capítulo 2, os terapeutas devem permanecer abertos à rejeição de uma hipótese. Isto é especialmente verdadeiro quando já existe um modelo baseado em evidências que o terapeuta acredita que seja adequado à experiência do cliente. Nesse caso, é importante que o terapeuta esteja igualmente atento e curioso no que se refere às observações do cliente que se adaptam ou não a esse modelo. De outra forma, a curiosidade expressada será um método velado de convencer o cliente de uma crença do terapeuta (Padesky, 1993) – a abordagem procrusteana descrita no Capítulo 1. O caso a seguir ilustra a importância da curiosidade do terapeuta quando as observações do cliente não são adequadas a um modelo conceitual escolhido.

Katherine: exemplo de um caso

Katherine foi encaminhada à terapia cognitivo-comportamental por transtorno do pânico por um neurologista que havia excluído qualquer problema físico. Katherine era uma mulher idosa, de 72 anos, que relatava sintomas de tonturas e instabilidade quando caminhava. Ela insistia em usar um andador porque tinha medo de desmaiar e bater a cabeça na calçada. Sua fantasia ansiosa incluía uma imagem vívida do seu crânio partido, seguido de hemorragia e morte. Com base nas afirmações do médico de que não havia explicações orgânicas para seus sintomas, o terapeuta iniciou a TCC para transtorno do pânico. De acordo com a teoria da TCC, o transtorno do pânico resulta de uma falsa interpretação catastrófica de sensações físicas e mentais, que são mantidas através de comportamentos que buscam segurança, e de um aumento do foco nas sensações que preocupam o indivíduo (Clark, 1997).

Quando Katherine iniciou a terapia ainda achava que tinha um problema físico que a deixava vulnerável a desmaiar e cair. Seu terapeuta explorou com ela uma explicação alternativa de que seus temores a levavam a se apoiar em um andador como um comportamento de segurança; o uso do andador reduzia a força das suas pernas e contribuía para o enfraquecimento muscular e maior instabilidade física. Além disso, induzindo-a a realizar os experimentos recomendados pelo protocolo de tratamento do pânico (Clark, 1997), o terapeuta ajudou Katherine a compreender que as suas tonturas poderiam ser um sintoma de ansiedade em vez de um indicador de algum problema físico.

Para testar e comparar as hipóteses explanatórias de Katherine e seu terapeuta, a cliente começou uma série de experimentos comportamentais na terapia e fora dela. Ela começou a fortalecer os músculos da perna através de exercícios prescritos por um terapeuta médico. Além disso, caminhava distâncias crescentes sem o auxílio do seu andador. Após quatro semanas de tratamento, Katherine relatou um andar um pouco mais firme, embora ainda mencionasse ataques ocasionais de tontura. Era crescente a confiança do terapeuta e da cliente no modelo cognitivo de transtorno do pânico como explicação para os sintomas que ela apresentava.

Na quinta semana, Katherine caminhava sem auxílio, ao lado do seu marido, quando desmaiou. Embora o medo de desmaiar seja compatível com o modelo cognitivo de transtorno do pânico, o desmaio em si não ocorre. O terapeuta manteve uma atitude de curiosidade e perguntou se ela estava muito agitada ou com fome quando desmaiou, duas condições físicas que poderiam explicar o desmaio em uma mulher idosa. Quando Katherine e seu marido garantiram que ela estava bem e tinha almoçado normalmente uma hora antes, o terapeuta começou a duvidar da hipótese anterior de que a sua tontura estivesse relacionada à ansiedade. Além do mais, ela garantira ao terapeuta que não estava de maneira alguma ansiosa quando desmaiou; ela estava caminhando, sentiu-se momentaneamente tonta e então desmaiou.

Na verdade, o desmaio é mais compatível com uma causa orgânica do que com transtorno do pânico. Assim, o terapeuta encaminhou Katherine de volta ao neurologista para exames complementares. Exames cerebrais mais detalhados revelaram um pequeno tumor que estava pressionando um nervo e causando seus sintomas. Foi necessário cirurgia para resolver as dificuldades apresentadas.

O terapeuta de Katherine demonstrou um bom empirismo durante o tratamento. Conforme discutido no Capítulo 2, existem muitas maneiras pelas quais os terapeutas podem usar a heurística de forma problemática para tomar decisões (p. ex., buscando apenas evidências que confirmem as hipóteses; Garb, 1998). Como a primeira avaliação médica excluiu uma causa orgânica para os seus sintomas, o terapeuta escolheu um modelo psicológico baseado em evidências para o entendimento das experiências de Katherine. O terapeuta definiu uma série de experimentos para avaliar a aplicabilidade do modelo da TCC para transtorno do pânico a esses sintomas. Inicialmente, os resultados desses experimentos apoiaram esse modelo; Katherine adquiriu força nas pernas e conseguia caminhar com maior segurança. No entanto, quando ela desmaiou, o terapeuta deu atenção especial a essa experiência, que contradizia as predições do modelo cognitivo de pânico. O terapeuta pode ter sua curiosidade renovada quanto a uma explicação orgânica quando a explicação psicológica não está se adequando à experiência do cliente. Neste exemplo, o terapeuta avaliou as hipóteses com Katherine de forma contínua e colaborativamente, permanecendo aberto a novos e inesperados resultados.

O caso de Katherine é atípico. Em geral, quando foram excluídas dificuldades orgânicas e as dificuldades apresentadas pelo cliente se encaixam em modelos conceituais já existentes baseados em evidências, os dados do cliente que são coletados ao longo do tempo continuam coerentes com uma explicação psicológica. A próxima seção descreve como um terapeuta pode seguir os princípios de colaboração e de empirismo para engajar o cliente na exploração de um modelo conceitual baseado em evidências.

Empirismo na utilização de modelos conceituais já existentes baseados em evidências

Após uma entrevista inicial, um terapeuta de TCC frequentemente reconhece que um ou mais modelos conceituais baseados em evidências possuem um valor explanatório útil para a compreensão das experiências do cliente. Em vez de simplesmente dizer ao cliente: "Você parece deprimido e ansioso, deixe eu lhe contar como a depressão e a ansiedade operam", um terapeuta que emprega o empirismo colaborativo faz perguntas para reunir observações do cliente que podem ser usadas para desenvolver esses modelos a partir da experiência do cliente. Por exemplo, em uma demonstração filmada, Padesky (1994b) desenvolve colaborativamente uma conceitualização de caso com uma cliente, Mary, que fica em pânico sempre que seu coração começa a bater rapidamente.

No início desta sessão, Padesky pede a Mary para identificar suas sensações, pensamentos, sentimentos e comportamentos durante um ataque de pânico recente. As respostas de Mary anotadas, para que ambos possam examinar as conexões entre elas, formam o primeiro nível de dados empíricos – observação das experiências que ocorrem naturalmente com o cliente. Padesky ajuda Mary a identificar as sensações que mais a assustaram durante um recente ataque de pânico e pergunta: "Quanto você estava experienciando [essas sensações], o que se passou na sua mente?". Depois de pedir que Mary ligasse sensações físicas particulares a pensamentos e imagens catastróficas (p. ex., "[Esses sintomas me convenceram de que eu estava tendo] um ataque cardíaco", "Eu [estava] assistindo o meu funeral"), Padesky lhe apresenta um modelo da TCC para o transtorno do pânico (Clark, 1997) que se aproxima muito da experiência relatada por Mary.

A seguir, Padesky dá início a um experimento comportamental dentro da sessão, sugerindo que ele e a cliente hiperventilem e observem as sensações e pensamentos resultantes. Depois do experimento de hiperventilação, Padesky pede a colaboração de Mary para tomar nota desses dados empíricos de segundo nível – observação de experiências durante um experimento concebido para testar crenças. Neste caso, a crença de Mary de que está tendo um ataque cardíaco quando seu coração acelera, o peito fica pesado e os dedos começam a formigar é avaliada no contexto de sintomas similares induzidos por menos de um minuto de hiperventilação.

A comparação das observações feitas durante o ataque de pânico da cliente que ocorre naturalmente com as feitas durante a hiperventilação experimental permite que Padesky ajude a cliente a comparar duas conceitualizações possíveis das suas experiências: (1) seus sintomas físicos sinalizam um ataque cardíaco, ou (2) seus sintomas físicos não são perigosos, mas são comuns à hiperventilação e à ansiedade. Em vez de direcionar a cliente a adotar a segunda conceitualização, os trechos a seguir (Padesky, 1994b) mostram como Padesky emprega o diálogo socrático para guiar a cliente na análise das suas experiências:

PADESKY: (*imediatamente após a hiperventilação*) Quais são as sensações que você está experimentando?
MARY: Eu estou realmente tonta.
PADESKY: Muito tonta. Você se sente bem tonta ou como se fosse desmaiar?
MARY: Sim, sim... Eu estou realmente suando frio...

PADESKY: Quais os outros sintomas?
MARY: Eu consigo ouvir meu coração batendo em meus ouvidos.
PADESKY: O seu coração está batendo muito forte?
MARY: Sim.
PADESKY: E quanto à sensação de sufocar?
MARY: Sim.
PADESKY: Então você tem todos os sintomas?
MARY: Sim.
PADESKY: Que tipo de pensamentos e imagens você tem?
MARY: Eu me lembrei que haviam chegado dois médicos [para assistir esta demonstração clínica].
PADESKY: E para que você acha que poderíamos precisar dos médicos?
MARY: Eu posso ter um ataque cardíaco.
PADESKY: Então você acredita que você pode ter um ataque cardíaco neste momento?
MARY: Parece muito real...
   (um minuto mais tarde na entrevista)
PADESKY: O que a hiperventilação faz em termos de... sensações físicas?
MARY: (escrevendo) "A hiperventilação causa respiração rápida, aumenta o ritmo cardíaco, pode causar tontura."
PADESKY: Então a hiperventilação pode causar todos esses sintomas. Pode também causar um peso no peito?
MARY: Eu não sei. Eu não senti isso.
PADDESKY: E quando você disse "um elefante está sentado sobre o meu peito"?
MARY: Eu fiquei muito assustada quando senti aquilo. Eu acho que antes eu comecei a respirar rápido.
PADESKY: Então ficar ansiosa pode causar um peso no peito? Pode causar a sensação de ter "um elefante sobre o peito"?
MARY: Sim.
PADESKY: Por que você não anota isso?
(depois Mary escreve mais algumas observações)
PADESKY: Quantos sintomas você está tendo neste momento?
MARY: Eu me sinto muito melhor agora.
PADESKY: Como você explica isso? Alguns minutos atrás você tinha todos esses sintomas e agora se sente melhor?
MARY: Enquanto vou escrevendo me sinto menos ansiosa.
   (Depois de mais alguma discussão relativa a esta observação, Mary escreve um resumo das suas observações e pontua alto a sua confiança em cada afirmação, de 95 a 100%).
PADESKY: Agora leia em voz alta cada uma dessas afirmações e pense sobre elas.
MARY: (lendo seu resumo) "A hiperventilação causa respiração rápida, aumenta o ritmo cardíaco, pode causar tontura e respiração curta. A ansiedade pode causar peso no peito e uma sensação de sufocamento. Quando não estou me focando nessas sensações elas diminuem. Quando me focalizo nessas sensações elas aumentam."
PADESKY: Estas frases reunidas lhe ajudam a entender os ataques de pânico que você vem tendo?
MARY: Sim.
PADESKY: Você pode dizer com as suas próprias palavras o que essas frases sugerem?

MARY: Bem, acho que assim que eu notava alguma coisa [um sintoma], eu o aumentava porque eu prestava muita atenção a ele e o julgava, verificava e diagnosticava os sintomas, e cada sintoma que eu avaliava aumentava.
(*alguns minutos depois Padesky resume*).
PADESKY: Então temos duas hipóteses para testar. Uma hipótese é (*escrevendo*): "Quando eu tenho esses sintomas, significa que eu estou tendo um ataque cardíaco." A segunda hipótese é: "Quando eu tenho esses sintomas, significa que estou ansiosa e que não existe um perigo real e que, na verdade, os sintomas podem ser causados por um pouco de respiração curta ou muito rápida". Mesmo um pouco disso pode levar a ter as sensações. Por exemplo, quando começamos, quantos segundos levou antes que você começasse a ter as sensações?
MARY: Quase que imediatamente.
PADESKY: (*escrevendo*) "Mesmo umas poucas respirações podem levar a esse tipo de sensações."

Como ilustra esta demonstração, quando uma conceitualização de caso está baseada em modelos existentes baseados em evidências ainda é possível desenvolver essa conceitualização colaborativamente com o cliente. As investigações do terapeuta garantem que as observações pertinentes do cliente sejam acrescentadas ao caldeirão de modo que terapeuta e cliente possam avaliar se uma conceitualização baseada na teoria está adequada à experiência do cliente. Os experimentos comportamentais baseiam-se no raciocínio empírico por meio da manipulação das variáveis relevantes de forma que o cliente possa pesar as possíveis explanações. O diálogo socrático é usado para orientar o cliente a observar e a avaliar aspectos-chave de um modelo conceitual que incorpore as experiências pessoais. As observações do cliente, os experimentos comportamentais e o diálogo socrático são três métodos empíricos comuns que o terapeuta cognitivo-comportamental emprega para fornecer o "calor" ao caldeirão, de modo que o cliente possa avaliar se uma conceitualização de caso genérica baseada em evidências oferece uma boa adequação explanatória para a experiência pessoal do cliente.

Empirismo na geração de um modelo conceitual idiossincrático

Com frequência, as experiências do cliente não se encaixam exatamente em algum modelo conceitual existente baseado em evidências. Os clientes frequentemente apresentam diagnósticos múltiplos, e o terapeuta pode encontrar vários modelos relevantes baseados em evidências, cada um dos quais se aplica a diferentes partes das preocupações do cliente. Alguns relatam problemas que parecem bastante idiossincráticos. Nesses casos, os terapeutas podem extrair elementos do modelo conceitual básico da TCC (p. ex., os pensamentos, as emoções, os comportamentos e as reações físicas interagem mutuamente; as crenças geralmente guiam o comportamento e ajudam a compreender as respostas emocionais). Em colaboração com o cliente, o modelo básico da TCC pode formar os fundamentos para uma conceitualização individualizada que explique as dificuldades presentes do cliente. Para os problemas agudos, terapeutas e clientes identificam os pensamentos automáticos, as emoções e as respostas físicas e comportamentais que vinculam uns aos outros em situações-alvo. Para dificuldades de longa data, são identificadas as crenças centrais, os pressupostos subjacentes e as estratégias comportamentais associadas para ajudar a entender as origens e a manutenção das dificuldades apresentadas. As conceitualizações individualizadas são provenientes dos mesmos processos terapêuticos descritos acima: observação do cliente, experimentos comportamentais e diálogo socrático.

Rose: exemplo de um caso

Rose é uma programadora de computadores de 31 anos que buscou terapia devido a insônia, ansiedade no trabalho e conflito recente com sua família de origem, especialmente com suas duas irmãs mais novas. Sua descrição inicial das suas dificuldades atuais levou o terapeuta a especular que Rose poderia estar experienciando ansiedade social, problemas ligados a discriminação e/ou estresse relacionado a dificuldades ligadas às grandes exigências do seu trabalho. Como uma dimensão adicional, o terapeuta se perguntou o quanto as experiências culturais da cliente poderiam desempenhar um papel nas suas dificuldades. Rose é hispânica (terceira geração de americanos mexicanos que vivem nos Estados Unidos), católica romana (não vai mais à igreja), lésbica (há 5 anos com um relacionamento feliz e de compromisso), a mais velha de sete filhos, a primeira com grau universitário na sua família ampliada e uma mulher independente em um campo predominantemente masculino. O terapeuta considerou cada um desses quatro fatores (ansiedade social, discriminação social, estresse no trabalho, cultura) no decorrer da conceitualização do caso, mas também se manteve aberto a elementos imprevistos que possam se revelar importantes.

Rose e seu terapeuta colaboraram ativamente durante as três primeiras sessões de terapia para alcançar uma compreensão inicial das dificuldades centrais. Inicialmente Rose tinha muito mais consciência do seu estado físico (pescoço dolorido, agitação, fadiga) e emoções (nervosa, irritada) do que dos seus processos de pensamento. Assim sendo, o terapeuta a encorajou a observar o que passava pela sua mente quando ela ficava deitada na cama sem sono à noite, quando ela observava um aumento na tensão do pescoço no trabalho e quando discutia com as suas irmãs.

Observações da cliente. Na segunda sessão, as observações de Rose conduziram a informações essenciais para a compreensão das suas dificuldades presentes. Ela relatou que ficava acordada à noite pensando em dois tópicos principais: (1) projetos de trabalho inacabados e (2) sua frustração por que as pessoas não a ouviam ou respeitavam. Rose estava magoada porque as suas irmãs mais novas não a escutavam mais. Quando eram crianças, Rose cuidava delas enquanto sua mãe trabalhava. Agora que estão adultas, Rose achava que elas a criticavam, ignoravam suas opiniões e desaprovam a sua identidade lésbica.

Ela também achava que seus colegas homens da equipe de trabalho ignoravam seus avisos discretos de "vírus" no *software* que eles estavam escrevendo. A preocupação que tinha era de levar a culpa pelos problemas no *software* quando essas falhas surgissem na fase de testes dos produtos da sua companhia. No entanto, ela achava perigoso falar assertivamente sobre seus temores. Alguns meses antes, tinha sido colocada nesse grupo de trabalho porque eles estavam atrasados no cronograma. Rose relembrou que se sentiu marginalizada desde seu primeiro dia nessa nova equipe. Em seu primeiro dia, um membro do grupo que anteriormente era só de homens fez "brincadeiras" diretas sobre ela ("Veremos se uma mulher pode ser jogadora de um time. Você praticou algum esporte na escola?").

Diálogo Socrático. Para avaliar a hipótese de que a ansiedade de Rose estava ligada a estresse ou discriminação e não a ansiedade social, o terapeuta fez uma série de perguntas a ela.

TERAPEUTA: Rose, quando você se sente ansiosa ao pensar em relatar os problemas do *software*, qual é a sua maior preocupação?
ROSE: Se eu não for uma jogadora do time, então terei problemas.
TERAPEUTA: Qual é a pior coisa que poderia acontecer?
ROSE: Eles poderiam omitir códigos importantes que iriam interferir no meu trabalho no *software*.
TERAPEUTA: Então é mais correto dizer que você está mais preocupada com a retaliação deles do que com a crítica deles?
ROSE: Exatamente. Eu não me importo se eles gostam de mim ou não. Mas eu quero fazer um bom trabalho para conseguir ser promovida. Se eu não seguir as "regras do time" deles, eles podem dificultar muito o meu trabalho.

NA CABEÇA DO TERAPEUTA

A teoria da especificidade cognitiva (Beck, 1976) vincula tipos particulares de pensamentos a cada emoção. O autorrelato que Rose faz dos pensamentos sugere que ela pode estar experienciando ansiedade e/ou raiva como emoções primárias. A ansiedade é marcada pelas preocupações do tipo "e se" em relação a ameaças e perigo. As preocupações de Rose de levar a culpa pelos problemas no *software* e a sensibilidade aos perigos de falar sugerem ansiedade. A raiva está associada a pensamentos de injustiça, a falta de respeito e a violação das regras. A irritação de Rose porque as pessoas não a respeitam ou não a escutam combina muito bem com raiva. Com base no relato de Rose dos seus pensamentos, o terapeuta achou que a sua ansiedade estava mais relacionada a estresse ou a discriminação do que a ansiedade social. Isso porque as suas preocupações com o perigo não se centravam na rejeição social, como seria o esperado na ansiedade social.

Para excluir completamente a ansiedade social, o terapeuta fez o seguinte questionamento:

TERAPEUTA: Existem situações na sua vida em que você fica ansiosa porque outras pessoas podem lhe criticar?
ROSE: Bem, eu não gosto que as minhas irmãs me critiquem. Mas isso não me deixa ansiosa. Isso me deixa louca, porque eu acho que elas não valorizam tudo o que eu fiz por elas quando elas eram pequenas. Nem sempre foi fácil abrir mão da minha vida social para cuidar delas.

Este diálogo excluiu ansiedade social porque a ansiedade social é caracterizada por temores de crítica e rejeição social (Clark e Wells, 1995). O pressuposto subjacente de Rose, "Se eu não for uma jogadora do time, então eles podem dificultar muito o meu trabalho", não se enquadra no padrão de ansiedade social ou em algum outro diagnóstico específico de ansiedade. Portanto, não havia nenhum modelo de conceitualização específico baseado em evidências ao qual recorrer. Em consequência, o terapeuta colaborou com Rose para formular uma conceitualização individualizada das suas dificuldades no trabalho com seus familiares. Rose expressou preferência por entender as dificuldades no trabalho porque estas eram uma fonte diária de estresse para ela. A cliente insistia que a carga de trabalho não era a causa do seu sofrimento, porque ela já havia trabalhado sob as mesmas condições durante os últimos três anos sem problemas. Relatou que se sentia à vontade em trabalhar como a única mulher em uma equipe porque isso vinha sendo uma norma na sua história profissional e nunca tinha sido um problema anteriormente. A discussão sobre as dificuldades no seu ambiente de trabalho estreitou o foco para evidenciar o preconceito de gênero em certos membros do seu grupo de trabalho atual.

Antes de se concentrar nas respostas discriminatórias de gênero dos colegas de trabalho como o principal desencadeante de sofrimento, o terapeuta de Rose buscou evidências de discriminação devido à sua orientação sexual ou etnia. Rose não achava que seus colegas soubessem que era lésbica e não acreditava que a sua orientação sexual desempenhasse algum papel no tratamento que eles lhe dispensavam. Ela se sentia confortável com sua decisão de não discutir sua identidade sexual no trabalho, especialmente porque não tinha o desejo de socializar com os colegas de trabalho. Há sete anos ela já havia declarado abertamente a sua homossexualidade para sua família e para seus amigos e se sentia feliz com sua orientação sexual. Rose não tinha tanta certeza se o fato de ser americana mexicana influenciava o tratamento que seus colegas tinham com ela. Não recordava de nenhum comentário direto a respeito da sua origem latina e, após alguma discussão, concluiu que seu gênero era a fonte principal de desconforto em seus colegas homens.

Depois que Rose identificou o potencial preconceito de gênero nos colegas de trabalho, seu terapeuta começou a explorar se a história cultural da cliente influenciava suas reações a essas questões no ambiente de trabalho.

TERAPEUTA: Já falamos sobre as muitas culturas que enriquecem a sua vida, Rose. Eu me pergunto se essas culturas têm alguma influência sobre como você reage aos homens do seu grupo de trabalho quando eles a marginalizam como mulher.
ROSE: Não estou muito certa. O que você acha?
TERAPEUTA: Eu não sei. Talvez se eu fizer algumas perguntas possamos entender isto juntos. Quando algum deles faz piadas sobre ter uma mulher na equipe, como você reage?
ROSE: Por dentro às vezes eu me sinto brava e às vezes apenas penso que eles estão sendo burros. Por fora eu ajo como se isso não me incomodasse. Ou então eu reviro os olhos e saio de perto.
TERAPEUTA: A sua reação se encaixa em algumas das culturas de que falamos a respeito? Mulher – americana mexicana – lésbica – católica – irmã mais velha?
ROSE: Bem, definitivamente é assim que eu fui criada. As mulheres na nossa família ficam quietas em público quando os homens as criticam. Pode ser diferente em casa com o seu marido ou outros parentes homens, mas as mulheres da minha família não compram briga com homens que não são da família. Eu me lembro de homens assobiando para minha mãe na parada de ônibus – ela apenas mantinha sua cabeça erguida e olhava para a frente. Mas ela nunca disse nada.
TERAPEUTA: Você responderia de forma diferente se fosse uma mulher que estivesse humilhando você?
ROSE: Com certeza. Eu me defenderia de uma mulher. Não parece ser tão perigoso.
TERAPEUTA: E se você fosse um homem americano mexicano e os homens no trabalho fizessem comentários racistas, como você responderia?
ROSE: Eu lhes responderia com tranquilidade.
TERAPEUTA: Por exemplo?
ROSE: Bem, se eles fizessem piadas sobre eu ser um "mexicano preguiçoso" eu diria: "Eu estou trabalhando tanto quanto vocês. Quando vocês trabalharem mais do que eu, então poderão fazer comentários sobre eu ser preguiçoso."
TERAPEUTA: Não pareceria perigoso falar assim?
ROSE: Não, porque é assim que os homens falam uns com os outros. Eu acho que seria perigoso se eu dissesse isto com agressividade. Mas o estilo mexicano é de falar com delicadeza e firmeza com as pessoas preconceituosas.
TERAPEUTA: Como você acha que seria se uma mulher americana mexicana respondesse com tranquilidade à critica dos homens?
ROSE: Não estou bem certa.
TERAPEUTA: Você já viu alguma outra mulher da sua empresa receber estes comentários de algum dos homens?
ROSE: Sim. A maioria dos homens trabalha bem com as mulheres, mas existem uns poucos em cada departamento que fazem comentários sexistas.
TERAPEUTA: Como as outras mulheres lidam com isso?
ROSE: Não sei bem. Algumas respondem ou fazem uma piada. Eu me lembro de uma mulher dizendo: "É melhor vocês tomarem cuidado ou terão que assistir a uma daquelas aulas sobre diversidade quanto estiverem indo embora." Mas eu não consigo me imaginar dizendo isso.
TERAPEUTA: O que acontece quando as mulheres reagem a esses homens dessa forma?
ROSE: Eu não me lembro.

Depois de um pouco mais de discussão, Rose e seu terapeuta elaboraram a conceitualização do caso que está na Figura 3.1. Em essência, eles conceitualizaram o estresse de Rose no trabalho como um subproduto do preconceito de gênero dos colegas entrecruzando com as suas regras culturais sobre o comportamento adequado ao seu gênero. Quando brava, em vez de perceber as opções de expressar seus sentimentos ou para negociação, Rose se afasta em silêncio, porque essa é a sua obrigação cultural. Embora ela se sinta bem quanto a esta escolha no momento, as consequências são o isolamento do grupo de trabalho, raiva constante, preocupações e tensão. Para Rose, esta conceitualização individualizada fez sentido, e ela vinculou as crenças e comportamentos que faziam parte da sua cultura às respostas emocionais e físicas à zombaria dos colegas de trabalho.

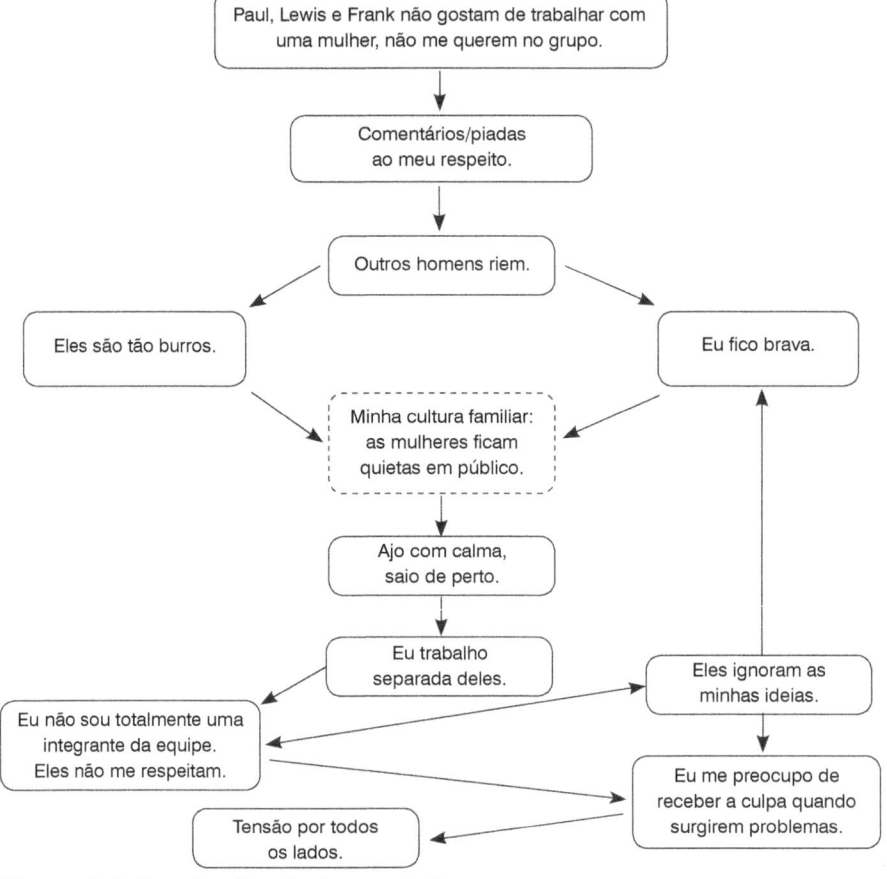

Figura 3.1 Conceitualização do caso de Rose.

Experimentos comportamentais. Para testar a "adequação" desta conceitualização de caso, Rose e seu terapeuta combinaram que ela faria um experimento observacional. Eles montaram um quadro para que, durante a semana seguinte, Rose pudesse registrar os incidentes em que seus colegas de trabalho faziam comentários preconceituosos de gênero em relação a ela. Ela deveria observar e anotar (1) os pensamentos automáticos e as imagens sobre si mesma e seu colega, (2) suas reações comportamentais e (3) os índices da sua tensão física imediatamente após o incidente. Além disso, como ela e seu terapeuta estavam curiosos sobre como as outras mulheres lidavam com incidentes similares nessa empresa, Rose concordou em preencher o mesmo quadro para um incidente que envolvesse outra mulher. Quando Rose observasse outra mulher respondendo a comentários preconceituosos sobre gênero, ela combinou que registraria as respostas comportamentais daquela mulher, as respostas do homem àquela mulher e seus próprios pensamentos automáticos e reação física.

Como mostra a Figura 3.2, as próprias experiências de Rose forneceram apoio ao modelo conceitual que ela e seu terapeuta haviam concebido. Rose sentia raiva em resposta aos comentários sexistas e tinha muitos pensamentos automáticos relacionados à raiva, mas seu comportamento era muito calmo e silencioso. Seu comportamento combinava com a imagem que relatou das reações silenciosas da sua mãe aos risos dos homens. No entanto, sua tensão física estava mais em sincronia com seus pensamentos automáticos de raiva. Essas observações a ajudaram a entender que a sua tensão física provavelmente estava ligada à raiva que ela sentia, mas achava que não podia expressar.

Situação	Pensamentos Automáticos (Imagens)	Meu Comportamento	Índice de Tensão Física (%)
Lewis diz que se eu fosse um homem entenderia as mudanças que ele fez no código.	Que babaca. Seu código é ineficiente. Ele só está tentando me derrubar porque eu fiz uma correção.	Eu peço que ele rode o novo código e veja o que acha. Eu volto para a minha mesa.	90%
Frank faz uma piada sobre as mulheres e depois diz: "Suponho que eu não deveria dizer isto na sua frente, Rose." Todos os homens riem.	A piada foi ofensiva, mas é como se eu não tivesse ouvido. Ele é como um garotinho – tentando ser picante. Imagem: Minha mãe erguendo a cabeça orgulhosamente quando os homens riam dela.	Eu digo: "Isso não me incomoda."	50%

Figura 3.2 Observações de Rose sobre suas experiências.

As observações de outra mulher, mostradas na Figura 3.3, levaram a informações que Rose e o terapeuta puderam discutir para considerar os comportamentos alternativos para experimentos futuros. Um dos valores de um experimento observacional é que, no papel de observador, os níveis de tensão de Rose eram mais baixos e se dissipavam rapidamente. A tensão reduzida permite uma maior objetividade nas discussões. Assim, as conceitualizações de caso às vezes se beneficiam das observações que fazem comparações com outras pessoas em situações parecidas. Observar os outros frequentemente revela as diferentes formas pelas quais as pessoas respondem a circunstâncias similares. Rose, é claro, precisava avaliar que tipos de respostas seriam compatíveis com seus próprios valores.

Situação	Comportamento dela	Resposta dele	Meus Pensamentos Automáticos	Índice de Tensão Física (%)
Um dos homens comentou que Beth é "muito bonita para ser uma programadora de computadores".	Ela perguntou: "O que você quer dizer com isso?" E, então, disse: "Não é um elogio se você está dizendo que mulheres não podem ser inteligentes".	Ele disse: "Estou apenas te elogiando". Ele disse: "Nossa, você é tão sensível".	Ele está humilhando-a. Ela irá se complicar.	
	Ela disse: "Você é um tanto quanto estúpido se não percebe o problema no que disse".	"Olha, não quis te ofender."	Ela não agiu de forma excessivamente irritada e acho que se controlou bem.	Primeiro, 70%.
	"Aceitarei como um pedido de desculpas."	"Tudo bem." Então balançou a cabeça e saiu.	Pergunto-me se ele ficará bravo e falará dela pelas costas.	Alguns minutos depois, somente 20%.

Figura 3.3 Observações de Rose sobre outra mulher no trabalho.

Testes empíricos das conceitualizações fora das sessões

Conforme ilustrado no caso de Rose, as conceitualizações elaboradas colaborativamente na sessão são testadas empiricamente fora da sessão. As observações e os experimentos comportamentais da cliente realizados entre as sessões de terapia oferecem evidências que apoiam ou então conduzem a modificações da conceitualização do caso. Da mesma forma como terapeuta e cliente agem na sessão, o cliente é convidado a identificar pensamentos, sentimentos, comportamentos e respostas físicas em situações particulares fora da sessão. Essas observações são examinadas por meio do processo do diálogo socrático de modo que terapeuta e cliente possam ver se o entendimento conceitual atual encontra apoio. Também são realizados experimentos comportamentais fora da sessão para testar as ideias conceituais e para avaliar os caminhos para a mudança (cf. Bennett-Levy et al., 2004).

AS PARTICULARIDADES DO CLIENTE NO CALDEIRÃO

Com o objetivo de captar os diversos aspectos da vida de uma pessoa que estão relacionados com as dificuldades atuais, Padesky e Mooney (1990) desenvolveram um modelo de cinco partes para a conceitualização de caso descritiva. Esse modelo de cinco partes auxilia os clientes a ligarem pensamentos, sentimentos, comportamentos reações físicas e experiências mais abrangentes na vida. O exemplo do caso de Ahmed, no Capítulo 2, ilustra como os aspectos culturais podem ser avaliados e registrados nos locais apropriados no modelo. Este modelo de cinco partes foi incorporado ao livro de autoajuda de TCC *Mind Over Mood* (Greenberger e Padesky, 1995) porque ele é suficientemente simples para aplicação pelos clientes em um contexto de autoajuda. A facilidade com que esse modelo de cinco partes pode ser usado colaborativamente com os clientes na(s) primeira(s) sessão(ões) de terapia em combinação com a inclusão flexível de todos os aspectos das dificuldades atuais do cliente faz com que ele seja o ponto de partida ideal para a conceitualização de caso (veja o Capítulo 5).

O modelo de cinco partes é apenas um das várias estruturas para conceitualização em TCC (J. S. Beck, 1995; Padesky e Greenberger, 1995; Persons, 1989). Em vez de defender uma abordagem, encaramos os princípios que os terapeutas seguem como mais importantes na conceitualização de caso; tais princípios ditam os tipos de estruturas genéricas ou específicas do transtorno que os terapeutas escolhem. É através do princípio do empirismo colaborativo que as particularidades do cliente são identificadas para o caldeirão da conceitualização de caso.

Conforme ilustrado em todos os exemplos de casos neste capítulo, será melhor se o terapeuta usar as próprias palavras, metáforas e imagens do cliente quando refletir e resumir as questões discutidas. A utilização da linguagem do cliente em uma conceitualização de caso personaliza o modelo e aumenta a probabilidade dos clientes entenderem e conseguirem aplicar o modelo fora das sessões de terapia. Frequentemente, os clientes irão registrar as conceitualizações em um caderno da terapia. Uma conceitualização escrita na própria linguagem do cliente, e inclusive escrita a mão, terá probabilidade de repercutir com mais força no cliente.

Os terapeutas geralmente precisam fazer perguntas diretas para obter as particularidades que estão relacionadas com as dificuldades apresentadas. As pessoas possuem percepções diferentes dos pensamentos, dos comportamentos, das emoções, das respostas físicas e dos contextos ambientais. Enquanto que um cliente pode prontamente expressar as crenças associadas a comportamentos, outro pode apenas relatar as respostas emocionais aos eventos. As perguntas do terapeuta provavelmente serão bem recebidas contanto que sejam feitas dentro de um contexto de curiosidade e de preocupação com o cliente.

Pontos fortes e recursos

Embora seja natural para os clientes descreverem os problemas quando começam a terapia, é importante que o terapeuta observe e pergunte a respeito dos pontos fortes do cliente e os inclua na conceitualização do caso, como será detalhado no Capítulo 4. Geralmente, os clientes ficam aliviados quando o terapeuta demonstra interesse pelos seus pontos fortes. A percepção dos recursos internos e externos é frequentemente pobre durante os períodos de tensão, e as indagações do terapeuta podem ajudar o cliente a lembrar e a fazer uso de habilidades e de suportes úteis. Além do mais, os pontos fortes geralmente fornecem uma base sólida para as intervenções iniciais na terapia.

Fatores culturais e experiências mais abrangentes na vida

O longo exemplo do caso de Rose apresentado neste capítulo ilustra como a inclusão de fatores culturais pode fortalecer algumas conceitualizações de caso (Hays e Iwamasa, 2006). Poderia ter sido formulada com Rose uma conceitualização que não incluísse o contexto cultural. No entanto, se o seu terapeuta não tivesse perguntado diretamente sobre as bases culturais das reações de Rose, seriam perdidas informações importantes. Além disso, uma estrutura cultural ajudou Rose a ver as zombarias dos colegas como um tipo de postura dentro do sistema cultural deles. Esta perspectiva diminuiu para Rose a personalização dos comentários e acelerou seu progresso na terapia. Além disso, quando, posteriormente, Rose explorou suas relações com suas irmãs, ocorreu-lhe que ela e as irmãs haviam experimentado culturas divergentes em anos recentes. Rose foi capaz de usar esse entendimento para desenvolver respostas às suas irmãs que fossem mais construtivas e que ajudassem a reparar o relacionamento desgastado entre elas. Por fim, essa conceitualização ajudou Rose a usar a consciência cultural como uma fonte de poder, de força e de saúde mental.

Os eventos da vida são geralmente filtrados através de estruturas culturais de referência. Todos os clientes estão imersos em diferentes culturas que influenciam as experiências individuais e grupais. Gênero, raça, etnia, *status* socioeconômico, crenças religiosas espirituais, orientação sexual, educação, valores políticos e morais, local em que vive e nacionalidade são apenas alguns aspectos da cultura de um indivíduo que influenciam estruturas de significados, padrões interpessoais e expressões emocionais. No exemplo do caso de Ahmed, no Capítulo 2, foi somente quando o terapeuta explorou a experiência de Ahmed de fome iminente na sua terra natal na África que os desencadeantes da sua ansiedade fizeram sentido. Além do mais, as tentativas de Ahmed de responder ao seu pensamento automático "Eu não presto para nada" não reduziram sua ansiedade até que fosse tratado o pressuposto subjacente "Para ser um bom chefe de família, tenho que prover financeiramente a minha família". As identidades culturais podem mudar ao longo da vida, em algumas circunstâncias e relacionamentos e em diferentes contextos sociais. Apenas recentemente é que o papel da cultura começou a ser explorado com alguma profundidade na literatura de TCC (Hays e Iwamasa, 2006), embora vários escritores de TCC tenham destacado no passado a importância das considerações culturais tanto na conceitualização quanto no tratamento (Davis e Padesky, 1989; Hays, 1995; Lewis, 1994; Martell, Safran e Prince, 2004; Padesky e Greenberger, 1995).

As conceitualizações de caso em TCC são fortalecidas quando incluem eventos da vida relevantes. Os eventos traumáticos são frequentemente citados como precursores importantes das dificuldades do cliente, embora os eventos de vida positivos também possam desempenhar um papel essencial. Alguém que cresce no ambiente de uma comunidade segura e amorosa pode responder com uma reação mais forte à traição do que alguém que cresce em um ambiente que não é digno de confiança.

Fatores físicos

É importante que os terapeutas cognitivo-comportamentais evitem uma visão limitada de aspectos apenas cognitivos, comportamentais e emocionais da vida de um cliente. As experiências internas de um cliente podem ser entendidas em termos das ligações entre cognições, emoções, comportamentos e reações físicas. Entretanto, essas experiências internas não existem em um vácuo. O papel da genética e os efeitos da nutrição e outras substâncias químicas no funcionamento cerebral são apenas vagamente entendidos na sua conexão com muitas experiências humanas e, no entanto, podem se revelar como causas primárias de algumas dificuldades. Por exemplo, a ansiedade pode estar ligada ao consumo de cafeína em vez de padrões predisponentes de pensamento. Uma pessoa com sintomas de ansiedade induzidos pela cafeína apresentará padrões de pensamento cognitivo ansioso, embora a cafeína possa ser o problema primário. Assim sendo, terapeutas e clientes que ignoram os dados físicos, nutricionais e químicos podem desenvolver conceitualizações errôneas.

Fatores cognitivos, emocionais e comportamentais

Quando são formadas conceitualizações de nível superior, cada um dos elementos do modelo de cinco partes é definido mais especificamente. As emoções e as reações físicas são classificadas pela intensidade e os comportamentos são especificados em termos de frequência, contexto e impacto, prestando atenção especial a se os comportamentos acionam ou mantêm as dificuldades presentes. Conforme definido no Capítulo 1, os pensamentos são identificados em três níveis: pensamentos automáticos, pressupostos subjacentes e crenças centrais. Nas próximas seções, apresentamos orientações sucintas para a identificação das cognições em cada um desses três níveis.

Identificação dos pensamentos automáticos

Lembre-se de que os pensamentos automáticos descrevem os pensamentos, as imagens e as lembranças que ocorrem espontaneamente durante todo o dia em nossa mente. Eles são diferentes dos pensamentos conduzidos conscientemente (p. ex., "Eu vou fazer uma lista do que preciso comprar no mercado."). Os pensamentos automáticos aparecem de repente em nossa mente, sem nenhum esforço, enquanto estamos realizando atividades diárias (p. ex., "Eu me sinto tão gordo."). Durante a conceitualização, os terapeutas pedem que os clientes identifiquem os pensamentos automáticos que estão conectados aos problemas atuais. Os estímulos mais comuns incluem:

- "O que estava passando pela sua mente naquele momento?" [em uma situação particular que o cliente descreve ou durante a sessão, quando o terapeuta nota uma mudança no afeto]
- "O que isso significa para você?"
- "O que isso diz sobre você/os outros?"
- "Observe o que se passa na sua mente [quando você começa a sentir/agir de certa maneira]".
- "Vem alguma imagem à sua mente quando você pensa/sente [*inserir crença ou emoção*]?"
- "Alguma lembrança ou história vem à sua mente quando você pensa/sente [*inserir crença ou emoção*]?"
- "Havia alguma imagem na sua mente? Tente imaginar como se estivesse acontecendo neste momento. O que você vê? Ouve? Sente o gosto? Cheira? Sente?"

Por exemplo, quando Rose é discriminada pelos homens do seu grupo de trabalho, surge em sua mente a imagem da sua mãe atravessando a rua orgulhosamente e em silêncio enquanto era discriminada. Essa imagem ajuda a entender o comportamento silencioso de Rose, o que contrasta muito com a raiva intensa que ela sente.

Os pensamentos automáticos revelam os significados que as pessoas dão às situações e às experiências. No início deste capítulo, Paul diz ao seu terapeuta que ouve vozes. Sem conhecer seus pensamentos automáticos, fica difícil predizer o que isso significa para Paul ou como ele reagiria. Se uma pessoa pensa que ouvir vozes significa que ela foi escolhida como um profeta especial e que esta é uma grande honra, essa pessoa poderá vibrar de emoção e desejar ouvir as vozes. Os pensamentos automáticos de Paul são de que as vozes que ele ouve são de anjos ou demônios que o forçarão a fazer coisas ruins. Esses pensamentos automáticos ajudam a entender o comportamento de Paul, que tem o objetivo de impedir que ele machuque a si mesmo ou aos outros por ordem dessas vozes. A inclusão desses pensamentos automáticos em uma conceitualização descritiva inicial oferece uma compreensão mais completa das reações de Paul.

Alguns pensamentos automáticos são mais importantes para uma conceitualização de caso do que outros. Os terapeutas e os clientes são em geral capazes de identificar temas recorrentes em situações representativas da(s) dificuldade(s) presente(s). Por exemplo, um pensamento automático particular às vezes aparece repetidamente no Registro de Pensamentos. Na procura dos temas centrais, os terapeutas podem considerar:

- Os mesmos pensamentos ocorrem em diferentes tipos de situações ou áreas (casa, trabalho, amizades, atividades sociais)?
- Com que frequência surgem os pensamentos?
- Até que ponto os clientes acreditam nesses pensamentos (0–100%)?

As crenças e as estratégias mais duradouras, fortemente apoiadas ou impregnadas, são as mais prováveis de serem centrais em uma conceitualização e proporcionam um foco terapêutico muito útil. Uma busca de temas em comum também pode ajudar a identificar pensamentos automáticos ligados a pontos fortes importantes.

Identificação de pressupostos subjacentes

Os pressupostos subjacentes incluem predições sobre como o mundo funciona e também sobre as regras da vida nas diversas situações. Alguns pressupostos subjacentes são de um modo geral de grande ajuda, tais como: "Se eu continuar tentando, eu vou conseguir progredir". Outros são geralmente inúteis, como: "Se uma coisa não é perfeita, então ela não tem valor algum". Quando alguém usa de forma persistente uma estratégia comportamental, mesmo quando ela parece ir contra a própria pessoa, provavelmente existe um pressuposto subjacente a impulsioná-la. Portanto, para que entendamos inteiramente as dificuldades presentes, em geral é necessário identificarmos os pressupostos subjacentes e incluí-los nas conceitualizações.

A identificação de pressupostos subjacentes relevantes faz mais do que oferecer uma força explanatória. Quando os clientes estão conscientes dos pressupostos que apoiam as dificuldades, eles geralmente se dispõem mais a realizar experimentos comportamentais para experimentar respostas alternativas. Por exemplo, Rose identificou o seguinte pressuposto subjacente guiando o seu comportamento: "Se um homem me critica, será perigoso responder a ele". Depois que esse pressuposto veio à tona, ela percebeu que os perigos que enfrentava no escritório eram muito diferentes dos perigos que sua mãe enfrentava na rua. Também levou em consideração novos pressupostos como: "Se eu não responder, o assédio poderá ficar pior". Antes de se dar conta dos seus pressupostos subjacentes, Rose ficava ansiosa demais para experimentar outras respostas aos homens da sua equipe de trabalho.

Conforme descrito no Capítulo 1, quando os pressupostos subjacentes são expressos em um formato "se...então..." eles podem ser usados para entender as predições do cliente quanto aos resultados que ele espera de determinados comportamentos. Da mesma forma, os pressupostos que são expressos em um formato "se...então..." podem ser testados mais facilmente por meio de experimentos comportamentais (Padesky e Greenberger, 1995). Para identificar os pressupostos subjacentes nesse formato, pode-se pedir aos clientes que completem frases como:

- "Se [*inserir conceito relevante*], então..."
- "Se [*inserir conceito relevante*] não for verdade, então..."
- "Se eu [*inserir comportamento, emoção, pensamento ou sensação física relevante*], então..."
- "Se eu não [*inserir comportamento, emoção, pensamento ou sensação física relevante*], então..."
- "Se outra pessoa [*inserir comportamento, emoção, pensamento ou sensação física relevante*], então..."
- "Se outra pessoa não [*inserir comportamento, emoção, pensamento ou sensação física relevante*], então..."

Para cada pressuposto poderá haver uma discussão mais aprofundada para explorar o que se passa na mente do cliente em relação a tal pressuposto. O que o cliente acha que irá acontecer? Que significado tem isso para o cliente? O que o cliente provavelmente vai sentir se isso for ou não verdade?

Identificação das crenças centrais

As situações que são incômodas ou associadas a uma emoção frequente e dominante são oportunidades para se identificarem crenças centrais mais profundas. Lembre-se de que as crenças centrais são crenças essenciais, absolutas a respeito de si mesmo, dos outros e do mundo. As pessoas desenvolvem crenças positivas e negativas sobre si mesmas (p. ex.,, "Eu sou uma pessoa dinâmica" *vs.* "Eu sou um inútil"), sobre as outras pessoas (p. ex., "As pessoas são confiáveis" *vs.* "As pessoas são manipuladoras") e sobre o mundo (p. ex., "O mundo é milagroso" *vs.* "O mundo é assustador"). Os pensamentos automáticos e os pressupostos subjacentes já identificados guiam o terapeuta e o cliente na direção das crenças centrais associadas que protegem ou que predispõem o cliente às suas dificuldades atuais.

Embora as crenças centrais sejam o nível mais profundo da crença, elas podem ser acessadas com facilidade por meio de perguntas diretas. A técnica da seta descendente é uma forma de se identificarem as crenças que apoiam reações exageradas a uma situação. Para usar a técnica da seta descendente, o terapeuta pergunta: "O que isso diz sobre você/significa para você?" e depois repete a mesma pergunta em resposta a cada resposta subsequente que o cliente dá. Padesky (1994a) recomenda que os terapeutas identifiquem as crenças centrais pedindo que os clientes completem frases como:

"Eu sou..."
"Os outros são..."
"O mundo é..."
"O futuro é..."

Esses começos de frases podem ser introduzidos no contexto de uma questão central pertinente. Por exemplo, os terapeuta podem pedir que os clientes preencham a lacuna enquanto se imaginam em situações em que usam estratégias que são praticadas em excesso, tais como esquiva ou demandas de tratamento especial:

"Quando você está [*executando a sua estratégia*], como você se vê? Eu sou..."
"Como você vê os outros? As pessoas são..."
"Como você vivencia o mundo? O mundo é..."

Teoricamente, as crenças centrais e os pressupostos subjacentes estão intimamente ligados. Assim sendo, os terapeutas também podem perguntar:

"Se [pressuposto subjacente relacionado] for verdade, o que isso diz a seu respeito? Eu sou..."
"Sobre os outros? As pessoas são..."
"Sobre o tipo de mundo em que você vive? O mundo é..."

Por definição, as crenças centrais provavelmente serão fortemente sustentadas e emocionalmente evocativas. Por essa razão, os terapeutas identificam as crenças centrais no contexto de uma aliança terapêutica positiva depois que outras conceitualizações foram construídas colaborativamente. Durante o trabalho com as crenças centrais, o terapeuta deve estar alerta ao sofrimento do cliente a esperar a ativação de estratégias e de pressupostos subjacentes centrais para as dificuldades presentes. Os clientes geralmente desenvolvem um leque de pressupostos subjacentes e de estratégias que mascaram o sofrimento associado às crenças centrais (J. S. Beck, 1995). Pressupostos subjacentes como "Se eu baixar a guarda, eu serei maltratado" e estratégias como "Eu mantenho um escudo entre mim e os outros" podem ser identificados e testados no contexto de uma aliança de trabalho positiva. É claro que, se o terapeuta identificar que um cliente não possui os recursos necessários para lidar com emoções intensas, o trabalho com as crenças centrais poderá ser adiado até que a sua capacidade de lidar com as situações e a sua resiliência sejam mais desenvolvidas.

Utilização de imagens, metáforas e diagramas

Qualquer um dos elementos descritos nas seções anteriores pode ser expresso em imagens, metáforas e diagramas. Já representamos o nosso modelo de conceitualização como um caldeirão (veja a Figura 1.1). As ideias centrais expressadas neste livro estão capturadas naquela imagem. Esperamos que ela lembre aos leitores das ideias-chave e como elas se ligam umas às outras. Igualmente, os clientes às vezes desenham ou descrevem uma imagem que capta aspectos importantes das suas dificuldades e pontos fortes. O poder das imagens é que elas às vezes conduzem a ideias criativas para intervenção. Uma cliente que vinha lutando com um problema durante muitos meses sem progresso conceitualizou o seu dilema como se estivesse empurrando uma grande rocha dia após dia sem conseguir movê-la do lugar. Alguns dias depois, quando refletia sobre esta conceitualização metafórica, ocorreu-lhe que poderia mover a rocha se cavasse a terra abaixo do pedaço que estava enterrado. Esta solução imaginária levou-a a uma nova abordagem criativa para conseguir resolver com sucesso o seu dilema.

Assim sendo, os terapeutas devem estar alertas às imagens e às metáforas dos clientes. Sempre que possível, elas devem ser integradas às conceitualizações. Mesmo quando os clientes não falam voluntariamente de imagens, pode ser útil perguntar: "Vem à sua mente alguma imagem ou lembrança que capte como você acha que isso acontece?". Além do mais, recomenda-mos que as conceitualizações sejam escritas ou desenhadas pelo cliente, geralmente como diagramas como os que são mostrados nas várias figuras das conceitualizações deste capítulo. As conceitualizações escritas são mais fáceis de serem lembradas, podem ser testadas empiricamente e reeditadas ao longo do tempo, e possibilitam a terapeuta e cliente uma oportunidade de verificar a sua compreensão colaborativa das dificuldades e das capacidades do cliente.

Metáforas, imagens e lembranças constituem fontes ricas de informações sobre crenças, significados pessoais e estratégias (Blenkiron, 2005; Teasdale, 1993). As metáforas geralmente captam as complexidades e as nuances de como as pessoas conceitualizam a si mesmas, as outras pessoas e o mundo.

As imagens são igualmente ricas fenomenologicamente e geralmente estão forte e diretamente ligadas a respostas emocionais (Hackmann, Bennett-Levy e Holmes, em produção). As metáforas e imagens do cliente prestam contribuições valiosas às conceitualizações de caso porque são fáceis de lembrar, contêm informações e geralmente fornecem fontes de ideias criativas para facilitar a mudança. Os clientes também podem relacionar histórias particulares, músicas ou lembranças que incorporam significados ricos para o paciente. Os elementos simbólicos incorporados a uma conceitualização de caso irão provavelmente aprimorar a compreensão em um nível profundo de significados para o cliente.

A Figura 3.1 mostra a conceitualização inicial esboçada por Rose e seu terapeuta para captar suas dificuldades presentes. Embora seja uma apresentação clara do que Rose descreveu, essa conceitualização é um tanto complexa para que ela se lembre com facilidade. Com o passar do tempo, Rose e seu terapeuta simplificaram sua conceitualização, favorecendo o uso de imagens e de metáforas que fossem fáceis de ser lembradas por ela. A imagem de sua mãe atravessando a rua de cabeça erguida, enquanto os homens a perturbavam já era muito familiar para ela. Com base em observações de outras mulheres no trabalho e de experimentos comportamentais que realizou, Rose criou uma imagem vívida do seu "*self* gerenciador", que se sentia à vontade e confiante dando respostas assertivas aos comentários sexistas. Ela também achou útil criar uma imagem da sua comediante favorita, Ellen DeGeneres, que fez comentários absurdos, com a expressão séria, em resposta a críticas recebidas. Rose conseguiu recorrer a cada uma dessas três imagens para orientar suas respostas ao sexismo no local de trabalho, dependendo de qual era mais adequada às circunstâncias. As conceitualizações de caso simples frequentemente têm maior utilidade do que as complexas. A Figura 3.4 apresenta a conceitualização muito mais simples que Rose estava usando na oitava semana de terapia, a qual incorporava as imagens que eram mais úteis para ela.

Observe que a sua conceitualização mais simples inclui novas ideias adquiridas em terapia que orientaram as suas respostas a comentários desrespeitosos. Em vez de detalhar cada pensamento, sentimento e comportamento, são utilizadas metáforas e imagens para capturar "pacotes" de respostas que Rose pode acessar facilmente quando se lembra da imagem. Essa conceitualização mais simples ajudou Rose a desenvolver e a praticar um repertório de respostas adaptativas ao desrespeito percebido nos outros. Dependendo da situação, ela podia adotar a maneira quieta e sem confronto da sua mãe, seu novo estilo assertivo de resposta que ela chamou de "*self* gerenciador" ou um grupo de respostas humorísticas inspiradas em Ellen DeGeneres. Cada um desses grupos de respostas foi ensaiado nas sessões até que ela se sentisse confiante em praticá-los. Rose carregava consigo a Figura 3.4 em uma ficha de arquivo como um lembrete rápido.

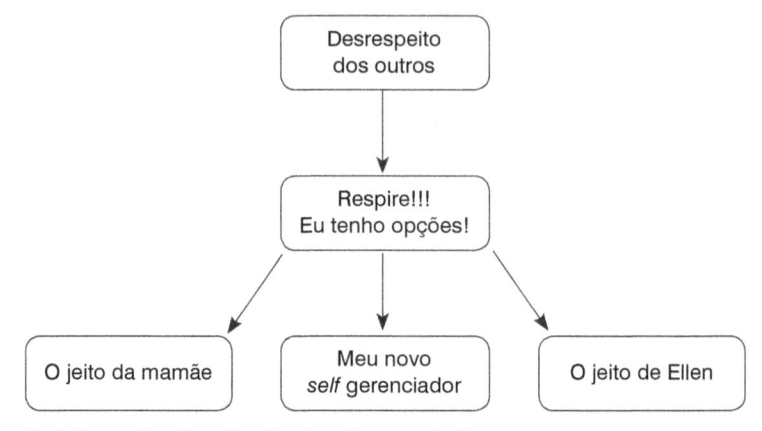

```
         ┌─────────────────┐
         │   Desrespeito   │
         │    dos outros   │
         └────────┬────────┘
                  │
                  ▼
         ┌─────────────────┐
         │    Respire!!!   │
         │ Eu tenho opções!│
         └───┬─────┬─────┬─┘
            ▼      ▼      ▼
┌──────────────┐ ┌──────────────┐ ┌──────────────┐
│O jeito da    │ │  Meu novo    │ │O jeito de    │
│   mamãe      │ │self gerenciador│ │   Ellen    │
└──────────────┘ └──────────────┘ └──────────────┘
```

Figura 3.4 Conceitualização simples do caso de Rose.

Uma estrutura de controle e de equilíbrio

Neste capítulo, expusemos o segundo dos nossos três princípios da conceitualização de caso – o empirismo colaborativo. Ao oferecer uma estrutura de controle e de equilíbrio, o empirismo colaborativo aumenta a possibilidade de que a conceitualização de caso seja um caldeirão criativo para compreensão e para mudança. Uma aliança terapêutica e uma estrutura terapêutica positivas estimulam a conceitualização de caso colaborativa, especialmente quando aliança e estrutura operam em consonância. Uma abordagem empírica baseia-se em um conhecimento que o terapeuta tem da teoria e da pesquisa pertinentes à medida que estas proporcionam uma boa adequação à experiência do cliente. Para assegurar que uma conceitualização seja bem adequada à experiência do cliente, os terapeutas devem permanecer curiosos e empregar métodos científicos como a observação, o diálogo socrático e experimentos comportamentais para construir e para avaliar as conceitualizações de caso.

O próximo capítulo detalha o terceiro princípio do nosso modelo, a incorporação dos pontos fortes do cliente. Embora os pontos fortes do cliente tenham sido citados em diversos exemplos de casos neste capítulo, muitos terapeutas têm mais experiência na avaliação e na conceitualização dos problemas do que nos pontos fortes. O Capítulo 4 elabora os processos que estão envolvidos quando o foco está nos pontos fortes e se estende aos benefícios da incorporação dos pontos fortes durante o processo de conceitualização de caso.

Resumo do Capítulo 3

- A colaboração é obtida e mantida por meio da discussão, da aliança terapêutica positiva, da estrutura da terapia e do equilíbrio ótimo entre aliança e estrutura durante o curso da terapia, incluindo a conceitualização.
- Uma estrutura empírica para a conceitualização de caso inclui (1) integração dos dados do cliente com a literatura empírica e (2) uso da observação, diálogo socrático e experimentos comportamentais para testar ativamente os modelos conceituais para ver se eles são adequados e predizem as experiências do cliente.
- O empirismo colaborativo é usado para identificar as ligações entre as cognições, os comportamentos, as emoções e os estados físicos que ocorrem no contexto de vida mais amplo do cliente; os pontos fortes do cliente e os fatores culturais pertinentes são incluídos.
- As conceitualizações são anotadas com o cliente, geralmente em um diagrama que mostra ligações entre os elementos. Além disso, elas incorporam, sempre que possível, imagens e metáforas do cliente.

4

Incorporação dos pontos fortes do cliente e desenvolvimento da resiliência

Um psiquiatra consultor que também é terapeuta em TCC é chamado para atender Zainab, uma mulher casada de 31 anos que está hospitalizada no andar clínico do hospital da comunidade após uma tentativa séria de suicídio.

ZAINAB: Vá embora. Eu não estou com defeito, não preciso ser consertada. (*A voz que saía de baixo do cobertor fala em um inglês claro, com sotaque forte.*)
TERAPEUTA: A equipe pediu que eu viesse conhecê-la para ver se existe alguma forma de ajudá-la.
ZAINAB: Eu não quero a sua ajuda; vá embora, eu disse. (*silêncio*)
TERAPEUTA: OK, eu entendo. Eu vou dizer à enfermeira e falar com o seu marido.

Zainab é mãe de quatro filhos pequenos e trabalha como assistente em sala de aula. Sua família emigrou de um país da África do Norte há cinco anos. Zainab até o momento se recusou a discutir seus problemas com qualquer pessoa da equipe do hospital. Assim, os detalhes da sua tentativa de suicídio foram colhidos a partir das informações do seu marido, Muhammad. Ele relata sintomas que sugerem que Zainab teve um surto psicótico há vários anos. Antes da tentativa de suicídio, foi ficando cada vez mais isolada e com medo. Em um domingo, quando seu marido e filhos saíram para ir à praia, Zainab ingeriu intencionalmente uma dose excessiva de pílulas. Um vizinho a encontrou em coma e chamou o serviço de emergência.

Embora Zainab esteja desesperada para deixar o hospital o mais rápido possível, as enfermeiras comentam que ela não quer dar detalhes sobre a sua vida, e seu marido Muhammad parece "perdido". Foi pedido que o psiquiatra avaliasse se Zainab se coloca em risco constante e também que tentasse engajá-la no tratamento, se necessário. Devido à mensagem clara de Zainab de que não quer ajuda, o psiquiatra decide falar com seu marido:

TERAPEUTA: Muhammad, pediram-me para falar com Zainab para tentar ver se existe algo que eu possa fazer para ajudá-la. Ela parece estar sofrendo muito, mas diz que não quer a minha ajuda.
MUHAMMAD: Eu sei, eu sei. Ela é uma pessoa muito boa e está muito envergonhada de estar nesta posição; ela está com medo e preocupada quanto ao que irá acontecer com ela. Ela quer muito ficar com nossos filhos.

Muhammad explica que recentemente Zainab começou a ouvir vozes dizendo que seus dois filhos eram especiais. Essas vozes denegriam Zainab, afirmando que ela não era suficientemente boa para ser mãe deles. Nos dias que levaram à tentativa de suicídio, as vozes começaram a insistir que deveriam se livrar dela para que a família pudesse retornar ao seu país natal e viver com um dos seus tios ou tias, que eram membros de uma reverenciada família religiosa. Muhammad explica que cinco anos antes a família havia sido forçada a deixar seu país porque o pai de Zainab é um escritor que publicou artigos que faziam críticas às autoridades governamentais. O pai dela também vive no exílio. Os pais de Muhammad são devotos muçulmanos e desaprovam a posição política dos pais de Zainab.

TERAPEUTA: As vozes parecem realmente assustadoras. Zainab pediu ajuda a alguém?
MUHAMMAD: Ela falou comigo, mas eu não sabia o que fazer. Zainab é tão orgulhosa e forte; ela achou que pedir ajuda fora da família seria impossível. (*Sorri.*)
TERAPEUTA: (*com curiosidade*) Por que você está sorrindo?
MUHAMMAD: Quando nos mudamos para cá, há cinco anos, nenhum de nós falava inglês. Zainab aprendeu tão rapidamente que conseguiu encontrar trabalho. Ela também me ensinou inglês para que eu pudesse achar trabalho. Depois ela ensinou nossos filhos porque o inglês dela era melhor do que o meu. Sabe, ela é o pilar da nossa família; (*sorri abertamente*) nós a apelidamos de "o pilar". Conhecemos algumas outras famílias do nosso país que estão aqui e formamos uma comunidade. Zainab nos transformou em uma comunidade que ajuda uns aos outros. E também onde ela trabalha, eles me telefonaram e eles realmente querem que ela volte. (*À medida que fala, ele parece cada vez mais orgulhoso das conquistas dela.*) Mas ela não podia pedir ajuda. (*Sua expressão muda, e ele começa a parecer perdido e assustado de novo.*)
TERAPEUTA: Quando você usa este termo, *pilar*, o que você quer dizer?
MUHAMMAD: Que ela é forte... firme... ela se mantém forte. (*Embora pareça que ele poderia falar mais, o terapeuta decide não fazer mais perguntas nesse momento.*)

> **NA CABEÇA DO TERAPEUTA**
>
> Este psiquiatra se defronta com alguns pontos de escolha importantes sobre a melhor forma de ajudar Zainab. Ele utiliza uma conceitualização preliminar para informar esses pontos de escolha. Ele levanta a hipótese de que Zainab tem uma crença central sobre si mesma como "forte", a qual está fundamentada em evidências consideráveis da sua autoeficácia. A própria Zainab não quer ser tratada como se estivesse "com defeito". O psiquiatra se pergunta se uma ajuda focada nos pontos fortes de Zainab e a reconstrução da sua resiliência a interessariam e seriam suficientes para restituí-la ao funcionamento positivo.

Nosso livro trata do alívio do sofrimento e da construção da resiliência. As vozes de Zainab e o medo e a vergonha que ela sente em relação a essas vozes lhe causam muito sofrimento. A capacidade de iniciativa de Zainab e a visão que os outros têm dela como um pilar são pontos fortes encorajadores. As capacidades da cliente fornecem a base para a resiliência, de modo que a incorporação dos pontos positivos à conceitualização do caso é um primeiro passo para a restituição e a construção da resiliência da cliente.

Este capítulo explica como avaliar e conceitualizar por meio do foco nos pontos fortes. As conceitualizações baseadas nos pontos fortes que estimulam a resiliência podem constituir uma parte útil da TCC. Primeiro, descrevemos como identificar os pontos fortes do cliente e incorporá-los às conceitualizações do caso. Depois, definimos a resiliência e mostramos como ela pode ser tornar o foco de uma conceitualização de caso. Por fim, apresentamos uma justificativa para a incorporação dos objetivos de resiliência à TCC.

IDENTIFICAÇÃO DOS PONTOS FORTES

Ao contrário de Zainab, a maioria dos clientes deseja e espera conversar sobre seus problemas no início da terapia. Mesmo assim, é importante que o terapeuta faça perguntas e expresse um interesse genuíno pelos pontos fortes do cliente. Em momentos de sofrimento intenso, os clientes geralmente esquecem que possuem recursos internos e externos. As perguntas do terapeuta sobre os pontos fortes, as habilidades e o apoio podem fazer o paciente lembrar-se de recursos que imediatamente se mostram úteis. Além disso, os terapeutas que procuram pelos pontos fortes obtêm uma visão mais holística dos seus clientes. O cliente que é convidado a revelar suas qualidades positivas, além das suas dificuldades, provavelmente sairá de uma sessão inicial de terapia com uma confiança maior de que seu terapeuta o "conhece". O equilíbrio na coleta de informações sobre as dificuldades e os pontos fortes varia de cliente para cliente. Alguns clientes estão ansiosos por revelar aspectos positivos das suas vidas; outros podem desanimar se o terapeuta não abordar unicamente os problemas atuais. Os terapeutas podem perguntar rotineiramente sobre os pontos fortes e usar as respostas dos clientes para julgar qual detalhe deverá ser agregado a estes nas sessões iniciais.

Imagine o que o psiquiatra de Zainab teria visto se tivesse usado uma lente focada exclusivamente no problema. Ele veria uma mulher retraída, assustada e incomunicável, com psicose, vivendo dentro de uma cultura alheia à sua, com um marido que parece ter poucas condições de dar conta das dificuldades. Uma lente focada nos pontos fortes permite que o psiquiatra veja uma pessoa que em geral é autoconfiante, que negociou uma mudança difícil para um país novo, que tem uma família apoiadora e é considerada pelos outros como um "pilar", embora por alguma razão esteja em luta com a psicose e uma tentativa de suicídio. A incorporação dos pontos fortes da cliente à conceitualização inicial proporciona uma visão mais balanceada de Zainab.

Embora o terapeuta possa pedir diretamente ao cliente para identificar os pontos fortes, frequentemente é mais útil explorar as áreas da vida do cliente que estão indo relativamente bem. Por exemplo, um cliente que reclama de estresse no trabalho pode ser entrevistado sobre sua vida em casa, a relações com os amigos, seus *hobbies* e outros interesses. Ao expressar curiosidade sobre as áreas da vida do cliente que estão indo bem, o terapeuta comunica que está interessado em toda a vida do cliente, não apenas nas áreas problemáticas. As áreas relativamente bem-sucedidas da vida do cliente podem então ser ligadas aos objetivos da terapia, como no diálogo seguinte entre David e seu terapeuta:

TERAPEUTA: Imagino que toda a sua vida não está envolvida em [estes problemas]. Existem áreas na sua vida que em geral o deixam feliz, quem sabe mesmo no momento atual?
DAVID: Agora não, realmente.
TERAPEUTA: Bem, e que tal antes de terem começado esses problemas?
DAVID: Eu era voluntário no abrigo de animais. Eu realmente gostava disso.
TERAPEUTA: Parece interessante. O que você fazia lá?
DAVID: Eu tratava os animais. A minha especialidade eram os cães. Eu realmente gostava de trabalhar com eles.
TERAPEUTA: Do que você gosta no trabalho com os cães?
DAVID: Bem, muitos deles ficam bem assustados no abrigo. Alguns demonstram isso ficando muito agressivos e outros agem de forma muito submissa. Eu tenho jeito para aquietar os agressivos e acalmar os que estão amedrontados.
TERAPEUTA: Isso parece difícil.
DAVID: Não muito para mim. Eu me orgulho da minha habilidade para trabalhar com todos os tipos de cães.
TERAPEUTA: Parece que você tem um verdadeiro talento quando se trata de lidar com cães.
DAVID: Sim, eu acho que sim.

TERAPEUTA: Poderemos usar os recursos desses talentos quando se tratar de lidar com alguns desses problemas que você está tendo no trabalho e em casa.
DAVID: O que o senhor quer dizer?
TERAPEUTA: Bem, não tenho certeza. Mas, se você pensar sobre isto, talvez possamos nos encontrar algumas semelhanças entre aqueles cães e alguns dos membros da sua família e colegas de trabalho.
DAVID: (rindo) Ah, eu consigo lembrar de algumas pessoas que agem de forma pior do que os cães!
TERAPEUTA: (rindo) Está vendo? Você pode precisar daquelas habilidades para lidar com os cães pelo resto da sua vida também!

A identificação dos pontos fortes frequentemente ajuda os clientes a imaginarem criativamente comportamentos mais eficazes nas áreas de dificuldade. Os clientes geralmente operam com sistemas de crenças mais resilientes em áreas de capacidades e de competência (Mooney e Padesky, 2002). Esses sistemas de crenças resilientes podem ajudar os clientes a persistirem em face aos obstáculos na busca dos objetivos da terapia. Por exemplo, David pode ter crenças que o auxiliam a ficar calmo com os cães agressivos (p. ex., "Ele só está assustado e tentando se proteger", "Ela vai se acalmar se eu não reagir de forma agressiva"). Uma vez identificadas, essas crenças também poderão ajudar durante conflitos com membros da família e colegas de trabalho.

Quando os clientes chegam às sessões de terapia em estado de sofrimento extremo, pode parecer difícil encontrar evidências de pontos fortes. Os clientes podem negar que alguma área da sua vida esteja indo bem. Por exemplo, clientes gravemente deprimidos geralmente se veem como destituídos de valor e de capacidade; eles frequentemente negam possuir alguma qualidade positiva ou áreas de sucesso. O seguinte diálogo ilustra uma forma como os terapeutas podem identificar os pontos fortes quando os clientes apenas enxergam batalhas e problemas:

TERAPEUTA: Acho que agora tenho uma boa ideia das dificuldades que você vem enfrentando. Antes de terminarmos a nossa sessão de hoje, eu gostaria de saber um pouco sobre o que fez você se aguentar nestes últimos meses.
KATRINA: Eu não sei o que você quer dizer.
TERAPEUTA: Bem, os tempos têm sido muito difíceis para você. Você deve estar fazendo alguma coisa para se manter de pé diante de todas essas pressões e perdas que experienciou.
KATRINA: Eu não estou de pé. Estou demolida. Eu me desestruturei e não consigo fazer nada na minha vida. Arruinei as minhas amizades e destruí a confiança que a minha família tinha em mim.
TERAPEUTA: Entendo que as coisas pareçam muito sombrias para você. No entanto, eu me lembro de que, quando marcamos uma hora para nos encontrarmos, você disse que teria que ser antes das 16h, porque você queria estar em casa quando seus filhos chegassem da escola.

KATRINA: Tenho que estar em casa depois das 16 horas. Não há mais ninguém para fazer isso.
TERAPEUTA: Sim. E me parece que deve ser muito difícil ser mãe quando você está se sentindo tão deprimida.
KATRINA: Eu não estou sendo uma boa mãe atualmente.
TERAPEUTA: Talvez não. Mas pelo que você disse antes, parece que você consegue conversar com as crianças, fazer o jantar delas e colocá-las na cama apesar de se sentir muito mal enquanto está fazendo tudo isso.
KATRINA: Sim. Qualquer mãe tem que fazer isso.
TERAPEUTA: E essas coisas podem ser difíceis de serem feitas depois de um longo dia, mesmo nas melhores circunstâncias. (*pausa*) No entanto, você está conseguindo fazer isso sob a pior das circunstâncias. Como você faz isso?
KATRINA: Bem, eu simplesmente não vejo opção. Os meus filhos são muito pequenos para cuidarem de si. Eu não estou fazendo nada de especial.
TERAPEUTA: Então você faz isso por um senso de dever? Ou amor?
KATRINA: Os dois, dever e amor. É dever de uma mãe cuidar dos seus filhos. E eu amo meus filhos, mesmo que eu não demonstre muito isso para eles quando estou assim indisposta.
TERAPEUTA: Então, em meio a essas circunstâncias terríveis, o seu senso de dever e amor pelos seus filhos lhe ajudam a seguir em frente... mesmo quando você preferiria desistir.
KATRINA: Sim, acho que sim.
TERAPEUTA: Mesmo que isso possa parecer algo pequeno para você, eu realmente admiro a sua capacidade de manter as suas obrigações e de expressar o seu amor pelos seus filhos quando você se sente tão mal. Eu conheço muitos pacientes que não fazem isso nem mesmo quando estão felizes.
KATRINA: Mesmo?
TERAPEUTA: Sim. Acho que essas pequenas coisas que você faz pelos seus filhos, mesmo que nem sempre as faça muito bem quando está se sentindo desanimada, falam positivamente sobre quem você é por dentro como pessoa.

Nesta conversa, o terapeuta introduz uma área de força que Katrina não havia identificado. Quando os clientes são muito autocríticos e estão desanimados, o terapeuta deve ficar alerta para identificar pequenos comportamentos positivos que o cliente realiza rotineiramente. Katrina consegue realizar pequenos comportamentos positivos diários como mãe. Outros comportamentos diários comuns que os clientes podem executar consistentemente, mesmo quando angustiados, incluem os cuidados pessoais (escolher roupas, barbear-se, arrumar o cabelo), ir para o trabalho, cuidar de um animal de estimação, arrumar um jardim ou realizar uma atividade esportiva. Qualquer atividade diária comum que é mantida durante o período de sofrimento é simbólica de algum valor que o cliente possui e que pode ser encarada como um ponto forte. Esses valores e pontos fortes podem estar apenas implícitos e os clientes podem minimizá-los através de preconceitos cognitivos que são típicos dos transtornos emocionais (Beck, 1976).

VALORES PESSOAIS

Os valores pessoais frequentemente funcionam como fontes de força para as pessoas porque eles informam sobre suas escolhas e comportamentos. Assim sendo, é de grande ajuda que os terapeutas demonstrem interesse pelos valores dos clientes de modo que eles possam ser incorporados às conceitualizações. Por exemplo, quando o terapeuta, no exemplo acima, expressa abertamente uma apreciação e uma admiração, considerando o quanto pode ser difícil realizar as tarefas diárias quando está deprimida, Katrina começa a se enxergar como possuindo algumas qualidades positivas. Ela reconhece que opta por cuidar dos filhos apesar de não se sentir mais capaz de realizar muitas outras atividades da vida diária. Embora não haja dúvidas de que um cliente deprimido irá se focar no quanto é deficiente o seu desempenho como pai, o reconhecimento do terapeuta de uma força que existe apesar do sofrimento, pode ser muito significativo para o cliente.

Observe que o terapeuta não exagera na exibição dos pontos forte da cliente deprimida. Uma compreensão empírica dos processos do pensamento depressivo ajuda esse terapeuta a perceber que uma declaração excessivamente positiva como "Mesmo quando deprimida, você demonstra um grande amor pelos seus filhos." provavelmente será derrubada por pensamentos depressivos como "Não é um grande amor quando você critica e grita com eles o tempo todo." Em vez disso, o terapeuta antecipa e incorpora o potencial de Katrina para a autocrítica resumindo: "Essas pequenas coisas que você faz pelos seus filhos, *mesmo que nem sempre as faça muito bem quando está se sentindo desanimada,* falam positivamente sobre quem você é por dentro como pessoa.".

Os valores do cliente podem ser entendidos como crenças sobre o que é mais importante na vida. Essas crenças são relativamente duradouras através das várias situações e moldam as escolhas e os comportamentos dos clientes. A incorporação dos valores às conceitualizações como parte de um sistema de crenças do cliente nos possibilita entender melhor as suas reações nas diferentes situações. O terapeuta de Katrina pode formular a hipótese de um valor como: "É importante demonstrar amor pelos meus filhos.". Como este é um valor duradouro, ele continua a impulsionar o comportamento de Katrina mesmo quando ela fica tão desmotivada que interrompe outros comportamentos que não estão enraizados em seus valores.

No caso de Zainab, o terapeuta pode ter como hipótese o valor: "É importante ser forte para a minha família.". Esse valor se revelou como uma fonte de iniciativa quando Zainab enfrentou os desafios da imigração para um país novo com uma nova cultura. Contudo, é importante salientar que esse valor também nos ajuda a entender por que as vozes ouvidas por Zainab que a denegriam como parte da psicose (p. ex., "você não é suficientemente boa para ser mãe de seus filhos") eram tão devastadoras; ela achava que tinha violado seus próprios valores. Dessa forma, a apresentação de Zainab ilustra como os valores e as crenças podem simultaneamente servir como funções protetoras e predisponentes. A visão que a cliente tinha de si mesma como um pilar deu-lhe muita força, mas como era tão importante para Zainab ser um pilar para os outros, ela ficou mais vulnerável quando começou a ouvir as vozes porque achava que estava fraca e não poderia ajudar os outros caso tivesse que ajudar a si mesma. Dessa forma, as crenças positivas podem ser tão debilitantes quanto as crenças negativas quando são rigidamente mantidas e não se enquadram às exigências da situação.

Pontos fortes culturais

Conforme demonstrado nos Capítulos 2 e 3, os valores pessoais e culturais podem ser pontos fortes importantes para os clientes. Lembremos do exemplo do caso de Rose no Capítulo 3, uma mulher hispânica passando por problemas no trabalho. Os valores pessoais e culturais de Rose foram incorporados a uma conceitualização de como ela reagia às provocações dos colegas de trabalho ("As mulheres na minha cultura ficam silenciosas em público quando os homens as criticam."). Rose e seu terapeuta conceitualizaram esses valores como uma fonte de força: "Nesta cultura de trabalho, as provocações dos colegas são uma forma de comportamento: eu posso *escolher* agir segundo os meus valores culturais ou agir dentro da cultura do trabalho, o que parece ser mais eficiente". A capacidade de Rose de escolher entre essas opiniões a ajuda a ser mais resiliente. Ela pode aceitar silenciosamente as provocações ou então responder a elas dentro dos parâmetros das normas culturais do trabalho.

Às vezes, alguns aspectos da vida ou da cultura do cliente representam pontos fortes e ao mesmo tempo perigos. No caso de Ahmed (veja o Capítulo 2), a sua fé era fonte de força para ele, embora também reconhecesse que algumas pessoas tinham preconceito contra sua fé, e essas pessoas poderiam representar um perigo para ele e para sua família. Quando a discriminação cultural é um foco da terapia, é especialmente importante que o terapeuta pergunte a respeito e valide as forças positivas dentro da cultura do cliente. Sem a validação explícita dos aspectos positivos da cultura, o cliente frequentemente presume que o terapeuta concorda com os preconceitos culturais contra ele (Associação Americana de Psicologia, 2000, 2003). No Capítulo 8, abordaremos o tema dos valores do terapeuta e como estes se cruzam com os valores pessoais e culturais dos clientes.

INCORPORAÇÃO DOS PONTOS FORTES ÀS CONCEITUALIZAÇÕES DE CASO

Os pontos fortes podem ser incorporados em cada estágio da terapia. Os objetivos podem ser colocados em termos de reforço dos pontos fortes ou dos valores positivos (p. ex., ser mais atencioso) e também a redução do estresse (p. ex., sentir-se menos ansioso). Conforme demonstramos no Capítulo 5, nas primeiras sessões, os terapeutas podem rotineiramente fazer perguntas sobre os objetivos positivos e as aspirações e acrescentá-los à lista do cliente das dificuldades atuais. As discussões de áreas positivas da vida de um cliente frequentemente revelam estratégias para lidar com as situações que servirão como alternativas àquelas usadas nas áreas-problema. Essas estratégias frequentemente mais adaptativas podem ser identificadas como parte do mesmo processo que identifica fatores desencadeantes e de manutenção dos problemas (veja o Capítulo 6). Quando chega o momento dos experimentos comportamentais para alterar os ciclos de manutenção, o cliente pode praticar as respostas alternativas de manejo que foram extraídas de áreas da sua vida que são mais bem-sucedidas. Mais adiante na terapia, os pressupostos e as crenças centrais positivos se revelam ser tão importantes quanto os negativos quando se formam as conceitualizações de caso longitudinais (veja o Capítulo 7).

Embora os pontos positivos identificados possam ser incorporados em cada estágio da conceitualização do caso, isso não foi tipicamente demonstrado na literatura de TCC. Tem havido uma ênfase muito maior na identificação dos fatores precipitantes, predisponentes e perpetuadores dos problemas. Neste texto, defendemos a inclusão dos pontos fortes sempre que possível durante a conceitualização de caso. Para ilustrar, veja a Figura 4.1. Ela mostra a conceitualização de Rose como é vista na Figura 3.3, mas agora com os seus pontos fortes listados no lado esquerdo do diagrama.

Rose identificou seus pontos fortes após ter sido desenhada a conceitualização na Figura 3.3. Seu terapeuta desenvolveu colaborativamente os pontos fortes apresentados na Figura 4.1, com algumas perguntas adicionais:

TERAPEUTA: Pelo menos uma coisa está faltando neste diagrama das suas dificuldades no trabalho, Rose.
ROSE: O quê?
TERAPEUTA: Esta figura mostra o que está acontecendo, mas ela não inclui os pontos fortes que você tem e que podem ajudá-la a resolver este problema.
ROSE: De que pontos fortes você está falando?
TERAPEUTA: Olhe para o diagrama. Veja se você consegue encontrar alguns pontos fortes escondidos. Por exemplo, primeiramente, por que você foi incluída neste grupo de trabalho?
ROSE: Porque eles precisam de ajuda.
TERAPEUTA: E por que você acha que a gerência escolheu você para ajudar?
ROSE: Eu sou uma engenheira inteligente e capaz. Resolvi muitos problemas no meu outro grupo.

Conceitualização de casos colaborativa   121

```
                    ┌─────────────────────────────┐
                    │ Paul, Lewis e Frank não gostam │
                    │ de trabalhar com uma mulher,   │
                    │ não me querem no grupo.        │
                    └─────────────────────────────┘
                                  │
                                  ▼
*Sou uma engenheira*         ┌──────────────────┐
*inteligente e capaz.*       │ Comentários/piadas│
                             │ ao meu respeito.  │
*Resolvi muitos*             └──────────────────┘
*problemas no passado.*                │
                                       ▼
                ┌──────────┐    ┌──────────────┐    ┌────────────┐
                │ Eles são │◄───│   Outros     │───►│Eu fico brava│
                │tão burros│    │ homens riem. │    └────────────┘
                └──────────┘    └──────────────┘
*Venho de uma cultura*        ┌───────────────────────┐
*e família dignificadas.*     │ Minha cultura familiar:│
                              │ as mulheres ficam      │
                              │ quietas em público.    │
                              └───────────────────────┘
                                       │
                                       ▼
*Tenho mais controle das*      ┌──────────────────┐
*minhas emoções do que eles.*  │ Agem com calma,  │
                               │ vão embora.      │
                               └──────────────────┘
                                       │
                                       ▼
*Sou suficientemente*           ┌──────────────────┐
*competente para trabalhar*     │   Trabalho       │
*independentemente.*            │ separada deles.  │    ┌──────────────┐
                                └──────────────────┘───►│Eles ignoram as│
*Sei por experiência*                                   │minhas ideias. │
*que posso ser*          ┌──────────────────────┐       └──────────────┘
*membro da equipe*       │ Não sou totalmente   │
                         │ uma integrante da equipe.│
                         │ Eles não me respeitam.   │
                         └──────────────────────────┘
                                       ▼                ┌──────────────┐
                                                        │Eu me preocupo│
                             ┌──────────────────┐       │por vir a levar│
                             │Tensão por todos  │◄──────│a culpa quando │
                             │os lados.         │       │problemas forem│
                             └──────────────────┘       │encontrados.   │
                                                        └──────────────┘
```

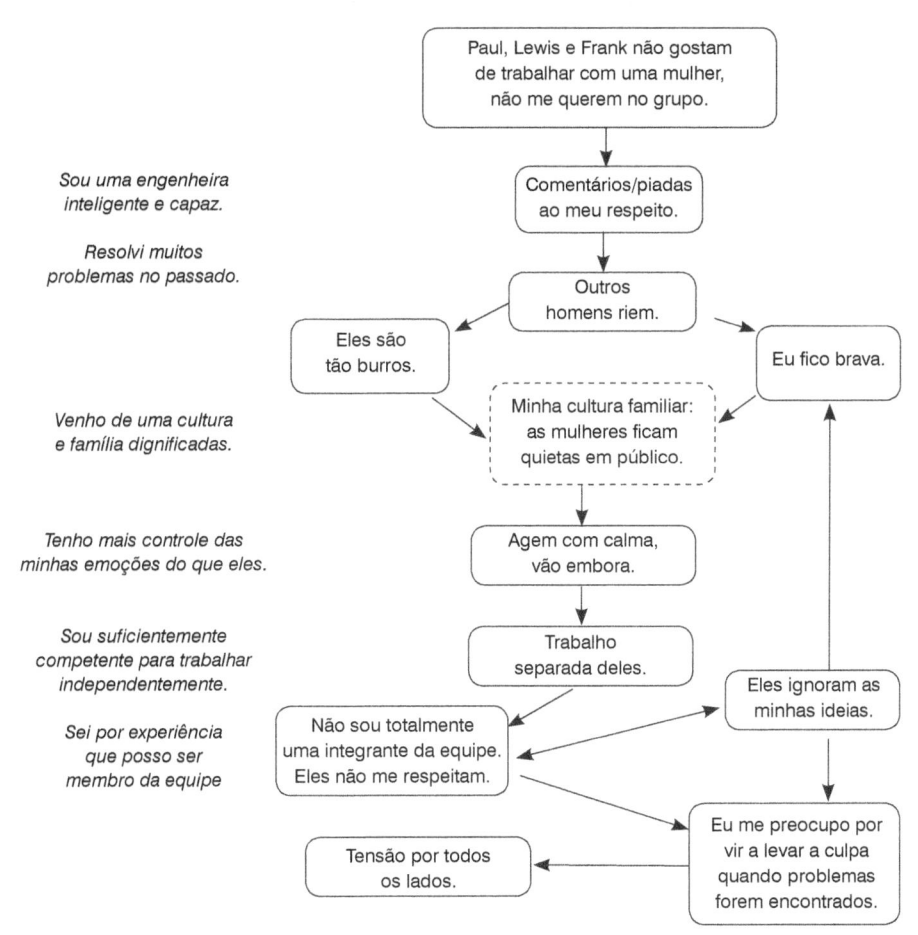

Figura 4.1 Conceitualização de Rose com seus pontos fortes listados (à esquerda).

Ao ajudar Rose a destacar seus pontos fortes como engenheira e também seus pontos fortes familiares e culturais de dignidade e autocontrole, o terapeuta acrescenta dimensões importantes à conceitualização de caso escrita. A inclusão dos pontos fortes estimula a consciência da cliente quanto aos recursos que podem ajudar. Rose se deu conta de que ela poderia utilizar suas habilidades de solução de problemas em engenharia para ajudar a resolver o problema que estava tendo com seus colegas de trabalho. O reconhecimento dos pontos fortes pode estimular a confiança da cliente, fortalecer a colaboração e apontar para intervenções que desenvolvam as capacidades do cliente. O acréscimo dos pontos fortes ao diagrama da conceitualização do caso ajuda cliente e terapeuta a lembrarem desses recursos sempre que a conceitualização for consultada.

No início da terapia, as conceitualizações identificam as forças que até aquele momento ajudaram os clientes a lidar com as dificuldades. Por vezes, os pontos fortes são identificados em uma área da vida do cliente que está relativamente ausente das áreas de preocupação. Neste caso, essas forças comprovadas são acrescentadas às conceitualizações para informar a melhor escolha de intervenção da TCC. As intervenções que envolvem os pontos fortes praticados em outras áreas da vida de um cliente podem ser mais eficazes porque elas podem ajudá-lo a se desviar de fatores de longa data envolvidos na manutenção dos problemas. À medida que a terapia progride, os pontos fortes são acrescentados às conceitualizações explanatórias. Às vezes, essas conceitualizações revelam pontos fortes usados em excesso que contribuem para o sofrimento. Um exemplo comum desse fenômeno ocorre em conflitos de casais quando um dos parceiros tem habilidades de gerenciamento bem desenvolvidas e habilidades para resolução de problemas no trabalho e, no entanto, essas mesmas habilidades aplicadas com o parceiro em casa prejudicam a comunicação do casal.

Além das capacidades preexistentes, a TCC ajuda os clientes a desenvolver novas habilidades emocionais, cognitivas, comportamentais e interpessoais. As capacidades recém-desenvolvidas também são ressaltadas durante a terapia de modo que o cliente esteja consciente das habilidades que tem à sua disposição quando enfrenta dificuldades. Para esse fim, os clientes são encorajados a manter um caderno para a terapia. Além do registro das observações e dos exercícios para fazer em casa, esse caderno pode incluir resumos das novas crenças, habilidades e ferramentas adquiridas durante a terapia. Quando se aproxima o final da terapia, os clientes são convidados a imaginar com o terapeuta como as várias capacidades e habilidades podem auxiliá-los no manejo de desafios futuros e também na promoção de um desenvolvimento positivo continuado. Na verdade, os pontos fortes do cliente passam a ser o foco central das conceitualizações que promovem seu crescimento e desenvolvimento continuado. Esse processo é ressaltado no Capítulo 7.

DOS PONTOS FORTES ATÉ A RESILIÊNCIA

Conforme definido no Capítulo 2, resiliência é um conceito amplo que se refere a como as pessoas negociam a adversidade para manter seu bem-estar. O termo descreve os processos psicológicos por meio dos quais as pessoas utilizam os seus pontos fortes para se adaptar aos desafios. Ann Masten (2001), uma pesquisadora clínica que investigou a resiliência em numerosos estudos, cunhou a expressão "mágica comum" para descrever a resiliência. Ela diz: "A grande surpresa na pesquisa da resiliência é o quanto esse fenômeno é comum. A resiliência parece ser um fenômeno comum, que resulta, na maioria dos casos, da operação dos processos básicos de adaptação humana" (p. 227). Mais adiante no mesmo artigo, ela continua: "Os estudos da resiliência convergem para uma pequena lista de atributos... Estes incluem conexões com adultos competentes e benevolentes na família e na comunidade, habilidades cognitivas e de autorregulação, visões positivas de si mesmo e motivação para ser eficiente no ambiente" (p. 234). Outros acrescentaram dimensões como a saúde física e ter um sentido na vida (Davis, 1999).

A resiliência possui múltiplas dimensões; existem muitos caminhos até ela, e as pessoas não precisam ter pontos fortes em todas as áreas para serem resilientes. Assim, a resiliência é talvez "comum" porque existem muitas diferentes combinações de capacidades que, reunidas, ajudam alguém a ser resiliente. Masten faz uma distinção importante entre os pontos fortes e a resiliência. Os *pontos fortes* referem-se aos atributos de uma pessoa, como as boas condições para resolver problemas ou circunstâncias protetoras como ter um parceiro apoiador. *Resiliência* refere-se aos processos em que esses pontos fortes possibilitam a adaptação durante os períodos de desafios. Assim sendo, depois que os terapeutas ajudam os clientes a identificar os pontos fortes, essas capacidades podem ser incorporadas às conceitualizações para ajudar a entender a resiliência do cliente.

Por exemplo, durante toda a sua vida, Zainab demonstrou capacidades particulares como o dom de aprender outras línguas, boa saúde física e alto nível de energia. Tais pontos fortes possibilitaram que tivesse desembaraço durante os momentos de desafios. Ela respondeu à mudança da sua família para uma nova cultura aprendendo inglês e encontrando trabalho. No caso de Zainab, a resiliência refere-se a como seus pontos fortes interagiram com as circunstâncias da sua vida para capacitá-la a se adaptar a uma nova cultura. Ao mesmo tempo, as experiências de Zainab ilustram que a resiliência não é uma qualidade absoluta ou fixa. A resiliência é um processo dinâmico durante as situações e ao longo do tempo (Luthar, Cicchetti e Becker, 2000; Masten, 2001, 2007; Rutter, 1987). Quando desafiados pela psicose, os recursos de Zainab foram sobrepujados. Embora ela tenha se voltado para o marido em busca de ajuda, o apoio dele não foi suficiente para acabar com seu desespero e para prevenir a tentativa de suicídio.

CONCEITUALIZANDO CASOS EM TERMOS DE RESILIÊNCIA

Depois de identificados os pontos fortes, como os terapeutas podem incorporá-los a um modelo conceitual de resiliência do cliente? Todas as formas de conceitualização ensinadas neste livro podem ser usadas e adaptadas para conceitualizar a resiliência. Cada um dos modelos existentes de TCC, como o modelo genérico da emoção (Beck, 1976, 2005), análise funcional (p. ex., Hayes e Follette, 1992), o modelo de cinco partes (Padesky e Mooney, 1990), conceitualizações explanatórias de fatores desencadeantes e de manutenção, e conceitualizações longitudinais podem ser *traduzidos para o foco na resiliência*. A resiliência pode ser conceitualizada usando-se os mesmos três níveis de conceitualização de caso descritos no Capítulo 2: (1) relatos descritivos em termos cognitivos e comportamentais que articulam os pontos fortes de uma pessoa, (2) conceitualizações explanatórias transversais (desencadeantes e de manutenção) de como os pontos fortes protegem a pessoa dos efeitos adversos dos eventos negativos e (3) conceitualizações (longitudinais) explanatórias de como os pontos fortes interagiram com as circunstâncias durante a vida da pessoa para estimular a resiliência e manter seu bem-estar.

A teoria e a pesquisa relevantes podem ser integradas aos detalhes do caso de um indivíduo usando-se o calor do empirismo colaborativo. Como a resiliência é um conceito multidimensional abrangente, os terapeutas podem adaptar as teorias existentes dos transtornos psicológicos (veja o Quadro 1.3) ou então extrair de uma grande variedade de ideias teóricas relacionadas à resiliência encontradas na literatura de psicologia positiva (veja, p. ex., Snyder e Lopez, 2005).

O psiquiatra de Zainab decidiu conceitualizar seu caso em termos de resiliência. Ele achou que ela responderia mais positivamente a isso do que a uma conceitualização focada nos problemas ("Eu não estou com defeito"). Primeiro, o terapeuta identificou vários pontos fortes de Zainab por meio de entrevistas com Muhammad. Na entrevista seguinte com Zainab, ele enfatizou esses pontos e também a metáfora do "pilar" que possuía um significado particular para ela porque este era o seu apelido na família:

TERAPEUTA: Muhammad me contou como você é o pilar da sua família, Zainab. (*Zainab olha de relance para o terapeuta e depois olha para baixo novamente.*) Eu sei que você foi a primeira a aprender inglês e que você ensinou o resto da família. Todos querem que você volte para casa. (*Zainab acena com a cabeça levemente.*) Se você quiser, eu gostaria de conversar com você sobre o que poderia ajudá-la a voltar para casa mais rapidamente. Assim estaria bem para você?
ZAINAB: (*Em voz baixa*) Sim.

Este diálogo mostra como uma aliança terapêutica positiva evolui quando o terapeuta está em sintonia e interessado nos pontos fortes, nos valores e nos objetivos positivos da pessoa. Zainab interagiu com o terapeuta somente quando este lhe comunicou que (1) ele queria trabalhar com seus pontos fortes (metáfora = "pilar") e (2) ele estava interessado em ajudá-la a trabalhar na direção do seu objetivo principal (isto é, voltar para casa). Conforme tem sido enfatizado ao longo deste texto, a conceitualização colaborativa é recomendada como um controle e um equilíbrio. O envolvimento de Zainab na conceitualização do seu caso é necessário para corrigir as inferências errôneas do terapeuta e também para fomentar o seu compromisso com o plano de tratamento. Seu terapeuta utiliza a visão dos pontos fortes de Zanaib que ele obteve com Muhammad para engajá-la em seu objetivo de voltar para casa. Zainab está mais disposta a colaborar com seu terapeuta em uma conceitualização baseada nos pontos fortes porque, em sua mente, ela "não está com defeito e não precisa ser consertada".

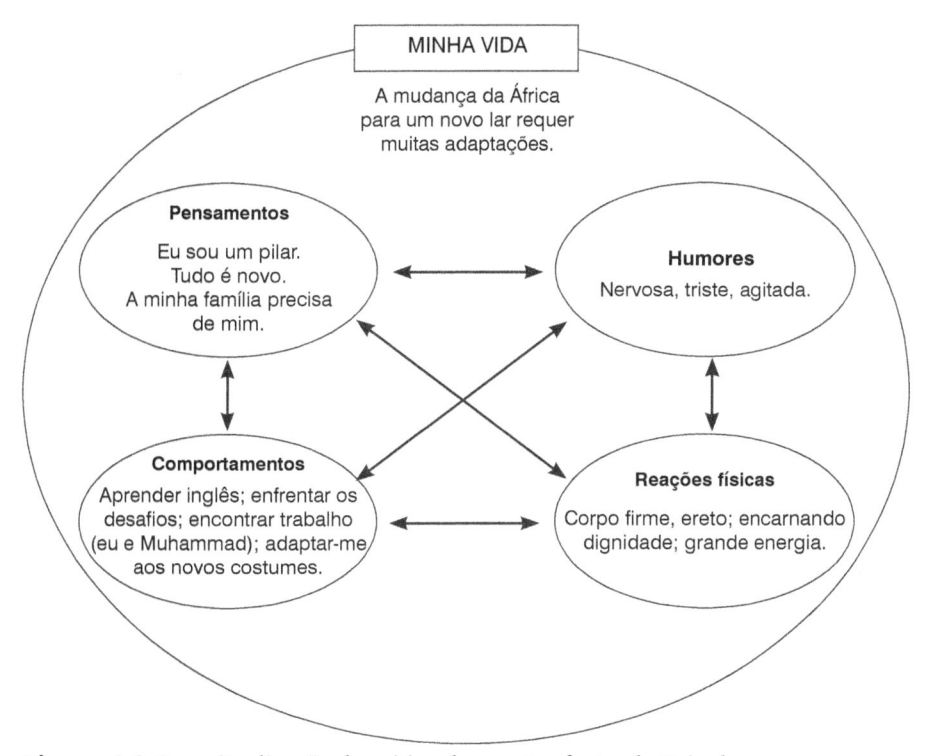

```
                    MINHA VIDA
              A mudança da África
              para um novo lar requer
              muitas adaptações.

    Pensamentos
    Eu sou um pilar.                    Humores
    Tudo é novo.                   Nervosa, triste, agitada.
    A minha família precisa
    de mim.

    Comportamentos
    Aprender inglês; enfrentar os      Reações físicas
    desafios; encontrar trabalho    Corpo firme, ereto; encarnando
    (eu e Muhammad); adaptar-me     dignidade; grande energia.
    aos novos costumes.
```

Figura 4.2 Conceitualização descritiva dos pontos fortes de Zainab.

A Figura 4.2 mostra um modelo de cinco partes desenhado por Zainab e seus terapeutas para desenvolver uma melhor compreensão de como os seus pontos fortes operaram quando ela emigrou para seu novo país. Essa conceitualização torna explícito como os pensamentos positivos, as emoções e as reações corporais são mutuamente reforçadores e conduzem a um comportamento adaptativo. Essa conceitualização transformou-se em um trampolim para a discussão de como ela poderia utilizar essas habilidades para lidar com as vozes críticas que ouvia e com as outras pressões que conduziram à sua tentativa de suicídio. Uma pessoa como Zainab que tem um início recente e agudo de dificuldades, embora tenha demonstrado um funcionamento ativo e bem-sucedido na maioria das áreas durante muitos anos, é idealmente adequada para uma TCC focada na recuperação da resiliência preexistente.

Um cliente com uma história crônica de dificuldades de saúde mental e que demonstrou pouca resiliência pode se adequar melhor à TCC orientada para o desenvolvimento de novas capacidades como uma base para a resiliência.

Identificação de estratégias e crenças resilientes

A observação das estratégias que uma pessoa emprega para lidar com a adversidade é geralmente um passo inicial fácil de ser dado em direção à conceitualização da resiliência. Geralmente, as estratégias podem ser observadas e podem ser comportamentais (p. ex., persistência nos esforços), cognitivas (p. ex., solução de problemas, aceitação), emocionais (p. ex., humor, reafirmação), sociais (p. ex., busca de ajuda), espirituais (p. ex., encontrar um significado no sofrimento) ou até mesmo físicas (p. ex., dormir e comer bem). Frequentemente, as pessoas não têm consciência das estratégias que utilizam para ser mais resilientes. Destacá-las em uma conceitualização de caso aumenta a probabilidade de a pessoa levar o seu uso em consideração durante desafios futuros.

As pessoas que lidam com as situações de forma resiliente tendem a construir os eventos positivamente, incluindo eventos objetivamente desafiadores. Essas interpretações envolvem expectativas positivas (p. ex., "Eu tenho fé de que este trabalho vai dar certo"), autoeficácia (p. ex., "Isto é difícil, mas eu já dei conta de coisas piores") e otimismo (p. ex., "Nós vamos dar conta disto"). Às vezes, os clientes não estão conscientes desses pensamentos. As conceitualizações da resiliência trazem estes preconceitos à consciência de modo que os clientes podem escolher como responder em momentos de dificuldades. Observe a seguinte conversa em que Zainab descreve o preenchimento de uma ficha de emprego com seu marido em uma certa noite.

ZAINAB: Em algumas das perguntas, tivemos que rir, sabe. Na minha terra, as pessoas nunca fariam tais perguntas. O formulário era muito longo e levamos a noite inteira para preenchê-lo.
TERAPEUTA: Como você conseguiu manter o senso de humor durante essa noite, presumivelmente depois de ter trabalhado o dia inteiro?
ZAINAB: Sim, eu tinha trabalhado e depois lemos para as crianças e as colocamos na cama. Eu estava cansada. Não sei como é que achei aquilo engraçado. Talvez justamente *porque* eu estivesse cansada.
TERAPEUTA: Pensando de novo naquela noite, que tipo de pensamentos estavam passando pela sua cabeça enquanto vocês estavam rindo?
ZAINAB: Nós só estávamos sendo bobos, sabe, dizendo: "Estas perguntas são tão idiotas!" (*Parece pensativa*). Eu estava feliz por Muhammad, é tão importante para ele estar ganhando dinheiro para a família. Estava feliz em vê-lo rindo; você sabe que isto tem sido muito difícil para ele. (Parece em dúvida; faz contato visual com o terapeuta enquanto fala.) É importante para mim ajudar Muhammad, ser forte por ele.
TERAPEUTA: Ser como um pilar.
ZAINAB: Sim, apoiá-lo como um pilar.

Um conjunto crescente de evidências sugere que as pessoas que são resilientes interpretam positivamente os eventos e empregam estratégias adaptativas tanto em situações desafiadoras quanto neutras (Lyubomirsky, 2001; Lyubomirsky, Sheldon e Schkade, 2005). Isso fica evidente no relato de Zainab sobre a noite em que eles preencheram o formulário para o emprego. Os pensamentos dela estão em Muhammad e em seu bem-estar. Ela quer apoiá-lo e acha que o humor torna uma situação difícil mais fácil. Ao conceitualizar a resiliência, é importante que o terapeuta esteja alerta para observar momentos como este, quando os clientes operam de maneira resiliente, e para captar os pensamentos relacionados a essas situações.

As crenças centrais e os pressupostos subjacentes da resiliência frequentemente refletem as preocupações humanas centrais com autonomia (p. ex., "Eu gosto de um desafio e consigo enfrentá-lo sozinho quando preciso."), competência (p. ex., "Eu sou persistente."), afiliação (p. ex., "O meu parceiro vai me apoiar nisso.") e conexão com a humanidade de uma forma mais ampla (p. ex., "muitas pessoas também têm estes problemas; eu não estou sozinho."). As crenças centrais e os pressupostos subjacentes da resiliência são acionados em relação às dificuldades encontradas porque a resiliência só é necessária em face aos desafios. Por exemplo, podemos identificar pressupostos subjacentes pedindo que o cliente complete esta frase: "Se eu enfrentar sérios desafios na minha vida, então...". As perguntas a seguir podem ser feitas para se identificar crenças e qualidades pessoais do cliente relacionadas à resiliência:

- "Que regras ou crenças podem ajudá-lo a ser resiliente nesta situação?"
- "Idealmente, que qualidades você gostaria de apresentar diante destes obstáculos?"
- "Que crenças [sobre você/os outros/o mundo] lhe ajudam a mostrar estas qualidades?"
- "Se você conseguisse se sair bem da melhor maneira que possa imaginar, o que você estaria pensando [sobre você/os outros/o mundo]?"
- "Que regras você seguiria? Se...então..."
- "Que qualidades apresentaria uma pessoa que você visse como um modelo a ser seguido?"
- "Que regras ou crenças você acha que a orientariam para que respondesse dessa maneira?"

Metáforas, histórias e imagens

As metáforas, as histórias e as imagens oferecem uma conceitualização abreviada que comunica o rico interjogo das crenças, das emoções, dos estados físicos e das estratégias que definem a resiliência. As metáforas, as histórias e as imagens têm que ser provenientes do indivíduo para terem significado pessoal e ressonância. Por exemplo, muitas pessoas podem pensar em um pilar como rígido demais para ser resiliente. No entanto, para Zainab, o pilar simbolizava a sabedoria ancestral, a fé e a força que perduraram através dos séculos.

Algumas das metáforas, das histórias e das imagens desenvolvidas com nossos clientes estão listadas aqui. Cada uma delas foi desvendada nas discussões da terapia para entender as crenças centrais resilientes, os pressupostos subjacentes, as respostas emocionais e as estratégias comportamentais que eles abrangem:

- "Eu sou um pilar, não estou com defeito; não preciso de conserto." O sentimento subjacente de força de Zainab estava vinculado à imagem de um pilar específico no lar onde cresceu, que tem milhares de anos de idade e que perdurou por muitas gerações. Esta metáfora estava embasada em sua fé muçulmana.
- "O adubo e a flor." Para este cliente, o sofrimento (o adubo) e a resiliência (a flor) se tornaram um só. A flor precisa do adubo e ela mesma se transforma no adubo. Os valores deste cliente eram fortemente influenciados pelo budismo, e esta metáfora tinha suas raízes nos ensinamentos budistas (Thich Nhat Hahn, 1975).
- "Eu estou aprendendo a viver na luz." A longa história de problemas de saúde mental desta cliente fez com que ela se tornasse "muito familiarizada com a escuridão." Para ela, a recuperação incluía aprender a viver na luz, uma experiência valiosa e por vezes assustadora.
- "A orquídea e o dente-de-leão". Esta era a metáfora de um trabalho de pesquisa (Boyce e Ellis, 2005) sugerido a uma cliente que estava altamente sensível. A metáfora descrevia como algumas pessoas precisam de muito pouco para desabrochar (o dente-de-leão pode florescer em uma rodovia de concreto) e algumas precisam das condições certas para se desenvolver (orquídeas). Esta metáfora levou a cliente a dar mais atenção à criação de condições saudáveis em sua vida de modo que pudesse se desenvolver.
- "Os meus problemas de saúde mental são como um problema de doença física crônica, como o diabete." Esta é uma analogia comum e comunica a necessidade de usar recursos de enfrentamento que são simples, porém eficazes, para lidar com a vida diária. Esta pessoa administrava os cuidados consigo mesma (dieta, sono, rotina) e a medicação (lítio) da mesma forma que alguém com diabete administra a sua dieta e usa insulina.
- "O meu problema de doença mental é meu 'professor'." É assim que Gwyneth Lewis, um renomado poeta galês, descreve sua experiência com a depressão recorrente. Em vez de permitir que suas crenças negativas se intensifiquem, quando começa a se deprimir, ela pergunta: "O que eu preciso aprender? Que parte da minha vida está fora de equilíbrio?" (Lewis, 2002).

- "Caminhar por uma trilha desconhecida." Um homem lutava contra as pressões da sua vida diária, embora conseguisse lidar com desafios extremos de forma muito ágil quando estava em contato com a natureza. Ao ter acesso ao seu *self* "caminhante", ele respondia de forma mais resiliente aos desafios diários, seguindo seus princípios pessoais para a caminhada: vá devagar, leia os sinais, avalie as opções, faça escolhas e siga essas escolhas com esforço constante até que seja hora de reavaliar o progresso.

O diálogo a seguir é um exemplo de como um terapeuta pode desvendar o significado em uma metáfora, história ou imagem. Nesta sessão, o terapeuta se encontrou com Zainab e Muhammad:

ZAINAB: Meu pai sempre foi leigo, e eu também sou leiga. Mas Muhammad é muçulmano devoto, e às vezes nós discutimos sobre as crianças. Para mim, é importante que as crianças decidam por si mesmas a esse respeito.

NA CABEÇA DO TERAPEUTA

O terapeuta tem uma hipótese. As vozes de Zainab contêm forte conteúdo religioso, condenando-a pela sua incapacidade de dar a seus filhos uma educação religiosa adequada. Ele também percebe alguma tensão entre as famílias de origem de Zainab e Muhammad em torno dos valores religiosos de Zainab. O terapeuta é cauteloso ao discutir valores religiosos, especialmente devido ao seu conhecimento limitado da fé muçulmana, e assim não tem certeza sobre a melhor forma de proceder. Ele decide usar seu conhecimento limitado para explorar esse tema com Zainab e Muhammad, utilizando a descoberta guiada. Observe como a descoberta guiada apoia um estilo de questionamento aberto, que é especialmente útil porque o terapeuta sabe pouco a respeito do Islã ou sobre as crenças e os comportamentos religiosos do casal.

TERAPEUTA: Isso parece ser uma diferença importante entre vocês. Eu não sei muito a respeito do Islã; talvez você possa explicar para mim o que significa para você ser leiga.
MUHAMMAD: O senhor tem que entender, eu não acho que Zainab não seja uma boa muçulmana. Isso é uma coisa que ela acha. Ela possui muitos dos valores do Islã; existe uma ideia de que o Islã tem quatro pilares...
TERAPEUTA: *(olhando para Zainab)* Isso está relacionado ao porquê das pessoas dizerem que você é um pilar?
MUHAMMAD: *(interferindo novamente, aparentemente desejando proteger Zainab)* Sim, porque eles acham que Zainab é um exemplo de um dos pilares do Islã. Existe o pilar de Zakah, que você poderia entender como dando dinheiro aos outros. Ela sempre fez isso não apenas com dinheiro, mas com o seu tempo e coração também, é por isso que a chamamos de pilar.

TERAPEUTA: Então em relação a isso, neste sentido você concorda. Em que áreas você discorda?
MUHAMMAD: É verdade que eu rezo cinco vezes todos os dias, enquanto que Zainab não. Mas sob outros aspectos Zainab é uma muçulmana melhor do que eu. Devido ao que aconteceu com nossas famílias, ela tem medo de que discordemos e que eu queira voltar para casa. (*O terapeuta está consciente de que Muhammad está dominando a conversa, mas Muhammad está se referindo a Zainab.*)
ZAINAB: Isso é verdade. Eu acho que eu desapontei você. Eu me sinto culpada quanto ao que aconteceu.
MUHAMMAD: Em vez disso, eu me sinto grato a você. (*Zainab sorri para Muhammad; ele retribui*).
ZAINAB: (*olhando para Muhammad*) Eu acho que, a menos que eu seja uma boa muçulmana em todos os aspectos, você e os outros da nossa comunidade vão me desprezar.
MUHAMMAD: (*olhando para Zainab*) As pessoas admiram você como uma boa muçulmana.

O terapeuta conseguiu trabalhar com Zainab e Muhammad para tratar de alguns pressupostos subjacentes de Zainab (p. ex., "Se eu não for uma boa muçulmana em todos os aspectos, então Muhammad e os outros da minha comunidade irão me desprezar"). Zainab e Muhammad puderam discutir esta questão importante e concordaram que juntos poderiam ensinar seus filhos sobre o Islã e sobre valores espirituais. No passado, a sua suposição condicional e a culpa impediram que ela conversasse mais profundamente com Muhammad. Sem a participação dela, Muhammad precisava "ler a mente". Fica claro que a religião desempenhou um papel central nas mensagens que Zainab ouvia das vozes. Este diálogo ilustra como as crenças religiosas podem tanto estimular um sofrimento quanto desempenhar um papel-chave na resiliência. Como observa Ann Masten, os sistemas religiosos "engajam sistemas humanos adaptativos fundamentais de múltiplas formas, desde o ensino da autorregulação, passando pela oração ou meditação, ditando regras para a vida e rituais de passagem para os momentos importantes na vida, até o estímulo da segurança emocional através de relações de apego" (Masten, 2007, p. 926). Para Zainab, a fé religiosa era um fator predisponente e, ao mesmo tempo, um fator protetor.

A imagem do pilar proporcionou uma metáfora útil para que Zainab acessasse as crenças e as estratégias ligadas à sua fé. As metáforas, as histórias e as imagens resilientes são mais prováveis de ser úteis quando estão vinculadas a valores importantes, objetivos ou aspirações do cliente. Quando seu terapeuta aprendeu mais sobre o papel dos pilares no Islã, ele pode fazer ligações mais claras entre as estratégias resilientes de Zainab e seus valores de prover a subsistência e de proteger sua família; esses valores reforçaram o seu compromisso de ser resiliente (veja a Figura 4.3). O terapeuta fez perguntas a Zainab sobre o pilar físico na mesquita da sua terra natal que residia em sua mente como a imagem que ela tinha de si mesma. Esses questionamentos levaram Zainab a refletir sobre a importância de reforçar o pilar de modo que ele pudesse aguentar as pressões e os movimentos da terra. Assim, a metáfora de Zainab produziu outra perspectiva quanto a se permitir receber ajuda: ela não estava com defeito; ela estava reforçando as fundações (pilar) que apoiavam sua família e sua comunidade. Receber ajuda foi, assim, transformado por Zainab em um princípio para a manutenção da sua resiliência e da sua força.

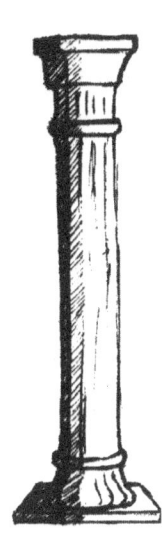

Crenças centrais

Eu, como um pilar
(forte, firme e resistente)

Pressupostos subjacentes

Quando protejo e sou provedora da minha família, sou como um pilar.

Quando sou um pilar, eu olho para os problemas do mundo e sei que eles são apenas temporários.

Estratégias

Proteger e prover a minha família.
Manejar com desembaraço as dificuldades no trabalho e em casa.

Figura 4.3 Conceitualização de Zainab.

A resistência de um pilar e as crenças de Zainab sobre o pilar da mesquita na sua terra natal forneceram um modelo do que ela precisava fazer para ficar bem e livre das vozes que causavam sofrimento. Para reforçar a sua força como pilar, Zainab aceitou a ajuda do seu psiquiatra para testar se as vozes eram reais ou se estavam dentro da sua cabeça. Guiado pela pesquisa empírica sobre psicose, seu psiquiatra passou algum tempo ajudando Zainab a perceber que as vozes não eram tão poderosas como pareciam, o que reduziu significativamente a sua frequência e o sofrimento da cliente (Morrison, 2002). Zainab aprendeu novas formas de entender as vozes, a sua psicose e as suas reações a essas vozes.

Zainab fez um esboço de como aceitar apoio poderia protegê-la das vozes, das quais ainda podia lembrar vividamente, muito embora ela agora estivesse estabilizada com a medicação (veja a Figura 4.4). A figura que desenhou estimulou Zainab a lembrar-se de que ela era como um pilar, "forte e firme", e que, enquanto cuidasse de si, ela seria capaz de se manter forte para os outros e também lidar com as vozes se elas reaparecessem.

Pelo menos em curto prazo, isso significava continuar com a medicação antipsicótica, testando seus pensamentos e suas crenças sobre as vozes, falando regularmente com Muhammad sobre como ela estava indo e participando de reuniões dos pacientes ambulatoriais com o psiquiatra. Dessa forma, sua metáfora original e crença central sobre si mesma como um pilar que bloqueava o acesso para receber ajuda quando ela entrava em crise foram modificadas para ficar mais resiliente. Zainab conseguiu fazer uso da sua resiliência anterior e ampliar suas aplicações por meio da adição de novos pressupostos subjacentes e de estratégias, o que a ajudou a administrar esse novo desafio que era a sua saúde mental.

Vozes que denigrem

Crenças Centrais

Eu, como um pilar
(forte, firme e resistente)

Pressupostos subjacentes

*Se eu cuidar do pilar,
serei apoiada e protegida.*

Estratégias

Cuidar de mim mesma quanto a
sono, comida e medicação.
Conversar com Muhammad e
psiquiatra/terapeuta.

Figura 4.4 Conceitualização de Zainab usando a metáfora de um pilar para conotar como as suas crenças e o seu comportamento para lidar com as dificuldades poderiam mantê-la livre das vozes que a denigriam.

Depois que voltou para casa, Zainab retornava regularmente para sessões de acompanhamento, incluindo sessões conjuntas com Muhammad. Este trabalho focalizou-se no desenvolvimento e na manutenção da sua resiliência enquanto ela gradualmente assumia seus papéis no lar e no trabalho. Também foi fortalecida a relação de Zainab com seu psiquiatra, o qual a ajudou a monitorar suas reações a vários estressores da vida e se manteve à disposição para ajudar Zainab e Muhammad no caso do seu funcionamento deteriorar.

Como acontece com todas as conceitualizações, as conceitualizações de resiliência fornecem orientações para intervenção. Os diagramas e os modelos desenhados para captar a resiliência têm muita chance de proporcionar ideias ricas sobre como os clientes podem tratar das dificuldades presentes e se encaminhar na direção dos objetivos da terapia. Os valores e os pontos fortes identificados dos clientes nessas conceitualizações podem informar os tipos de intervenções a que um cliente está disposto e tem condições de se engajar. Por exemplo, um cliente que gosta de esportes tem maior probabilidade de usar atividades físicas relacionadas ao esporte durante o tratamento de ativação comportamental da depressão.

Em suma, as conceitualizações da resiliência:

- Proporcionam uma percepção da pessoa por inteiro, não apenas das questões problemáticas.
- Ampliam os resultados potenciais da terapia provenientes do alívio do sofrimento para incluir a retomada do funcionamento normal e uma melhor qualidade de vida.
  – As fases iniciais da terapia podem usar os pontos fortes do cliente para melhorar o sofrimento.
  – As fases intermediárias da terapia podem usar os pontos fortes do cliente para trabalhar em direção aos objetivos positivos da terapia.
  – As fases posteriores da terapia podem ajudar os clientes a considerar como as aplicações resilientes dos seus pontos fortes podem ajudá-los a trabalhar na direção dos objetivos de longo prazo.
- Podem ajudar a desenvolver uma aliança terapêutica positiva.
- Proporcionam orientações para a mudança.

A RESILIÊNCIA COMO UM OBJETIVO DA TERAPIA

Os terapeutas geralmente consideram que a melhora do sofrimento do cliente é o resultado mais importante da terapia. Este é um resultado que os terapeutas em TCC em geral encaram como principal; eles pressupõem que seus clientes compartilham dessa visão. No entanto, uma grande pesquisa recente com pessoas que recebiam atendimento de serviço mental revelou que os resultados mais importantes para os clientes são: conseguir qualidades positivas de saúde mental, tais como otimismo e autoconfiança, um retorno ao seu eu normal e usual, um retorno ao nível usual de funcionamento e alívio dos sintomas (Zimmerman et al., 2006). Embora o alívio dos sintomas seja um resultado importante para os clientes, a saúde mental positiva e um funcionamento normal também são muito importantes. Os problemas de saúde mental, especialmente as dificuldades de longa duração, tendem a corroer os comportamentos proativos em direção aos objetivos positivos.

Assim sendo, é útil que os resultados da terapia sejam avaliados em três dimensões:
1. Melhora do sofrimento.
2. Desenvolvimento da resiliência.
3. Movimento proativo em direção aos objetivos pessoais positivos.

Conforme mostrado no Quadro 4.1, Seligman conceitualiza três domínios da felicidade: a vida prazerosa, a vida engajada e a vida com um significado (Seligman, 2002). Embora o objetivo de Seligman seja conceitualizar a felicidade, a sua estrutura também fornece uma forma útil de se pensar sobre os pontos fortes e a resiliência do cliente, os diferentes estágios da TCC e como avaliar os resultados da terapia. A primeira área, vida prazerosa, refere-se ao desejo natural das pessoas de maximizar as experiências de prazer e de minimizar as de desprazer. Ela inclui a experiência de emoções positivas associadas a atividades intrinsecamente prazerosas e orientações pessoais de otimismo e esperança. Nas fases iniciais da terapia, os clientes tipicamente expressam um sofrimento considerável. A melhora dos sintomas é uma preocupação premente. O resultado positivo da terapia quanto ao sofrimento é tipicamente avaliado por meio do uso de medidas do sintoma como, por exemplo, as escalas de Beck (Beck, Brown, Epstein e Steer, 1988; Beck, Steer e Brown, 1996). O alívio dos sintomas e a manutenção desses ganhos é usualmente um pré-requisito para um retorno aos níveis normais de funcionamento. Desta forma, a TCC ajuda os clientes a corrigir o equilíbrio em direção a uma vida mais prazerosa.

Quadro 4.1 Domínios da felicidade

Vida prazerosa	Maximiza o prazer sexual e minimiza a experiência de desprazer. Inclui lembranças do passado, engajamento em prazeres hedonistas no presente e antecipação de acontecimentos futuros.
Vida engajada	Usa pontos fortes pessoais (p. ex., integridade, bom senso) para participar integralmente da vida, através do trabalho, família ou recreação.
Vida com significado	A experiência de contribuir para instituições maiores do que a própria pessoa; servir aos outros.

Nota: Segundo Seligman (2002).

A vida engajada, o segundo domínio da felicidade de Seligman, descreve as pessoas que usam suas energias para atingir objetivos pessoalmente significativos. Seligman descreve os pontos fortes como qualidades pessoais como, por exemplo, gentileza, integridade, bom senso, capacidade de amar e ser amado e liderança. À medida que a TCC progride, os objetivos da terapia podem mudar para ajudar os clientes a identificar e a fazer uso dos seus pontos fortes para trabalharem no sentido de uma vida engajada em que possam vivenciar satisfação psicológica, física e social. As melhorias neste nível podem ser avaliadas por instrumentos que medem a qualidade de vida de uma forma mais abrangente, como os testes de Qualidade de Vida da Organização Mundial de Saúde (WHOQOL) (Ryff e Singer, 1996). No caso de Zainab, fica bem claro que a flexibilidade, habilidades linguísticas e preocupação com a família são atributos importantes. O desejo de Zainab de voltar para sua família e seu novo lar reflete o seu comprometimento com a noção de viver uma vida engajada.

O terceiro domínio é ter uma vida que tenha significado, ou seja, pertencer e prestar serviço a instituições positivas, incluindo famílias, comunidades, ambientes de trabalho, ambientes educacionais, grupos políticos ou até mesmo nações. Ajudar os outros é frequentemente citado como um caminho em direção à saúde mental positiva e à resiliência (Davis, 1999). Em fases posteriores da TCC, os terapeutas podem ajudar os clientes a identificarem valores e objetivos que lhes possibilitem levar vidas mais significativas. No caso de Zainab, o serviço à sua família e à comunidade proporcionava um sentido à sua vida. Ela não precisou da ajuda do psiquiatra para retomar uma vida com significado depois que o seu funcionamento teve melhoras. Assim como ocorreu com Zainab (veja a Figura 4.4), as conceitualizações de resiliência geralmente incorporam crenças centrais e pressupostos subjacentes que vinculam experiências pessoais à experiência humana mais ampla e também destacam como se pode contribuir para a vida dos outros. Dessa forma, a TCC pode ajudar as pessoas a funcionar de forma mais completa e a desfrutar de uma vida que tenha significado.

Em geral, os terapeutas podem levar em conta uma série de questões para determinar quando seria útil perguntar a um cliente se ele gostaria de incluir um objetivo de desenvolver ou de recuperar a resiliência:

- A resiliência está ligada a preocupações importantes do cliente?
- Ela está relacionada com as dificuldades que o trouxeram à terapia?
- Uma maior resiliência ajudaria os clientes a trabalhar na direção dos objetivos da terapia (p. ex., porque o cliente tem uma história de problemas recorrentes nestas áreas)?
- O cliente vê vantagens e parece comprometido em se tornar mais resiliente?

O desenvolvimento da resiliência pode ser incorporado em todos os estágios da TCC. Os objetivos do cliente e as conceitualizações podem guiar o terapeuta até as abordagens mais apropriadas. Contudo, durante a terapia, os terapeutas podem estar alertas a oportunidades que ajudem os clientes a desenvolver resiliência por meio do novo aprendizado, do reforço positivo dos pontos fortes, do incentivo aos valores positivos do cliente e da formação de relacionamentos sociais saudáveis. Barbara Fredrickson (2001) desenvolveu uma estrutura teórica para conceitualizar como os clientes podem ampliar e desenvolver a resiliência. Sua teoria é de que, quando uma pessoa experiencia estados emocionais positivos, o seu repertório de crenças e de estratégias se amplia. Os estados emocionais de alegria, orgulho, felicidade, contentamento, interesse e amor constituem momentaneamente um leque mais amplo de crenças centrais de resiliência, pressupostos subjacentes e estratégias acessíveis. Lembremos do exemplo de Zainab ajudando Muhammad a preencher um formulário de emprego. Trazer o humor para a tarefa possibilitou que Zainab tivesse acesso a crenças e estratégias que não estariam disponíveis caso ela estivesse sentindo medo ou culpa. Essas crenças e estratégias que são desvendadas na exploração das experiências positivas podem, por sua vez, ser aplicadas na construção de recursos pessoais de resiliência e ampliar a sua utilização nos domínios físico, social, espiritual e psicológico da vida.

O desenvolvimento e a recuperação da resiliência pode ser o objetivo principal da terapia, ou então pode ser um coadjuvante de outras abordagens da terapia. No caso de Zainab, a recuperação e a ampliação da sua resiliência anterior foi um objetivo central do tratamento.

EXAMINANDO O SOFRIMENTO ATRAVÉS DA LENTE DOS PONTOS FORTES

No caso de Zainab, o terapeuta identificou pontos fortes que eram distintos das suas dificuldades atuais. No entanto, os terapeutas também podem examinar o sofrimento do cliente através das lentes dos pontos fortes. Quase todas as dificuldades do cliente também encerram pontos fortes quando os terapeutas usam uma lente com o foco nos pontos fortes para examiná-las. Por exemplo, os clientes declaradamente dependentes são extremamente habilidosos na arte de obter ajuda. A consciência de risco e perigo é uma capacidade com benefícios evolutivos, muito embora seja problemática para um cliente ansioso que as possui em um grau muito elevado (Sloman, Gilbert e Hasey, 2003).

Quando conceitualizamos as dificuldades presentes com os clientes, é importante que utilizemos uma linguagem que comunique o valor funcional positivo das suas crenças e das suas estratégias. O resumo seguinte serve como exemplo:

TERAPEUTA: Você tem muita habilidade em obter ajuda das pessoas, algo que você aprendeu durante o crescimento quando escolheu ficar colada à sua irmã na escola para evitar as implicâncias no *playground*.
KEISHA: É, era estranho ficar com crianças que eram três anos mais velhas, mas isso significava que o grupo de meninas da minha idade não podia tocar em mim.
TERAPEUTA: Atualmente, você ainda tem essa habilidade de fazer amizades. Mas é meio difícil para você saber quando ficar colada nos amigos e quando dar um pouco de espaço para as pessoas?

KEISHA: Sim. Eu acho que eu quero aprender a saber quando ficar próxima das pessoas e quando dar espaço para alguém.

Esta reestruturação construtiva de uma área de dificuldade da cliente reconhece os valores positivos que estão incluídos em um problema. A linguagem baseada nos pontos fortes possibilita que os clientes conceitualizem uma dificuldade de uma forma que seja normatizante e dê abertura para novas possibilidades comportamentais. No diálogo acima, o terapeuta introduz a ideia de escolha, uma ideia que Keisha retoma na parte final da conversa: a escolha de ficar colada ou dar espaço às pessoas. Muitos dos diálogos terapeuta-cliente que envolvem Zainab neste capítulo fazem uso de uma linguagem que a ajuda a avançar em direção aos seus objetivos. Se o seu terapeuta tivesse usado uma linguagem focada nos problemas, isso poderia ter reforçado a sua percepção de si mesma como "uma mãe e muçulmana inadequada".

Uma variante dessa perspectiva é perguntar ao cliente sobre os pontos fortes que surgiram da adversidade que eles vivenciaram. Apresentamos abaixo algumas formas pelas quais os terapeutas podem introduzir esse tema:

- "Você sofreu de depressão por um longo tempo. Na minha experiência, as pessoas que ficaram deprimidas por muito tempo desenvolvem algumas habilidades ou ferramentas que elas usam para lidar com isso. Quais as coisas úteis que você aprendeu?"
- "Eu lamento que você tenha sofrido esse abuso quando criança. Como você conseguiu deixar aquela infância e chegar até a idade adulta? Que forças o impulsionaram para a frente?"
- "Volta e meia você tem lutado contra o câncer nestes últimos 10 anos. Como você conseguiu isso?... Sabe, às vezes eu ouço as pessoas dizerem que uma doença grave também tem efeitos positivos além dos negativos. O câncer teve algum efeito positivo na sua vida?"

Para maior clareza, fizemos uma distinção entre conceitualizações de problemas e conceitualizações de resiliência. No entanto, como ilustram exemplos neste texto, cada um dos tipos de conceitualização incluirá as crenças centrais do cliente, seus pressupostos subjacentes, suas estratégias e, por vezes, seus componentes emocionais e físicos. Dependerá do contexto se esses elementos estimularão o risco ou a resiliência. A crença central de Zainab de que ela era um pilar para a sua família e a comunidade foi funcional ao ajudá-la a fazer a transição para um país novo. No entanto, esta mesma crença central não foi funcional quando ela precisou responder às vozes que a denegriam. O terapeuta trabalhou com Zainab para introduzir maior flexibilidade a partir da ênfase na importância dos cuidados consigo mesma, incluindo a opção de pedir a ajuda da sua família, como também do seu psiquiatra (Figura 4.4).

O objetivo da TCC é introduzir flexibilidade de modo que as crenças e as estratégias possam ser usadas de formas diferentes em momentos diferentes, dependendo das exigências de uma situação e dos objetivos do cliente naquela situação. Por exemplo, Zainab aprendeu a avaliar regularmente a força da fundação do seu pilar. Quando se sentia positiva e forte, ela dedicava tempo e energia consideráveis aos cuidados com a sua família e com organizações da comunidade. Quando seu estado de humor piorava ou suas vozes retornavam, Zainab colocava mais energia no fortalecimento das suas fundações através da delegação de tarefas, destinando mais tempo ao seu sono e necessidades de autocuidado e pedindo a ajuda dos outros. Os focos primários das suas sessões de terapia foram ajudá-la a desenvolver habilidades de auto-observação, pressupostos subjacentes e estratégias que possibilitas-sem que ela fizesse essas avaliações do seu bem-estar e respondesse efetivamente.

PONTOS FORTES, RESILIÊNCIA E NÍVEIS DE CONCEITUALIZAÇÃO

A conceitualização é um processo em desenvolvimento. No início da terapia, os clientes descrevem uma série de dificuldades e sintomas. Os terapeutas podem identificar e incorporar os pontos fortes às conceitualizações iniciais dessas dificuldades presentes. Com o passar do tempo, são desenvolvidas conceitualizações explanatórias para captar a compreensão que os clientes e os terapeutas têm das dificuldades atuais e dos fatores desencadeantes e de manutenção. Esse é um bom momento para também começar a conceitualizar a resiliência dos clientes – entender como os seus pontos fortes os protegem durante as circunstâncias desafiadoras. Em estágios posteriores da terapia, as conceitualizações longitudinais da resiliência podem explicar como os pontos fortes interagiram com as circunstâncias durante a vida da pessoa. Este é um momento para terapeutas e clientes formarem planos proativos de como usar os pontos fortes históricos e os recém-adquiridos para estimular uma futura resiliência e melhorar o bem-estar.

Nos três próximos capítulos, oferecemos um exemplo de caso detalhado para demonstrar esse desenvolvimento evolutivo da conceitualização de caso durante o curso da terapia com um determinado cliente, Mark. Esses capítulos integram os três princípios da conceitualização de caso descritos nos capítulos de abertura: níveis de conceitualização (Capítulo 2), empirismo colaborativo (Capítulo 3) e incorporação dos pontos fortes e resiliência (Capítulo 4). No desenvolvimento do caso de Mark, mostramos como esses princípios da conceitualização de caso orientam a ele e a seu terapeuta para que possam traçar um caminho para atingir os dois objetivos da terapia, aliviar o sofrimento e desenvolver a resiliência.

Resumo do Capítulo 4

Os pontos fortes do cliente são incluídos na conceitualização de caso para estimular a consciência dos recursos atuais do cliente e formar uma base sobre a qual construir a resiliência.
- A resiliência descreve como as pessoas usam suas capacidades para negociar a adversidade.
- A resiliência pode ser conceitualizada usando-se os mesmos três níveis de conceitualização de caso descritos no Capítulo 2:
    - Relatos descritivos em termos cognitivos e comportamentais que articulam os pontos fortes de uma pessoa.
    - Conceitualizações explanatórias (desencadeantes e manutenção) de como os pontos fortes protegem a pessoa dos efeitos adversos dos eventos negativos.
    - Conceitualizações explanatórias (longitudinais) de como os pontos fortes interagiram com as circunstâncias durante a vida da pessoa para estimular a resiliência e manter o bem-estar.
- Quando a construção da resiliência é um objetivo explícito da terapia, o cliente e o terapeuta têm maior probabilidade de fazer planos proativos para usar os pontos fortes identificados para estimular a resiliência futura e melhorar o bem-estar – objetivos importantes para muitos clientes.

5

"Você pode me ajudar?"
Conceitualização de caso descritiva

TERAPEUTA: Mark, talvez você possa me contar o que o levou a ligar para a clínica.
MARK: Eu não sei por onde começar; a minha vida está simplesmente uma confusão.
TERAPEUTA: Lamento ouvir isso, parece que as coisas estão difíceis atualmente. Em que aspectos a sua vida parece ser uma confusão?
MARK: Bem, eu me preocupo com a minha saúde, eu me preocupo com o meu trabalho, eu me preocupo que posso desapontar minha família, eu me preocupo com coisas idiotas como, por exemplo, se desliguei o gás, apesar de ter verificado várias vezes.
TERAPEUTA: Parece que várias coisas estão lhe perturbando. Existem outros aspectos em que a sua vida parece estar uma confusão?
MARK: Bem, fico bravo com muitas pessoas no meu trabalho, e estou me sentindo deprimido. Estou farto com tudo isso e tão deprimido, eu simplesmente não me sinto capaz de lidar com as situações. (*Começa a parecer muito desanimado.*) Como eu disse, a minha vida está uma confusão.

Este diálogo de abertura entre Mark e sua terapeuta demonstra que as dificuldades atuais podem ser variadas e representarem uma sobrecarga para o cliente e, às vezes, até mesmo para o terapeuta. As descrições claras ajudam a organizar as informações atuais e, no processo, frequentemente reduzem os sentimentos de sobrecarga e desesperança. Neste capítulo, mostramos como a terapeuta alcança o primeiro nível de conceitualização do caso: descrevendo as dificuldades presentes em termos da TCC. Em geral, os terapeutas começam pela conceitualização de caso descritiva porque é necessário que se faça um esboço do território e das características das dificuldades presentes antes que seja possível explicar como os problemas são mantidos ou desenvolvidos. Dessa forma, a descrição clara das preocupações do cliente é um pré-requisito para a formulação de um plano de tratamento que provavelmente vá ajudar.

Para construir uma conceitualização de caso inicial, a terapeuta primeiramente precisa entender as experiências pessoais de Mark e depois integrar esses detalhes da sua vida à teoria e à pesquisa em TCC. Este capítulo demonstra como a terapeuta reúne e começa a misturar os três elementos-chave dentro do caldeirão da conceitualização de caso: as particularidades do caso, a teoria da TCC e a pesquisa. Posteriormente, mostramos como uma conceitualização de caso descritiva inicial ajuda Mark e sua terapeuta a determinar os objetivos do tratamento. Neste capítulo, ilustramos os princípios do empirismo colaborativo e a incorporação dos pontos fortes do cliente.

ELEMENTOS NO CALDEIRÃO: PARTICULARIDADES DO CASO

O primeiro estágio para entender um indivíduo envolve a criação de uma lista das dificuldades atuais. Usamos deliberadamente o termo "dificuldades atuais" em vez de *problemas* atuais para manter uma linguagem neutra e, por conseguinte, possibilitar uma descrição imparcial e construtiva das dificuldades trazidas para a terapia. Com frequência, os clientes vão sugerir uma lista mais ampla de tópicos para a terapia quando estes forem descritos como "dificuldades atuais" em vez de "problemas atuais". Por exemplo, alguns clientes desejam discutir mudanças positivas na sua vida e uma linguagem mais neutra permite que esses tópicos sejam acrescentados à lista.

O processo de gerar a lista das dificuldades atuais envolve a identificação de temas básicos, descrevendo e classificando o impacto que provocam e depois os priorizando para terapia. Esses passos estão resumidos no Quadro 5.1, junto a algumas funções importantes que cada passo cumpre. As próximas seções mostram como esse processo se desenrola com Mark e sua terapeuta.

Quando 5.1 Processo e valor percebido da listagem, da classificação e da priorização das dificuldades atuais

Processo	Valor
Listagem das dificuldades atuais	Alcançar a concordância colaborativa para o foco da terapia. Ajuda a manter a ênfase da terapia nas dificuldades centrais que levam a pessoa a buscar ajuda, em vez de responder às "dificuldades da semana". Ajuda a fornecer os detalhes necessários para uma conceitualização descritiva inicial ao informar sobre cada questão e como a pessoa está lidando com ela. Os detalhes específicos por vezes ilustram as relações potenciais entre as dificuldades e podem, portanto, permitir um tratamento mais direcionado de uma característica em comum. Por exemplo, uma mulher pode estar preocupada que o seu parceiro possa deixá-la, que vai perder seu emprego e que ela passa pouco tempo brincando com seus filhos. Todos esses problemas podem ser consequência do seu uso excessivo da internet. Seu uso exagerado da internet será, então, priorizado.

Classificação	A classificação do impacto causado ajuda a garantir que a lista seja bem específica e marcante para esta pessoa em particular. Ela ajudam o terapeuta a ver o mundo a partir da perspectiva do paciente e demonstra o interesse do terapeuta na experiência do cliente, o que fortalece a aliança terapêutica.
Priorização	Reduz os sentimentos de sobrecarga ao formular a lista como uma oportunidade para lidar com uma dificuldade de cada vez, de modo eficiente e em pequenos estágios. Ajuda a construir uma estrutura nas sessões terapêuticas porque, em geral, são necessárias várias sessões para cada grupo de dificuldades.

Ajudando o cliente a identificar as dificuldades atuais

A elaboração de uma lista das dificuldades atuais requer colaboração. Para incentivar a colaboração de Mark, sua terapeuta oferece uma explicação de por que é importante especificar quais áreas precisam ser abordadas:

TERAPEUTA: Mark, está bem claro que existem inúmeras áreas importantes que precisamos abordar se formos ajudá-lo a parar de sentir como se sua vida estivesse uma confusão. Para termos certeza de que vamos conseguir com a terapia o maior benefício possível, vamos fazer uma lista que possa nos lembrar de tudo o que queremos atingir durante o tempo em que estivermos trabalhando juntos. Está bem assim para você?
MARK: Sim, acho que sim, eu só não sei por onde começar; parece que tem tantas coisas.
TERAPEUTA: Talvez possamos começar com as questões que lhe afetaram mais nos últimos dias e semanas. Que tal? (*Mark acena com a cabeça, concordando.*) O que está lhe incomodando mais agora?
MARK: Bem, eu acho que a dificuldade principal é eu me sentir tão deprimido.
TERAPEUTA: Temos que escrever isso na nossa lista. Você poderia escrever nesta folha para mim? (*Mark escreve: "Me sinto muito deprimido".*) Iremos descobrir mais sobre esta questão para você, mas, antes de fazermos isso, que outras dificuldades você gostaria de colocar nesta lista?

A terapeuta encoraja Mark ativamente a participar do desenvolvimento da lista das dificuldades atuais com estímulos verbais e também lhe pedindo para escrever a lista com as suas próprias palavras. O foco principal está no "aqui e agora". As preocupações atuais são mais acessíveis à lembrança e também incluem os obstáculos que terão que ser superados para ajudar a atingir uma mudança significativa. Com o passar do tempo, pode-se desenvolver um entendimento das origens das dificuldades presentes, mas não é uma condição necessária para este nível de conceitualização descritiva inicial.

A lista das dificuldades atuais é escrita em termos simples e concretos, usando as próprias palavras do paciente. Para a terapeuta, a lista é o primeiro estágio para ver o mundo através dos olhos do cliente e, assim, descobrir quais particularidades do caso pertencem ao caldeirão da conceitualização. Durante a entrevista inicial de avaliação de Mark, ele produziu a seguinte lista de dificuldades atuais: sente-se muito deprimido, preocupações com a saúde, preocupação excessiva com o trabalho, raiva com os colegas de trabalho e verificação frequente do gás de cozinha e das luzes.

Identificação da esquiva

Os clientes por vezes não relatam dificuldades atuais importantes que estejam mascaradas pela esquiva, especialmente quando a sua esquiva minimiza o sofrimento. No diálogo a seguir, a terapeuta de Mark procura e começa a examinar as áreas que Mark está evitando.

TERAPEUTA: Mark, você não está realizando alguma tarefa que acha que deveria estar fazendo?
MARK: Com certeza. Eu estou evitando as reuniões, e acho que isto está se tornando um verdadeiro problema.
TERAPEUTA: De que forma?
MARK: Bem, eu sei que as pessoas estão comentando sobre o fato de eu não estar lá, mas eu deveria apresentar o meu trabalho nessas reuniões e não fiz o trabalho, então não vou.
TERAPEUTA: O que aconteceria se você fosse?
MARK: Eu me sentiria um fracasso total, como se fosse um inútil porque fiquei para trás. Se alguém me perguntasse sobre meu trabalho, acho que eu simplesmente iria desmoronar. Então meu não posso ir a essas reuniões, seria insuportável.
TERAPEUTA: Há quanto tempo as coisas estão assim?
MARK: Há mais ou menos uns três meses agora.
TERAPEUTA: Mark, você consegue se lembrar da última vez em que participou de uma reunião e apresentou algum trabalho seu e tudo pareceu correr bem?
MARK: Sim, seis semanas atrás eu apresentei um trabalho referente ao orçamento do ano que vem.
TERAPEUTA: Como você se sentiu durante e depois da reunião?
MARK: Bem, antes eu estava realmente preocupado. Você sabe, pensando muito sobre isso...
TERAPEUTA: Entendo, mas durante a apresentação, como foi? Parece que você achou que tudo corria bem.
MARK: Bem, eu realmente tinha que ficar muito focado no que estava apresentando, então tudo parecia bem. Eu não tive tempo para me preocupar durante a apresentação, e depois as pessoas pareciam ter gostado de receber as informações.

As perguntas da terapeuta revelam que Mark começou a evitar no trabalho tarefas que ele costumava ser capaz de desempenhar. Após esse diálogo, Mark é convidado a acrescentar "não participo das reuniões" à lista das dificuldades atuais. Mark prontamente identificou que evitava as tarefas no trabalho. Para algumas pessoas, a esquiva acontece há tanto tempo que ela é dada como certa e não é identificada como uma dificuldade. Nesses casos, o terapeuta precisa ouvir cuidadosamente para encontrar o que está faltando na descrição da vida da pessoa, recorrendo ao conhecimento cultural e ao que é típico para uma pessoa em circunstâncias de vida similares. Portanto, para desenvolver uma lista das dificuldades atuais, o terapeuta precisa perguntar sobre o que a pessoa está fazendo e o que não está fazendo.

> **NA CABEÇA DA TERAPEUTA**
>
> Depois de feito um esboço do lado problemático da esquiva de Mark das tarefas de trabalho, a terapeuta vê uma oportunidade de explorar os pontos fortes do cliente que estão relacionados a essa dificuldade. Como Mark está tão desanimado, a terapeuta vê esta como uma oportunidade de ajudá-lo a começar a explorar e a desenvolver a esperança.

Incorporação dos pontos fortes

Como é típico, na sessão de abertura, Mark não mencionou espontaneamente algum ponto forte ou aspirações para serem colocados na lista das dificuldades atuais. Contudo, a terapeuta observou que Mark conseguia se envolver com facilidade em uma relação colaborativa. Além disso, ele descreveu suas experiências em termos de pensamentos e emoções, que eram sinais de que a TCC seria um tratamento adequado para ele (Safran, Segal, Vallis e Sanstag, 1993). Os comentários que Mark havia feito anteriormente sugeriam que a sua esposa e família eram, de um modo geral, apoiadoras. Mark fez outros comentários colaterais que indicaram que ele costumava ter uma série de *hobbies*. Cada um desses recursos e pontos fortes pode ajudá-lo durante o tratamento. Além de fazer essas observações veladas, é importante que a terapeuta de Mark pergunte diretamente sobre os pontos fortes.

A identificação dos pontos fortes não deve surgir simplesmente como uma consequência da avaliação geral. Existem duas razões principais para isso: (1) Mark pode não estar consciente dos seus pontos fortes nesse momento e (2) as perguntas explícitas podem revelar pontos positivos que não são imediatamente aparentes para o terapeuta. Observe como a terapeuta pergunta explicitamente sobre os pontos fortes de Mark:

TERAPEUTA: Mark, passamos muito tempo hoje discutindo as dificuldades na sua vida para as quais você quer ajuda. Eu também quero saber o que está indo bem na sua vida. Está bem assim?

MARK: Eu não vejo por que, parece que nada está indo bem.

TERAPEUTA: Com certeza, às vezes pode parecer que é assim. Talvez eu possa explicar isso um pouco mais. Se pudermos descobrir o que está indo bem para você, poderemos ajudá-lo a desenvolver mais essas coisas boas e menos as ruins. As pessoas às vezes têm pontos fortes em uma área da vida que está indo bem; eles podem nos ajudar a encontrar uma forma melhor de lidar com as áreas que são mais difíceis de manejar.

MARK: OK.

TERAPEUTA: Então, que coisas você consideraria como os seus pontos fortes?

MARK: Parece estranho até mesmo pensar sobre isso desta forma, eu não tenho certeza.

TERAPEUTA: A maioria de nós acha difícil identificar os pontos fortes. O que a sua mulher diria que são os seus pontos fortes e boas qualidades?

MARK: Ela diria que eu sou um bom pai e bom marido, muito embora eu não veja dessa forma.

TERAPEUTA: E quanto aos seus colegas, o que eles diriam que são os seus pontos fortes e boas qualidades?

MARK: Eles diriam que eu sou muito trabalhador, conscencioso e confiável.

TERAPEUTA: Esse é um bom começo. Por que a sua esposa acha que você é um bom pai e marido?

MARK: Bem, eu realmente amo meus filhos, eu amo estar junto deles. Gosto de brincar e jogar com eles e também os faço rir. Tento ter consideração com Clare como, por exemplo, levar o café dela na cama aos domingos para que possamos ter um tempo sem as crianças.

TERAPEUTA: Eu vejo que você está sorrindo enquanto diz isso. É bom ver isso.

MARK: Mas eu tenho estado tão deprimido ultimamente que eu não estou certo se eles sabem o quanto eles significam para mim.

TERAPEUTA: Então parece importante que lhe ajudemos com isso. Que outros pontos fortes você tem?

MARK: Sou muito organizado e meticuloso. O meu trabalho é de alto nível ... bem, era! Eu me preocupo com as pessoas, com meus amigos e com minha mãe e meu irmão. Sou muito bom em música, mas não toco há séculos. *(Parece se animar mais.)*

Depois desse diálogo, a terapeuta encorajou Mark a escrever esses pontos fortes na folha com a lista das dificuldades atuais, em uma seção separada intitulada "Pontos Fortes" (veja o Quadro 5.2). Mark escreveu: "Organizado; preocupado com família e amigos; bom músico, adoro música; gosto de ser pai e marido." A discussão dos seus pontos fortes mudaram o tom emocional da sessão e Mark pareceu sentir-se um pouco melhor em relação a si mesmo. Conforme explicado no Capítulo 4, os estados emocionais positivos ampliam o pensamento dos clientes (Fredrickson, 2001), tendo o potencial de abrir a discussão dos pontos fortes e da resiliência que não seriam relatados caso o foco de uma sessão estivesse inteiramente nos problemas e nos estados emocionais negativos. Além do mais, a inclusão dos pontos fortes pode ajudar a construir a aliança terapêutica e também pode oferecer caminhos potenciais para a realização da mudança. A estimulação proposital dos pontos fortes durante este estágio inicial da conceitualização começa a preparar o terreno para ajudar Mark a desenvolver uma visão positiva e resiliente de si mesmo como alguém que consegue lidar bem com as dificuldades.

O cliente guarda no seu caderno da terapia uma cópia da lista das dificuldades atuais. A terapeuta também fica com uma cópia junto às suas notas para uma referência fácil quando planejar a agenda de cada sessão da terapia. Como tal, é provável que a lista vá se alterando com o passar do tempo. O progresso quanto às questões da lista será examinado nas sessões marcadas para revisão. Outras questões poderão surgir ou ser acrescentadas à lista depois que estiver estabelecida uma confiança maior dentro da relação terapêutica. Experiências como ter sido vítima de ataque sexual ou problemas como disfunção erétil talvez só sejam discutidas mais adiante no tratamento, especialmente se o cliente tiver vergonha em relação a esses tipos de questões.

Descrição do impacto das dificuldades atuais

Os terapeutas de TCC frequentemente usam *checklists* de problemas como parte dos procedimentos iniciais. Embora este possa ser um ponto de partida muito útil, é importante que as dificuldades presentes sejam entendidas em termos do impacto que elas causam no indivíduo; ou seja, o quanto cada dificuldade conduz a sofrimento e a perturbações na vida da pessoa. Consideremos a lista de Mark das suas dificuldades atuais: sente-se muito deprimido, preocupações com a saúde, preocupação excessiva com o trabalho, indecisão, dificuldades de verificação do gás e das luzes, raiva com os colegas de trabalho e não participação das reuniões. Embora essa lista nos ajude a saber alguma coisa a respeito das preocupações de Mark, ainda precisamos explorar o seu significado único para ele. O passo seguinte é tipicamente explorar o significado e o impacto causado por essas questões. Depois de feito isso, Mark e sua terapeuta poderão priorizar a ordem em que as questões serão tratadas na terapia.

A exploração do impacto causado pelas dificuldades atuais de um cliente revela detalhes importantes sobre a vida deste, o que ele valoriza e como as dificuldades atuais e os pontos fortes afetam a sua qualidade de vida. Para começar, os terapeutas podem fazer perguntas com final aberto, como:

"De que forma [questão relevante] lhe afeta?"
"De que forma isso [questão relevante] afeta os que estão à sua volta?"
"O que as pessoas-chave na sua vida [parceiro, filhos, colegas, amigos] diriam sobre como isso [questão relevante] afeta você e a sua vida?"
"Quando isso não era [questão relevante], em que a sua vida era diferente?"
"O que você pensava e fazia de forma diferente quando [questão relevante] não fazia parte da sua vida?"

Essas perguntas demonstram curiosidade sobre como a vida da pessoa foi afetada e como a sua resiliência foi protetora (p. ex., "O que você pensava ou fazia de forma diferente quando [questão relevante] não fazia parte da sua vida?"). Após essas perguntas gerais, a terapeuta busca uma compreensão

Conceitualização de casos colaborativa   **147**

mais completa, com uma curiosidade genuína. É importante incentivar o cliente a expor maiores detalhes que de outra forma seriam omitidos. No diálogo a seguir, observe como a terapeuta busca maiores detalhes para completar a sua visão de como o humor deprimido afeta Mark:

TERAPEUTA: Temos uma lista das dificuldades principais nas quais você quer trabalhar. Agora seria realmente muito útil se você puder me falar um pouco sobre como cada uma delas afeta a sua vida. Por exemplo, que impacto tem o humor deprimido na sua vida?
MARK: Eu estou muito deprimido o tempo todo.
TERAPEUTA: Parece que isso é realmente um problema para você, sentir-se deprimido o tempo todo. Para me ajudar a entender como é isso para você, poderia me contar *como* a depressão o afeta?
MARK: Eu me sinto cansado o tempo inteiro.
TERAPEUTA: Isso é importante saber. Então, que impacto causa em você sentir-se cansado?
MARK: Eu não me exercito mais, nem visito meu amigo John e não me importo em tocar piano, o que gostava muito.
TERAPEUTA: Parece que este humor deprimido lhe impede de fazer muitas coisas que você costumava fazer. Tem alguma outra forma pela qual se manifesta na sua vida este sentimento de estar deprimido?
MARK: Acho que não me importo com o trabalho.
TERAPEUTA: O que você quer dizer com isso?
MARK: Alguns dias fico apenas sentado, olhando a pilha de trabalho que tenho para fazer, e simplesmente não consigo realizar as coisas adequadamente, com qualidade ou dentro do prazo. Eu simplesmente não me importo.
TERAPEUTA: Ao lado de onde diz "Me sinto muito deprimido", precisamos escrever algumas das formas como isso se manifesta na sua vida. Você pode escrever isso? *(Mark escreve: "Não visito John, não me exercito, não me importo com o trabalho e não termino um trabalho dentro do prazo." Ambos examinam o resumo de Mark.)*
Então, Mark, você pode resumir como é que se sentir deprimido afeta a sua vida?
MARK: Isso afeta minhas amizades, minha motivação e a minha capacidade de realizar meu trabalho.

NA CABEÇA DA TERAPEUTA

A terapeuta também procura por variações nas experiências de Mark para identificar exceções à experiência geral de se sentir deprimido. Essas exceções são usadas para ajudar a identificar áreas potenciais de força e de resiliência.

TERAPEUTA: Agora me conte especificamente sobre a última vez em que você teve um dia em que estava se sentindo bem, não deprimido.
MARK: *(após uma pausa)* Na verdade, a 5ª feira passada foi um dia muito bom. Eu me lembro que acordei, olhei pela janela, estava um lindo céu azul, e eu pensei: "Hoje

vai ser um dia bom". Eu me lembro que ouvi música no carro a caminho do trabalho e estava gostando. Até cantei junto um pouco. Eu me diverti com as brincadeiras de alguns colegas durante o almoço e na verdade não adiei nada no meu trabalho. Mandei um e-mail para um bom amigo do trabalho sugerindo que nos encontrássemos, e ele respondeu em seguida e disse que sim – fiquei meio surpreso. Mas você sabe, isto não durou muito, porque naquela noite fiquei pensando em todas as coisas que eu deveria ter feito diferente no trabalho. E em seguida comecei a me sentir deprimido de novo.

TERAPEUTA: Obrigado, Mark. É bom ouvir sobre um dia em que você teve boas experiências. Se entendi corretamente, quando você sentiu que as coisas estavam um pouco melhores, você tomou a iniciativa de entrar em contato com seu amigo e conseguiu trabalhar sem adiar. O que você achou de si mesmo na quinta-feira?

MARK: Eu não me lembro. Mas eu me senti bem naquele dia... não essa confusão.

Enquanto exploram o impacto das dificuldades atuais, Mark e sua terapeuta desenvolvem uma compreensão compartilhada sobre a vida de Mark e as formas específicas como as dificuldades atuais perturbam a sua vida. Ao mesmo tempo, a terapeuta pergunta sobre momentos em que as dificuldades não estão presentes; estas provavelmente são circunstâncias associadas à forma construtiva com que ele lida com as situações. O equilíbrio entre a descrição cuidadosa das dificuldades e dos pontos fortes ajuda a revelar fontes potenciais de resiliência e a incutir esperança. No entanto, no começo da terapia, Mark provavelmente ficará mais focado nas dificuldades do que nos pontos fortes. Para colocar essas dificuldades em perspectiva, é útil pedir que Mark classifique o impacto percebido das suas dificuldades atuais.

Classificando o impacto das dificuldades atuais

As classificações ajudam a identificar quais áreas da vida de uma pessoa são subjetivamente as mais aflitivas. Só o cliente sabe o impacto relativo de cada questão. No diálogo seguinte, a terapeuta de Mark introduz o conceito de classificação.

TERAPEUTA: Mark, você está me dizendo que vem se sentindo deprimido e triste há alguns meses e que isto afetou a sua vida de várias formas. Em particular, você não desfruta da sua família como costumava fazer, não se exercita mais ou visita seu amigo John, não se importa em tocar piano, que você gostava antes. Você também acha que não está administrando o trabalho tão bem quanto antes. Eu entendi direito?

MARK: Sim, esse sou eu, uma grande confusão.

TERAPEUTA: Eu preciso entender o quanto isto é um problema para você, para que possamos compreender quais as questões que precisamos abordar primeiro. Em uma escala de 1 a 10, em que 1 representa nenhum problema, 5 é um problema moderado e 10 é um problema realmente importante, onde você enquadraria esse problema de se sentir deprimido e triste?

MARK: Isso é muito ruim, em torno de 8.

TERAPEUTA: Parece que esta é uma dificuldade importante que precisaremos ajudá-lo a manejar.
MARK: Eu gostaria disso. Quero resolver isso.

Não existe uma delimitação estabelecida para decidir quando uma dificuldade tem que ser uma prioridade na terapia. No entanto, quando um escore é baixo, talvez 3 ou 4 em 10, o terapeuta e o cliente podem discutir se isso representa uma área de tanta dificuldade que necessite ser trabalhada na terapia, especialmente se houver muitas outras dificuldades classificadas como de maior impacto.

> **NA CABEÇA DA TERAPEUTA**
>
> Aqui a terapeuta observa o uso que Mark faz da generalização excessiva (Kernis, Brockner e Frankel, 1989), mas opta por continuar com a tarefa principal de classificar o impacto causado pelo humor deprimido. Embora a terapeuta pudesse direcionar Mark para o modelo cognitivo e mostrar como a sua "boa 5ª feira" não combina com estar em "uma grande confusão", é feita a escolha de concluir as classificações do impacto para que as tarefas da terapia possam ser priorizadas. A terapeuta acredita que esse desenvolvimento será de mais ajuda para Mark do que testar um pensamento negativo, especialmente porque Mark ainda não possui as habilidades para continuar a testar o pensamento depois dessa sessão.

Priorização das dificuldades atuais

Depois que Mark classificou cada uma das dificuldades atuais, ele e a sua terapeuta definiram a ordem em que as abordariam. As dificuldades atuais podem ser priorizadas por vários critérios, como pela sua importância, pelo que causa maior sofrimento, pela facilidade com que podem ser mudadas ou pela sua urgência. Sofrimento, facilidade de mudança e urgência frequentemente estão em interação. Por exemplo, uma dificuldade atual pode ser muito angustiante, de longa duração e improvável de ser mudada com facilidade. Essa dificuldade poderá receber uma prioridade imediata mais baixa do que uma dificuldade que produz menos sofrimento, mas que seja percebida como mais provável de ser mudada.

Os critérios de priorização como sofrimento, facilidade para mudar e urgência são identificados por meio de perguntas como: "O que está lhe incomodando mais?" ou "Quais desses aspectos você acha que é o melhor ponto por onde começar?" ou "Quando você olha para a sua classificação dos impactos, quais dificuldades você acha que são mais importantes de trabalhar primeiro?". Às vezes uma dificuldade atual é dependente de outra.

Por exemplo, uma pessoa com depressão grave precisa conseguir sair da cama pela manhã antes de reassumir um trabalho regular. Os protocolos da terapia baseada em evidências também informam a priorização. O protocolo da TCC para depressão moderada a grave sugere a ativação comportamental como o primeiro passo do tratamento, especialmente para atacar a baixa motivação (Beck et al., 1979); tal recomendação é apoiada pelas pesquisas (Dimidjian et al., 2006; Jacobson, Martell e Dimidjian, 2001).

Quando Mark priorizou suas dificuldades atuais, deu maior importância para seu humor deprimido e o efeito que isso produzia no seu trabalho. O humor deprimido era sua dificuldade mais frequente e que lhe causava mais sofrimento. Ele e sua terapeuta também concordaram que o humor deprimido deveria ser prontamente tratado, porque havia muitos exemplos disso todas as semanas. As preocupações de Mark com a sua saúde eram uma questão séria que o afetava quase que diariamente há aproximadamente 20 anos. Dada a característica de longa duração das suas preocupações com a saúde, Mark as escolheu como segunda prioridade. A ordem em que Mark priorizou suas dificuldades atuais é apresentada no Quadro 5.2, que ele escreveu com sua própria linguagem, descrevendo claramente o impacto de cada dificuldade em termos específicos e concretos junto à sua classificação subjetiva sobre a gravidade.

Quadro 5.2 Lista das dificuldades atuais de Mark, priorizadas

1. **Sinto-me depressivo**: Eu me sinto um fracasso em boa parte do tempo, me sinto triste e não me divirto com minha família, nem faço coisas prazerosas, como tocar piano. Outros sinais são: não visitar John, não fazer exercícios, não me importar com o trabalho e não realizar as minhas tarefas de trabalho dentro do prazo. (8)
2. **Preocupações com a minha saúde**: Isso me impede de comer e beber em lugares públicos e me impede de ir nadar com meus filhos. (8)
3. **Preocupação** com o trabalho: Todas as noites a minha cabeça está cheia de preocupações sobre o trabalho. Isso me faz passar mais de uma hora por noite pensando em como foi o dia, e então eu fico tenso à noite, não falo com a minha esposa, o que faz com que ela fique brava. (6)
4. Dificuldade em tomar **decisões**: Eu adio tomar decisões. Quando eu tenho que tomar uma decisão, passo horas na internet ou lendo revistas para descobrir qual é a melhor decisão, mas aí eu termino por ficar confuso e sem conseguir agir. (6)
5. Problemas com **verificação**: Todas as noites eu desperdiço tempo verificando o gás do fogão, as portas, tomadas elétricas e torneiras. Se não faço isso, eu fico muito agitado. (5)
6. Fico muito **bravo** com as pessoas no trabalho: Quando reflito sobre o dia, fico ressentido porque os outros podem fazer comentários sem sentido, fazer coisas inúteis e conviver bem com isso e, no entanto, eu tenho que ser muito cuidadoso na maneira como ajo. (5)
7. **Não participo das reuniões**: Quando eu não fiz o trabalho, evito as reuniões. (4)

Pontos fortes
1. **Organizado**
2. Me preocupo com a família e com os amigos
3. Bom músico, adoro música
4. Gosto de ser pai e marido

As dificuldades atuais no contexto

Embora o nosso foco tenha sido nas dificuldades atuais que são vivenciadas no aqui e agora, as preocupações do cliente são entendidas dentro de um contexto mais amplo da vida atual e da história da pessoa. Existem boas razões para realizar uma avaliação biopsicossocial abrangente (cf. Barlow, 2001; Lambert, 2004). Conforme é mostrado no caso de Rose, no Capítulo 3, a implicância genuína dos colegas de trabalho contribuía para suas dificuldades, e o seu *background* cultural afetava como ela se sentia capaz de lidar com essa experiência. Igualmente com Ahmed (veja o Capítulo 2), o contexto cultural foi um elemento importante na compreensão das suas dificuldades presentes. Até agora, a nossa compreensão de Mark ainda não levou em consideração esse contexto mais amplo.

Que áreas a terapeuta de Mark deveria explorar? O Quadro 5.3 destaca as áreas de avaliação que podem ser importantes para uma conceitualização de caso em desenvolvimento. Essa lista é ampla e detalhada e pode ser adaptada de acordo com as necessidades de diferentes clientes e circunstâncias. Por exemplo, em contextos forenses, a história forense e as avaliações dos riscos são essenciais e normalmente seriam reunidas em detalhes para cada cliente. Em contextos da prática privada, o grau de detalhes forenses necessários pode ser determinado de acordo com a resposta do cliente a uma pergunta inicial mais ampla como: "Você já teve alguma dificuldade legal que se relacione com [essas dificuldades atuais]?". Como destaca esta pergunta, os terapeutas só precisam se preocupar com a história que tem relevância para as dificuldades atuais. Uma prisão por ingerir bebida alcoólica em idade abaixo da permitida pode não ser relevante 30 anos depois se o cliente não tiver um problema atual de abuso de substância.

Quadro 5.3 Áreas a levar em consideração em uma avaliação biopsicossocial

DIAGNÓSTICO MULTIAXIAL
- Observar especialmente uma comorbidade no Eixo I, II e III, bem como a gravidade e a cronicidade dos problemas.

SITUAÇÃO ATUAL DE VIDA
- Relação com o parceiro (satisfação/insatisfação)
- Casa (satisfação/insatisfação)
- Trabalho (aspirações, satisfação/insatisfação)
- Prazer/relaxamento
- Relações com amigos e família/apoio social
- Estressores/preocupações atuais
- Recursos/dificuldades financeiras
- Problemas de saúde(s)/informações de profissionais da saúde
- Questões espirituais/religiosas (satisfação/insatisfação)
- Objetivos e aspirações

HISTÓRIA
- História familiar (mãe, pai, irmãos, família estendida, outras figuras significativas)

Quadro 5.3 (cont.)

- *Background* cultural: racial, étnico gênero, orientação sexual, espiritual, geracional
  Frequentemente omitido: avaliação do impacto da adaptação ou desadaptação à comunidade em que vive
- Abuso sexual e/ou físico na infância/negligência/apoio emocional e prático
- Escola e educação
- História laboral
- Relacionamentos (parceiros sexuais, amigos e família)
  Frequentemente omitido: violência doméstica e abuso sexual
- Dificuldades psicológicas passadas
  Frequentemente omitido: abuso de substância
- Habilidade para lidar com dificuldades passadas: inclui avaliação dos pontos fortes pessoais e sociais
- Acontecimentos importantes ou traumas na vida (p. ex., experiências sexuais indesejadas na adolescência e idade adulta)

HISTÓRIA PSIQUIÁTRICA
- Tratamento de dificuldades psicológicas prévias
  Frequentemente omitido: fracassos em terapias anteriores
- Tentativas prévias de suicídio/comportamento autodestrutivo/hospitalizações

HISTÓRIA MÉDICA
- Condições médicas comórbidas significativas, como a dor crônica
- História de medicações
  Frequentemente omitido: uso e abuso de medicações de prescrição

HISTÓRIA FORENSE (FREQUENTEMENTE OMITIDA)

SEGURANÇA E RISCO
- Risco de danos a si mesmo ou de suicídio
- Violência no lar
  Frequentemente omitido: risco para os outros

OBSERVAÇÃO
- Apresentação da pessoa (física, emocional, facilidade de expressar o[s] problema[s])
- Traços de personalidade significativos (p. ex., desejo de agradar, hostilidade, externalização, dependência)
- Funcionamento cognitivo: distorção cognitiva na memória ou na percepção
- Nível intelectual
- Facilidade de conseguir *rapport*
- Como o terapeuta reagiu ao cliente de um modo geral e em pontos-chave do encontro
- Resposta da pessoa a perguntas, comentários e intervenções terapêuticas iniciais
  Frequentemente omitido: habilidades e motivação do cliente para a mudança

Colaboração durante a avaliação

Nas fases iniciais da avaliação e da conceitualização, é importante que os terapeutas equilibrem a necessidade de construir uma relação terapêutica forte com a necessidade de reunir informações contextuais. Existe uma tensão potencial entre a necessidade do terapeuta de uma avaliação abrangente e o desejo do cliente de obter ajuda com as dificuldades atuais. Os terapeutas manejam essa tensão de muitas formas diferentes. Alguns realizam uma avaliação ampla antes de começar a terapia. Essa avaliação pode incluir entrevistas de triagem pré-terapia, uma bateria de medidas antes da marcação de entrevista, entrevistas com informantes e questionários estruturados da história. Outros terapeutas apenas coletam informações de avaliação suficientes para começar o tratamento e então reúnem informações adicionais relevantes para a avaliação à medida que a terapia avança. Com frequência, um equilíbrio entre essas duas abordagens é aquele em que os clientes escrevem uma história detalhada para entregar ao terapeuta no início da terapia. Para este propósito, dois dos autores usam um Formulário de Auxílio à Coleta da História (veja o Apêndice no final do livro) como uma forma eficiente de coletar informações importantes antes da primeira sessão de avaliação. Este formulário fornece informações contextuais importantes que podem ser examinadas pelo terapeuta no início da terapia e explorado em maiores detalhes com o cliente, sempre que necessário durante toda a terapia.

Mark preencheu o Formulário de Auxílio à Coleta da História (veja o Apêndice 5.1), que forneceu ao seu terapeuta informações demográficas, as percepções iniciais de Mark das dificuldades atuais e informações sobre seu *background* contextual. A terapeuta pode, então, utilizar essas informações nas sessões iniciais da TCC. A terapeuta de Mark observou as seguintes áreas como questões importantes para ter em mente durante a terapia:

- Mark tinha uma história de depressão que ele datou do início da idade adulta. Contudo, o início mais recente foi há dois 2 anos, época em que seu pai morreu, ele aceitou uma promoção no trabalho e seu segundo filho nasceu.
- Ele relata asma e eczema e nenhuma outra restrição médica.
- Mark cresceu em uma família de renda moderada e fazia parte da maioria cultural na sua comunidade em termos de raça, afiliação religiosa e etnia. Ele aprendeu os papéis de gênero comuns à sua comunidade (p. ex., espera-se que homens e meninos cuidem das mulheres e meninas).
- As preocupações excessivas de Mark com a saúde começaram com a idade de 18 anos.
- Mark está com sua parceira Clare há 14 anos, e o casamento parece ser feliz.
- O pai de Mark sofria de transtorno bipolar e tentou se matar quando Mark tinha 8 anos.
- A condição do pai de Mark provocou períodos de sofrimento na família, com discussões entre os pais e pressões financeiras.
- Sua mãe era muito crítica, e às vezes ficava muito preocupada com a saúde mental do pai de Mark durante o crescimento do cliente.
- Às vezes a mãe de Mark pedia a ele que assumisse uma relação mais paterna do que fraterna em relação a seu irmão David, que era apenas alguns anos mais moço do que ele.

- Mark tinha uma relação importante com seu avô, que desempenhava o papel de modelo e o apoiava em momentos difíceis, incluindo a tentativa de suicídio do seu pai.
- A música era uma atividade importante e prazerosa para Mark desde o final da infância.

A terapeuta também procura excluir áreas importantes que potencialmente afetariam a terapia:
- Mark não relatou ter sofrido abuso físico, sexual ou emocional quando criança.
- Ele não relatou uma história de danos a si mesmo.
- Ele atualmente não abusa de álcool ou de outras substâncias.

Cada seção do Formulário de Auxílio à Coleta da História pode oferecer informações vitais para a compreensão do desenvolvimento e da manutenção das dificuldades atuais de Mark. Durante os estágios iniciais da TCC, o terapeuta está alerta a informações que fazem pressão sobre as dificuldades atuais e usa o julgamento clínico sobre o que levar em consideração e quando levá-las em consideração. Embora a terapeuta de Mark tenha observado as questões acima, ela optou por colocar o foco inicialmente nas dificuldades atuais e objetivos de Mark. Ao mesmo tempo, ela tem em mente que alguma dessas outras dificuldades pode aumentar em significado quando ela e Mark começarem a trabalhar em direção aos seus objetivos.

Empirismo em instrumentos de avaliação padronizados

Os terapeutas de TCC tipicamente usam instrumentos de avaliação padronizados para avaliar depressão, ansiedade e outras dificuldades atuais. A vantagem de usar medidas padronizadas relevantes de humor e de comportamento é que o terapeuta pode comparar as respostas individuais de um cliente com as de clientes anteriores e também as respostas de grandes grupos de pessoas dos estudos de pesquisas. Além disso, quando os questionários padronizados são aplicados várias vezes durante o tratamento, eles podem ser usados para avaliar a eficácia da terapia. Cliente e terapeuta podem discutir as mudanças nos escores e compará-las às percepções subjetivas do cliente de uma melhora ou de um declínio no funcionamento. O terapeuta pode comparar as mudanças nas medidas padronizadas àquelas obtidas em pesquisas de resultados para ver se ele está alcançando os resultados esperados com uma abordagem particular de tratamento. Em caso negativo, este pode ser um sinal para reexaminar a conceitualização ou o plano de tratamento. Por essas razões importantes, a terapeuta de Mark introduziu duas medidas-padrão de humor na sessão inicial, e Mark concordou em preenchê-las semanalmente para acompanhar o progresso da terapia.

No começo, Mark teve escore 20 no Inventário de Depressão-II de Beck (BDI-II; Beck et al., 1996), o qual o colocou no nível leve/moderado da variação da depressão. No Inventário de Ansiedade de Beck (BAI; Beck et al., 1988), seu escore foi 2, indicando níveis moderados de ansiedade. Essas informações foram discutidas com Mark: "Observo por esta medida da depressão que você preencheu nesta semana que o seu escore ficou na faixa leve/moderado para depressão e na faixa moderada para ansiedade. Esses níveis combinam com a sua experiência sobre o quanto seu humor é deprimido e o quanto você se sente ansioso?". Se Mark não tivesse relatado humor depressivo ou ansiedade na entrevista, a sua terapeuta teria estimulado: "Você acha que devemos acrescentar depressão e ansiedade à nossa lista?".

Embora o BDI-II e o BAI não sejam instrumentos diagnósticos, eles oferecem medidas básicas úteis dos sintomas de depressão e de ansiedade que contribuem para os critérios diagnósticos. Além disso, os escores dos itens individuais se mostram por vezes úteis na identificação de outras dificuldades presentes. Por exemplo, o item 9 do BDI-II investiga sobre ideação suicida. Se Mark tivesse classificado este item com uma nota mais alta (ou se relatasse uma história de danos a si mesmo), então teria sido realizada uma avaliação mais abrangente do risco de suicídio. No BAI, Mark reconheceu os seguintes itens como causadores de maior sofrimento: incapaz de relaxar, medo de acontecimentos piores e medo de morrer. Suas classificações podiam estimular perguntas que levariam rapidamente à identificação das suas preocupações com a saúde.

Coerentes com o princípio de focalizar os pontos fortes, defendemos que os terapeutas também podem usar medidas de resultados que avaliam os pontos fortes e o bem-estar. A psicoterapia e a pesquisa em psicoterapia tendem a se focalizar na insatisfação e na disfunção, não na satisfação e na função (Fava, Ruini e Belaise, 2007; Ryff e Singer, 1996, 1998). Um manual escrito por Lopez e Snyder (2003) é um recurso para os terapeutas que buscam medidas adequadas de bem-estar. Além dos instrumentos de Beck, a terapeuta de Mark utilizou uma medida que avalia a qualidade de vida em uma série de domínios (Gladis, Gosch, Dishuk e Crits-Christoph, 1999), a escala Brief de Qualidade de Vida da Organização Mundial da Saúde (WHOQOL; Harper e Power, 1998). A WHOQOL pesquisa a qualidade da vida física, psicológica, social e ambiental para destacar os fatores positivos na vida de um cliente, bem como as áreas de preocupação. O perfil de Mark indicou que ele possui uma qualidade de vida bastante prejudicada, particularmente nas áreas física, psicológica e social.

As informações da avaliação e a lista das dificuldades atuais ajudam a especificar e a organizar os detalhes sobre o cliente e também a colocá--las no contexto. Esse processo ajudou a organizar experiências que tinham se misturado de uma forma inútil na mente de Mark. A clareza sobre essas dificuldades presentes define o cenário para ajudar Mark a desenvolver conceitualizações descritivas dos seus problemas.

A terapeuta de Mark precisa agora acrescentar teoria e pesquisa em TCC que sejam relevantes para o caldeirão. A próxima seção ilustra como a terapeuta trouxe à baila as dificuldades atuais e as vinculou a modelos cognitivo-comportamentais relevantes.

ELEMENTOS NO CALDEIRÃO: TEORIA E PESQUISA

A terapeuta usou dois métodos comuns de conceitualização de caso descritiva para vincular as dificuldades presentes de Mark com a teoria da TCC: a análise funcional (Kohlenberg e Tsai, 1991) e o modelo de cinco partes (Padesky e Mooney, 1990). Embora neste capítulo enfatizemos essas duas abordagens de conceitualização, os terapeutas podem utilizar qualquer estrutura que vincule as dificuldades atuais do cliente a teorias baseadas em evidências. Os fatores que os terapeutas podem usar para escolher uma abordagem de conceitualização adequada estão descritos no Quadro 5.4.

Quadro 5.4 Decidindo a conceitualização esquemática a ser usada

Pergunta	Questões a considerar
Um modelo teórico baseado em evidências é diretamente relevante para o caso? (veja o Quadro 1.3)	Este modelo pode ser usado para descrever as dificuldades atuais em termos cognitivo-comportamentais?
Qual modelo conceitual ou abordagem descritiva é mais provável de desenvolver a colaboração, revelar os pontos fortes do cliente e despertar esperança neste estágio inicial importante da terapia?	Usar o julgamento clínico e ficar atento ao *feedback* do cliente.
Qual é a estrutura mais simples possível que possibilita um nível suficientemente bom de descrição?	As melhores conceitualizações são as mais simples possíveis, sem perder o significado essencial.

A análise funcional é um método que mapeia a teoria comportamental das dificuldades atuais através do exame das contingências comportamentais (Kohlenberg e Tsai, 1991). O modelo de cinco partes, descrito no Capítulo 2, é um método amplamente utilizado para descrever as dificuldades presentes em termos biopsicossociais (Greenberger e Padesky, 1995; Padesky e Greenberger, 1995). Tanto a análise funcional quanto o modelo de cinco partes podem ser usados colaborativamente para atender a muitas das funções iniciais da conceitualização de caso: vincular teoria, pesquisa e prática; normatizar as dificuldades atuais; aumentar a empatia; e organizar grandes quantidades de informações complexas (veja o Capítulo 1, Quadro 1.1).

Análise funcional: modelo ABC

A pesquisa comportamental demonstra que os comportamentos podem ser aprendidos e extintos com base em padrões de associação, de recompensa e de punição. A sigla simples que apresentamos a seguir traduz a análise funcional para um formato que é facilmente acessível aos clientes e aos terapeutas nos primeiros estágios da conceitualização das dificuldades atuais:

A (antecedentes) — B (*behavior*, comportamento) — C (consequência)

Os antecedentes referem-se aos contextos associados ao início dos comportamentos. Eles podem ser associações, condições ou desencadeantes para o comportamento. Os antecedentes podem ser externos à pessoa (p. ex., reuniões no trabalho) ou internos (p. ex., determinados pensamentos). Para efeitos de conceitualização de caso, os comportamentos destacados neste modelo são tipicamente "molares" ou comportamentos de nível superior, tais como a esquiva comportamental (Martell, Addis e Jacobson, 2001). É importante observar que, na análise funcional, o comportamento pode incluir processos cognitivos como a preocupação. As consequências são tipicamente recompensas diretas (p. ex., elogio) ou recompensas secundárias que provêm da esquiva da experiência aversiva (p. ex., redução da ansiedade após evitar uma reunião).

Durante o estágio descritivo da conceitualização do caso, a análise funcional pode ser usada para mapear como, quando e onde ocorrem os comportamentos, observando as consequências (contingências comportamentais) nos diferentes contextos (Martell et al., 2001). Esta análise funcional ajuda a articular as dificuldades atuais em termos funcionais. Terapeuta e cliente podem identificar comportamento molar dentro da dificuldade atual e usar o modelo ABC para determinar como tais comportamentos se vinculam às contingências. A transcrição a seguir mostra como Mark e sua terapeuta descreveram em termos funcionais a esquiva de Mark no trabalho:

TERAPEUTA: Mark, você me contou que, quando se sente deprimido, você se fecha em si mesmo e isso cria problemas no trabalho porque você começa a adiar as suas tarefas de trabalho. As pessoas notam isso. (*Mark concorda com a cabeça, indicando que este é um resumo preciso.*) Você pode me dizer alguma coisa sobre que tipo de tarefas você tem protelado?
MARK: (*Pensa por alguns segundos.*) Eu quase que só consigo cumprir tarefas triviais, como manter em dia os meus e-mails rotineiros. Mas eu adio qualquer coisa que exija muita concentração, que seja mais complexa ou envolva outras pessoas. Às vezes eu não tenho como adiar as coisas porque outras pessoas estão encarregadas do projeto e eu *tenho que* aparecer, mas então farei o mínimo porque simplesmente não consigo enfrentar fazer mais do que isso. Então evito qualquer coisa que exija esforço ou outras pessoas.
TERAPEUTA: Fale-me um pouco sobre o que acontece horas antes de você adiar uma tarefa. Você consegue se lembrar de alguma vez específica em que fez isso recentemente?

MARK: Na semana passada, eu tinha que coletar alguns dados para um orçamento. Mary me pediu para fazer, mas deu um prazo muito vago. E não fiz. Acho que eu não conseguiria enfrentar porque me sentia muito deprimido; acho que não teria a energia necessária para fazer a pesquisa. Eu me preocupei que poderia fazer tudo errado e, quando os outros notassem que estava errado, eu seria responsabilizado. Eu fiquei muito nervoso e tenso, eu queria correr dali. (*Começa a chorar.*)

TERAPEUTA: Tudo bem, Mark. Posso ver que isto está lhe perturbando, e é por isso que estamos examinando juntos. Vá com calma.

MARK: (*tentando se recompor*) Eu simplesmente tento não pensar nisso.

TERAPEUTA: Eu entendo. O que estamos fazendo aqui não é fácil. Vamos ver se conseguimos trabalhar juntos para entender como protelar as tarefas no trabalho faz algum sentido para você.

> **NA CABEÇA DA TERAPEUTA**
>
> O choro de Mark enfatiza o quanto os antecedentes lhe causam sofrimento (depressão, falta de energia e preocupação). A terapeuta escolhe este momento para empaticamente estimular esperança, usando a análise funcional como um método para entender o sofrimento de Mark. Ela observa que Mark também comunicou o uso da esquiva ("Eu tento não pensar nisso") como uma forma de aliviar o sofrimento.

TERAPEUTA: Você me contou sobre uma série de coisas importantes que estavam ocorrendo bem antes, e eu vou escrevê-las. Vamos chamá-las de "Antecedentes", que significa "coisas que aconteceram antes". (*Escreve: "Humor deprimido", "Falta de energia", "Medo de falhar", "Ansioso", "Tento não pensar nisso"*). Agora eu vou escrever o que você fez depois na situação em que estava se sentindo perturbado. Vou colocar isto abaixo de "Comportamentos". (*Escreve: "Evito tarefas complexas", "Evito tarefas que envolvem outras pessoas", "Adio as coisas"*). Está faltando alguma coisa?

MARK: Não, é assim mesmo.

TERAPEUTA: Você pode me dizer o que acontece com a preocupação e a ansiedade depois disso?

MARK: Eu me sinto realmente aliviado por não ter que fazer aquilo. (*Sorri timidamente, mas isso rapidamente se transforma em um olhar de preocupação quando ele parece ser perturbado por outro pensamento.*) Mas então começo a me preocupar em perder meu emprego. (*Parece aflito novamente.*)

TERAPEUTA: Entendo que isso seria preocupante. Vamos escrever essas duas coisas abaixo de "Consequências". (*Escreve: "Redução da ansiedade", "Preocupação em perder meu emprego"* [veja a Figura 5.1].) Examinando o quadro, Mark, você pode resumir o que você acha que descobrimos sobre esse problema de protelar as tarefas no trabalho?

MARK: Bem, faço isso porque me sinto deprimido e cansado e tenho certeza de que vou estragar tudo, e depois eu me sinto aliviado por não ter feito. Mas o alívio não dura muito tempo!

Antecedentes	Comportamento	Consequências
Humor deprimido	Evito tarefas complexas	Redução da ansiedade
Falta de energia	Evito tarefas que envolvem outras pessoas	Preocupação em perder meu emprego
Preocupação em falhar	Adio as coisas	
Ansioso		
Tento não pensar nisso		

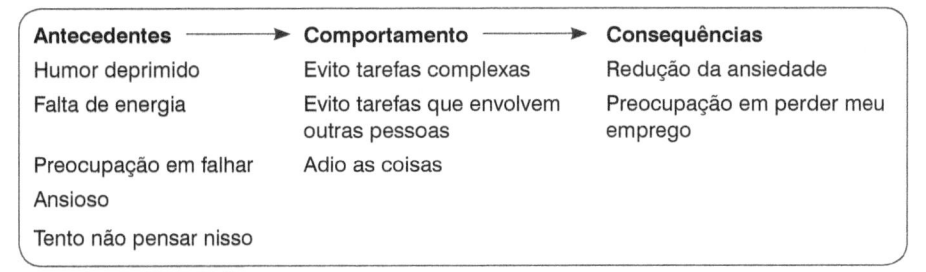

Figura 5.1 Esquiva de Mark no trabalho: análise funcional.

TERAPEUTA: Este é um bom resumo. Vamos examinar esta situação que mapeamos. Este é o modelo "ABC" para entender os comportamentos. "B" é de comportamento [do inglês, *behavior*]. "A", ou antecedentes, nos ajuda a compreender *quando* você adia as tarefas no trabalho e "C", ou consequências, pode nos dizer muita coisa sobre *por que* você evita as tarefas. Podemos ver que você evita as coisas devido ao alívio que sente. Infelizmente, a esquiva não está funcionando tão bem quanto você gostaria, porque logo em seguida você volta a se preocupar. Depois vamos falar mais sobre isso, mas, por enquanto, você já fez um ótimo trabalho mapeando como, quando e por que você evita as coisas no trabalho dentro dos termos do modelo ABC. Há mais alguma coisa que você gostaria de acrescentar, perguntar ou dizer sobre isso?

MARK: As pessoas estão começando a notar que eu não estou fazendo as coisas. No dia seguinte, eu mandei um e-mail para Mary e disse que estava muito ocupado e sugeri que ela pedisse para outra pessoa fazer. Eu estou fazendo muito este tipo de coisa.

TERAPEUTA: Você quer acrescentar isso à nossa agenda para hoje?

MARK: Sim, eu devo escrever isso no meu caderno da terapia?

TERAPEUTA: Esta é uma boa ideia. Quase no final da nossa consulta de hoje, quando conversarmos sobre as tarefas para a próxima semana, eu vou fazer uma observação para me assegurar de que voltaremos a isso.

Neste exemplo, a esquiva de Mark tem consequências positivas (alívio da ansiedade em curto prazo) que recompensam seu comportamento, e também consequências negativas (aumento da preocupação com a perda do emprego e projetos de trabalho incompletos que pesam sobre Mark). Quando existem consequências dissonantes (custos e benefícios), os terapeutas podem usar construtivamente a análise funcional para identificar comportamentos preferíveis que teriam um benefício maior e com menores custos, conforme ilustrado no próximo diálogo entre Mark e sua terapeuta:

TERAPEUTA: Então quando você evita ou adia as coisas, você tende a se sentir um pouco melhor, mas isso tem um custo. Você não faz progressos no trabalho e se preocupa com a perda do emprego.

MARK: É.

TERAPEUTA: Idealmente, como você gostaria que as coisas se desenvolvessem quando você recebe uma tarefa?
MARK: (*pensando*) Não sei. Eu venho evitando as coisas há tanto tempo. Eu quase nem consigo me imaginar fazendo de um jeito diferente.
TERAPEUTA: É difícil mudar hábitos. Você mencionou que a 5ª feira passada correu bem e que você não adiou as coisas. Podemos aprender alguma coisa com essa experiência?
MARK: Eu gostaria de pensar que posso ter mais dias como aquele, mas parece ser algo que aconteceu apenas uma vez.
TERPEUTA: OK, você consegue lembrar-se de alguém a quem respeita e como essa pessoa lida com os projetos de trabalho? Alguém que parece priorizar o seu trabalho de modo eficiente?
MARK: Bem, tem um colega de trabalho chamado Peter. Ele é realmente bom em lidar com as coisas sem se atrapalhar. Ele não se preocupa com as coisas e, quando comete um erro, admite e depois faz corretamente a coisa seguinte. Não perde todo o tempo nisso, em preocupações. Quero engarrafar o que ele tem. (*Ri.*)
TERAPEUTA: (*também rindo*) Se pudéssemos engarrafar assim a despreocupação, isso certamente seria mais fácil. Então, idealmente você gostaria de realizar tarefas sem se preocupar que elas possam dar errado. Você reconheceria tudo o que fez bem e admitiria se houvesse algum erro, mas não perderia tempo se preocupando com o fato. Em vez disso, passaria para a tarefa seguinte. Que diferença isso tem em relação a como as coisas normalmente acontecem com você?
MARK: Muito diferente!
TERAPEUTA: O estilo de Peter parece ser algo que você conseguiria fazer?
MARK: Na verdade não... Eu não sei..., eu acho... Sabe, na 5ª feira passada, depois que eu tive um dia bom... a preocupação não foi tão ruim, realmente. Eu consegui não ficar muito emperrado naquilo.
TERAPEUTA: OK. Então, quando você tem um dia bom, é menor a probabilidade de ficar preso em preocupações e é mais provável que tenha sucesso no seu trabalho. (*Mark concorda com a cabeça.*) Então voltaremos a isso mais tarde, quando começarmos a pensar nos objetivos do nosso trabalho juntos. Mas, por enquanto, podemos ver que a preocupação com o trabalho o leva a evitar as tarefas, adiá-las, e isso faz com que você se sinta mais tenso e cria dificuldades para a conclusão das tarefas. O único benefício da esquiva é que você se sente melhor em curto prazo. Pode haver formas alternativas para lidar com as tarefas que se aproximam mais de como você gostaria que as coisas fossem, mais próximas de como Peter parece ser e mais perto de como você faz as coisas em um dia bom também.

Como mostra esse exemplo, as abordagens comportamentais contemporâneas que usam o modelo ABC da análise funcional (cf. Martell et al., 2001) estão inteiramente de acordo com os princípios de uma conceitualização de caso colaborativa, construtiva e empírica. Elas têm a vantagem de geralmente serem facilmente aceitas pelos clientes e relativamente fáceis de se aplicar terapeuticamente a muitas das dificuldades que os clientes trazem para a terapia.

O modelo de cinco partes

Embora a análise funcional ofereça um modelo simples baseado nas contingências comportamentais, os terapeutas cognitivo-comportamentais frequentemente desejam incluir interpretações do cliente e avaliações da experiência como fatores de conceitualização distintos e importantes. Os terapeutas podem ampliar a sua estrutura descritiva articulando as principais dificuldades atuais em termos do modelo de cinco partes (Padesky e Mooney, 1990) apresentado no Capítulo 2. Embora seja simples o suficiente para que os clientes entendam prontamente, esse modelo biopsicossocial diferencia os comportamentos explícitos dos pensamentos, das emoções e das reações físicas. Como já foi demonstrado no caso de Ahmed, o modelo de cinco partes também pode incorporar o impacto das influências ambientais e outras influências que possam afetar as respostas do cliente, muito embora elas não estejam fisicamente presentes como antecedentes observáveis.

Ambiente e fatores emocionais

O diálogo seguinte ilustra como as preocupações de Mark com a sua saúde foram trazidas à tona usando o modelo de cinco partes. Como antes, sua terapeuta focaliza-se em um exemplo recente e específico para desenvolver uma descrição abrangente. Ela faz um diagrama das informações enquanto a discussão evolui. O diagrama concluído pode ser visto na Figura 5.2.

AMBIENTE
Em um café com minha família, notei uma possível mancha na minha xícara.

Pensamentos
Isto é sangue.
Vou pegar HIV (7-8)

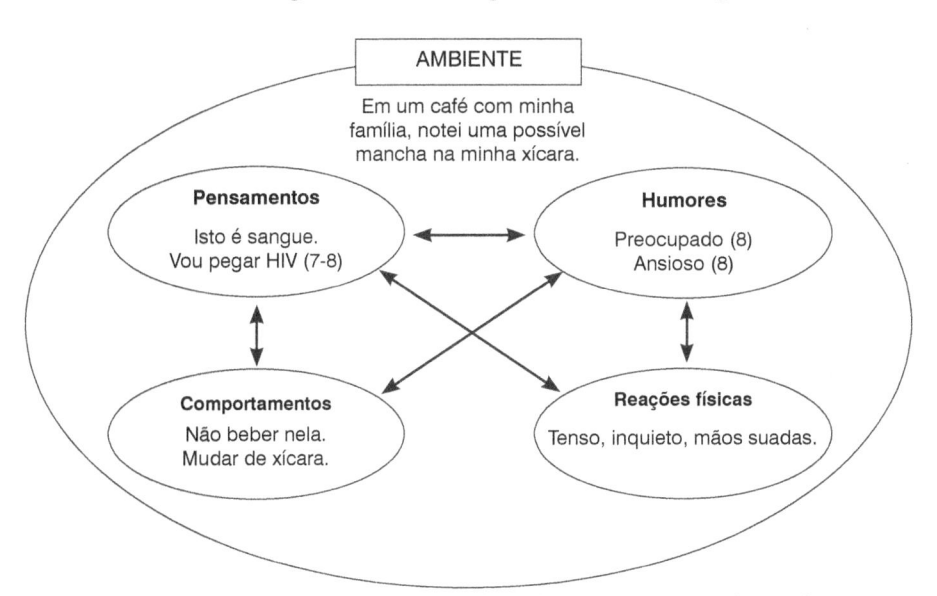

Humores
Preocupado (8)
Ansioso (8)

Comportamentos
Não beber nela.
Mudar de xícara.

Reações físicas
Tenso, inquieto, mãos suadas.

Figura 5.2 Modelo de cinco partes completo das preocupações de Mark com sua saúde.

TERAPEUTA: Em nossa lista das dificuldades atuais você escreveu: "Preocupações com a minha saúde". Eu gostaria de saber um pouco mais sobre esta questão. Tudo bem? (*Mark concorda com a cabeça.*) Talvez você possa me contar sobre algum momento recente em que estas preocupações lhe afetaram.

MARK: Sim. Eu estava fazendo compras com minha esposa e família no último final de semana e fomos a um café para comer e beber alguma coisa. Pensei ter visto uma marca de batom na xícara de café e então me senti muito mal, muito preocupado.

TERAPEUTA: Este parece ser um bom exemplo. Isso acontece com frequência?

MARK: Varia, mas a maioria das semanas terá dois ou três exemplos desse tipo de coisa.

TERAPEUTA: OK. Eu só vou resumir aqui o que estamos falando, fazendo este desenho. Então você estava em um café e notou uma marca de batom na sua xícara. (*Escreve isto.*) Eu chamo isto de "ambiente" em que você estava. (*Escreve isto*). E você diz que se sentiu muito mal, muito preocupado e ansioso? (*Mark concorda com a cabeça.*) Se você lembrar como usamos antes a escala de 1 a 10, o quanto esta experiência foi ruim?

MARK: Foi ruim, em torno de 8.

TERAPEUTA: Parece ser uma situação difícil. Eu escrevi "Ansioso", com a sua classificação "8" abaixo de "Humores". Vamos examinar isto até aqui, para confirmar se entendi direito.

Mark prontamente identificou que se sentiu muito mal nessa situação. Como este é o primeiro componente do modelo de cinco partes descrito espontaneamente por Mark, a terapeuta o registra bem abaixo do fator situacional, ambiente. O passo seguinte é perguntar mais sobre essa experiência, colaborando com Mark enquanto o modelo de cinco partes ajuda a organizar os detalhes que ele fornece.

NA CABEÇA DA TERAPEUTA

A terapeuta de Mark nota que esse exemplo pode sinalizar uma preocupação obsessiva ou ansiedade pela saúde. Os pensamentos de Mark ajudarão a diferenciar entre esses dois aspectos. O modelo de cinco partes é introduzido para reunir as informações necessárias para tomar essa decisão clínica. A decisão irá informar o plano de tratamento porque ela guiará o terapeuta até a abordagem de terapia baseada em evidências que for mais relevante.

Fatores psicológicos

TERAPEUTA: Então você estava realmente preocupado. Quando você se sentiu mal assim, o que mais observou?

MARK: Eu me senti inquieto, nervoso e tenso.

TERAPEUTA: Então você observou muitas sensações físicas e experiências corporais. Você notou mais alguma coisa?

MARK: As minhas mãos estavam suadas.

TERAPEUTA: Vou acrescentar isso à figura. Podemos chamá-las de reações físicas?
MARK: Assim fica bem.
TERAPEUTA: Então, quando você ficou preocupado, observou que estava inquieto e suas mãos estavam suadas. O que você acha que causou essas reações?
MARK: Bem, foi a ansiedade que eu estava sentindo.
TERAPEUTA: OK. Então eu vou traçar uma linha entre "Humores" e "Reações físicas".

Fatores comportamentais

TERAPEUTA: OK, Mark, então você estava em um café se sentindo ansioso, observando que se sentia tenso, inquieto e suando. Como você lidou com a situação? O que você fez?
MARK: Bem, eu sabia que não poderia tomar o café, mas pensei que a minha mulher veria e ficaria brava comigo por eu não ser capaz nem mesmo de tomar alguma coisa sem que isso seja um problema. Por fim, eu fingi beber naquela xícara. Então, quando ela foi ao banheiro passei a minha xícara para uma mesa vazia.
TERAPEUTA: Você não poderia beber naquela xícara porque notou uma marca de batom, e no final das contas você a colocou em outra mesa. Está correto? (*Mark concorda com a cabeça*). Vamos colocar isso abaixo de "Comportamentos". Os comportamentos vão incluir todas as atitudes que você toma. Como você se sentiu quando mudou de mesa a xícara?
MARK: Menos ansioso, menos tenso.
TERAPEUTA: OK, então eu posso traçar uma linha indicando que os seus sentimentos foram influenciados pelo seu comportamento?
MARK: Com certeza, assim que me livrei da xícara me senti melhor.

Um novo entendimento das preocupações de Mark com a saúde fica mais claro com o acréscimo de cada elemento no modelo de cinco partes. Assim como sua esquiva no trabalho, a esquiva de beber naquela xícara proporciona o alívio da sua ansiedade.

Fatores cognitivos

O quinto elemento do modelo de cinco partes enfatiza a importância de entender a avaliação ou a interpretação de uma situação. Nem todos se sentem ansiosos quando notam uma possível marca de batom em uma xícara de café. A terapeuta de Mark ficou pensando sobre o que aquilo significava para ele. A interpretação ou a avaliação de Mark dessa experiência deve explicar a sua reação emocional e o comportamento de esquiva. Também será de utilidade que a terapeuta determine se a angústia de Mark é causada pelo pensamento obsessivo, que enfatiza controle e responsabilidade, ou por preocupações com a saúde, que enfatizam a dúvida quanto aos riscos à saúde (Salkovskis e Warwick, 2001).

TERAPEUTA: Você não conseguiu beber na xícara porque notou uma marca de batom e acabou por colocá-la em outra mesa. OK, então você está realmente lutando contra estas preocupações de que você vai... Desculpe, não estou certa se entendi o que teria de tão ruim em beber naquela xícara? O que teria acontecido se você tivesse bebido nela?

> **NA CABEÇA DA TERAPEUTA**
>
> Se Mark tivesse dificuldade para descrever seus pensamentos, a terapeuta estaria pronta para ajudá-lo a articular seus pensamentos. Por exemplo, a terapeuta poderia usar imagens para evocar a situação no café ou até montar um experimento comportamental na sessão, em que Mark seria convidado a beber em uma xícara de café usada e com uma marca vermelha nela para estimular os pensamentos associados.

MARK: Eu tive muito medo de que pudesse ser sangue ou saliva na xícara e eu contraísse o HIV.
TERAPEUTA: Então você se preocupou que poderia contrair HIV?
MARK: Sim.
TERAPEUTA: Não é de admirar que isso o preocupe. Qualquer pessoa que pensasse que pegaria HIV se sentiria preocupada. Então, para entendermos completamente esta situação, vamos precisar de outro quadro que vou chamar de "Pensamentos". O que devemos escrever dentro dele?
MARK: A mancha é de sangue e eu vou pegar HIV.
TERAPEUTA: Mark, classifique a intensidade com que você acreditou, quando estava no café, que você poderia ter pegado HIV através daquela xícara. Dê uma pontuação para a sua crença quando você se sentiu mais ansioso. Use 1 para "eu absolutamente não acredito" e 10 para "eu acredito completamente".
MARK: Eu senti como muito real. Se eu bebesse na xícara, a minha crença de que eu pegaria HIV estaria em torno de 7 ou 8. Às vezes, a minha preocupação com isso chega a 9 ou 10.
TERAPEUTA: Então, para entendermos por que você se sentiu tão ansioso, pode ser útil considerar que você estava muito preocupado em pegar HIV. Então podemos ver a conexão entre "notar uma possível mancha" e os seus pensamentos e traçamos uma seta entre "Pensamentos" e "Humores". (*Preenche o modelo de cinco partes conforme mostrado na Figura 5.2.*) O que você acha deste diagrama? Ele consegue captar como são as coisas para você?
MARK: Com certeza, é bem assim que acontece comigo.

Essa conceitualização descritiva inicial das preocupações de saúde de Mark demonstra as conexões entre suas respostas cognitivas, emocionais, psicológicas e comportamentais a determinados estímulos ambientais. Os detalhes específicos captados pela Figura 5.2 destacam seu sofrimento e a perturbação na sua vida. A terapeuta de Mark registrou as informações à medida que elas eram coletadas, de modo que Mark pode começar a ver as ligações entre cada um dos elementos da sua experiência. Neste estágio, a terapeuta ainda não havia investigado sobre as relações entre todas as cinco partes. Portanto, as flechas bidirecionais refletem apenas as relações que foram relatadas até aquele momento.

O modelo de cinco partes pode ser usado com flexibilidade. A ordem em que os elementos são identificados pode variar de acordo com as partes que estão mais evidentes para o cliente. Geralmente os terapeutas são incentivados a registrar as observações na ordem em que o cliente as apresenta. Assim sendo, quando Mark notou sentimentos e sensações corporais primeiro, eles foram registrados primeiro, muito embora seus pensamentos fossem altamente relevantes para que a terapeuta pudesse fazer a distinção entre pensamentos relacionados ao TOC e preocupações com a saúde. Também foi pedido a Mark que classificasse a intensidade das suas crenças e da sua angústia. Essas classificações acrescentaram profundidade à conceitualização descritiva porque estabeleceram a extensão das suas preocupações com a saúde. Se Mark não acreditasse fortemente que poderia pegar AIDS na xícara, então seria difícil entender a extensão da sua angústia. Nesse caso, a sua terapeuta precisaria fazer perguntas adicionais até que o nível de angústia de Mark fosse explicado pelo modelo conceitual.

Conceitualizações descritivas como uma oportunidade para a normatização

Discussões posteriores com Mark revelaram que a sua preocupação com o HIV levou à esquiva de comer ou beber em quase todos os lugares públicos. Ele acreditava que comida, talheres ou louça suja poderiam aumentar seu risco de contrair HIV. Mark estudava cuidadosamente a louça, os copos e os talheres para ver o quanto estavam limpos e, portanto, o quanto estavam "livres do vírus". Igualmente, ele não ia nadar com seus filhos porque acreditava que tinha um risco maior de contrair HIV nas piscinas. Como todas essas circunstâncias eram altamente angustiantes para Mark, ele revelou esses detalhes à sua terapeuta com alguma relutância. As pessoas frequentemente têm a preocupação de que seus comportamentos ou processos de pensamento sinalizem que elas são esquisitas ou loucas. Essa preocupação pode ser reforçada pela família e pelos amigos que identificam determinadas crenças como ilógicas ou até mesmo ridículas.

As conceitualizações descritivas podem ser usadas como veículos para normatizar as experiências dos clientes. Esta é uma das funções da conceitualização (veja o Quadro 1.1). Imaginar os eventos da vida segundo a perspectiva do cliente é um dos primeiros passos que um terapeuta pode dar na direção da normatização. Embora beber em uma xícara não vá transmitir o HIV, a terapeuta pode imaginar como seria ter esse pensamento. À luz desta avaliação, a ansiedade resultante faz sentido. A terapeuta pode então dizer honestamente para Mark: "Eu entendo por que você ficou tão angustiado. Se eu achasse que beber em uma xícara me passaria HIV, eu também ficaria ansiosa". A terapia irá ajudar Mark a investigar suas avaliações errôneas. Nesse meio tempo, as conceitualizações descritivas o ajudarão a ver que suas reações fazem algum sentido no contexto das suas interpretações da situação.

Descrições do modelo de cinco partes do humor deprimido e outras dificuldades atuais

Mark e sua terapeuta também utilizaram o modelo de cinco partes para conceitualizar seu humor deprimido. Eles focalizaram na sua rotina noturna porque Mark relatou que quase sempre se sente deprimido nessa parte do dia. O hábito de Mark a cada noite era passar uma hora ou mais examinando minuciosamente suas recordações de cada situação ocorrida durante o dia. Ele tentava lembrar-se de tudo o que disse e que estava incorreto ou possivelmente contraditório. Sua avaliação noturna o convencia de que ele não tinha feito nada certo e que, em consequência, perderia seu emprego. Seus pensamentos avançavam rapidamente, imaginando que, quando estivesse sem emprego, perderia sua casa, e sua esposa e filhos o veriam como um fracasso.

A terapeuta de Mark organizou essas observações no modelo de cinco partes, conforme mostra a Figura 5.3. Embora muitas dessas mesmas dificuldades tenham surgido na análise funcional da esquiva de Mark no trabalho (Figura 5.1), o modelo de cinco partes também especifica a interpretação que ele tinha da situação associada à sua angústia. O humor deprimido de Mark parece ser caracterizado por uma visão de si mesmo como inapto e um fracasso. Observe que as conexões são assinaladas entre todos os círculos na Figura 5.3. Este desenho está coerente com a ideia teórica de que os sentimentos, os pensamentos, os estados psicológicos e os comportamentos depressivos são *reativados* durante uma depressão recorrente (Lau, Segal e Williams, 2004).

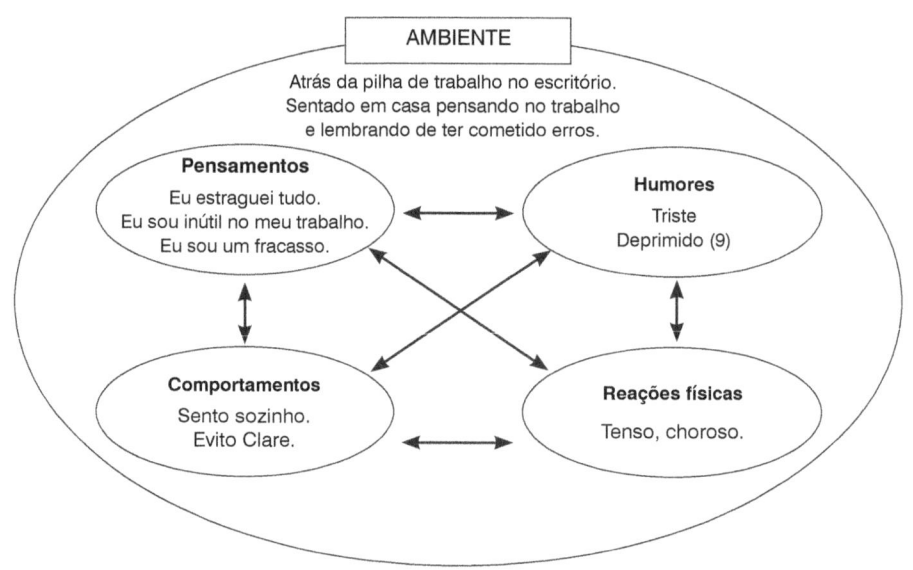

Figura 5.3 Uma conceitualização do modelo de cinco partes do humor deprimido de Mark.

As conceitualizações descritivas que usam esquemas como o modelo de cinco partes podem ser desenvolvidas para cada uma das dificuldades atuais de Mark. Contudo, é mais provável que uma ou duas das dificuldades atuais priorizadas seja descrita desta maneira. Elas servem como estruturas úteis para começar a entender as experiências de Mark. Além disso, elas apresentam a Mark a ideia central das teorias da TCC. Ou seja, ele começa a observar seus pensamentos, seus humores, seus comportamentos e suas reações físicas interagirem dentro do contexto ambiental da sua vida. Assim, as estruturas da conceitualização descritiva acrescentam a teoria cognitiva ao caldeirão em termos que o cliente consiga entender. Neste ponto, o caldeirão da conceitualização contém a teoria cognitiva geral entretecida com as particularidades do caso, compreendida por meio de uma descrição detalhada das dificuldades presentes de Mark. Já começamos a aumentar o calor pela colaboração ativa e pelo empirismo, reunindo dados de observação e organizando-os dentro das estruturas conceituais.

Resumo clínico

Quando a terapeuta de Mark combina essas fontes adicionais de informação com os dados da entrevista clínica, forma-se a seguinte imagem de Mark:

> Mark tem 30 e poucos anos, é casado, tem dois filhos, bem-sucedido profissionalmente, mas atualmente vivendo dificuldades no trabalho devido à depressão leve a moderada e a ansiedade moderada. Ele tem temores antigos de ser infectado com HIV. Sua vida social é restrita, em parte devido a compromissos da família e também dificultada por um padrão de afastamento social quando seu humor se deteriora. Em um sentido mais amplo, ele é oriundo de um ambiente de classe operária branca e descreve a sua criação como feliz de um modo geral, embora seu pai sofresse de transtorno bipolar. Suas dificuldades atuais estão afetando seriamente a sua qualidade de vida. Ele teve depressão durante dois anos, depois de um período particularmente difícil em sua vida, durante o qual três acontecimentos se entrecruzaram: a morte do seu pai, uma promoção no trabalho envolvendo deveres adicionais e o nascimento do seu segundo filho. Ele descreve uma relação particularmente próxima com seu avô materno, a qual se fortaleceu de modo especial durante um período da sua infância em que o pai de Mark estava no hospital após uma tentativa de suicídio.

Impressões diagnósticas

A partir do uso de várias fontes de informação na avaliação de Mark, sua terapeuta desenvolveu as seguintes impressões diagnósticas provisórias para Mark dentro do sistema multiaxial do DSM-IV-TR (Associação Americana de Psiquiatria, 2000):

Resumo diagnóstico

Eixo I: Transtorno depressivo maior, recorrente, em remissão parcial
Excluído transtorno obsessivo-compulsivo
Eixo II: Traços de personalidade evitativa
Eixo III: Asma, eczema
Eixo IV: Problemas ocupacionais (possibilidade de perda do emprego)
Eixo V: 55

As teorias da TCC de perfis diagnósticos particulares proporcionam uma base fértil a partir da qual podemos levantar hipóteses sobre as prováveis crenças, processos de avaliação e comportamentos do cliente. Dessa forma, o diagnóstico guia o terapeuta de TCC até campos promissores da literatura e da pesquisa.

CONCEITUALIZAÇÃO DE CASO E DEFINIÇÃO DOS OBJETIVOS

Próximo ao final desta fase de avaliação da terapia, Mark e sua terapeuta identificaram suas dificuldades presentes, classificaram seu impacto e priorizaram sua importância. Além disso, a terapeuta concluiu as impressões diagnósticas iniciais, reuniu medidas de critérios para depressão e para sintomas de ansiedade e, usando a análise funcional e o modelo de cinco partes, ajudou Mark a formar conceitualizações descritivas iniciais das suas dificuldades com maior prioridade: humor deprimido e preocupações com o HIV. Foram observadas informações contextuais importantes a partir da história do desenvolvimento de Mark e da sua situação de vida atual. Assim como a terapeuta de Mark, os leitores deste capítulo provavelmente já estão formulando hipóteses a respeito de planos de tratamento potencialmente úteis. No entanto, antes que comece o tratamento, é importante que Mark defina os objetivos do tratamento para que a terapia seja focada na direção dos objetivos que ele quer atingir. Como é feito na conceitualização de caso, os objetivos são definidos colaborativamente:

TERAPEUTA: Antes de começarmos a trabalhar nestas dificuldades atuais, será muito útil sabermos quais são os objetivos. Sabemos como são as coisas para você. Como você gostaria que elas fossem? Como iremos saber se estamos fazendo progressos? Por exemplo, com a sua dificuldade de maior prioridade, o humor deprimido... O que você espera que alcancemos na terapia?

MARK: Eu quero me sentir menos triste, não sentir que sou um fracasso durante quase todo o tempo.

TERAPEUTA: OK, como definiríamos sentir-se menos triste? Naquela escala de 1 a 10, na qual o seu humor é 8 agora, como você gostaria de se sentir?

MARK: O 1 seria bom.

TERAPEUTA: Isso seria ótimo. Só para verificar, você estava em 1 na maior parte do tempo antes de se sentir deprimido?

MARK: Na verdade, não. O meu humor tem altos e baixos. Talvez normalmente, quando eu não estou tão deprimido, o meu humor fique entre 1 e 5, dependendo do que está acontecendo na minha vida.
TERAPEUTA: Então que nível de humor pareceria ser um bom progresso para você, se agora está em 8?
MARK: Eu acho que se estivesse em 5 ou menos na maior parte do tempo – talvez abaixo de 5 na maior parte do tempo. Sim, isso seria bem normal. O que você acha?
TERAPEUTA: Isso parece bom para mim. Se você se sentisse assim, abaixo de 5 na maior parte do tempo, o que você estaria fazendo e que não faz no momento?
MARK: Eu tocaria piano regularmente e visitaria meu amigo John pelo menos uma vez por semana.
TERAPEUTA: E haveria alguma mudança com Clare ou seus filhos?
MARK: Sim. Eu gostaria de tirar esta falta de disposição da minha cabeça e sentir alegria com eles todos os dias.
TERAPEUTA: OK, você tem aquela lista das dificuldades atuais? Vamos escrever os seus objetivos no outro lado. Então o primeiro é se sentir menos triste, 5 ou menos, e o segundo é voltar a tocar piano. Um terceiro é visitar John uma vez por semana e um quarto é sentir-se alegre todos os dias com Clare e as crianças. Como você se sente a respeito desses objetivos?
MARK: Bem. Eu gostaria de conseguir fazer isso.

Com o auxílio da sua terapeuta, Mark identifica os objetivos que representam melhoras no humor definidas pessoalmente. Os objetivos podem ser mais especificados como de curto prazo, médio prazo ou longo prazo. Um objetivo de curto prazo é alcançado dentro de um mês ou dois, um objetivo de médio prazo seria próximo ao fim de um período do tratamento (aproximadamente de 10 a 20 sessões) e um objetivo de longo prazo pode ser visado para o pós-tratamento, durante o ano seguinte ou mais. Um objetivo de curto prazo para Mark em relação ao seu humor deprimido poderia ser "voltar a tocar piano". Os objetivos de médio prazo podem incluir "sentir-se muito menos triste (menos do que 5), visitar meu amigo John todas as semanas e me sentir alegre todos os dias com Clare e as crianças". Um objetivo de longo prazo seria "me manter bem e lidar melhor com os futuros períodos de depressão". Os objetivos de longo prazo são particularmente abordados em relação ao desenvolvimento pessoal, conforme ilustrado no Capítulo 7.

Idealmente, a definição dos objetivos está ligada à conceitualização. É possível articular um objetivo em termos de mudanças nos pensamentos, nos sentimentos e nos comportamentos. Depois que se chegou a uma conceitualização descritiva usando a análise funcional, os objetivos podem ser definidos pela comparação entre os comportamentos reais atuais e os comportamentos desejados. McCullough (2000) sugere que os terapeutas peçam que os clientes contrastem os resultados reais dos comportamentos com os resultados ideais. A terapeuta de Mark usou essa abordagem em referência à análise funcional em que Mark descreveu como ele protelava as tarefas de trabalho (comportamento) que o preocupavam (antecedentes). O resultado ideal para ele era não se preocupar tanto, aceitar os erros e realizar as suas tarefas:

TERAPEUTA: Mark, você disse anteriormente que idealmente gostaria de ser mais como Peter no trabalho. Você gostaria de reconhecer o que fez direito e admitir algum erro, mas não ficar preso a preocupações sobre isso. Você achou que isso o ajudaria a superar a esquiva das tarefas. Acho que você escreveu isso no seu caderno da terapia?
MARK: (*examinando o seu caderno da terapia*) Sim, aqui está.
TERAPEUTA: Eu disse que voltaríamos a isso. São estas respostas que você gostaria de ter como objetivos no trabalho?

> **NA CABEÇA DA TERAPEUTA**
>
> Existem fortes evidências de que a esquiva e a ruminação mantêm e pioram o humor deprimido (Nolen-Hoeksema, 1991). Assim, a terapeuta de Mark realça este processo para aliviar o sofrimento e protegê-lo de dificuldades futuras.

MARK: Sim, parece difícil porque tenho esses hábitos arraigados, mas estou certo de que realmente me ajudaria ser mais parecido com Peter.
TERAPEUTA: Que palavras podemos usar para descrever um objetivo ideal, mas realista, que você poderia ter para lidar com as suas tarefas de trabalho todos os dias?
MARK: Mmm. Que tal: "Lidar mais com as minhas tarefas como eu imagino que Peter faz, levando os créditos pelas coisas boas que aconteceram e admitindo os erros sem ficar preso a eles e adiando meu trabalho por medo de cometer um erro"?
TERAPEUTA: Parece bom para mim. Por que você não escreve isso?

Os objetivos quanto às preocupações com o HIV foram facilitados pela referência ao modelo de cinco partes desenvolvido para conceitualizar as preocupações de Mark com o HIV (Figura 5.2):

TERAPEUTA: Como iremos saber que conseguimos alguma diferença nas suas preocupações com o HIV?
MARK: Eu gostaria de saber. Às vezes parece melhor e digo para mim mesmo; "Eu estou melhor". Depois parece ficar tão ruim, eu me preocupo que isso nunca vá terminar.
TERAPEUTA: Você está levantando um ponto importante. Como podemos diferenciar se as suas preocupações realmente acabaram ou se você está livre delas apenas temporariamente?
MARK: (*pensa por um momento*) Talvez se eu conseguisse ir aos lugares e fosse capaz de lidar com a situação se encontrasse uma marca em uma xícara, talvez eu me convencesse de que eu iria ficar bem.

TERAPEUTA: Este poderia ser um sinal. (*pausa*) Vamos examinar juntos o diagrama que desenhamos sobre essa questão. (*Mostra a Mark a Figura 5.2.*) Olhando para ele, o que precisaria ser diferente para que você soubesse que teve melhoras?
MARK: Bem, suponho que me sentiria menos preocupado e menos tenso e inquieto quando estivesse comendo fora.
TERAPEUTA: Que tipo de pontuação demonstraria que a sua preocupação estaria sendo um problema a menos?
MARK: Em torno de 2, suponho.
TERAPEUTA: OK, existe mais alguma coisa que você precisaria mudar quando estiver em um café?
MARK: Eu preciso ficar mais relaxado e não tão preocupado de que as coisas possam ter HIV. Eu sei que é realmente improvável e que as outras pessoas não estão incomodadas, mas isso realmente toma conta de mim.
TERAPEUTA: OK, então um objetivo é sentir-se menos preocupado, menos inquieto. Um segundo objetivo pode ser não achar mais que você vai contrair HIV. O quanto no máximo você precisaria achar que está em perigo para que saibamos que está melhor?
MARK: Em torno de 2 ou 3.
TERAPEUTA: OK, vamos escrever isso como outro objetivo. Existe alguma outra mudança que poderá nos mostrar que conseguimos atacar esta questão efetivamente?
MARK: Eu teria que ser capaz de comer em lugares públicos sem examinar os utensílios e os pratos. Conseguiria ir nadar com os meus filhos.

Os dois últimos diálogos mostram como as conceitualizações de caso descritivas são usadas para ajudar a organizar a definição dos objetivos. Como acontece frequentemente, a terapeuta conduziu conceitualizações descritivas apenas para as dificuldades de prioridade mais alta para Mark. Mais tarde na terapia, as questões de prioridade mais baixa poderão ser conceitualizadas quando necessário, depois que tiver havido progresso nas preocupações de prioridade mais alta. Embora nem todas as dificuldades de Mark tenham sido conceitualizadas nas sessões iniciais, foram identificados objetivos mais amplos para as cinco maiores prioridades da sua lista de dificuldades, conforme mostra o Quadro 5.5. Esses objetivos pareceram ser realistas, possíveis de ser atingidos e relevantes para Mark. Em sua maior parte, eles são específicos na medida em que possibilitam resultados observáveis. Seus objetivos também parecem depender do controle de Mark; alcançar esses objetivos não depende da mudança de outra pessoa.

A terapeuta terá em mente todas as dificuldades presentes e os objetivos de Mark enquanto a terapia avança. Mesmo que o foco esteja em uma ou duas dificuldades por vez, os níveis explanatórios da conceitualização de caso podem terminar explicando mais do que uma dificuldade atual. Por exemplo, o comportamento de verificação de Mark pode ser conceitualmente similar às suas preocupações com a saúde. Ou as conceitualizações explanatórias que abordam o seu humor deprimido podem simultaneamente dirigir-se ao seu objetivo de desfrutar mais do seu papel de pai e de marido.

Quadro 5.5 Objetivos de Mark

MEUS OBJETIVOS NA TERAPIA
1. Sentimentos depressivos: • Me sentir melhor e não um fracasso – sentir 5 em 10, ou menos, para tristeza na maioria dos dias • Visitar meu amigo John pelo menos uma vez por semana • Tocar piano várias vezes por semana. • No trabalho, lidar mais com as situações como Peter faz – levar os créditos pelas coisas boas que acontecem e admitir os erros sem ficar tão preso a eles. Fazer o meu trabalho sem medo de cometer algum erro; participar de todas as reuniões de trabalho. **2. Preocupações com a minha saúde:** • Sentir menos preocupação, um 2 ou 3 em 10, em vez de 8. • Acreditar que eu estou em menos risco de pegar HIV, talvez acreditar seja apenas um 2. • Conseguir comer e beber em lugares públicos. • Ir nadar com meus filhos na piscina pública. **3. Preocupações com o trabalho:** • Não passar tanto tempo por noite pensando sobre o dia (menos de 10 minutos). **4. Dificuldade em tomar decisões:** • Ser mais relaxado ao tomar decisões. Tomar uma decisão verdadeiramente, em vez de procurar conselhos de forma infindável na Internet; pontuação da ansiedade, menos de 5. **5. Problemas com verificações:** • Passar menos tempo (no máximo 5 minutos) ou nenhum verificando os aparelhos em casa. • Fazer isso sem ficar agitado; níveis de ansiedade em 4 ou menos.

O Quadro 5.6 apresenta diretrizes para a definição dos objetivos, enfatizando as ligações com a conceitualização do caso. Para mais informações sobre a definição dos objetivos em TCC, veja Padesky e Greenberger (1995, p. 58-68) ou Westbrook, Kennerley e Kirk (2007, p. 154-156).

DE "UMA COMPLETA CONFUSÃO" ATÉ A CONCEITUALIZAÇÃO DESCRITIVA

No diálogo inicial deste capítulo, Mark descreveu sua vida como "uma completa confusão". Este capítulo mostra como ele e sua terapeuta desemaranharam essa "confusão" para chegarem a uma compreensão comum da extensão, do impacto e da prioridade das dificuldades presentes de Mark. Além disso, a terapeuta usou dois métodos descritivos de conceitualização de caso, a análise funcional e o modelo de cinco partes, para ligar as dificuldades atuais do cliente à teoria e à pesquisa em TCC. Esses modelos conceituais descritivos auxiliaram Mark a identificar os principais alvos cognitivos e comportamentais e também a definir os objetivos relevantes do tratamento. O quadro com o resumo do capítulo destaca para o leitor os elementos principais desses processos.

Quadro 5.6 Diretrizes para a definição dos objetivos

- Assegurar-se de que os objetivos se relacionam intimamente com as dificuldades presentes.
- Especificar os objetivos de curto, médio e longo prazo (não necessariamente todos no início da terapia).
- Utilizar conceitualizações descritivas para ajudar a especificar o que constitui uma mudança.
- Os objetivos estão dentro das possibilidades de controle da pessoa? Eles parecem ser realistas?
- As pessoas precisam de sucesso para ter esperança: enfatizar objetivos que sejam fáceis de ser alcançados no início da terapia.
- Algum objetivo é contingente ou dependente de outro? Em caso positivo, qual deles tem que ser buscado primeiro?
- Os objetivos são mensuráveis (p. ex., diminuição da pontuação na medida de um sintoma, redução do tempo gasto em uma atividade que não tem utilidade, aumento na pontuação ou no tempo despendido em atividades positivas)?
- Os objetivos refletem mais do que a redução do sofrimento? Eles representam um crescimento positivo e significativo da pessoa?
- O desenvolvimento da resiliência é um objetivo valioso para a maioria dos clientes.

O empirismo colaborativo caracteriza a relação entre Mark e sua terapeuta enquanto eles desenvolvem essas conceitualizações descritivas iniciais e especificam os objetivos do tratamento. As descrições que Mark faz das dificuldades presentes são desenvolvidas usando observações da sua experiência com subsídios da teoria e da pesquisa cognitiva. A terapeuta de Mark indaga de forma consistente se o relato que aparece "soa como verdade", para ajudar a prevenir que se crie uma dependência de heurísticas inúteis (veja o Capítulo 2). As indagações ativas relativas aos pontos fortes de Mark e sobre o que está indo bem em sua vida servem para ele como incentivo para definir objetivos de terapia que incluam um crescimento positivo e o desenvolvimento da resiliência.

Embora o objetivo das conceitualizações neste estágio inicial da terapia seja uma descrição clara das dificuldades presentes, os terapeutas também procuram identificar os temas que são comuns entre essas dificuldades, os quais fornecem pistas para níveis mais profundos de conceitualização. Após essas sessões iniciais de terapia, a terapeuta formulou a hipótese de que as dificuldades de Mark tinham como ponto comum um tema de exigências de alto padrão e altas expectativas. Mark se preocupa com os erros e tem a expectativa de consequências terríveis para seus erros, o que é mantido pela ruminação e pela esquiva. Esse tema pode ser vinculado à ansiedade no trabalho, às preocupações com o HIV, ao comportamento de verificação, à indecisão e talvez até mesmo precipitem o seu humor deprimido. Esta hipótese que surge será examinada no Capítulo 6, quando Mark e sua terapeuta consideram quais os fatores desencadeantes e de manutenção que justificam a sua vulnerabilidade a essas dificuldades atuais.

Resumo do Capítulo 5

Uma lista das dificuldades atuais organiza as *particularidades do caso* no caldeirão.
- Para desenvolver uma lista das dificuldades atuais, o terapeuta:
  - Apresenta uma justificativa para recrutar a ajuda do cliente.
  - Identifica dificuldades no "aqui e agora" usando a linguagem do cliente.
  - Procura áreas de esquiva que possam mascarar as dificuldades presentes mais importantes.
  - Questiona ativamente a respeito dos pontos fortes e sua relevância para a lista das dificuldades atuais.
  - Utiliza informações contextuais adicionais para ajudar a criar uma lista que seja completa e detalhada, incluindo: a(s) carta(s) de encaminhamento, avaliações padronizadas, entrevistas clínicas e observação.
  - Reúne detalhes específicos para promover o entendimento e para facilitar a classificação que o paciente faz a respeito da intensidade com que as dificuldades atuais afetam o funcionamento e a sua qualidade de vida.
- O terapeuta junta no caldeirão as dificuldades atuais à *teoria da TCC*, usando métodos de conceitualização de caso descritiva, tais como a analise funcional e o modelo de cinco partes, para formular as dificuldades atuais nos termos da TCC.
- A *pesquisa* é o terceiro elemento no caldeirão. O conhecimento de pesquisas pertinentes guia o terapeuta até os modelos teóricos potencialmente úteis, aos processos-chave associados às dificuldades emocionais, comportamentais, cognitivas e sociais, como também até as evidências de resultados comparativos para as abordagens potenciais de tratamento.
- Os objetivos do tratamento são definidos pessoal e especificamente por meio da utilização da lista das dificuldades atuais priorizadas e das conceitualizações descritivas da TCC dessas dificuldades.

Apêndice 5.1

Formulário de auxílio à coleta da história
Preenchido por Mark

AUXÍLIO À COLETA DA HISTÓRIA

O propósito deste questionário é obter algumas informações sobre a sua história que possam nos ajudar a entender a sua situação. Teremos a oportunidade de discutir com você as suas dificuldades em detalhes, mas talvez não tenhamos tempo para discutir todos os aspectos da sua história e situação. Este formulário lhe dá a oportunidade de nos fornecer um quadro mais completo e de fazer isso no seu próprio ritmo. Algumas questões são bem factuais, enquanto que outras têm uma natureza mais subjetiva. Se você achar difícil alguma parte deste formulário, por favor, deixe em branco e poderemos discutir na sua entrevista. Enquanto isso, se você tiver algum problema em preencher alguma das seções, por favor, não hesite em nos contatar. **Todas as informações que você der neste formulário são confidenciais.**

SEUS DADOS PESSOAIS

Nome	Mark	Estado civil	Casado
Data de nascimento	04-08-1971	Religião	Cristão
Sexo	Masculino	Data	06-07-2007
Ocupação	Administrador de empresas	Telefone	

SUAS DIFICULDADES E OBJETIVOS

Por favor, liste resumidamente as três dificuldades principais que o levaram a procurar ajuda.

1. Sinto-me triste e deprimido.
2. Preocupações com a minha saúde.
3. Sinto dificuldade para relaxar e me desligar; sempre acabo verificando as coisas.

Por favor, diga o que você quer conseguir ao frequentar nosso centro.

1. Eu quero me sentir melhor e ter mais controle sobre as minhas preocupações.

VOCÊ E SUA FAMÍLIA

1. Qual o seu local de nascimento? _Boston, MA_
2. Por favor, dê alguns detalhes sobre o seu **PAI** (se souber)
   - Qual a idade dele atualmente? _____
   - Se ele já não está vivo, com que idade morreu? _64_
   - Que idade você tinha quando ele morreu? _34_
   - Qual é, ou era, a ocupação dele? _engenheiro_

Por favor, conte alguma coisa sobre seu pai, seu caráter ou personalidade, e o seu relacionamento com ele.

Meu pai era um homem gentil e trabalhador. Ele se importava com as pessoas, mas às vezes deixava que suas preocupações tirassem o melhor dele e ficou depressivo. Ele foi diagnosticado com depressão maníaca quando foi hospitalizado certa vez, e depois disso a sua medicação o manteve bem durante a maior parte do tempo. Ele ficava bem por longos períodos, mas então parecia desmoronar durante algum tempo. Gradualmente, ele se recuperava. Eu me preocupava com ele quando era menino. Ele tentou se matar quando eu tinha 8 anos, mas parece ter ficado bem depois: eu acho que ele deve ter tido alguma ajuda (não tenho certeza). A minha mãe cuidava muito dele. Tinha vezes, quando eu estava crescendo, em que ele perdia o controle e gastava muito dinheiro, tinha discussões com a minha mãe, e isso tornava as coisas muito difíceis às vezes. Ele não estava em boa forma física durante os dois últimos anos, e sofreu bastante com todos os seus problemas de saúde. Nós nos dávamos bem, mas para ele era difícil retribuir devido à sua saúde física e mental. Eu sinto saudades dele.

3. Por favor, dê alguns detalhes sobre a sua **MÃE** (se souber)
   - Qual a idade dela atualmente? _67_
   - Se ela já não está viva, com que idade morreu? _____
   - Que idade você tinha quando ela morreu? _____
   - Qual é, ou era, a ocupação dela? _Dona de casa_

Por favor, conte alguma coisa sobre sua mãe, seu caráter ou personalidade, e o seu relacionamento com ela.

Ela é atenciosa e gentil, ela quer o melhor para mim e para o meu irmão. Durante nosso crescimento, ela cuidava de papai, ajudando-o a lidar com seus altos e baixos. Ela é um pouco crítica, e sempre faz comentários sobre como eu estou criando meus filhos: parece achar que estou fazendo tudo errado. Nós nos damos bem, mas, por causa dos seus comentários, ela incomoda muito a minha esposa, e fica difícil para mim, porque eu me sinto emperrado no meio das duas.

4. Se houver algum problema no seu relacionamento com seus pais, por favor, descreva o(s) mais importante(s).

Minha mãe às vezes não dá muito espaço para mim e minha esposa, Clare. Ela faz muitos comentários sobre a nossa atuação como pais e, apesar de ser boa a sua intenção, ela soa como crítica, e isso incomoda Clare. Sinto que tenho que tentar ajudar minha mãe desde que meu pai morreu, e Clare fica aborrecida se saio para ajudar minha mãe enquanto deveria estar em casa, ajudando a ela e as crianças.

O quanto isso o incomoda atualmente? (por favor, circule)

Em absoluto   Um pouco   (Moderadamente)   Muito   Não poderia ser pior

Seus irmãos e irmãs (se souber)

5. Quantos filhos, incluindo você, há na sua família? _2_

Por favor, dê seus nomes e outros detalhes listados abaixo. Inclua você, e comece pelo mais velho. Inclua também meio-irmãos, filho de padrasto ou madrasta ou outras crianças adotadas por seus pais e indique quem são elas.

Nome	Ocupação	Idade	Sexo	Comentários
David	Pintor/Decorador	29	(M)/ F	David mora a 400 milhas de distância, por isso não o vemos muito.

6. Por favor, descreva as relações com seus irmãos, se são benéficas ou problemáticas para você. _____

David e eu nos damos razoavelmente bem; eu sou mais velho, e, por isso, não tivemos muita coisa em comum durante muito tempo, mas é bom quando nos encontramos. Só nos visitamos ocasionalmente, porque ele mora muito longe. Quando éramos mais moços, eu era mais como um pai ou tio do que um irmão para ele. Tive que cuidar bastante dele.

7. Como era o clima geral na sua casa?

De amor e atenção, mas nossa mãe era um tanto crítica conosco e parecia que eu sempre tinha que cuidar de David, o que era difícil, porque ele era sete anos mais moço do que eu. Os altos e baixos do meu pai lançaram uma grande sombra sobre a família. Ele ficava bem, mas depois perdia o controle. Ele gastava muito do dinheiro da família e às vezes agia muito mal em relação a minha mãe. Nós sabíamos que ele não estava bem, mas, ainda assim, era bem difícil às vezes.

8. Houve alterações importantes, por exemplo, mudanças ou outro evento significativo, durante a sua infância ou adolescência? Inclua alguma separação da família. Por favor, dê as idades aproximadas e detalhes.

Uma vez meu pai foi hospitalizado, quando eu tinha 8 anos, e as coisas foram muito instáveis durante alguns meses. Morei com meu avô por um tempo por causa de papai. Tudo era bem estável, exceto quando meu pai ficava muito deprimido ou enfrentava um episódio de mania.

9. Houve mais alguém que tenha sido importante para você durante a sua infância (p. ex., avós, tias/tios, amigo da família, etc.)? Em caso positivo, você poderia nos contar alguma coisa sobre ele?

Eu era muito próximo do meu avô materno. Ele levava muito David e eu para pescar, nadar, acampar; você sabe, nós saíamos nos fins de semana e, no verão, às vezes, era por mais tempo. Quando meu pai foi hospitalizado, meu irmão e eu moramos com ele por alguns meses. Ele é um grande cara, tem muito a oferecer, é generoso consigo mesmo, uma verdadeira atitude "positiva".

10. Alguém na sua família já recebeu tratamento psiquiátrico? (Sim) Não   Não tenho certeza

11. Alguém na sua família tem história de doença mental, álcool ou abuso de droga? (Sim) Não   Não tenho certeza

Em caso positivo, preencha:

Membro da família	Lista de problemas psiquiátricos, com álcool ou drogas
1 *Pai*	*Depressão maníaca*
2	
3	
4	

12. Algum membro da sua família já teve uma tentativa de suicídio? (S)/ N
    Em caso positivo, qual seu grau de parentesco com essa pessoa?
    Pai.

13. Algum membro da sua família já morreu por suicídio? S /(N)
    Em caso positivo, qual seu grau de parentesco com essa pessoa?

SUA EDUCAÇÃO

1. (a) Por favor, conte-nos alguma coisa sobre a sua escolaridade e educação.

Frequentei uma escola local e tinha notas muito boas. Fui para a faculdade cursar administração de empresas e depois fui trabalhar em uma empresa onde dei alguns cursos rápidos.

(b) Você gostava da escola? Houve algum sucesso ou dificuldade em particular? Quais foram os mais importantes?

A escola era boa. Eu me saía bem. Gostava de lá, de um modo geral, mas eu tinha asma e eczema, e as outras crianças implicavam comigo. Eu andava com amigos que gostavam de ouvir música e tivemos uma banda durante algum tempo.

O quanto isso o incomoda? (por favor, circule)

(Em absoluto)   Um pouco   Moderadamente   Muito   Não poderia ser pior

SUA HISTÓRIA LABORAL

1. Que atividade ou papel principal você desempenha atualmente?

Administrador de empresas – 35 pessoas da equipe se reportam a mim.

2. Por favor, conte-nos alguma coisa sobre a sua vida laboral passada, incluindo os empregos e treinamentos que fez.

Eu trabalho em empresas de varejo há muito tempo – cinco anos no emprego atual. Já fiz vários cursos de treinamento – recursos humanos, procedimentos disciplinares, habilidades de comunicação, etc.

3. Houve dificuldades particulares? Quais foram as mais importantes?

Nenhum problema importante, embora há dois anos um colega tenha ido embora e eu tive que fazer o trabalho dele além do meu. Ao mesmo tempo, tínhamos alguns procedimentos disciplinares em andamento com um empregado de difícil manejo. Foi realmente uma época difícil, porque o meu segundo filho nasceu naquele momento e foi complicado lidar com o pouco tempo de sono e a responsabilidade extra.

EXPERIÊNCIAS DE ACONTECIMENTOS PERTURBADORES

1. Às vezes acontecem coisas às pessoas que são extremamente perturbadoras – coisas como estar em uma situação de ameaça à vida, como um desastre importante, um acidente muito grave ou um incêndio; ser agredido fisicamente ou estuprado; ou ver outra pessoa ser morta, muito ferida ou ficar sabendo de algo terrível que aconteceu a alguém próximo a você. Em algum momento durante a sua vida, este tipo de coisas aconteceu com você?

(a) Em caso negativo, por favor, marque aqui. _____
(b) Em caso positivo, por favor, liste os eventos traumáticos.

Descrição breve	Data (mês/ano)	Idade
1. *Overdose do meu pai*	*Junho de 1978*	*8*
2.		
3.		

Caso tenha sido listado *algum* evento: Às vezes as coisas ficam voltando em pesadelos, *flashbacks* ou pensamentos dos quais você não consegue se livrar. Isso já aconteceu a você?   Sim   (Não)

Em caso negativo: E quanto a ficar muito perturbado quando você esteve em uma situação que lhe fez lembrar de uma dessas coisas terríveis?   (Sim)   Não

2. Você alguma vez passou pela experiência de abuso físico quando criança   Sim   (Não)   Não tenho certeza

3. Você alguma vez passou pela experiência de abuso físico quando adulto?   Sim   (Não)   Não tenho certeza

4. Você alguma vez passou pela experiência de abuso sexual quando criança?   Sim   (Não)   Não tenho certeza

5. Você alguma vez passou pela experiência de violência sexual, incluindo encontros amorosos ou conjugais?   Sim   (Não)   Não tenho certeza

6. Você alguma vez passou pela experiência de abuso emocional ou verbal quando criança?   Sim   (Não)   Não tenho certeza

7. Você alguma vez passou pela experiência de abuso emocional ou verbal quando adulto?   Sim   (Não)   Não tenho certeza

SEU PARCEIRO E SUA FAMÍLIA ATUAL

1. Sobre o(s) seu(s) **parceiro(s)**

   (a) Por favor, descreva brevemente relacionamento(s) anterior(es) importante(s), em ordem cronológica. Inclua o tempo que durou e por que você acha que o(s) relacionamento(s) terminou.

Eu tive algumas relações casuais na adolescência e aos 20 anos. Conheci Clare quando tinha 22 anos e desde então estamos juntos.

(b) Você tem um parceiro atualmente? Em caso positivo,
Qual a idade dele/dela? *34*
Qual a ocupação dele/dela? *Professora de biologia em meio turno*
Há quanto tempo vocês estão juntos? *14 anos*

(c) Por favor, conte-nos alguma coisa sobre seu parceiro(a), seu caráter ou personalidade e o seu relacionamento com ele/ela. O que você gosta nessa relação?

Clare é muito atenciosa, uma ótima mãe e esposa. Ela é muito organizada e prática. Ela faz as coisas acontecerem e não se preocupa muito com dinheiro ou coisas assim.

(d) Se houver problemas no relacionamento com o seu parceiro, por favor, descreva o(s) mais importante(s).

Nós nos damos muito bem. Temos as discussões habituais, principalmente sobre a minha mãe. Isto acontece particularmente quando não dormimos bem.

O quanto isso lhe incomoda atualmente? (por favor, circule)

Em absoluto   Um pouco   (Moderadamente)   Muito   Não poderia ser pior

2. Como é sua vida sexual? Você tem alguma dificuldade em sua vida sexual? Em caso positivo, por favor, tente descrevê-la.
Não

O quanto isso lhe incomoda atualmente? (por favor, circule)

(Em absoluto)   Um pouco   Moderadamente   Muito   Não poderia ser pior

3. Sobre seus **filhos** (se souber)

(a) Se você tiver filhos, liste-os por ordem de idade. Por favor, indique algum filho de casamento(s) anterior(es) e filhos adotados; indique quem eles são.

Nome	Ocupação	Idade	Sexo	Comentários
Jessica		9	M / (F)	
James		2	(M)/ F	

(b) Por favor, descreva seu relacionamento com seus filhos. Se houver alguma dificuldade com seus filhos, por favor, descreva a(s) mais importante(s).

Os dois estão indo bem.

O quanto isso lhe incomoda atualmente? (por favor, circule)

(Em absoluto)   Um pouco   Moderadamente   Muito   Não poderia ser pior

SUA HISTÓRIA PSIQUIÁTRICA

1. Você já foi hospitalizado por algum motivo emocional ou psiquiátrico? S /**(N)**
Em caso positivo, quantas vezes você foi hospitalizado? _____

Data	Nome do hospital	Razão para hospitalização	Foi útil?

2. Você já recebeu tratamento psiquiátrico ou psicológico ambulatorial? **(S)**/ N
Em caso positivo, preencha o seguinte:

Data	Nome do profissional	Razão para tratamento	Foi útil?
Junho/04	Dr. A	Medicação para humor	S / **(N)**
Agosto/06	Dr. B	Medicação para humor	**(S)** / N

3. Você está tomando alguma medicação por motivos psiquiátricos? **(S)**/N
Em caso positivo, preencha o seguinte:

Medicação	Dosagem	Frequência	Nome do médico que prescreveu
Prozac	20mg	diária	Dr. Cristoph

4. Você já tentou suicídio? S/**(N)**
Em caso positivo, quantas vezes você tentou suicídio? _____

Data aproximada	O que exatamente você fez para se machucar?	Você foi hospitalizado?
		S/N

SUA HISTÓRIA MÉDICA

1. Quem é seu clínico geral?

Nome	Dr. Cristoph
Endereço do clínico	Cristoph e Colegas Oak Street, 4

2. Quando foi a última vez que você fez um *check up*? <u>há 3 meses</u>

3. Você foi tratado pelo seu clínico geral ou foi hospitalizado neste ultimo ano? (S)/ N
   Em caso positivo, por favor, especifique. <u>Eu tomei medicação para o humor.</u>

4. Houve alguma mudança na sua saúde geral neste último ano?   S /(N)
   Em caso positivo, por favor, especifique. <u>Fisicamente eu estou muito bem.</u>

5. No momento você está tomando alguma medicação não-psiquiátrica ou drogas de prescrição?(S)/ N

Medicações	Dosagem	Frequência	Razão
1. Inalador para asma		quando necessário	ataques de asma
2.			

6. Você já teve ou tem uma história de (marque todos os que se aplicam)

   ☐ Derrame   ☐ Febre reumática   ☐ Cirurgia cardíaca
   ☒ Asma   ☐ Sopro cardíaco   ☐ Ataque cardíaco
   ☐ Tuberculose   ☐ Anemia   ☐ Angina
   ☐ Úlcera   ☐ Hipertensão ou hipotensão   ☐ Problemas de tireóide
   ☐ Diabete

7. Você está grávida ou acha que pode estar?   Sim   (Não)

8. Você já teve ataques, acessos, convulsões ou epilepsia?   Sim   (Não)

9. Você tem prótese de válvula cardíaca?   Sim   (Não)

10. Você tem alguma condição médica atual?   (Sim)   Não
    Em caso positivo, por favor, especifique:
    <u>Asma, eczema</u>

11. Você tem alergia a alguma medicação ou alimento?   Sim   (Não)
    Em caso positivo, por favor, especifique:

HISTÓRIA DE USO DE ÁLCOOL E DROGAS

1. O seu uso de álcool já lhe causou algum problema? S/ (N)

2. Alguém já lhe disse que o álcool lhe causava algum problema ou reclamou sobre o seu comportamento de beber? S/ (N)

3. O seu uso de drogas já lhe causou algum problema? S/ (N)

4. Alguém já lhe disse que as drogas lhe causavam algum problema ou reclamou sobre o seu uso delas? S/(N)

5. Você já ficou "viciado" em alguma medicação prescrita ou já tomou mais do que deveria? S/(N) Em caso positivo, por favor liste essas medicações:

6. Você já foi hospitalizado, entrou em programa de desintoxicação ou esteve em algum programa de reabilitação por problemas com alguma droga ou álcool? S/ (N) Em caso positivo, quando e onde você foi hospitalizado?

SEU FUTURO

1. Por favor, mencione alguma satisfação particular que você obtém com a sua família, sua vida laboral ou outras áreas que são importantes para você.

Eu tenho orgulho da minha família e gosto de estar com minha esposa e filhos.
Eu toco piano; eu realmente adoro música.
Eu acho que faço bem o meu trabalho, mas não estou conseguindo administrá-lo tão bem quanto eu gostaria.

2. Você poderia nos contar alguma coisa sobre seus planos, esperanças e expectativas para o futuro?

Eu gostaria de ser mais relaxado em relação à vida e de não ser tão nervoso em relação às coisas. Assim eu conseguiria desfrutar mais das coisas com meus filhos e esposa em vez de ser um peso para eles.

3. Por favor, você poderia nos contar como se sentiu preenchendo este questionário?

Foi tudo bem, um pouco longo.

Obrigado

6

"Por que isso continua acontecendo comigo?"
Conceitualizações explanatórias transversais

TERAPEUTA: É bom vê-lo de novo, Mark. Como parte da nossa agenda para hoje, você poderia me dar uma visão geral de como foi para você esta última semana?
MARK: Bem, as coisas não foram boas no sábado passado. Saí com a minha família e então alguma coisa me atingiu como se fosse uma onda. Eu me senti tão deprimido, tão inútil, como um fracassado. Tudo o que eu pude fazer foi me segurar para não chorar. Eu me controlei até chegarmos em casa e então fui para a cama. Isso não é normal. Por que isso acontece comigo? Eu só faço besteiras.
TERAPEUTA: Lamento ouvir que foi tão ruim para você o sábado. Parece que foi um dia realmente difícil. Você gostaria de ocupar algum tempo hoje tentando entender o que aconteceu no sábado e vendo o que podemos fazer para ajudar?
MARK: Já vim aqui antes. As coisas ficam bem por um tempo, acho que estou indo bem e então *bang*! Volto à estaca zero. Não é normal ficar se sentindo assim sem razão nenhuma.
TERAPEUTA: Talvez se pudermos entender o que levou você a ficar tão perturbado no sábado, isto nos ajudará a compreender por que o seu humor decaiu tão rapidamente. Vamos colocar isto em nossa agenda de hoje?
MARK: Sim, porque eu não sei por que o meu humor está sempre decaindo.

Como a maioria dos clientes, Mark quer saber por que ele continua tendo dificuldades, especialmente quando a sua queda de humor parece ser decorrente da tristeza. Para responder a esta pergunta, precisamos mudar de um nível descritivo de conceitualização de caso para um nível explanatório. Em termos clínicos, Mark está procurando entender os precipitantes ou *desencadeantes* das suas mudanças de humor. Além disso, Mark e sua terapeuta podem procurar o que *mantém* ou perpetua as suas dificuldades atuais. Os fatores de manutenção podem explicar por que as dificuldades de Mark não tiveram remissão com o tempo, como acontece com muitas preocupações transitórias e problemas de humor. Essas conceitualizações explanatórias transversais fazem a ligação da teoria da TCC à experiência do cliente em um nível superior, por meio da identificação dos principais mecanismos cognitivos e comportamentais que sustentam as dificuldades presentes dos clientes. Nós as chamamos de transversais porque Mark e sua terapeuta irão examinar inúmeras situações em que as dificuldades presentes são ativadas para identificarem os desencadeantes comuns e os fatores de manutenção.

Este capítulo mostra como as conceitualizações explanatórias dos fatores desencadeantes e de manutenção orientam a escolha da terapeuta quanto às intervenções de tratamento. Como se espera que as conceitualizações explanatórias façam uma predição dos resultados da intervenção, estes são usados para avaliar a "adequação" das conceitualizações. As intervenções escolhidas para responder aos fatores desencadeantes e de manutenção levarão idealmente a uma redução do sofrimento, um dos ingredientes desejados do caldeirão. As intervenções também podem utilizar e expandir os pontos fortes de Mark de modo que ele simultaneamente desenvolva maior resiliência. Se Mark consegue desenvolver resiliência, ele reduz o risco de "voltar à estaca zero" após um período de melhora. Ao longo deste capítulo, serão destacados os principais processos de colaboração, de empirismo e de incorporação dos pontos fortes do cliente.

DESENVOLVIMENTO DAS CONCEITUALIZAÇÕES TRANSVERSAIS

Embora a pesquisa dos fatores explanatórios possa ocorrer de várias formas, neste capítulo sugerimos um processo de quatro passos, conforme resumido na Figura 6.1. Primeiro, cliente e terapeuta reúnem e descrevem diversos exemplos recentes da dificuldade atual de maior prioridade – no caso de Mark, o humor deprimido. Em segundo lugar, o terapeuta explora se experiências específicas do cliente se encaixam em modelos da TCC baseados em evidências. Isso é feito quando cliente e terapeuta procuram colaborativamente por temas e aspectos comuns entre os exemplos recentes como uma forma de identificar desencadeantes e fatores de manutenção. No terceiro passo, o terapeuta utiliza a conceitualização explanatória desenvolvida no segundo passo para escolher e implementar as intervenções terapêuticas. Finalmente, no quarto passo, os efeitos das intervenções são usados para avaliar a "adequação" da conceitualização. São feitas revisões apropriadas da conceitualização. O processo é circular, com cada passo proporcionando *feedback* para apoiar ou para alterar os passos anteriores.

O processo de desenvolvimento das conceitualizações explanatórias transversais é construído com base nas informações usadas nas conceitualizações descritivas. No caso de Mark, temos os modelos descritivos ABC e de cinco partes, ilustrados no Capítulo 5. Quando a conceitualização muda da descrição para a explanação, o terapeuta compartilha com o cliente o conhecimento pertinente da teoria e da pesquisa, especialmente quando estes se referem aos fatores desencadeantes e de manutenção. As observações do cliente são comparadas aos modelos teóricos para ver em que ponto eles convergem e divergem. Os diálogos socráticos são empregados para auxiliar o cliente a observar os processos pessoais que criam e mantêm o sofrimento mesmo quando eles estão adequados intimamente a um modelo desenvolvido teórica e empiricamente. O diálogo socrático também é empregado para avaliar se os resultados das intervenções terapêuticas apoiam ou refutam as conceitualizações explanatórias desenvolvidas.

Passo 1	Reunir exemplos.
Passo 2	Mapear o(s) modelo(s) apropriado(s), identificar fatores desencadeantes e de manutenção.
Passo 3	Escolher e implementar intervenções.
Passo 4	Avaliar e revisar o modelo; considerar a sua aplicabilidade a outras dificuldades atuais.

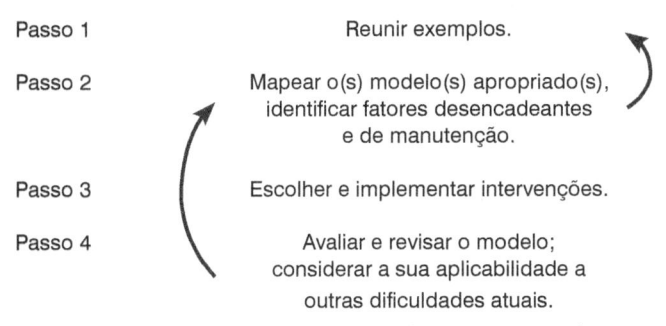

Figura 6.1 Conceitualização de caso transversal: Um processo de quatro passos.

Embora o Capítulo 5 tenha enfatizado descrições detalhadas das dificuldades presentes, as pessoas geralmente vivenciam alguma variação nas suas dificuldades atuais de acordo com o momento e o lugar. A fase explanatória das conceitualizações da TCC articula os fatores externos (p. ex., situações, contexto interpessoal, reforços externos) e internos (p. ex., cognições, emoções, sensações físicas, reforços internos) ligados às variações na experiência e faz a conexão destes com as teorias cognitivas e comportamentais. Esses níveis de entendimento ajudam a explicar o significado pessoal e os objetivos funcionais das estratégias mesmo quando eles servem para manter as dificuldades (veja os Capítulos 2 e 3).

CONCEITUALIZAÇÃO EXPLANATÓRIA TRANSVERSAL DO HUMOR DEPRIMIDO

Passo 1: reunir exemplos relacionados ao humor de Mark

Mark priorizou o humor depressivo/depressão como a primeira dificuldade a ser abordada. Sua terapeuta decidiu usar uma abordagem de análise funcional para reunir exemplos em que era acionado o humor depressivo de Mark. A abordagem ABC foi escolhida pela sua simplicidade, pela familiaridade de Mark com ela e pela sua ênfase nos antecedentes. Usando a situação descrita no diálogo de abertura deste capítulo, a terapeuta emprega o diálogo socrático para descobrir os desencadeantes da abrupta mudança de humor de Mark no sábado. A intensa mudança de afeto relatada por ele sugere que essa situação é altamente relevante para o entendimento do seu humor depressivo.

TERAPEUTA: Se examinarmos o sábado um pouco mais detalhadamente, talvez possamos descobrir o que faz com que você se sinta tão mal, aparentemente sem motivo. Vamos tentar encontrar o que desencadeou essa experiência no sábado.

MARK: Não estou bem certo do que aconteceu.

TERAPEUTA: Talvez o modelo ABC que usamos na última sessão possa ajudar. Lembre-se de que "A" significa antecedentes, que é outra palavra para desencadeante. Conte-me o que você estava fazendo um pouco antes de notar uma mudança em como você se sentia?

MARK: Como eu disse, tínhamos saído para fazer compras. Achei que estava me saindo bem, e então fui tomado por isso.

TERAPEUTA: Você consegue lembrar onde estava quando foi tomado por isso?

MARK: Eu estava na fila esperando para pagar umas lâmpadas que Clare queria.

TERAPEUTA: Você consegue imaginar a cena em sua mente enquanto falamos sobre isso?

MARK: Sim. Eu estava lá, de pé, me sentindo bem. A minha filha Jessica estava comigo, e estávamos brincando sobre a escolha das lâmpadas de Clare. Então eu simplesmente fui até o fundo do poço.

TERAPEUTA: Quando você diz "fundo do poço", você se lembra do que fez eclodir isso?

MARK: Na verdade, não tenho muita certeza. (*Sua testa fica franzida quando ele relembra o momento.*) Foi tão intenso. Agora parece tão estranho que tenha acontecido daquele jeito. (*Faz uma pausa por alguns momentos.*). O que eu sei é que de repente me lembrei de uma reunião de trabalho que teria na segunda-feira, para a qual eu não estava preparado. Eu tive uma sensação de aperto no estômago. Alguns minutos depois me dei conta de que não estava dando nenhuma atenção à minha filha e me senti muito mal, um fracasso.

TERAPEUTA: Você parece perturbado agora quando se lembra disso.

MARK: Sim, eu me sinto horrível.

TERAPEUTA: Mesmo assim, fique um pouco com esses sentimentos para que possamos entender isto. O que você acha que desencadeou a queda do seu humor?

MARK: Eu estava pensando no trabalho de novo.

TERAPEUTA: OK, vamos pensar nisso em termos do modelo ABC. Para o desencadeante, "A", o que devemos escrever?

MARK: (*inclinando-se para olhar o papel em que a terapeuta está escrevendo*) Comecei a pensar na reunião de trabalho.

TERAPEUTA: OK, então isso parece ser o desencadeante ou antecedente, portanto, vamos colocá-lo abaixo de "A". Pensando no efeito que isso teve sobre você, o que poderíamos colocar na seção Consequências? Este é o impacto sobre você em termos de como se sentiu.

MARK: Eu me senti realmente mal.
TERAPEUTA: OK, então vamos colocar "Eu me senti realmente mal" abaixo de "C". E quando você se lembrou da reunião, qual foi o comportamento? O que você fez quando pensou na reunião de trabalho?
MARK: Eu só pensei que eu não estava pronto para a reunião, em como ela era importante e que mais uma vez eu seria um inútil, que não estava à altura do emprego. Eu me senti tão mal que perguntei a Clare se podíamos ir embora e, chegando em casa, fui para a cama.
TERAPEUTA: Então você pensou sobre como não estava pronto para a reunião e depois foi para casa e para a cama. Correto?
MARK: Sim.
TERAPEUTA: OK. Vamos olhar para o modelo ABC que desenhamos [Figura 6.2]. No início da nossa sessão, você perguntou sobre o que faz com que seu humor mude tão rapidamente. Examinando este modelo, o que você acha que desencadeou a sua queda de humor no sábado?
MARK: Eu estava pensando no trabalho, no mau trabalho que estou fazendo e em como eu sou inútil.
TERAPEUTA: E eu me lembro de outra coisa que você mencionou. Você disse que se sentiu pior quando se deu conta de que não estava dando atenção à sua filha.
MARK: Sim, sou um inútil como pai, também.

A Antecedentes	B Comportamentos	C Consequências
Na cidade com Clare e as crianças, esperando para pagar, de repente pensei na reunião de 2ª feira e em como eu não estava pronto para ela.	Pensei em todo o trabalho que eu não tinha feito e no quanto eu sou inútil. Fui para casa e para a cama.	Eu me senti realmente mal!

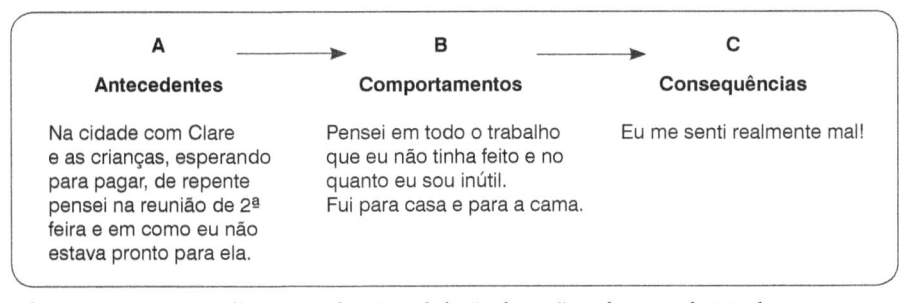

Figura 6.2 Uma análise ABC funcional do "colapso" no humor de Mark.

Mark e sua terapeuta começam a tratar da primeira questão referente ao que interfere no seu humor aparentemente sem motivo. Mark identifica um pensamento ("Eu sou um inútil") que lhe ocorre como resposta a estar despreparado para o trabalho na segunda-feira e também à sua percepção de ter negligenciado a filha. Neste exemplo, podemos ver como essas reações aos seus pensamentos iniciais sobre o trabalho provavelmente levaram a essa "queda no humor", embora ainda não saibamos se essas reações são típicas e comuns. Assim, Mark foi incentivado a reunir outros exemplos de experiências angustiantes e acrescentá-las a uma planilha usando o formato ABC. Tais exemplos podem ser desenvolvidos como uma tarefa de casa ou preenchidos colaborativamente no papel ou em um quadro branco durante a sessão.

Passo 2: adequar os exemplos de humor a um modelo apropriado dos fatores desencadeantes e de manutenção

No passo 2, a terapeuta considera se as experiências de Mark combinam com modelos e teorias relevantes da TCC. Isso faz com que sejam necessários dados suficientes para inferir temas que potencialmente se adaptem a uma teoria. O acontecimento do sábado não foi suficiente para inferir as causas típicas do humor depressivo. Contudo, depois que Mark identificou uma série de exemplos em que o seu humor despencou, ele e sua terapeuta puderam examiná-los para identificar desencadeantes comuns e os fatores de manutenção.

Antecedentes	Comportamentos	Consequências
Na cidade com Clare e as crianças, esperando para pagar. De repente pensei na reunião de 2ª feira e em como eu não estava preparado para ela.	Pensei em todo o trabalho que eu não tinha feito e no quanto eu sou um inútil. Fui para casa e para a cama.	Eu me senti muito mal. Me senti triste e choroso.
Cometi um erro no trabalho, no relatório financeiro mensal.	Parei de trabalhar, procurei por outros erros, não terminei o relatório em tempo.	Triste. Fui para casa mais cedo.
Recebi um e-mail no trabalho, perguntando sobre o relatório que eu não tinha concluído.	Saí do trabalho mais cedo.	Triste, mas também aliviado por estar longe do trabalho.
Em casa, pensando no meu relatório atrasado.	Perdido em meus pensamentos, ignorei Clare.	Discuti com Clare. Me senti mal e deprimido.
Tentei trabalhar no relatório à noite.	Não o terminei por falta de concentração.	Mais uma vez cancelei uma saída com John.

Figura 6.3 Exemplos de situações angustiantes para Mark, usando o formato ABC.

Desencadeantes

Muitas coisas podem desencadear as reações do cliente. Conforme demonstrado pelo modelo de cinco partes, pensamentos, emoções, comportamentos, reações físicas e acontecimentos em nossa vida interagem constantemente e influenciam um ao outro. Mudanças em um ou vários destes fatores podem desencadear o humor deprimido de Mark. Os humores podem ser desencadeados internamente (como uma reação a determinados pensamentos, reações físicas ou comportamento) ou externamente por tipos particulares de eventos ou situações. Mark e sua terapeuta estão interessados em descobrir se existem desencadeantes em comum para esse humor deprimido nas mais variadas situações:

TERAPEUTA: Temos listados aqui alguns exemplos (*apontando para a Figura 6.3*) de quando o seu humor decaiu. Você observa algum padrão no que encontramos?
MARK: Estou um pouco surpreso. Embora eu ache que estou deprimido o tempo todo, eu me dou conta de que existem vezes que são muito piores do que outras.
TERAPEUTA: O que você acha disso?
MARK: Bem, isso é bom, suponho. Pelo menos eu não sou uma confusão total durante o tempo todo.
TERAPEUTA: Então, se não é o tempo todo, o que você acha que desencadeia o seu humor deprimido?
MARK: Olhando para isso, fica claro que me sinto mal quando penso no trabalho e no mau desempenho que estou tendo. E sei que faço muito isso.
TERAPEUTA: Sim, certamente o que parece é que pensar no trabalho é um desencadeante importante que faz com que o seu humor decaia. Como você se sente olhando para isso agora?
MARK: Na verdade, um inútil. Acho que cometo muitos erros.
TERAPEUTA: Pode parecer assim quando prestamos atenção a essas coisas. Vamos deixar isso um pouco de lado e continuar perguntando: "Existe mais alguma coisa que aciona o seu humor deprimido?".
MARK: Bem, parece claro que é pensar sobre todos os erros que cometo no trabalho.
TERAPEUTA: OK, talvez tenhamos que anotar isto como uma resposta à sua pergunta de hoje sobre o que desencadeia o seu humor deprimido. O que você poderia escrever para resumir isso?
MARK: Algo como: "Quando eu penso nos erros no trabalho, isso desencadeia o meu humor deprimido."

> **NA CABEÇA DA TERAPEUTA**
>
> A terapeuta de Mark observa que o seu humor deprimido é comumente desencadeado pela percepção de erros cometidos. Iniciando a avaliação, a terapeuta tem em mente que Mark é muito cuidadoso. Embora isto seja um ponto forte, este ponto forte pode ser superdesenvolvido em Mark e levá-lo a uma maior vulnerabilidade para se sentir deprimido quando comete erros. Neste caso, sua terapeuta espera que ele tenha um ou mais pressupostos subjacentes sobre cometer erros. Ela decide que este é um bom momento para ajudá-lo a identificar seu(s) pressuposto(s) subjacente(s) sobre cometer erros.

TERAPEUTA: Mark, qual é o problema em cometer erros que lhe causa tanta perturbação?
MARK: Eu não sei, isso simplesmente é perturbador.
TERAPEUTA: Se você pensar nisso, aposto como terá uma boa razão. Por exemplo, "Se eu cometer um erro, então ..." (*Faz uma pausa para que Mark possa completar a frase.*)
MARK: Eu poderia perder meu emprego, perder minha casa, perder tudo.
TERAPEUTA: Agora eu entendo por que isso seria tão perturbador para você. E se formos um pouco mais além, o que significaria para você caso perdesse essas coisas? O que isso diria de você como pessoa?

MARK: (*parecendo perturbado e inseguro*) Eu seria um inútil, uma perda de tempo.
TERAPEUTA: Como é que você se sente quando diz isso a si mesmo?
MARK: Na verdade, muito deprimido. Não é nada bom.
TERAPEUTA: Eu percebo que falar sobre essas coisas deve ser difícil, então lhe agradeço por me contar como você vê as coisas. Isso ajuda a entender as suas dificuldades atuais porque parece que você acredita em algo do tipo "Se eu cometer um erro, então isto significa que eu sou um inútil, uma perda de tempo", e isto está conectado sentir-se deprimido. Eu entendi corretamente?
MARK: É isso mesmo.

Nesta sessão, a terapeuta ajuda Mark a identificar os pressupostos subjacentes em relação a cometer erros que estão ligados ao seu humor deprimido. Ela também observa que a depressão de Mark parece estar ligada às crenças centrais negativas: "Eu sou um inútil" e "Eu sou uma perda de tempo". Após várias sessões, já pode ser óbvio para a terapeuta que os erros acionam em Mark o seu humor deprimido. No entanto, os princípios da descoberta guiada sugerem que o aprendizado de Mark será mais significativo e duradouro se ele identificar o desencadeante por si mesmo do que se a terapeuta lhe apontar o padrão (Padesky, 1993). Depois que Mark identificar os erros como um desencadeante, sua terapeuta poderá aproveitar a oportunidade para introduzi-lo na teoria e na pesquisa sobre a depressão que sugere que os temas de realizações e de falhas no trabalho são desencadeantes comuns do humor deprimido de muitas pessoas (Bieling, Beck e Brown, 2000). Saber que outros reagem da mesma forma pode ajudá-lo a normatizar suas respostas.

Ao mesmo tempo, a experiência individual de Mark é destacada por meio da identificação dos significados pessoais que os erros têm para ele. Mark e sua terapeuta identificaram pressupostos subjacentes particulares sobre as consequências perigosas dos erros. Devido a esses pressupostos subjacentes e a crenças centrais, os erros repercutem para Mark mais do que para outras pessoas, ou talvez tenham maior repercussão neste momento da sua vida do que anteriormente. Cometer erros é um tema relacionado ao seu humor deprimido porque está associado a um poderoso pressuposto subjacente negativo: "Se eu cometer um erro, isto significa que eu sou um inútil, uma perda de tempo".

É claro que existem momentos em que Mark não se sente deprimido ou em que lida com tarefas complexas sem cometer, notar ou ficar perturbado quanto aos erros. Defendemos a ideia de que os terapeutas também perguntem sobre essas experiências porque as experiências mais positivas revelam outras dimensões dos significados específicos dos desencadeantes. Por exemplo, Mark pode não reagir aos erros de forma tão negativa se estiver trabalhando em uma tarefa em que outros colegas também estejam encontrando dificuldades. Estas são oportunidades para entender quais os fatores que podem modular ou melhorar o humor deprimido. O entendimento que surge dos temas principais deverá ajudar a explicar as experiências positivas e também as negativas. Além do mais, as experiências positivas são oportunidades para se conceitualizar a resiliência de Mark. O entendimento dos processos cognitivos e comportamentais em operação quando Mark tem sucesso ao lidar com as dificuldades pode informar uma compreensão de como ele poderá se manter bem. Conhecer esses processos é o mesmo que ocorre com a angústia, porém o foco está na compreensão da resiliência.

Por exemplo, a terapeuta pode perguntar a Mark sobre as vezes em que ele comete erros no trabalho e não fica ruminando isso posteriormente, ou sobre as vezes em que ele persiste e consegue realizar tarefas complexas em casa. No Capítulo 5, Mark descreveu um dia em que seu humor esteve bom. Ele descreveu como não tinha se preocupado muito: "Eu não fiquei preso em pensamentos negativos". O seu comportamento se parecia com o de um colega, Peter, a quem ele considerava eficiente no trabalho. A terapeuta usou o modelo ABC para conceitualizar esse exemplo da resiliência de Mark diante de pensamentos sobre os erros no trabalho (Figura 6.4).

Exemplos positivos como este são úteis para ilustrar a especificidade dos desencadeantes do humor deprimido. Além disso, eles introduzem um princípio central do modelo cognitivo de que o mesmo evento pode conduzir a reações diferentes, dependendo de como o evento é avaliado e interpretado. Exemplos positivos identificam os sucessos que Mark pode vincular a uma visão mais saudável de si mesmo. O entendimento das consequências positivas das respostas resilientes pode estimulá-lo a praticá-las com mais frequência para superar o seu humor deprimido. O exemplo na Figura 6.4 foi uma experiência de aprendizagem particularmente forte para Mark porque ele começou a se preocupar naquela noite e seu humor de caiu novamente. Dentro de um mesmo dia, Mark pode observar os comportamentos que mantinham um humor positivo e os que desencadearam um humor deprimido. Destacar esse contraste cria uma dissonância e pode motivar os clientes a aprenderem e a ensaiarem comportamentos mais resilientes (McCullough, 2000).

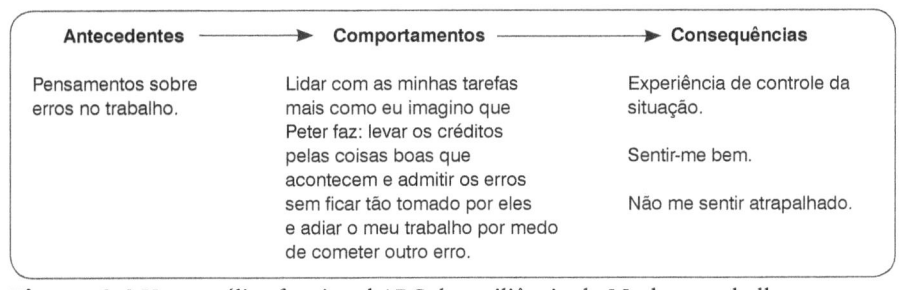

Antecedentes	Comportamentos	Consequências
Pensamentos sobre erros no trabalho.	Lidar com as minhas tarefas mais como eu imagino que Peter faz: levar os créditos pelas coisas boas que acontecem e admitir os erros sem ficar tão tomado por eles e adiar o meu trabalho por medo de cometer outro erro.	Experiência de controle da situação. Sentir-me bem. Não me sentir atrapalhado.

Figura 6.4 Uma análise funcional ABC da resiliência de Mark no trabalho.

Entendendo o início da depressão mais recente de Mark

Uma forma de se avaliar uma conceitualização explanatória emergente é ver se ela também explica o começo de uma dificuldade presente. O começo das dificuldades atuais de uma pessoa pode se referir a uma crise próxima (quando começaram as dificuldades atuais) ou a uma crise mais distante (quando as dificuldades apareceram pela primeira vez). A conceitualização atual do seu humor deprimido é de que ele é desencadeado pelos erros porque Mark acha que cometer um erro significa que ele é inútil. Os eventos durante a crise recente e a sua primeira crise de depressão estão ligados a temas similares?

Conforme observado no seu Questionário de Auxílio à Coleta da História (Apêndice 5.1), as dificuldades atuais de Mark aumentaram durante os dois últimos anos, após o nascimento do seu segundo filho e a morte do seu pai. Estes dois acontecimentos em si foram relativamente sem complicações. James nasceu quando a filha Jessica já tinha 7 anos. A gravidez de Clare e o parto não tiveram problemas significativos. Mark achou que a morte do seu pai teve aspectos positivos na medida em que o libertou de problemas de saúde que já aconteciam há muito tempo. A preparação para o funeral, o funeral em si e o serviço fúnebre posterior ajudaram Mark a chorar por sua perda. Na época, Mark disse: "Eu me sinto em paz com sua vida e com sua morte".

Para entender o começo do humor deprimido de Mark, é importante explorar as consequências e os significados do que aconteceu durante os últimos dois anos e as estratégias que ele utilizou para lidar com tudo. Após a morte do pai, ele visitava sua mãe com maior frequência. Mark relatou que isso o expôs, e também a Clare, às críticas frequentes dela, uma característica do seu relacionamento com a mãe desde a infância. Segundo o relato de Mark, isto evocou temas de ser um "inútil". Durante essa época, Mark foi promovido e assumiu mais responsabilidades no trabalho. Ele descreveu que ficou relutante em aceitar a promoção, mas achou que deveria, porque tinha que sustentar sua família, que estava aumentando. James era pequeno durante esse período, de forma que Mark e Clare dormiam pouco e tinham mais demandas, as quais são comuns aos casais que têm um bebê novo. Enquanto continuava a crescente carga de trabalho, os deveres familiares e os cuidados à sua mãe, Mark tentava administrar tudo isso usando estratégias de trabalho de alto padrão e assumindo mais responsabilidades para dar conta de tudo. Conforme relatado por ele em uma sessão anterior:

> "Era insustentável. Eu estava trabalhando cada vez mais, sentindo constantemente como se o que eu estava fazendo não fosse suficientemente bom. Ao mesmo tempo, estava preocupado com Clare e com os meus filhos. Você sabe, eles eram muito pequenos e era muito cansativo para Clare. Às vezes, quando minha mãe ficava conosco, eu sabia que as coisas ficariam tensas com as suas críticas constantes. Eu ficava acordado durante a noite, repassando o dia, tentando encontrar uma forma de resolver tudo. Não conseguia achar uma solução e estava ficando cada vez mais cansado; por fim, eu só queria me esconder e hibernar."

Cometer erros e sentir-se inadequado estava no cerne do desencadeamento do seu episódio depressivo mais recente. Portanto, Mark e sua terapeuta podem ficar mais confiantes de que estes são temas-chave a ser abordados. Embora os erros sejam um desencadeante do seu humor deprimido, os seus pressupostos subjacentes ajudam a explicar o significado e o impacto dos desencadeantes: "Se eu cometer um erro, eu sou um inútil". Isto certamente parece explicar por que os erros desencadeiam seu humor deprimido. A terapeuta observa que esse pressuposto subjacente pode ter suas origens na infância de Mark, quando essa ideia era congruente com sua percepção das críticas constantes da sua mãe. Como a avaliação do início recente da depressão de Mark apoia a conceitualização que emerge, ele e sua terapeuta voltaram o foco para a compreensão e a superação do humor deprimido no presente. O passo seguinte para chegar a isso é trazer à tona o que mantém a sua depressão, de modo que eles possam intervir e interromper o ciclo de manutenção.

Fatores de manutenção

Assim como muitos fatores diferentes podem ser desencadeantes, também existem muitos caminhos para a manutenção do problema. Quando os terapeutas de TCC procuram os fatores de manutenção, eles geralmente consideram primeiramente os fatores de reforço. Estes incluem tudo o que aumenta uma resposta particular. O reforço pode ser positivo ou negativo. O reforço positivo envolve recompensas e pode ser interno (p. ex., um sentimento positivo) ou externo (p. ex., recompensas monetárias ou elogios). O reforço negativo refere-se à remoção de uma circunstância aversiva e também pode ser interno (p. ex., redução da angústia) ou externo (p. ex., eliminação de tarefas quando se cometem erros).

Ironicamente, por vezes os métodos que a pessoa escolhe para lidar com o problema podem acabar por mantê-lo. Isto acontece porque as pessoas geralmente preferem abordagens que são imediatamente reforçadoras; aquelas que levam a recompensas imediatas ou a reduções imediatas do sofrimento. A solução das causas principais do sofrimento pode envolver um aumento temporário no desconforto. Portanto, os terapeutas de TCC identificam os custos de longo prazo dos métodos para lidar com as dificuldades e também os benefícios de curto prazo. A terapeuta de Mark se pergunta se os métodos preferidos por ele para lidar com seu humor depressivo podem inadvertidamente manter as suas dificuldades. O diálogo seguinte ilustra como a terapeuta de Mark o ajuda a vincular a sua esquiva à manutenção do humor deprimido:

TERAPEUTA: Já entendemos que pensar nos erros no trabalho desencadeia o seu humor deprimido porque você equaciona cometer erros com o fato de ser um inútil. Estamos montando um quadro de você como alguém com altos padrões de exigência, que realmente se esforça muito para não cometer erros. Mas você também tinha uma indagação sobre o porquê do seu humor deprimido não ir embora e por que você continua a se sentir tão deprimido. Parece-me que se conseguirmos encontrar a resposta a essa questão, poderemos ter algumas ideias de como ajudá-lo com seu humor. Tudo bem para você se conversarmos sobre isso agora?

MARK: É para isso que eu preciso de ajuda, sair de toda essa confusão.

TERAPEUTA: OK, vamos ver o que conseguimos descobrir juntos. Examinando estes exemplos (*apontando para a Figura 6.3*), o que você acha que pode manter a continuidade do problema?

MARK: (*Olha para a Figura 6.3 durante um minuto, em silêncio.*) Bem, não ajuda muito quando eu simplesmente desisto das coisas.

TERAPEUTA: O que você quer dizer com isso?

MARK: Bem, quando eu estava fazendo compras e o um humor decaiu, eu simplesmente voltei para casa e fui para a cama. Aquilo não ajudou, não é? Não é a mesma coisa do que se eu fosse e me preparasse para a reunião, ou reservasse algum tempo no domingo para fazer isso.

TERAPEUTA: Esta é realmente uma boa observação, Mark. (*Sorri de forma encorajadora.*) O que você acha que o levou a ir para casa e para a cama daquele jeito?

MARK: Bem, no momento, o melhor a fazer era ficar afastado da situação. Eu só queria estar em casa e não pensar nisso. Aquilo me ajudou um pouco na hora.

TERAPEUTA: Então, na hora, isso o ajuda a evitar os seus problemas. Pensando nisso agora, o quanto você acha que isso lhe ajudou a longo prazo?

MARK: No final das contas foi pior, porque a pressão só aumentou.

TERAPEUTA: Então, e se traçarmos uma seta entre ir para casa e para a cama e não se preparar para a reunião de trabalho, para que possamos nos lembrar que a esquiva pode ser algo que mantém a continuidade dos seus problemas?

MARK: Sim, estou vendo.

A terapeuta sugere, então, que eles avaliem os outros exemplos discutidos anteriormente para ajudar a identificar se este é um padrão comum.

TERAPEUTA: Olhando para esta folha (*mostrando a Mark a Figura 6.3*), existem outros exemplos de situações em que você evita seus problemas para se sentir melhor temporariamente?

MARK: Eu fiz isso naquele exemplo em que recebi o e-mail sobre o relatório. Em vez de acabar o relatório, eu desabei e fui para casa.

TERAPEUTA: De que forma fazer isso piorou o seu humor?

MARK: Eu não terminei o relatório. No dia seguinte em que voltei ao trabalho, o e-mail ainda estava ali. E então eu me senti ainda pior.

TERAPEUTA: Você acha que evita muito quando se sente deprimido?

MARK: É só olhar para a folha (*apontando para a Figura 6.3*). Eu evito as tarefas no trabalho, eu evito John, eu evito muitas coisas.

TERAPEUTA: Então o que você pode anotar para descrever como isso mantém você se sentindo deprimido e o impede de se sentir melhor?

MARK: Quando eu evito as coisas, pioro os problemas, e isso mantém o meu humor deprimido.

Avaliando a conceitualização em relação aos modelos baseados em evidências e à "adequação"

Depois que Mark teve essa oportunidade de aprender diretamente a partir da sua própria experiência, a terapeuta pode contribuir com a teoria e a pesquisa para o caldeirão da conceitualização. Mark pode se interessar em saber que as pessoas com depressão comumente se afastam e evitam as atividades (Kuyken, Watkins e Beck, 2005). O comportamento de Mark está de acordo com as pesquisas que mostram que a esquiva atua como reforço negativo ao proporcionar distanciamento de uma situação estressante (Martell et al., 2001). Esta hipótese simples é derivada dos princípios operantes clássicos da terapia comportamental (Ferster, 1973; Hayes e Follette, 1992). Assim, as observações de Mark estão consistentes com a pesquisa, e este conhecimento fortalece a confiança da sua terapeuta de que os modelos da TCC para tratamento da depressão podem ajudá-lo.

Mark e sua terapeuta desenharam o modelo simples apresentado na Figura 6.5 para resumir o desencadeante e o modelo de manutenção discutidos na sessão. Para testar a "adequação" dessa conceitualização explanatória que estava surgindo, Mark é incentivado a observar durante a semana seguinte se o seu humor deprimido é desencadeado por pensamentos sobre o trabalho e se existem outros desencadeantes do humor deprimido. Além disso, ele é aconselhado a observar a frequência com que utiliza a esquiva e se parece que isso o leva a uma piora do humor depois de um período de alívio imediato. Este teste observacional direto da conceitualização é importante como uma verificação da adequação da conceitualização.

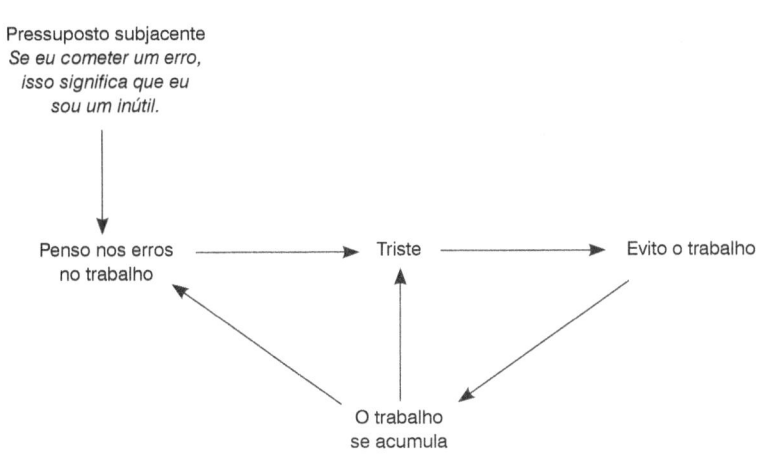

Figura 6.5 Uma conceitualização simples para ilustrar os desencadeantes e a manutenção das dificuldades de Mark no trabalho.

Na sessão seguinte, a discussão sobre as observações de Mark revela que a esquiva não explica suficientemente todas as experiências de Mark.

TERAPEUTA: Então, na 4ª feira, você percebeu que o seu humor piorou quando você pensou muito em seu trabalho à noite. Isto não parece se adequar à noção de esquiva. Você pode me contar um pouco mais sobre isso?

MARK: Quando me sinto deprimido no trabalho, geralmente deixo ou evito as tarefas. Mas quando estou em casa, a minha tendência é sentar e meditar sobre elas. Eu examino todos os erros que cometi naquele dia e penso em como eu sou um perdedor. Eu me pergunto: "Por que eu não consigo fazer nada direito?"

TERAPEUTA: Como isso faz você se sentir?

MARK: Horrível. Eu encontro tantas coisas que não fiz ou que fiz mal, que me sinto cada vez pior à medida que a noite avança.

TERAPEUTA: Então o que isso lhe diz quanto aos efeitos de pensar assim sobre o seu trabalho?

MARK: Bem, parece não ajudar muito. Embora às vezes pareça ser uma boa coisa a fazer para que eu possa saber exatamente o que fiz de errado.

TERAPEUTA: Fazer a revisão dos seus erros lhe ajuda a evitar cometê-los no dia seguinte ou a consertar os que você lembra que cometeu?

MARK: Na verdade, não. Isso faz eu me sentir tão mal que eu começo a pensar: "De que isso adianta?". Então eu acabo ficando acordado até tarde, assistindo TV só para me distrair. Quando vou para a cama, geralmente durmo mal e tenho ainda menos vontade de ir trabalhar no dia seguinte.

TERAPEUTA: Então em casa você tende a ruminar ou a examinar os erros na sua mente. É assim?

MARK: Esse sou eu.

TERAPEUTA: E depois que rumina você se sente pior e então fica acordado até tarde, assistindo TV, e dorme pouco.

MARK: Certo.

TERAPEUTA: Então talvez possamos acrescentar a ruminação ao modelo que desenhamos na semana passada (*aponta para a Figura 6.5*). Onde devemos colocar a ruminação?

MARK: Eu acho que deveria ir bem acima de esquiva. Tenho a tendência a evitar ou a ruminar ou ambos ao mesmo tempo. Os dois fazem eu me sentir pior.

TERAPEUTA: Por que você não coloca aqui? (*Espera enquanto Mark acrescenta a ruminação ao modelo.*)

MARK: Acho que eu devo desenhar uma seta desde ruminação até o meu humor deprimido porque, mesmo que o trabalho não esteja se acumulando, a ruminação faz com que eu me sinta pior.

TERAPEUTA: Esta é uma boa ideia. (*Espera enquanto Mark acrescenta a seta, conforme mostrado na Figura 6.6.*) E a ruminação pode afetá-lo de outra forma?

MARK: O que você quer dizer?

TERAPEUTA: Quando rumina, você está mais ou menos consciente dos erros que cometeu naquele dia?

MARK: Muito mais. Eu apenas começo a pensar sobre todas as coisas que fiz errado e então me lembro de mais coisas ainda que eu fiz mal ou que não realizei.

TERAPEUTA: Então quando você rumina, na verdade você observa mais os erros, e isso faz com que se sinta mal. Então precisamos colocar isso no diagrama também. (*Espera enquanto Mark acrescenta a seta.*) Bem, agora sabemos que tanto a esquiva quanto a ruminação podem ser razões importantes para que a sua depressão não melhore. E, quanto ao efeito da ruminação sobre o que você faz, o seu comportamento?

MARK: Ela me dá vontade de desistir; é mais provável que eu desista do trabalho.

TERAPEUTA: Então temos que acrescentar outra seta no diagrama para descrever o impacto da ruminação sobre o que você faz? (*Mark acrescenta a seta.*) Você pode não saber isso, Mark, mas esquiva e ruminação são comuns em pessoas que estão deprimidas. Felizmente, existem muitas coisas para você experimentar que podem ajudá-lo a superar esses dois hábitos.

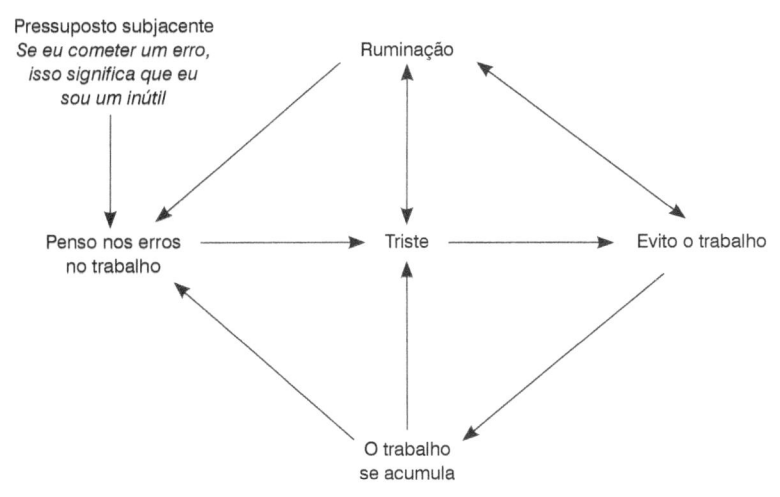

```
Pressuposto subjacente
Se eu cometer um erro,           Ruminação
isso significa que eu
  sou um inútil


Penso nos erros  ──────▶  Triste  ──────▶  Evito o trabalho
  no trabalho


                    O trabalho
                    se acumula
```

Figura 6.6 Uma conceitualização das dificuldades de Mark no trabalho, que inclui a ruminação como um fator de manutenção.

NA CABEÇA DA TERAPEUTA

A terapeuta relembra a conceitualização da resiliência de Mark que foi desenvolvida na sessão anterior (Figura 6.4). Ela considera que esta é uma boa hora para lembrá-lo daquele diagrama e vincular ativamente esses comportamentos à superação da ruminação.

TERAPEUTA: Mark, na última sessão examinamos um dia de trabalho em que o seu humor estava muito bom (*aponta para a Figura 6.4*). Você disse: "Eu administrei as minhas tarefas mais como eu imagino que Peter faz: recebendo os créditos pelas coisas boas que aconteceram e admitindo os erros sem ficar tão preso a eles.". Qual foi o efeito de agir assim?

MARK: Bem, eu me senti muito bem. (*A terapeuta fica em silêncio e Mark pensa por um momento.*). Você sabe, parecia que eu estava gostando do meu dia e pensei comigo mesmo: "Eu gosto do meu trabalho e estou em dia com ele.".
TERAPEUTA: OK, então que efeito isso tem sobre o que você faz?
MARK: Eu não posso dizer que paro muito para pensar nisso.
TERAPEUTA: Então você não pensa nisso, e isso não lhe dá espaço para preocupações ou ruminação? (*Mark concorda com a cabeça.*) Se você pensar nisso sem ruminar (*ambos riem*), qual você acha que será o efeito de se sentir muito bem no trabalho, pensando que você gosta do seu trabalho e está em dia com ele?
MARK: Bem, isso aumenta a probabilidade de eu continuar fazendo as coisas certas; você sabe, agindo como o Peter. Então eu devo acrescentar tudo isso ao diagrama? (*A terapeuta concorda com a cabeça* [veja a Figura 6.7].)

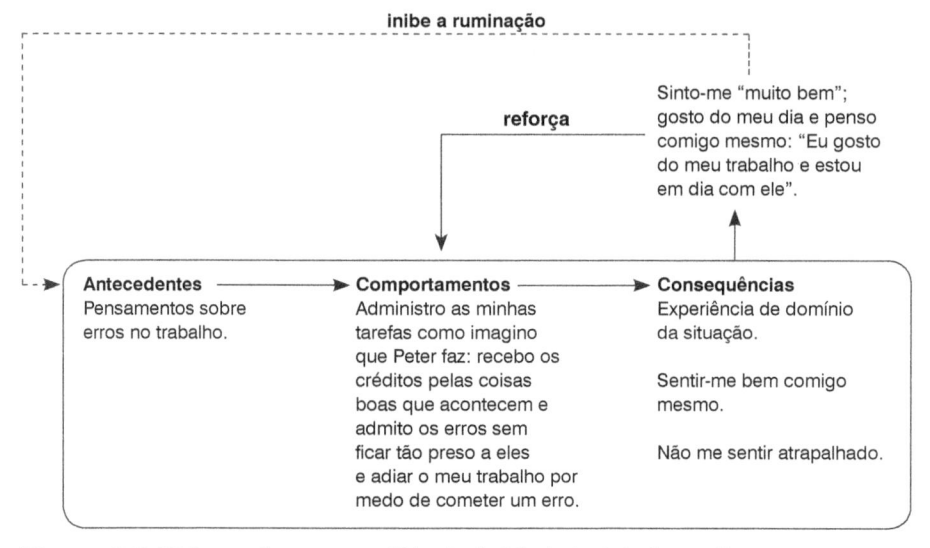

```
                    inibe a ruminação
    ┌───────────────────────────────────────────────────────────┐
    │                                                           │
    │                                    Sinto-me "muito bem";  │
    │                    reforça         gosto do meu dia e penso│
    │                  ┌────────┐        comigo mesmo: "Eu gosto│
    │                  │        │        do meu trabalho e estou│
    │                  │        │        em dia com ele".      │
    │                  ▼        │              ▲
    └─▶  Antecedentes ──▶ Comportamentos ──▶ Consequências
         Pensamentos sobre    Administro as minhas   Experiência de domínio
         erros no trabalho.   tarefas como imagino   da situação.
                              que Peter faz: recebo os
                              créditos pelas coisas  Sentir-me bem comigo
                              boas que acontecem e   mesmo.
                              admito os erros sem
                              ficar tão preso a eles Não me sentir atrapalhado.
                              e adiar o meu trabalho por
                              medo de cometer um erro.
```

Figura 6.7 ABC para ilustrar a resiliência de Mark, incluindo o reforço.

Assim como faz a terapeuta de Mark nesta sessão, os terapeutas podem ajudar os clientes a construírem análises funcionais das experiências resilientes de lidar com as situações em paralelo com as análises dos desencadeantes e dos ciclos de manutenção. Fazer isso coloca em foco para o cliente os seus padrões adaptativos e sugere a possibilidade de resultados alternativos, conforme descrito no Capítulo 4. Os terapeutas podem fazer as seguintes perguntas para ajudar os clientes a conceitualizarem a resiliência:
- "Como você lidou com situações desafiadoras no passado?"
- "Que pontos positivos, crenças ou estratégias o ajudaram?"
- "Como essas experiências poderiam ajudá-lo a lidar com esta situação?"

- "Que pontos positivos, crenças ou estratégias podem ajudá-lo a lidar com isso?"
- "Que habilidades você precisa desenvolver para lidar com esta situação?"
- "Alguém pode ajudá-lo a lidar com a situação?"
- "Que oportunidades existem nesta situação?"
- "Que lições você pode aprender?"
- "Quem você conhece que lida bem com situações como esta? Como ele lidaria com esta situação?"
  – "Que estratégias ele usaria?"
  – "Que crenças guiariam suas ações?"

Neste ponto, Mark e sua terapeuta já construíram uma conceitualização explanatória articulada que explica os desencadeantes e a manutenção do seu humor deprimido. Eles fizeram isso por meio da junção de vários exemplos típicos de humor deprimido e trabalhando colaborativamente para descobrir os fatores desencadeantes e de manutenção que tais situações tinham em comum. A conceitualização resultante junta as experiências individuais de Mark aos modelos de TCC da depressão e aos princípios de reforço extraídos da teoria do condicionamento operante. Eles usaram o mesmo modelo ABC para encontrar os comportamentos e os princípios operantes que mantiveram o bem-estar e a eficiência no trabalho em um dia em que Mark demonstrou resiliência. A sua conceitualização de resiliência enfatiza o reforço de comportamentos adaptativos e o seu sucesso em inibir a ruminação. Agora eles estão prontos para que as conceitualizações explanatórias de Mark cumpram com a sua próxima função: informar as intervenções da TCC.

Passo 3: Escolher intervenções com base na conceitualização explanatória

A conceitualização em si não é suficiente para melhorar o bem-estar de uma pessoa (Chadwick et al., 2003). Em geral, não é útil que se promova unicamente o *insight*: "eu me entendo mais agora, mas ainda não me sinto melhor". Em vez disso, o propósito da conceitualização é criar uma compreensão das dificuldades presentes, o que facilita a escolha de intervenções apropriadas em TCC. Assim, um indicador de uma conceitualização de caso suficientemente boa é que ela direciona você para as intervenções apropriadas.

A terapeuta de Mark tem conhecimento dos excelentes materiais que orientam os terapeutas no uso de princípios de tratamento e de métodos de intervenção adequados para a depressão (Beck et al., 1979; J. S. Beck, 1995; Greenberger e Padesky, 1995; Martel et al., 2001; Padesky e Greenberger, 1995). Em vez de aplicar esses princípios e métodos terapêuticos de uma forma estereotipada, a conceitualização explanatória de Mark possibilita uma justificativa para a escolha de determinadas intervenções em meio a um leque tão amplo. Com base nas conceitualizações mostradas nas Figuras 6.6 e 6.7, Mark e sua terapeuta decidem que as intervenções que tenham como alvo os seus processos de manutenção da esquiva e da ruminação podem ser o mais importante para melhorar o seu humor.

A ativação comportamental já se revelou ser de ajuda na melhora do humor e do funcionamento em indivíduos deprimidos (Dimidjian et al., 2006; Jacobson et al., 1996). Este tratamento comportamental dirige-se especificamente para a esquiva e promove um aumento das atividades prazerosas e gratificantes. Os exemplos reunidos do humor deprimido de Mark (Figura 6.3) mostram que ele não somente evita as tarefas no trabalho como também se afastou de muitas atividades gratificantes e produtivas na sua vida pessoal. Assim sendo, a primeira intervenção que a terapeuta de Mark escolheu foi ajudá-lo a agendar atividades prazerosas e gratificantes, incluindo pequenos passos para controlar a esquiva.

Durante uma semana, Mark registrou suas atividades correntes em uma agenda de atividades (Beck et al., 1979; Greenberger e Padesky, 1995). Um exame desse registro mostrou que ele gastou uma grande quantidade de tempo em casa ruminando os erros relacionados com o trabalho. A consequência desse foco ruminativo foi que Mark não se envolveu em outras atividades potencialmente mais gratificantes. A terapeuta procurou ativamente pelos pontos fortes de Mark e seus interesses positivos para encontrar áreas de atividade que ele pudesse achar prazerosas ou então gratificantes. A investigação cuidadosa dos pontos fortes de Mark traz vantagens particulares, porque essa exploração facilita a ativação do seu comportamento:

TERAPEUTA: Segundo você indicou, o seu registro de atividades mostra quanto tempo você passou ruminando sobre os seus erros.
MARK: Sim, isso ocupa o meu pensamento e arruína a minha vida.
TERAPEUTA: Eu tenho uma ideia do que poderia ajudar. Envolve o planejamento de atividades alternativas, recompensas e atividades prazerosas. O que você acha disso?
MARK: Parece bom.
TERAPEUTA: Se você não passasse seu tempo ruminando, o que você poderia fazer em vez disso e que seria bom para o seu humor?
MARK: Bem, isso depende, eu acho. (*Mark reflete enquanto sua terapeuta permanece quieta*). Eu gostaria de voltar a tocar piano. Eu não faço isso há muito tempo.
TERAPEUTA: (*Inclina-se para a frente, expressando interesse e curiosidade.*). Como isso ajudaria?
MARK: Eu adorava tocar. Na escola, eu tinha um verdadeiro talento para isso. Era algo de que eu realmente gostava.
TERAPEUTA: (*sorrindo*) Isso parece ótimo. Como você acha que se sentiria se pudesse tocar regularmente de novo?
MARK: Melhor, eu acho.
TERAPEUTA: De que forma? Por exemplo, se você pensar em como aquele dia bom no trabalho interrompeu a sua ruminação (*referindo-se à Figura 6.7*), você acha que tocar piano poderia ajudar da mesma forma?

MARK: Bem, suponho que se eu estiver tocando piano não vou ficar me lamentando por causa do trabalho, e isso seria bom.
TERAPEUTA: Algum outro aspecto positivo, além de reduzir a ruminação?
MARK: Bem, eu ficava feliz quando tocava. Os meus filhos às vezes sentam comigo. E quando consigo tocar bem uma peça, realmente sou transportado pela música.

A discussão mais detalhada do seu interesse musical e habilidades levaram Mark a marcar uma aula de piano para que ele tivesse um apoio estruturado para voltar a desenvolver essas habilidades. Além de reservar um tempo para tocar piano, ele também fez planos de entrar em contato com seu amigo John para combinarem algum tempo para se encontrarem. Essas atividades impulsionariam o humor de Mark, pois reduziriam o tempo disponível para ruminações sobre o trabalho e assim reduziriam o número de desencadeantes como, por exemplo, pensar nos seus erros.

Com base no entendimento dos fatores desencadeantes e de manutenção de Mark, nas semanas seguintes, a terapeuta também o ajudou a, durante a ruminação, mudar o seu foco da autocrítica ("Por que eu sou assim?") para uma ênfase na solução do problema ("O que eu posso fazer quanto a isso amanhã?"). Esta última sugestão foi derivada das pesquisas que demonstram que esse tipo de alteração no foco ruminativo produz efeitos benéficos tanto no humor quanto na solução do problema (Nolen-Hoeksema, 2000; Watkins et al., 2007; Watkins e Moulds, 2005).

A esquiva também foi abordada por meio do incentivo para que Mark obtivesse sucesso em outras áreas da sua vida em que ele demonstrava potencialidades e capacidade de manejar tarefas complexas. Por exemplo, ele lembrou que ajudou sua mãe a resolver muitos assuntos financeiros e legais depois que seu pai faleceu. Ao ser questionado, lembrou-se de que havia dado conta dessas tarefas complexas separando os problemas em partes pequenas. Mark empregou esse princípio na sua vida atual para reduzir a sua tendência a procrastinar em grandes tarefas. O exame de outros sucessos em casa levou à lembrança de como Mark ajudou sua filha Jéssica a superar o medo de cães. Ele descreveu como a encorajou a não correr quando visse um cão que a amedrontasse. Essa lembrança o inspirou a se decidir por ficar no trabalho e terminar as suas tarefas, mesmo quando se sentisse triste ou ansioso, exatamente como ele havia incentivado Jéssica a encarar seu medo.

Essas intervenções se direcionam aos processos principais de manutenção na conceitualização transversal. Contudo, Mark e sua terapeuta também precisam abordar o seu pressuposto subjacente: "Se eu cometer um erro, isto significa que eu sou um inútil". Enquanto essa crença estiver latente, Mark estará vulnerável a muitos desencadeantes do humor deprimido. Os experimentos comportamentais são geralmente a intervenção de escolha para testar os pressupostos subjacentes (Bennett-Levy et al., 2004; Padesky, 1997b, 2004). Assim sendo, a terapeuta o ajudou a planejar uma série de experimentos comportamentais para testar o seu pressuposto de que cometer erros significa que alguém é inútil.

No primeiro experimento observacional, Mark procurou ativamente os erros cometidos pelos outros no trabalho. Esse experimento o levou a reconhecer que não julgava os outros como inúteis quando eles cometiam erros. Além disso, ao observar as reações das outras pessoas aos erros, Mark deu-se conta de que eles não davam aos erros a mesma importância que ele. As discussões com sua terapeuta trouxeram à tona o pressuposto subjacente: "Se eu cometer um erro, os outros vão me achar inferior". Embora esse pressuposto esteja em consonância com muitos dos comentários da mãe referentes aos erros de Mark, ele observou que sua esposa Clare e os colegas de trabalho não pareciam particularmente críticos ou nem mesmo o julgavam quando ele cometia erros. Ele, então, testou corajosamente um pressuposto alternativo de que as outras pessoas não notam ou não se importam muito com os erros dos outros, cometendo erros menores deliberadamente em apresentações, documentos e reuniões. Por meio dessa série de experimentos, Mark aprendeu a aceitar que os erros são parte natural da experiência diária, que não significam que a pessoa seja uma inútil e também que eles não levam necessariamente a resultados ruins.

Passo 4: analisar e revisar a conceitualização do humor deprimido

Depois de escolhidas as intervenções, os seus efeitos nos informam se a conceitualização tem utilidade. Em caso positivo, ela deverá predizer e explicar adequadamente os resultados da intervenção. Essas intervenções também devem em geral se mostrar úteis no alívio do sofrimento do paciente. Se as intervenções não forem úteis ou se desenvolverem de formas inesperadas, a conceitualização precisará ser revisada para acomodar essas experiências.

Conforme descrito na seção anterior, com base na conceitualização de Mark dos fatores desencadeantes e de manutenção, ele e a sua terapeuta escolheram inicialmente intervenções comportamentais para interromper a ruminação quanto aos erros no trabalho, para aumentar as atividades positivas e para dominar a esquiva. Simultaneamente, ele iniciou a série de experimentos descrita acima, concebida para testar seus pressupostos subjacentes referentes ao significado e às consequências dos erros. Conforme esperado, o humor de Mark melhorou nas primeiras semanas em que tais intervenções foram implementadas. Assim, ele e a sua terapeuta continuaram a examinar os eventos semanalmente no contexto da conceitualização mostrada nas Figuras 6.6 e 6.7. Durante a terceira sessão depois de iniciadas estas intervenções, Mark levantou uma limitação potencial à conceitualização:

MARK: Eu sei que pensar no trabalho é um grande desencadeante do meu humor
    deprimido, mas eu observei que, quando fico perturbado, nem sempre é a respeito

de coisas erradas no trabalho. Como naquela vez no sábado – quanto mais eu penso nisso, vejo que não era apenas o trabalho que fez com que eu me sentisse triste.

TERAPEUTA: O que mais você acha que fez com que se sentisse tão triste?

MARK: Bem, eu estava na fila e pensando no trabalho, na reunião e em não estar preparado e sendo um inútil novamente, e essas coisas certamente fizeram eu me sentir ansioso e deprimido. Mas o pior quanto a isso foi que eu estava segurando a mão da minha filha e me dei conta de que estava um milhão de milhas distante em pensamento. Isso me fez pensar no fracasso que eu sou como pai.

TERAPEUTA: Eu me lembro de você ter mencionado isso antes. Como aquele pensamento fez você se sentir?

MARK: Completamente miserável. (*olhar triste; ele parece abatido, com os ombros caídos.*). Você sabe, meu pai não era muito presente para mim e David quando estávamos crescendo. Ele ficava deprimido por longos períodos, e às vezes nós nem o víamos. Eu realmente queria que os meus filhos não tivessem que lidar com esse tipo de coisa.

TERAPEUTA: Parece que é importante para você que o seu humor deprimido não interfira no tempo que você tem com a sua família.

MARK: É assim, realmente.

TERAPEUTA: Então, além de pensar nos erros no trabalho, pensar em si mesmo com um fracasso como pai faz com que você se sinta mal. Você sente isso agora? (*Mark concorda com a cabeça.*). Você acha que este é um tipo separado de pensamento, ou acha que os pensamentos sobre erros e fracassos, seja no trabalho ou em casa, é um tema que o deixa deprimido?

MARK: Eu acho que fracasso poderia ser a minha música tema.

TERAPEUTA: Então talvez nós devêssemos passar mais tempo hoje examinando esse tema com um pouco mais de detalhes.

NA CABEÇA DA TERAPEUTA

A terapeuta reconhece que a observação de Mark oferece a oportunidade ideal para introduzir o conceito de pensamentos automáticos e para ensinar a Mark como testá-los através dos Registros de Pensamentos (Beck et al., 1979; Greenberger e Padesky, 1995). Até então ela e Mark se detiveram nos comportamentos de manutenção (ruminação e esquiva) e nos pressupostos subjacentes que o tornam vulnerável a ter o seu humor deprimido acionado por erros. Contudo, a teoria da TCC da depressão também enfatiza que os pensamentos automáticos negativos desempenham um papel central na manutenção da depressão (Beck, 1976). Se Mark conseguir desenvolver habilidades para identificar e testar seus pensamentos automáticos negativos, ele será capaz de prevenir quedas rápidas do humor como aquela que recém mencionou. Para acrescentar este nível de entendimento à sua conceitualização, a terapeuta decide reunir exemplos adicionais de pensamentos automáticos.

TERAPEUTA: Talvez possamos reunir mais alguns exemplos desses pensamentos angustiantes durante a próxima semana.

MARK: Eu os tenho o tempo todo.

TERAPEUTA: Seria realmente muito útil anotar alguns exemplos. Deixe-me mostrar uma folha do Registro de Pensamentos que pode ajudar. Por enquanto, vamos usar esta planilha de quatro colunas. A primeira descreve a situação em que você estava, quem estava lá e o que você estava fazendo. Na segunda coluna, você registra o(s) seu(s) humor(es) e pontua como se sentiu na pior condição. Para a terceira coluna eu vou lhe mostrar como identificar o que está se passando em sua mente no momento, de modo que você possa registrar isso. E depois, na quarta coluna iremos descrever o que você fez para tentar lidar com ou administrar seus sentimentos. Eu acho que isso ficará claro depois que preenchermos esta planilha usando o exemplo que você acabou de dar. [O Registro de Pensamentos de quatro colunas que é ilustrado é uma versão modificada do Registro de Pensamentos de sete colunas apresentado em Greenberger e Padesky, 1995.].

MARK: OK, então eu estava na loja com Jéssica comprando lâmpadas. O meu sentimento era de tristeza. Eu disse a mim mesmo: "Eu sou um pai inútil. Eu sou um fracasso como pai". A coluna final foi que eu fui para casa e para a cama.

TERAPEUTA: Uau, eu posso ver que você entende o processo envolvido.

MARK: Bem, ele é muito parecido com a coisa do ABC que fizemos antes.

TERAPEUTA: É verdade. Você pode anotar mais dois outros exemplos como este durante a próxima semana?

NA CABEÇA DA TERAPEUTA

A terapeuta de Mark observa que os temas de ser um fracasso e ser inútil como pai são parecidos com aqueles relacionados a cometer erros no trabalho. Ela começa a se questionar se eles representam as crenças centrais atuais que Mark tem sobre si mesmo. Em caso positivo, ela não sabe se essas crenças centrais surgem apenas quando Mark está deprimido (em cujo caso elas podem não precisar de intervenção direta) ou se estão presentes na visão que ele tem de si, mesmo quando se sente melhor. Se a última hipótese for a correta, essas crenças centrais negativas poderiam deixá-lo particularmente vulnerável à depressão e devem ser abordadas na terapia em um momento posterior. Ela percebe esses temas, mas não aborda diretamente as crenças centrais nesta sessão; isso seria prematuro, considerando o conhecimento e as habilidades atuais de Mark.

Antes de revisar o modelo conceitual do humor deprimido de Mark para incorporar seus pensamentos automáticos, ele e sua terapeuta examinaram os exemplos que Mark reuniu durante a sessão anterior (mostrados na Figura 6.8), com o objetivo de identificar temas transversais.

TERAPEUTA: Vejo que você conseguiu usar a planilha para registrar exemplos dos seus pensamentos durante a semana passada. Obrigado por fazer. Isso foi fácil ou difícil de fazer?

MARK: Foi fácil.

TERAPEUTA: Tudo bem. Vamos examinar juntos o que você escreveu para vermos se os pensamentos automáticos que você reuniu podem nos dar ideias novas sobre o que desencadeia ou mantém o seu humor deprimido.
MARK: Bem, é o mesmo que antes. Muitas vezes o meu humor piora quando eu penso no trabalho e nos erros que cometi lá.
TERAPEUTA: OK, isto parece bem consistente. Você notou alguma coisa nova?
MARK: Bem, eu penso muito em como sou um fracasso e não consigo fazer nada direito.
TERAPEUTA: OK, eu vejo diversos pensamentos nos seus exemplos que estão relacionados a essa ideia: "Eu sou um fracasso", "Eu sempre cometo erros", "Eu sou um inútil ... uma perda de tempo".
MARK: Sim, eu percebo isso em muitas situações.
TERAPEUTA: Quando você pensa em si como um inútil e um fracasso, esses pensamentos o levam a evitar fazer as coisas?
MARK: Com certeza. De que adianta fazer as coisas se, de qualquer maneira, vou cometer erros e falhar?

REGISTRO DE PENSAMENTOS

Situação	Humor Avaliação 0 – 100%	Pensamentos automáticos (Imagens)	Ações O que você fez para ajudar a administrar seus sentimentos?
Na fila da loja, pensando no trabalho, no sábado.	Triste 90%	Estou sempre pensando em outra coisa; não consigo nem prestar atenção à minha filha. Eu sou um fracasso como pai.	Chorei, fui para casa e fiquei na cama durante o resto do dia.
Eu estava em casa, pensando no meu trabalho.	Deprimido 75%	Sempre cometo erros. Eu não posso mais fazer esse trabalho.	Tentei assistir TV, mas fiquei pensando no trabalho. Fiquei acordado até muito tarde, assistindo a programas ruins na TV.
Eu estava no trabalho a me pediram para vir à reunião semanal de atualização.	Ansioso 80% Deprimido 90%	Sou um inútil – não fiz nada desde a semana passada. Que perda de tempo eu sou. É só uma questão de tempo até que eu seja demitido.	Fui para a reunião, mas fiquei muito quieto sobre o que eu tinha feito.
Em casa, me arrumando para visitar minha mãe.	Ansioso 90% Preocupado 90%	Posso ter deixado o fogão aceso.	Voltei quatro vezes para verificar e depois fiz Clare verificar de novo.
Sábado, em casa. Vi John sair com seu filho para jogar futebol.	Triste 90%	Sou um inútil como pai. John faz muito mais do que eu – nunca faço nada pela minha filha.	Fui trabalhar no jardim para me distrair.

Figura 6.8 Exemplos de situações problemáticas que Mark reuniu como tarefa de casa.

TERAPEUTA: E depois que você evita fazer as coisas como pai ou marido e as coisas no trabalho, que efeito isso causa nos seus pensamentos sobre si mesmo como um inútil?

MARK: Bem, isso faz as coisas piorarem. Eu consigo ver isso. Porque quando faço menos, aí eu me sinto ainda mais como um fracasso.

TERAPEUTA: Vamos escrever essas ideias no modelo em que estamos trabalhando. E se substituirmos "pensando no trabalho" por esses pensamentos automáticos que nos dão mais informações sobre os tipos de pensamentos que surgem repetidamente? Isso deixa o nosso modelo mais geral para todas as situações, seja envolvendo o trabalho ou Clare ou as crianças.

MARK: OK.

TERAPEUTA: Agora, se quisermos fazer com que este modelo seja mais geral para *ambos*, o trabalho e a sua casa, o que devemos escrever em vez de "evito o trabalho"?

MARK: Evito o trabalho, Clare e as crianças?

TERAPEUTA: Tudo bem. Por que você não escreve isso no modelo? (*Observa em silêncio enquanto Mark escreve isso no modelo*). Agora, como podemos mostrar essa ideia de que pensar que você é um fracasso o leva a evitar fazer as coisas, e depois evitar as coisas confirma que você é um inútil e um fracasso?

MARK: (*Em silêncio por um minuto*). Devemos fazer algumas setas.

TERAPEUTA: Por que você não faz? (*Observa enquanto Mark preenche o modelo mostrado na Figura 6.9.*) Mark, você consegue lembrar-se de algum trabalho anterior que fizemos e que poderia nos ajudar a entender o impacto emocional disto?

MARK: É o mesmo que com o trabalho, não é? A minha música tema é o fracasso. Se eu cometer um erro ou se não estiver me saindo bem, então isso demonstra que sou um inútil.

Pressuposto subjacente

Se eu cometer um erro, isso significa que sou um inútil.

Pensamentos automáticos

Eu sou um fracasso → Triste → Ruminação → Evito o trabalho, as crianças e Clare.

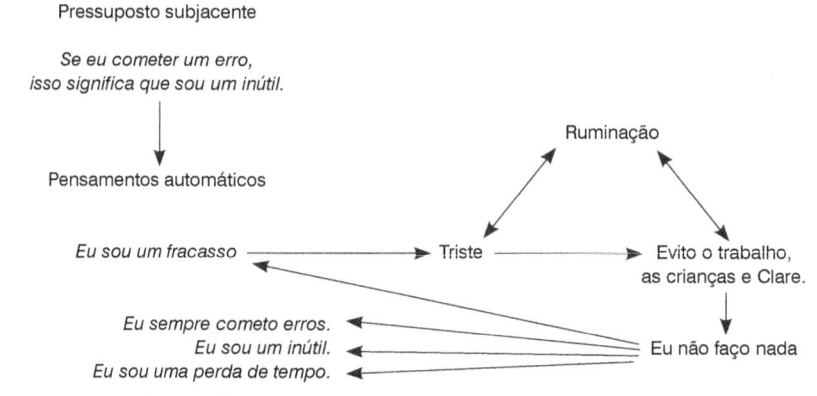

Eu sempre cometo erros.
Eu sou um inútil.
Eu sou uma perda de tempo.

Eu não faço nada

Figura 6.9 Acréscimo dos pensamentos automáticos centrais ao modelo de Mark dos fatores desencadeantes e de manutenção do seu humor deprimido.

Acrescentar maior especificidade aos pensamentos de Mark esclarece a dimensão cognitiva da sua conceitualização e conduz a uma compreensão mais abrangente do humor deprimido de Mark. Os seus pensamentos de que é inútil e um fracasso contribuem para essa esquiva. Por sua vez, a esquiva mantém esses pensamentos ao fornecer evidências de que ele não está contribuindo no trabalho e em casa. Igualmente, o papel da ruminação na manutenção dos seus problemas fica bem claro. A terapeuta de Mark suspeita que existe um pressuposto subjacente estimulando a ruminação da seguinte forma: "Se eu quiser ser visto como competente, eu preciso fazer tudo bem" ou "Se eu não fizer tudo bem, serei visto como incompetente". Estes pressupostos subjacentes podem explicar por que ele está sempre verificando os eventos do dia em sua mente e se focaliza nos erros ou deslizes que de outra forma passariam despercebidos. Igualmente, a terapeuta está curiosa quanto à imagem que Mark tem de seu pai, porque ela pode ser relevante para a compreensão das preocupações de Mark quanto a ser um bom pai. A terapeuta decidiu desvendar esses pontos em uma sessão posterior porque não resta tempo suficiente nesta sessão.

Neste ponto, a terapeuta não sabe se Mark é realista nas suas interpretações. Se um exame mais acurado das evidências apoiar as conclusões de Mark de que ele é um pai, marido e funcionário inferior, então a terapia terá como alvo a melhoria das suas contribuições. Por outro lado, se os pensamentos de Mark forem claramente interpretações errôneas do seu desempenho, ele e a sua terapeuta poderão trabalhar para desenvolver autoavaliações mais equilibradas. Em qualquer um dos casos, depois de identificados os pensamentos específicos, Mark e sua terapeuta poderão examinar as ligações entre os pensamentos e os padrões de comportamento de Mark que o aprisionam dentro de um ciclo inútil de autocrítica e esquiva.

O papel central dos pensamentos autocríticos de Mark são compatíveis à teoria de Beck (Beck, 1976) e à pesquisa, que mostram que uma visão negativa de si mesmo é uma característica principal do pensamento depressivo (Clark et al., 1999). A terapeuta pode ajudar Mark a aprender a avaliar seus pensamentos automáticos negativos recorrendo à extensa literatura concebida para auxiliar terapeutas (Beck et al., 1979; J. S. Beck, 1995; Padesky e Greenberger, 1995) e clientes (Burns, 1989; Greenberger e Padesky, 1995) a usarem com sucesso os Registros de Pensamentos e os experimentos comportamentais para esse propósito. O objetivo dessas intervenções é ajudar o cliente a desenvolver explicações da experiência que justifiquem todos os aspectos da experiência, tanto positivos quanto negativos. Se a conceitualização atual for correta, um pensamento mais equilibrado conseguido por meio dos Registros de Pensamentos e experimentos comportamentais levará Mark a vivenciar um humor melhorado e respostas mais funcionais para lidar com os erros e as imperfeições.

Quando as pessoas lidam com os problemas com resiliência, elas tendem a interpretar os eventos positivamente, incluindo eventos objetivamente desafiadores. Frequentemente, os clientes não estão conscientes dos seus pensamentos automáticos positivos. As conceitualizações de resiliência trazem à consciência essas tendências interpretativas de modo que eles tenham opções de como responder durante os momentos de dificuldades. A terapeuta deve ficar alerta aos momentos em que os pensamentos automáticos de Mark contribuem para a sua resiliência. Como ocorreu no dia em que seu humor esteve fortalecido durante o dia de trabalho, ele consegue identificar pensamentos automáticos positivos quando estimulado.

A conceitualização explanatória revisada de Mark acrescentou um novo conjunto de intervenções ao plano de tratamento. Durante as várias semanas seguintes, Mark foi tomando mais consciência da sua autocrítica frequente. Com a ajuda do manual do paciente *Mind over Mood* (Greenberger e Padesky, 1995), sua terapeuta o ensinou a usar os registros de pensamentos para testar as suas autoavaliações de que ele era "inútil", "um fracasso" e "uma perda de tempo". Quando examinou todas as evidências da sua semana, Mark deu-se conta de que a sua autocondenação global não levava em conta muitas coisas positivas que ele estava fazendo no trabalho e em casa. Quando Mark desenvolveu habilidades para testar os pensamentos negativos, seu humor melhorou sensivelmente. Os resultados dessas intervenções ajudaram Mark e sua terapeuta a avaliarem a "adequação" da conceitualização revisada. A sua resposta positiva às intervenções cognitivas que visavam os pensamentos automáticos de autocrítica proporcionou forte apoio para a conceitualização explanatória revisada apresentada na Figura 6.9.

A discussão de um dos registros de pensamentos de Mark levou-o a refletir sobre a sua primeira crise de humor deprimido na adolescência. A terapeuta ouviu com interesse a descrição de Mark do seu primeiro episódio de depressão para ver se a conceitualização atual feita por eles também estão adequadas às suas experiências durante esse período de tempo. Mark descreveu um período por volta dos seus 17 anos, em que se preparava para os exames escolares. Sua mãe estava preocupada com os problemas de saúde do seu pai, de modo que Mark tentou organizar por sua conta o cronograma de estudos. Quando rodou em diversas provas, seu próprio desapontamento foi exacerbado pela crítica da sua mãe. A resposta dela contribuiu para seu crescente sentimento de desesperança.

Mark começou a olhar para si como uma pessoa inútil e impotente. Essas crenças se fortaleceram à medida que seu desânimo foi crescendo. Foi difícil para ele recuperar-se ou até mesmo realizar as tarefas de casa e as atividades diárias. Demorou vários meses para que ele voltasse a se envolver academica e socialmente. A primeira experiência de Mark com a depressão combina intimamente com os temas, fatores desencadeantes e de manutenção da sua conceitualização transversal para a sua depressão atual. Isto proporciona forte apoio à importância desses temas. O Capítulo 7 considera como essas bases históricas da depressão de Mark podem informar uma conceitualização explanatória longitudinal com o objetivo de ajudá-lo a trabalhar de forma mais proativa com os fatores predisponentes e protetores para assegurar a continuidade da sua saúde mental e para desenvolver resiliência.

Até aqui, este capítulo ilustrou como Mark e a sua terapeuta identificaram os fatores desencadeantes e de manutenção para formar conceitualizações explanatórias do seu humor deprimido e também sua resiliência nos dias em que seu humor está fortalecido. Contudo, também está evidente que Mark está profundamente interessado nas "preocupações", especialmente as relacionadas ao seu comportamento de verificação e às preocupação quanto a contrair HIV. Assim, Mark e a sua terapeuta seguiram os mesmos quatro passos para desenvolver conceitualizações explanatórias para esses outros temas atuais.

UMA CONCEITUALIZAÇÃO EXPLANATÓRIA DAS PREOCUPAÇÕES OBSESSIVAS

Passo 1: reunir exemplos de preocupações obsessivas

A lista das dificuldades presentes de Mark priorizou grupos de preocupações obsessivas: preocupações por não trancar as portas ou por deixar o fogão ou as luzes acesas, ruminação sobre os erros no trabalho e preocupações com a saúde que se concentravam no medo de contrair HIV. Essas preocupações também apareciam nos registros de pensamentos de Mark, conforme mostrado anteriormente neste capítulo (Figura 6.8). Mark traz esses dois temas em uma das suas sessões de terapia:

MARK: O meu humor parece estar melhorando. Eu estava esperando que hoje pudéssemos falar sobre as minhas preocupações, como, por exemplo, sobre o HIV e ter que verificar tudo antes de sair de casa.
TERAPEUTA: Acho que essa é uma boa ideia. Vejo que um dos registros de pensamentos que você trouxe inclui uma dessas experiências. Seria uma boa ideia começar por ali? *(Indica o quarto exemplo no registro de pensamentos na Figura 6.8.)*
MARK: Sim, esse é um bom exemplo. Estávamos nos arrumando para sair de casa para visitar a minha mãe. É muito trabalhoso organizar as crianças e todas as suas coisas. Clare me pediu para colocar os sapatos neles e ajudar a lembrar de tudo o que tínhamos que levar. Foi meio caótico, e eu fiquei um pouco estressado. Quando eu estava fechando a casa, pensei que o fogão poderia estar aceso, e então voltei para verificar e ele estava OK. Mas, cada vez que eu ia trancar a porta, continuava a ter o pensamento de que o gás poderia estar ligado, e embora eu já tivesse verificado, tinha que continuar voltando. Eu já estava lá a uns 10 minutos, de modo que Clare saiu do carro para ver o que estava acontecendo. Por fim, pedi que ela verificasse enquanto eu entrava no carro com as crianças.
TERAPEUTA: Este é um exemplo típico do que acontece?
MARK: Sim, em geral é o fogão e as luzes, mas às vezes podem ser as fechaduras da porta, um eletrodoméstico ou a torneira. Eu simplesmente fico emperrado verificando repetidamente.

TERAPEUTA: Vamos ver se entendemos o que emperra você e como você pode sair disso. Vamos começar pelo começo. Você disse que estava um pouco estressado trancando a porta, e, quando fez isso, veio à sua mente um pensamento de que o fogão poderia estar aceso. Então o que você descreveria como o desencadeante?

MARK: Sair de casa, mas isso também pode acontecer quando estou trancando a casa à noite.

TERAPEUTA: Você tem essas preocupações em outros momentos?

MARK: Na verdade, às vezes, mesmo quando eu estou sentado dentro de casa.

TERAPEUTA: E o que isso lhe diz a respeito do desencadeante?

MARK: Talvez não seja tanto a hora do dia ou a situação, mas quando um determinado pensamento vem à minha mente. Eu começo a me preocupar que deixei o fogão ou as luzes acesas.

TERAPEUTA: OK, então o desencadeante comum parece ser um pensamento sobre o fogão estar ligado ou sobre as luzes. Vamos escrever isso. Diga-me, naquele dia em que você e sua família estavam saindo de casa, o que você temia que acontecesse se o fogão estivesse ligado?

> **NA CABEÇA DA TERAPEUTA**
>
> Aqui a terapeuta de Mark avalia se estes são pensamentos intrusivos característicos do TOC. Em caso positivo, a sua expectativa é de que surjam temas ligados a responsabilidade e a necessidade de estar no controle (Frost et al., 1997).

MARK: Então o gás se espalharia pela cozinha. Bastaria uma faísca e *boom*! A nossa casa incendiaria.

TERAPEUTA: Quando pensou nisso, você fez um quadro ou uma imagem desse acontecimento na sua mente?

MARK: Sim, exatamente. (*Parece aliviado de ser compreendido.*) Na minha mente, eu vi a explosão e depois a casa em chamas.

TERAPEUTA: Agora eu entendo porque você se sentiu tão preocupado. Vamos registrar isso em um diagrama. Você teve o pensamento de que o fogão poderia estar ligado e depois uma imagem de uma explosão e da causa pegando fogo. Isso o levou a ficar muito ansioso e preocupado. O que você fez, então?

MARK: Eu voltei na casa e verifiquei o fogão.

TERAPEUTA: E depois que verificou, como você se sentiu?

MARK: Melhor, mas cada vez que eu saía de casa eu tinha o mesmo sentimento de que o gás poderia estar ligado, muito embora eu recém tivesse verificado. É como se, depois de eu ter revisto, se a casa pegasse fogo, seria minha culpa, porque eu havia verificado e ainda assim aconteceu. Então isso deixava as coisas ainda piores. Cada vez que eu queria ir embora, tinha que voltar e verificar o fogão. Eu estava agindo como um louco.

> **NA CABEÇA DA TERAPEUTA**
>
> Os pensamentos de Mark parecem típicos do TOC. A terapeuta também observa a visão que Mark tem de si mesmo como "louco" e aproveita a oportunidade para introduzir informações sobre o TOC para ajudar a normatizar as experiências dele.

TERAPEUTA: Eu entendo por que parecia loucura para você. Na verdade, todos nós temos às vezes pensamentos que não fazem sentido e mesmo assim não conseguimos afastá-los. Os terapeutas os chamam de "pensamentos intrusivos". As pesquisas mostram que todos têm pensamentos intrusivos às vezes.
MARK: Eu nunca soube que Clare tivesse pensamentos assim.
TERAPEUTA: Os pensamentos intrusivos dela podem ser diferentes dos seus. Na maior parte das vezes, para a maioria das pessoas, eles não são bem um problema.
MARK: Mas preocupar-se com o fogão e as luzes mesmo depois de ter verificado uma série de vezes me parece esquisito.
TERAPEUTA: Quando fica revisando coisas como você faz e não consegue tirar esses tipos de pensamentos intrusivos da sua mente, isto é parecido com o que chamamos de transtorno obsessivo-compulsivo, ou TOC. Você já ouviu falar?
MARK: Eu li sobre isso na internet quando estava tentando entender o que estava errado comigo. Achei parecido comigo. Você pode me ajudar com isso? O *site* dizia que isso pode ser tratado.
TERAPEUTA: Sim, pode. Para começar, deixe-me contar como entendemos o TOC e ver se ele está de acordo com a sua experiência. A primeira ideia importante é que um pensamento aparece de repente na nossa cabeça e desencadeia angústia. São pensamentos indesejáveis e desagradáveis que frequentemente chamamos de pensamentos intrusivos. O seu geralmente parece ser a respeito do fogão estar ligado. Correto?
MARK: Sim, na maioria dos dias.
TERAPEUTA: Eu anotei esse pensamento intrusivo [Figura 6.10]. Como eu disse antes, todo o mundo tem esses tipos de pensamentos, mas apenas algumas pessoas ficam angustiadas com eles. O significado que você dá a esse pensamento parece determinar o quanto ele é angustiante. Você disse que temia que houvesse uma explosão e a casa incendiasse, e que seria culpa sua. Eu entendi corretamente?
MARK: Sim. Seria terrível.
TERAPEUTA: Deixe-me acrescentar essa informação ao nosso modelo. (*Acrescenta essa informação na Figura 6.10.*) O que você acha disso até aqui?
MARK: Sim, é assim que acontece comigo. Seria terrível se a casa incendiasse e a culpa fosse minha.

> **NA CABEÇA DA TERAPEUTA**
>
> Aqui a terapeuta observa que Mark fala novamente sobre ser sua a responsabilidade, o que é um tema identificado como central no TOC (Frost et al., 1997).

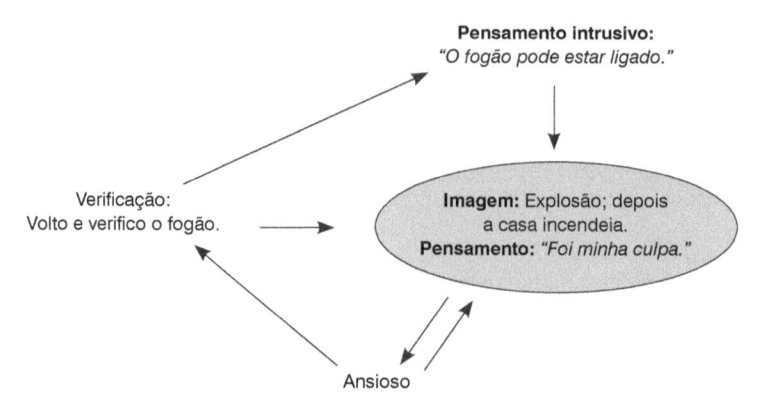

Figura 6.10 Um modelo das preocupações do TOC de Mark.

Diagrama:
- Pensamento intrusivo: "O fogão pode estar ligado."
- Imagem: Explosão; depois a casa incendeia. Pensamento: "Foi minha culpa."
- Verificação: Volto e verifico o fogão.
- Ansioso

TERAPEUTA: Certamente. E qual seria a pior parte segundo o seu ponto de vista?

MARK: Seria minha culpa se as crianças não tivessem uma casa e não tivéssemos onde morar. As pessoas pensariam que eu sou um incompetente por nem mesmo verificar o fogão.

Conforme demonstrado neste diálogo, as conceitualizações explanatórias podem se desenvolver com facilidade. Quando Mark começa a reunir exemplos das suas preocupações obsessivas, parece haver uma adequação muito próxima ao diagnóstico de TOC, para o qual existem teorias baseadas em evidências. Assim, a terapeuta começa a ensinar Mark sobre o TOC e a lhe fazer perguntas para avaliar se os aspectos cognitivos esperados no TOC (p. ex., responsabilidade) estão incluídos na experiência dele. Essa discussão leva Mark e a sua terapeuta a considerarem provisoriamente que as suas preocupações com o fogão preenchem os critérios de TOC. Antes dessa sessão, a terapeuta já havia observado exemplos nas informações dadas por Mark na avaliação e pelos seus registros de pensamentos que se enquadram no padrão do TOC. Assim sendo, em vez de reunir mais exemplos nesta sessão, a terapeuta passou diretamente para a busca dos fatores desencadeantes e de manutenção.

Passo 2: identificar os fatores desencadeantes e de manutenção das preocupações obsessivas

TERAPEUTA: Você diz que verificar o fogão ajuda, mas que também piora, porque, se alguma coisa acontecer depois de você ter verificado isso torna a sua falha ainda maior. Vamos registrar isso porque nos ajuda a entender a reação que você teve a esse pensamento intrusivo. Você acha que as suas ações produzem algum impacto na continuidade desse problema?

MARK: Bem, sei que, quanto mais eu verifico, pior me sinto, mas sinto que tenho que revisar.
TERAPEUTA: Então para mostrar que verificar pode tanto ajudar quanto tornar as coisas piores, podemos traçar uma seta mostrando que você verifica quando se sente ansioso e outra seta que mostra que, quanto mais você verifica, mais você sente como sua culpa. Está correto?
MARK: Sim, se eu verificar e depois acontecer algo ruim, isso me deixará ainda pior.
TERAPEUTA: Você disse que no final pediu a Clare para verificar. Certo?
MARK: Sim, se ela verifica por último, eu me sinto bem.
TERAPEUTA: Como isso ajuda?
MARK: Bem, realmente é estranho, porque eu não tenho aquela certeza de que ela realmente verificou. Ela é meio despreocupada com as coisas. Mas isso me ajuda porque então, se algo acontecesse, não seria por minha culpa.

> **NA CABEÇA DA TERAPEUTA**
>
> Aqui surge novamente o tema principal da responsabilidade, reforçando a escolha do modelo específico para o transtorno do TOC.

TERAPEUTA: Então parece que a noção de a quem acusar ou de quem está em falta é realmente a questão mais importante. O que faz com que seja tão importante que não seja culpa sua?
MARK: Bem, como pai, como o homem da casa, é minha responsabilidade garantir que todos estejam seguros. Eu sou o responsável.
TERAPEUTA: Ok, é importante sabermos disso. Quando examinamos o seu humor deprimido, descobrimos que alguns comportamentos, como a esquiva e a ruminação, podem na verdade fazer com que persista um problema, mesmo quando parece que eles ajudam a curto prazo. Neste exemplo da verificação, você acha que algum dos seus comportamentos pode nos ajudar a entender o que mantém a continuidade dessa preocupação?
MARK: (*Parece interessado.*). Eu acho que duas coisas são importantes. A primeira é que volto para verificar repetidamente, o que não ajuda em nada. É como a minha ruminação sobre o trabalho. Quanto mais eu reviso, mais coisas erradas vão ser encontradas. A outra coisa é que eu tento evitar ser o último a sair de casa. Eu vejo se consigo fazer com que Clare saia depois de mim. Aí está de novo aquela palavra "evitar". Também aqui eu faço isso.
TERAPEUTA: Estas são observações muito úteis. Vamos anotar no nosso modelo todas as formas como você tenta manejar essa experiência. (*Mark e a terapeuta montam a Figura 6.11.*)

Este desenvolvimento da compreensão do TOC de Mark identifica o desencadeante como um pensamento intrusivo normal: "O fogão está ligado", o que tem ressonância nos seus pressupostos subjacentes sobre responsabilidade. A sua ansiedade é mantida pelos passos que ele dá para reduzir a ansiedade. Enquanto que a ruminação e a esquiva mantêm o humor deprimido de Mark, os comportamentos de verificação e a esquiva da responsabilidade parecem manter o seu TOC. Para tratar o TOC, é vital trazer à tona todos os comportamentos que servem para neutralizar a ansiedade. Eles podem ser comportamentos compulsivos evidentes e também comportamentos que não são aparentes, como os rituais mentais. O tratamento em geral só é efetivo quando interrompe todos os comportamentos de manutenção (Abramowitz, 1997; Emmelkamp et al., 1988; van Oppen et al., 1995; Salkovskis, 1999).

Comum a todos os modelos da TCC para o TOC, encontra-se a ideia de que a pessoa vivencia um pensamento intrusivo com uma ressonância pessoal particular que causa altos níveis de sofrimento (Frost et al., 1997). Isso conduz à ansiedade. A pessoa é motivada a reduzir a angústia por meio de uma ação para "neutralizá-la" (van Oppen e Arntz, 1994). Esse processo de neutralização da ansiedade, se repetido, é expresso em forma de compulsões. Deste modo, a terapeuta pode comparar as experiências de Mark com um modelo teórico muito específico.

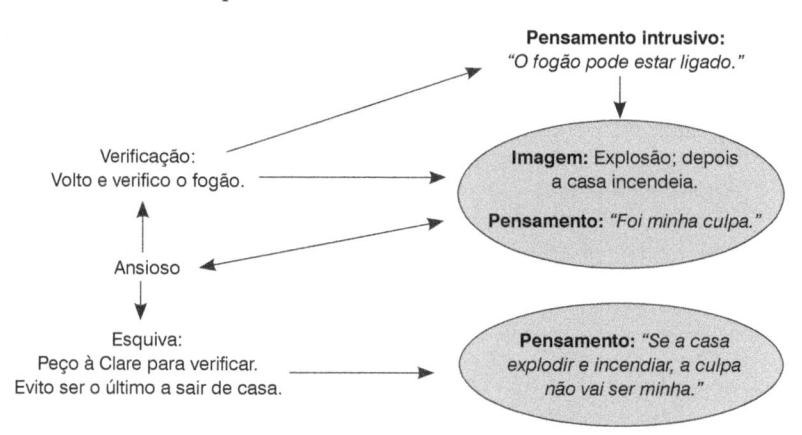

Figura 6.11 Um modelo elaborado das preocupações do TOC de Mark.

A conceitualização que surgiu ajuda Mark a entender que os seus pressupostos sobre responsabilidade são centrais para o problema, como são os seus comportamentos de manutenção (verificação e esquiva). Como fica claro a partir dos seus comportamentos de esquiva (veja a parte inferior da Figura 6.11), a ansiedade de Mark está mais intimamente ligada à ideia de que ele é responsável e culpado do que ao temor de que sua casa incendeie. A sua ansiedade reduz se Clare for responsável pelo desastre. Esta conceitualização está muito "adequada" aos modelos cognitivo-comportamentais do TOC (Emmelkamp et al., 1988; van Oppen et al., 1995).

Passo 3: escolher as intervenções com base na conceitualização explanatória das preocupações obsessivas

Mark verifica repetidamente o fogão, a tranca das portas, as luzes, os eletrodomésticos e as torneiras. Mais uma vez, a terapeuta acrescenta ao caldeirão os conhecimentos da teoria e da pesquisa por meio do acesso à literatura de pesquisa sobre tratamentos efetivos para o TOC e sobre métodos específicos de intervenção para as preocupações do TOC (Abramowitz, 1997). A integração das experiências pessoais de Mark com a teoria e a pesquisa em TCC orienta sua terapeuta para três áreas vitais de intervenção: (1) pensamentos intrusivos, (2) um senso aumentado de responsabilidade e (3) comportamentos de manutenção da verificação e da esquiva. A natureza destas intervenções é brevemente descrita aqui.

O objetivo do tratamento do TOC não é parar com os pensamentos intrusivos, mas reconhecer esses pensamentos como fenômenos normais que são piorados pelas tentativas de controlá-los. A literatura sobre o tratamento do TOC enfatiza a importância de destacar e de examinar cada comportamento que ocorre em resposta aos pensamentos intrusivos. As pessoas se envolvem em uma variedade de comportamentos que buscam segurança, podendo variar desde comportamentos muito evidentes, como compulsões de verificar ou limpar, até comportamentos muito discretos, quase imperceptíveis, como não tocar na maçaneta da porta do terapeuta quando entra no consultório (para evitar contaminação), ou então neutralizações encobertas ou mentais como contar ou ter pensamentos positivos. Como as pessoas com TOC acreditam que essas respostas podem ajudar a prevenir a catástrofe temida, cada uma delas deve ser identificada e acrescentada à conceitualização. Uma parte importante do tratamento é interromper os comportamentos de manutenção para aprender que o resultado temido não irá acontecer na ausência desses comportamentos de segurança. Além disso, o paciente aprende a aceitar e a lidar com uma quantidade razoável de responsabilidades quando surgem acontecimentos ruins. A terapeuta de Mark concluiu que esse comportamento de verificação se adequava bem às intervenções-padrão da TCC para o TOC, incluindo educação a respeito do modelo da TCC, exposição e prevenção da resposta e avaliações cognitivas das crenças sobre a responsabilidade (van Oppen e Arntz, 1994).

O primeiro estágio da sua terapia foi normalizar a ocorrência dos pensamentos intrusivos de Mark. Embora as listas dos pensamentos intrusivos e materiais de autoajuda possam ajudar a normalizar tais experiências, será muito mais convincente se o cliente puder descobrir por si mesmo que esses pensamentos são comuns e podem ser experienciados na ausência da angústia. Por esta razão, Mark e a sua terapeuta planejaram uma "pesquisa" em que ele perguntaria às pessoas em quem confiava se elas alguma vez haviam experienciado pensamentos intrusivos. Essa tarefa, para ser feita em casa, lançou mão do ponto forte já identificado por Mark de ter uma família e amigos muito próximos e apoiadores. Conforme descrito acima, os resultados desta intervenção reduziram a angústia de Mark e ressaltaram a utilidade da conceitualização do caso:

TERAPEUTA: Obrigada por atualizar como você tem estado. O que você gostaria de colocar na agenda para hoje?
MARK: Bem, quero lhe contar o que descobri com a minha pesquisa.
TERAPEUTA: Eu estou curiosa para ouvir. (*Monta o resto da agenda.*) Iremos começar pela sua pesquisa? (*Mark acena com a cabeça, entusiasmado.*) Diga-me o que você encontrou.
MARK: Embora na semana passada você tenha me dado uma lista de pensamentos intrusivos que outras pessoas relataram, eu realmente não estava muito certo se as pessoas que conheço têm estes tipos de pensamentos. Então combinamos que eu iria perguntar às pessoas em que confio se elas já tiveram pensamentos estranhos ou incomuns.
TERAPEUTA: É disso que eu me lembro, também. O que você descobriu?
MARK: Bem, eu fiquei um pouco embaraçado, mas perguntei a Clare e ao meu amigo John.
TERAPEUTA: Que bom para você! O que você descobriu?
MARK: Bem, eu fiquei realmente surpreso. Nunca pensei que Clare tivesse esse tipo de pensamentos, mas ela me contou que quando Jessica era muito pequena, Clare costumava achar que ela iria deixar o carrinho rolar por uma ladeira e Jessica iria despencar. Ela se preocupava de que aquele pensamento significasse que ela queria que isso acontecesse, e então ela costumava amarrar uma correia no seu pulso e no carrinho para que ele não pudesse rolar.
TERAPEUTA: Este parece um pensamento similar a alguns dos seus.
MARK: Sim, e então John me contou que ele às vezes tem um pensamento na sua mente sobre dizer alguma coisa realmente grosseira dentro da igreja, especialmente quando tudo está silencioso. Ele é muito religioso, e me surpreendeu muito que ele pensasse isso. Ele diz que tenta não pensar quando isso acontece e reza quando o pensamento é muito forte.
TERAPEUTA: Eu estou realmente impressionada com o que você descobriu. O que você acha disso?
MARK: Bem, é como discutimos. Os pensamentos estranhos parecem ser bem comuns, mas o que incomoda uma pessoa pode não incomodar a outra. Eu não me importaria quanto a dizer qualquer coisa na igreja, por exemplo.
TERAPEUTA: Como isso se encaixa na nossa compreensão das suas dificuldades?
MARK: Bem, isso realmente se encaixa, não é? Não é o pensamento em si, mas a minha reação a ele é o que realmente importa.
TERAPEUTA: Como isso faz você se sentir?
MARK: Bem, um pouco melhor por saber que não sou o único que tem pensamentos como esse. Não estou certo se eu sei como fazer as coisas de forma diferente, mas não me sinto tão diferente!

Passo 4: examinar e revisar a conceitualização das preocupações obsessivas

Os resultados da pesquisa de Mark normalizaram a ocorrência dos pensamentos intrusivos. Ao mesmo tempo, a pesquisa ajudou a avaliar a validade conceitual da conceitualização articulada. As respostas de Clare e de John apoiaram a ideia de que outras pessoas têm pensamentos indesejados e intrusivos. Além disso, as respostas deles oferecem um apoio provisório para a importância da responsabilidade. O exemplo de Clare coincidiu com o seu novo senso de responsabilidade por uma criança pequena. John sentiu uma responsabilidade religiosa de controlar a linguagem que usava. Mark e sua terapeuta usaram vários métodos adicionais para entender como a avaliação da responsabilidade influenciou os significados colocados nos pensamentos intrusivos e também para reduzir a responsabilidade que Mark sentiu pelos acontecimentos negativos. Por exemplo, foram desenhados diagramas para considerar todos os fatores ou pessoas que compartilharam a responsabilidade quando ocorreram determinados eventos (Greenberger e Padesky, 1995). Essa noção de responsabilidade receberá mais atenção no Capítulo 7 porque ela se revelou um fator de predisposição importante para Mark. O terceiro elemento-chave na conceitualização das preocupações obsessivas de Mark era o comportamento de esquiva e de verificação. Isso foi enfrentado com sucesso pelo uso de exposição e de prevenção de resposta em todo o leque de comportamentos identificados.

Para verificar a adequação da conceitualização emergente do TOC de Mark, ele e sua terapeuta consideraram se ela poderia explicar o começo das suas dificuldades. Mark não achava que o seu TOC havia tido um começo com episódios discretos. Ao contrário, surgiu quando ele estava no início da adolescência e desde então havia sido uma característica de toda a sua vida. O seu TOC variava de intensidade, mas Mark se via como alguém que sempre verificou as coisas. O foco das suas preocupações havia mudado com o passar do tempo, de consultar as horas em seu relógio para que não se atrasasse e também revisar o tema de casa para a escola até verificar as torneiras, os fogões e as portas, mas o padrão era o mesmo. Mark descreveu como ele percebeu que verificava repetidamente quando ficava ansioso na sua adolescência. Durante esse período, ele passou a ter mais responsabilidades com seu irmão David para ajudar a mãe a cuidar do seu pai, que passava por períodos de saúde física debilitada e outras dificuldades resultantes do seu transtorno bipolar. Embora não exista um evento inicial específico no relato de Mark, o tema da responsabilidade está presente desde o começo e também está muito evidente no aqui e agora.

As preocupações de Mark com HIV: TOC ou ansiedade pela saúde?

O modelo do TOC revelou "adequar-se" bastante às preocupações de Mark com o fogão e ao seu comportamento de verificação. Foi, portanto, natural que ele e a sua terapeuta vissem se o mesmo modelo se aplicava às suas preocupações quanto a contrair HIV. Contudo, as orientações para desenvolver uma conceitualização suficientemente boa (Quadro 2.2) enfatizam a importância de se considerar uma conceitualização como provisória e de se estudarem conceitualizações alternativas. Tendo esse princípio em mente, a terapeuta considerou se as preocupações de Mark com o HIV eram mais bem explicadas pelos modelos de ansiedade pela saúde (Salkovskis e Warwick, 2001).

A ansiedade pela saúde e o TOC compartilham muitas semelhanças, como o comportamento frequente de verificação. Eles diferem no aspecto em que as pessoas com TOC se focalizam na responsabilidade pelos acontecimentos negativos, enquanto que as que têm ansiedade pela saúde tipicamente temem ter uma doença que seja ameaçadora à sua vida a curto ou médio prazo. Além disso, as pessoas com ansiedade pela saúde comumente buscam a tranquilização de que estão saudáveis e solicitam exames médicos e intervenções para buscar evidências de doença. Assim como aqueles que têm ansiedade pela saúde, Mark buscava a tranquilização de Clare. Ele também fez testes de HIV. Quando os resultados do teste foram negativos, a sua ansiedade diminuiu por um curto período de tempo. No entanto, ele percebia o risco de contaminação como alto, portanto, não demorou muito para que sua ansiedade sobre o HIV fosse reativada. Essas observações são compatíveis à ansiedade pela saúde.

Por outro lado, Mark contou à sua terapeuta que o aspecto mais perturbador de ser diagnosticado com HIV seria a percepção dos outros de que o seu comportamento era imoral e irresponsável. Essa observação se enquadra mais no espectro de transtornos do TOC, em vez de uma ansiedade pela saúde, em que o pior aspecto seria a perda da vida. Mais uma vez, Mark e a sua terapeuta examinaram o início das suas preocupações para ajudar a estabelecer se a responsabilidade era um tema-chave no desenvolvimento das suas preocupações com o HIV.

Mark descreveu como começaram suas preocupações com o HIV há aproximadamente 20 anos, quando ele era um jovem adulto e estava tendo o seu primeiro relacionamento sério com uma mulher. Ele foi infiel a ela numa noite em que fez sexo sem proteção com outra mulher. Era uma época em que a educação referente ao HIV e à AIDS estava em alta. As campanhas de saúde pública estavam incentivando práticas de sexo mais seguro. Havia previsões públicas de que muitas pessoas desenvolveriam AIDS. Na época, também, houve uma suposta associação entre AIDS e comportamento homossexual promíscuo ou uso de drogas. As suas preocupações com o HIV persistiram durante duas décadas, apesar da sua relação sexual monogâmica com Clare durante os últimos 14 anos. Sempre que Mark via sangue, uma mancha ou algum material que pudesse conter fluidos sanguíneos, ele tinha um pensamento intrusivo de que poderia contrair HIV pelo contato físico com isso.

As experiências de Mark pareciam se adequar parcialmente ao diagnóstico de TOC e parcialmente ao diagnóstico de ansiedade pela saúde. Embora o diagnóstico seja útil ao processo de conceitualização de caso, é importante lembrar que o diagnóstico e a conceitualização servem a funções compatíveis, porém diferentes. Assim como os diagramas sobrepostos de Venn, a ansiedade pela saúde, o TOC, o transtorno do pânico, a fobia social e até condições como o transtorno de ansiedade generalizada se sobrepõem até certo ponto e compartilham características em comum (Beck et al., 1985). Cada um desses transtornos é marcado pela vigilância e pela interpretação errônea de fenômenos que ocorrem normalmente, como os pensamentos intrusivos e as sensações corporais. As preocupações de Mark com o HIV aumentavam a vigilância e a superestimação dos riscos. Ao mesmo tempo, suas preocupações incorporavam tanto a busca de tranquilização que é comum na ansiedade pela saúde quanto os processos de neutralização comuns no TOC.

Assim sendo, a terapeuta considerou a teoria e a pesquisa referente à literatura sobre ambos, o TOC e a ansiedade pela saúde, na construção de um modelo de conceitualização para as preocupações de Mark com o HIV. Usando os passos descritos neste capítulo, eles desenvolveram uma compreensão dos fatores desencadeantes e de manutenção para a preocupação que o cliente tinha com o HIV. Durante o processo de conceitualização, seria útil que Mark reconhecesse que a sua preocupação não era constante ao longo dos anos, mas que variava em termos de convicção e de angústia. Essa variação observada depois das conceitualizações já formadas sobre o seu humor deprimido e o TOC sugeriram a Mark que os seus pensamentos e os seus comportamentos provavelmente desempenhavam algum papel na determinação do seu grau de ansiedade quanto a contrair HIV.

Mark reconheceu desde o início das discussões que a sua ansiedade não estava principalmente vinculada aos medos dos perigos físicos do HIV. Ele reconheceu que, mesmo que desenvolvesse HIV, ele teria acesso a medicações que possibilitariam manejar a doença. Em vez disso, ele temia que as pessoas pensassem que ele havia sido infiel a sua esposa e, consequentemente, pensassem mal dele. A ameaça era aos seus valores morais e à sua posição na comunidade. Mark descreveu como seu pai tinha sido infiel em alguns momentos, quando se encontrava em períodos de elação e mania. Mark sabia que isso se devia em parte à característica do transtorno bipolar do seu pai, uma condição que ele não compartilhava. Mesmo assim, Mark se lembrava do quanto magoava sua mãe quando seu pai tinha relações sexuais com outras mulheres. Mark acreditava que ele deveria ter aprendido com essa experiência para nunca agir irresponsavelmente. Para reforçar o ponto de que ele não queria ser visto pelos outros como sexualmente irresponsável, Mark não tinha a preocupação de pegar hepatite C ou outra infecção relacionada ao sangue porque elas não tinham o mesmo estigma ligado a elas.

Como mostra a Figura 6.12, as preocupações de Mark com o HIV eram desencadeadas por inúmeros eventos, que variavam desde marcas vermelhas em uma xícara até nadar em piscinas públicas. Depois de desencadeada, Mark tinha dificuldades para lidar com a ansiedade causada pelo temor de ter adquirido HIV e pelo pressuposto subjacente: "Se eu tiver HIV, os outros vão achar que eu fui infiel a Clare e vão pensar mal de mim.". Ele empregou as mesmas estratégias de esquiva e o comportamento de verificação que caracterizavam seu TOC. O seu comportamento de verificação incluía buscar a tranquilização de Clare de que ele não havia contraído o HIV e analisar seu corpo na busca de sinais de infecção ou de saúde ruim. Ele reconheceu que estava alerta e vigilante quanto a sangue e fluidos corporais no ambiente ao seu redor, frequentemente evitando situações em que poderia entrar em contato com eles. Um teste negativo para HIV neutralizou temporariamente a sua ansiedade até o ciclo recomeçar.

A conceitualização sobre as preocupações de Mark com o HIV era tão parecida com as que foram formadas para o humor deprimido e o TOC de Mark que isso lhe causou surpresa. Ele achava que as suas preocupações com a saúde fossem completamente diferentes das suas outras dificuldades presentes. A semelhança deste modelo com os formulados anteriormente na terapia ajudou esta conceitualização a servir a uma função útil, a de agir como uma explicação alternativa no tratamento das suas preocupações com o HIV.

Desencadeantes	Mancha vermelha na xícara de café Piscina pública Possível sangue ou fluido
	↓
	Pensamento intrusivo "Pode haver sangue ou fluidos e eu vou pegar HIV."
	↓
Pressuposto subjacente	"Se eu tiver HIV, os outros vão achar que eu fui infiel a Clare e vão pensar mal de mim."
	↕
Ciclos de manutenção	Ansiedade
	Verificação / Esquiva
	Busco a tranquilização de Clare. / Evito beber em xícaras. Examino o corpo buscando sinais / Evito nadar em piscinas. ou sintomas de que o meu sistema imune está se deteriorando; Testes clínicos de HIV.

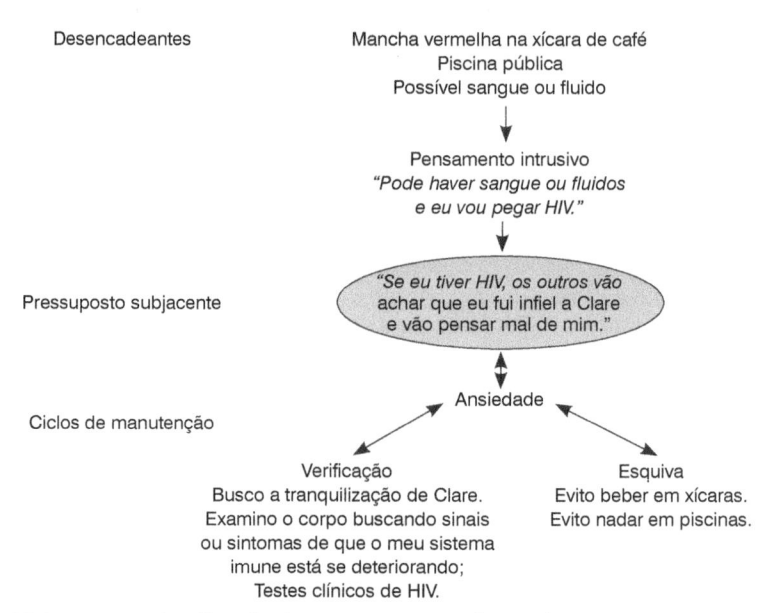

Figura 6.12 Uma conceitualização das preocupações de Mark com o HIV.

Salkovskis (1999) descreve a inutilidade de tentar provar a alguém que um resultado futuro temido não irá acontecer. Mesmo um teste de HIV não fez com que Mark parasse de se preocupar; aliviou a sua ansiedade apenas temporariamente. Salkovskis descreveu a utilidade do desenvolvimento de uma teoria (teoria B) para confrontar com a explicação que causa angústia (teoria A). Para Mark, a teoria A: "Você contraiu HIV" pode ser avaliada em comparação com a conceitualização da teoria B: "Você está apenas preocupado quanto a contrair HIV e ser julgado socialmente". Os custos da manutenção da teoria A original foram enfatizados pela terapeuta de Mark, que usou uma série de metáforas e analogias (Blenkiron, 2005) para ajudá-lo a ver que os seus melhores esforços para se manter em segurança na verdade mantinham o problema e impunham um grande custo em tempo, dinheiro, angústia e redução da qualidade de vida. Essa abordagem ajudou Mark a começar a observar que a teoria B, a conceitualização da Figura 6.12, era uma visão mais adequada das suas experiências e menos absorvente.

Mark conseguiu ver os paralelos entre os pensamentos intrusivos que desencadeavam suas preocupações com o HIV e os que acionavam o seu comportamento de verificação do TOC. As discussões com sua terapeuta o ajudaram a reavaliar a infecção por HIV como uma questão que não refletia imoralidade ou irresponsabilidade. Mark reconheceu que as pessoas podem adquirir HIV de diferentes formas, e isso ajudou a reduzir a avaliação negativa que ele vinculava a adquirir HIV, reduzindo a sua ansiedade a respeito. Foram usados os métodos *standard* de exposição e de prevenção de resposta para expor Mark a riscos potenciais percebidos, tais como xícaras de café e a piscina pública. Mark também parou com outros comportamentos de manutenção como a busca da tranquilização de Clare e a realização de testes de HIV.

ESTUDAR COMO ESTÃO VINCULADAS AS DIFICULDADES ATUAIS

Sempre que possível, as conceitualizações devem destacar os pontos em comum entre as dificuldades atuais. Mark e a sua terapeuta notaram características comuns em operação entre as dificuldades presentes quanto ao humor deprimido, ao TOC e às preocupações com a saúde. Cada uma delas tinha desencadeantes que estavam centrados em temas relativos a erros ou a risco de resultados negativos. Esses desencadeantes traziam à tona temas de fracasso e de responsabilidade que aumentavam o seu humor deprimido e a ansiedade de Mark. Mark tentou lidar com seu o humor angustiado, tanto a depressão quanto a ansiedade, por meio da esquiva, da verificação e da ruminação. Como resultado dessas semelhanças, Mark e a sua terapeuta construíram uma conceitualização mais genérica do seu sofrimento emocional, conforme mostra a Figura 6.13. Esse modelo geral destaca os desencadeantes, as crenças e os fatores de manutenção comuns à depressão e à ansiedade de Mark. No Capítulo 7, Mark e sua terapeuta ligam esses modelos conceituais explanatórios aos fatores predisponentes e protetores, ajudando-o a entender por que ele é vulnerável a essas questões particulares.

Desencadeantes

Pensamentos perturbadores
Pensar nos erros e nas
responsabilidades
ou notar sangue

Crenças Centrais
"Eu sou um fracasso."
"Eu sou responsável."

Pressupostos subjacentes
"Se eu quiser ser visto como competente, preciso fazer tudo bem."
"Eu estou vigilante, portanto consigo evitar que aconteçam coisas ruins."

Ciclos de manutenção — Verificar e ruminar ↔ Humor Deprimido e ansioso ↔ Evitar

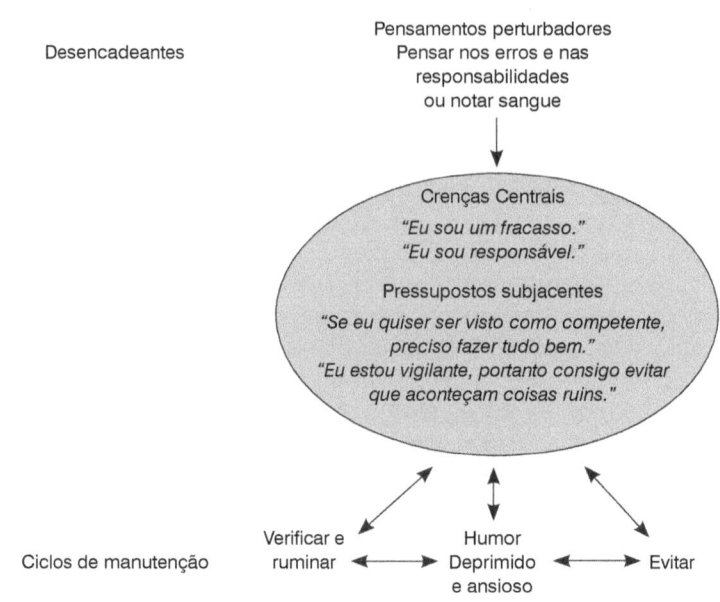

Figura 6.13 Uma conceitualização unificada do humor deprimido, do TOC e das preocupações com HIV de Mark.

Alguns leitores podem se perguntar por que a terapeuta não começou com um modelo conceitual unificado similar ao mostrado na Figura 6.13. Existem várias razões. Primeiro, a conceitualização de caso é um processo que tipicamente começa com modelos descritivos simples e se desenvolve ao longo do tempo até modelos explanatórios mais elaborados. No início da terapia, um terapeuta experiente pode visualizar muito bem o esboço de um modelo explanatório elaborado que inclui as crenças, os fatores desencadeantes e de manutenção de muitas das dificuldades presentes. No entanto, ao desenvolver a conceitualização ao longo do tempo, usando uma abordagem colaborativa e empírica, o cliente participa integralmente do processo. A participação ativa do cliente assegura que testes e equilíbrio estejam no lugar dos erros heurísticos do terapeuta em cada nível de conceitualização (Capítulos 2 e 3).

Segundo, se a teoria e a pesquisa sobre um transtorno específico representam as dificuldades presentes de um cliente, o modelo específico para o transtorno tem supremacia devido ao seu suporte empírico. Somente dando tempo para descrever as dificuldades atuais (Capítulo 5) e para desenvolver modelos explanatórios mais simples é que o terapeuta poderá definir os modelos específicos para o transtorno que melhor se adaptam. Conforme ilustrado neste capítulo, como esses modelos explanatórios foram derivados das próprias observações de Mark, ele considerou as suas implicações com a mente aberta. Enquanto examinavam o humor, o comportamento de verificação e os temores do HIV, Mark e a sua terapeuta conseguiram testar a adequação dos três modelos específicos do transtorno, e Mark ficou motivado para seguir os planos de tratamento da sua companheira. Nosso argumento é de que a conceitualização colaborativa e empírica dos desencadeantes e dos fatores de manutenção que é realizada passo a passo é mais importante do que a velocidade ou a generalidade do modelo escolhido. Os modelos conceituais podem ser revisados; eles são os meios para chegar a um fim, não um fim em si mesmo.

RESULTADOS DO PROCESSO NO CALDEIRÃO

De acordo com nossa tese, os dois propósitos fundamentais da conceitualização de caso são o alívio do sofrimento e o desenvolvimento da resiliência. Até que ponto as conceitualizações explanatórias desenvolvidas por Mark e pela sua terapeuta promoveram esses objetivos? Primeiro, considere as reduções no sofrimento do cliente. Na conclusão do seu trabalho sobre os desencadeantes e os ciclos de manutenção, Mark e sua terapeuta examinaram sua lista das dificuldades presentes. Eles observaram melhoras no humor, redução nos comportamentos de verificação do TOC e diminuição das preocupações quanto ao HIV. Mark disse à sua terapeuta que achava que tinha atingido alguns dos seus objetivos de curto e médio prazo, especialmente em relação ao humor deprimido (Quadro 5.5). Ele classificou seu humor como 5 ou 6 durante a maior parte do tempo. Mark relatou diminuição na esquiva e na ruminação e um desempenho geral mais efetivo no trabalho. Ele também comentou sobre um aumento na variedade e na quantidade de atividades gratificantes durante a sua semana. Mark relatou melhoras similares em relação à verificação e a suas preocupações com o HIV. Isto foi corroborado com a repetição da administração do BDI-II e BAI em cada sessão, indicando uma redução para 12 na depressão e no BAI para 14 na sessão de número 15. As medidas do TOC introduzidas na sessão 10 (p. ex., Inventário de Pádua; Sanavio, 1980) também demonstraram o impacto das intervenções no TOC.

Em termos de resiliência, Mark relatou aumento no uso de métodos para lidar com as situações ligados à resiliência, tais como ser mais ativo na resolução de problemas, aceitar as dificuldades e os erros como "parte normal da vida" e apreciar mais a sua capacidade de contribuir com a sua família e o seu local de trabalho. A crescente convicção de Mark sobre as desvantagens da esquiva, da ruminação e da verificação lhe deu uma nova determinação para aprender abordagens alternativas para lidar com a sua angústia. O ponto até onde ele terá sucesso nesses esforços irá fortalecer a sua resiliência futura.

Pode ser tentador encerrar a terapia neste momento. Para muitos clientes, especialmente aqueles com o início mais recente dos problemas, as conceitualizações explanatórias são suficientes para atingir um resultado positivo e assegurar que seja baixo o risco de recaída. Contudo, Mark relata dificuldades crônicas nessas áreas e uma propensão a recaídas após um período em que se sente melhor. Por essas razões, a sua terapeuta acredita que ele pode ser mais ajudado e talvez ficar bem por mais tempo se eles levarem em consideração mais outras questões. Primeiramente, o que levou essas dificuldades a se desenvolverem originalmente; ou seja, o que predispôs Mark a esses problemas? Segundo, Mark poderá atingir seus objetivos de prazo mais longo, permanecer bem e mostrar maior resiliência no futuro? O próximo capítulo mostra como Mark e a sua terapeuta investigam esses pontos importantes.

Resumo do Capítulo 6

- As conceitualizações explanatórias respondem à pergunta: "Por que isso continua acontecendo comigo?"
- As conceitualizações explanatórias em geral surgem de um processo de quatro estágios:
  – Reunir e descrever diversos exemplos específicos.
  – Identificar desencadeantes específicos e fatores de manutenção por meio do exame colaborativo, procurando temas e pontos em comum entre esses exemplos. Avaliar os fatores desencadeantes e de manutenção à luz de modelos existentes baseados em evidências para a dificuldade atual e "adequação" às experiências posteriores do cliente.
  – Escolher intervenções com base na conceitualização explanatória.
  – Examinar e revisar o modelo conceitual com base nas observações dos efeitos das intervenções escolhidas. O modelo é adequado e as intervenções ajudam conforme esperado?
- Esses quatro passos são repetidos para outras dificuldades presentes. Terapeuta e cliente consideram se as dificuldades presentes estão ligadas entre si por fatores desencadeantes e de manutenção em comum.
- Os fatores desencadeantes e de manutenção são considerados em relação ao começo das dificuldades atuais para determinar se os temas presentes no aqui e agora eram evidentes no começo.
- Por fim, o valor de uma conceitualização explanatória é julgado em termos de se ela conduz a intervenções que reduzem o sofrimento do cliente e aumentam a sua resiliência.

7

"O meu futuro se parece com o meu passado"
Conceitualizações explanatórias longitudinais

MARK: Eu estou melhor. Aquela sensação de estar deprimido todo o tempo já passou em sua maior parte; isso fez uma grande diferença, especialmente no trabalho. (*Dá um leve sorriso.*)

TERAPEUTA: Você fez verdadeiros progressos, Mark, e isso se deve ao trabalho árduo que você investiu na terapia. Estou satisfeita por você porque melhorar as coisas no trabalho era uma alta prioridade para você quando começamos a trabalhar juntos. (*Sorri estimulando e depois, aproveitando a comunicação não verbal de Mark, continua:*) Eu estou percebendo um "porém" no que você está dizendo.

MARK: (*Faz uma pausa, sorri de leve novamente e depois começa a parecer desesperançado.*) Sim, no sábado passado pela manhã tivemos uma briga em casa que me abalou, particularmente porque parecia que eu realmente estava fazendo progressos.

TERAPEUTA: Conte-me o que aconteceu e vamos ver o que conseguimos entender.

MARK: Eu havia tido uma semana difícil no trabalho e, em sua maior parte, manejei bem as situações. Mas quando acordei no sábado de manhã, eu imediatamente comecei a me preocupar, você sabe, todos aqueles pensamentos familiares sobre "Eu não fiz aquele relatório tão bem quanto deveria", "O meu chefe percebeu que eu estava atrasado para a reunião de equipe e acha que eu não estou à altura do meu cargo", etc...

TERAPEUTA: Então, como você lidou com a preocupação?

MARK: (*interrompendo*) Eu ainda não terminei. A minha filha Jéssica entrou no quarto. Eu e ela combinamos que a primeira coisa que faríamos no sábado de manhã seria irmos nadar. (*Levanta os olhos.*) Nós temos feito isso como uma rotina de pai e filha, durante os últimos meses. De qualquer modo, ela entrou com os olhos brilhando e (*parecendo envergonhado*) fingi que estava dormindo. Eu não tinha vontade de levantar para fazer isso. Simplesmente fiquei deitado pensando: "Eu não consigo fazer isso hoje".

> **NA CABEÇA DA TERAPEUTA**
>
> A terapeuta observa que Mark está identificando uma origem de pensamentos automáticos – "Eu não fiz aquele relatório tão bem quanto deveria", "O meu chefe percebeu que eu estava atrasado para a reunião e acha que não estou à altura do meu cargo" – que são consistentes com o pressuposto subjacente: "Se eu quiser ser visto como competente, preciso fazer tudo bem" e crenças centrais relacionadas aos temas do fracasso e da responsabilidade identificados anteriormente (veja o Capítulo 6). Ela também observa que Mark começou a ir nadar com sua filha nas manhãs de sábado, evidenciando que ele fez progressos no seu objetivo de "Ir nadar com meus filhos na piscina pública" (veja o Capítulo 5). Considerando o progresso de Mark e o fato de que esta é uma sessão de um estágio mais avançado da terapia, ela opta por ver se Mark consegue transferir as habilidades que desenvolveu anteriormente na TCC para lidar de forma resiliente com essa situação em casa.

MARK: (*após uma pausa, continua*) E não acaba por aí. Depois de 10 minutos, Clare entra e explode. Ela diz: "Mark, você prometeu à Jessica que a levaria para nadar. Isso significa muito para ela. Saia da cama e pare de sentir pena de si mesmo. Isso não está certo." Eu fiquei lá, deitado, e me senti um imprestável (*parecendo muito desanimado agora*), mas, por mais que eu tentasse, não conseguia sair da cama e pedi que Clare me deixasse sozinho. Aquilo não caiu muito bem. Ela saiu do quarto esbravejando e dizendo: "Já estou farta de você sentir pena de si mesmo". Eu mesma vou levar as crianças, mas, quando voltarmos, eu quero que você colabore.". Então ela saiu, batendo a porta do quarto com força. (*Dá um leve sorriso.*)
TERAPEUTA: Como é que você ri disso?
MARK: Porque eu me sinto com muita sorte por ter Clare. Ela estava certa; ela me ajudou a sair daquela depressão.
TERAPEUTA: (*Notando a resiliência incluída na declaração de Mark e querendo incentivar a sua crescente autoeficácia.*) Ótimo, então o que você fez para sair da depressão?
MARK: Esperei que todos eles saíssem. E depois saí da cama e preenchi um Registro de Pensamentos, o que foi meio tranquilizador porque estava tudo lá, os mesmos antigos pensamentos e eu consegui responder a eles. Quando eles voltaram eu estava fora da cama e tivemos um bom dia em família depois disso. Eu desviei a minha atenção, algo assim. Aqui está o Registro de Pensamentos. (*Mostra o Registro de Pensamentos, Figura 7.1.*)
TERAPEUTA: OK, vamos examinar isto juntos. (*Mark segura o Registro de Pensamentos enquanto a terapeuta vai lendo.*) O que você quis dizer quando falou "Eu desviei a minha atenção, algo assim" agora há pouco?
MARK: Na verdade, duas coisas. Primeiro, eu estava meio preocupado porque estava acostumado a ter estes tipos de pensamentos sobre o trabalho, mas não tanto sobre a minha família. A minha casa parecia ser uma parte boa da vida, e não foi nada bom ter esses pensamentos inúteis em relação à Clare e às crianças.
TERAPEUTA: E a segunda coisa?

REGISTRO DE PENSAMENTOS

Situação Quem, o que, quando, onde?	Humor Especificar a Classificação 0-100%	Pensamentos automáticos (Imagens)	Evidência que apoia meu(s) pensamento(s) desagradáveis	Evidência que não apoia meus pensamentos desagradáveis	Pensamentos alternativos/balanceados Classificação do quanto eu acredito nisso (0-100%)	Classificação do humor agora (0-100%)
Eu estava em casa na manhã de sábado e não consegui sair da cama.	Ansioso 70%	Eu não fiz aquele relatório tão bem quanto deveria. 90%	Eu fiz o relatório rapidamente antes da reunião.	O relatório era de rotina e não requeria nada de especial.	Esta preocupação é improdutiva; vou trabalhar duro na segunda-feira, quando terei a chance de fazer meu trabalho direito. 95%	Ansioso 20%
	Triste 80%	Meu chefe percebeu que eu me atrasei para a reunião de equipe e acha que não estou à altura do meu cargo. 75%	Meu chefe levantou os olhos quando eu entrei na sala.	Eu não sei o que meu chefe pensou. Ele não pareceu aborrecido.	O mesmo que acima. 95%	Triste 60%
	Com vergonha 60%	Não consigo fazer as coisas direito nem em casa. Clare acha que eu sou um inútil. 95%	Prometi à Jessica que iria nadar. Clare me disse que está farta de mim.	Ontem cuidei das crianças enquanto Clare foi fazer compras e fiz um bom trabalho.	Ela acha que eu sou um bom pai às vezes. 50%	Envergonhado 50%

Figura 7.1 Registro de Pensamentos preenchido por Mark, mostrando o resumo de três pensamentos desagradáveis com as evidências. Registro de Pensamentos de sete colunas. Direitos reservados 1983, 1994 por Christine A. Padesky (www.padesky.com). Adaptado com permissão.

MARK: Bem, você pode ver que, quando eu propus as respostas para os meus pensamentos negativos, na verdade eu não acreditava nas minhas respostas tanto quanto nos pensamentos negativos. (*Parece triste.*)
TERAPEUTA: Mark, neste estágio do nosso trabalho juntos, eu gostaria de sugerir que sempre que você tiver esses retrocessos, você busque o que pode aprender com eles. Os retrocessos nos dão a chance de descobrir se as habilidades que você aprendeu até agora podem ajudá-lo a lidar com os retrocessos no futuro. (*Mark concorda com a cabeça.*) O que você está dizendo é que o pensamento "Eu não consigo fazer as coisas direito nem em casa, Clare acha que eu sou um inútil" foi um pouco como os seus pensamentos no trabalho, e você acreditou mais neste pensamento do que na resposta no seu Registro de Pensamentos (*examinando o formulário juntos*), "Ela acha que eu sou um bom pai às vezes", o qual você classificou como 50% em comparação com 95% para o pensamento automático negativo. Entendi corretamente?
MARK: Sim. Sabe, o sentimento que eu não consegui afastar foi "Eu sou um perdedor". (*faz uma pausa*) Pior do que isso, "Eu sou um perdedor no trabalho e em casa!"
TERAPEUTA: Então, por trás desse pensamento no Registro de Pensamentos, "Eu não consigo fazer as coisas direito nem em casa, Clare acha que eu sou um inútil", havia um pensamento mais abrangente, "Eu sou um perdedor".
MARK: É isso mesmo.
TERAPEUTA: Eu acho ótimo que você tenha conseguido usar as habilidades que aprendeu até agora para sair da sua depressão durante o fim de semana. E vejo que você respondeu com sucesso aos seus pensamentos de preocupação sobre o trabalho (*apontando para o Registro de Pensamentos, Figura 7.1*), que foi suficiente para se divertir com sua família. E também parece que você tem ido à piscina com Jessica nas últimas semanas. Isso é um progresso. Você gostaria de usar algum tempo trabalhando nessa ideia de "perdedor", já que parece ser algo que você está achando difícil de lidar usando as habilidades que aprendeu até agora?
MARK: Sim, eu preciso fazer isso.

Mark fez verdadeiros progressos na sua habilidade de responder aos pensamentos automáticos usando os Registros de Pensamentos. Ele consegue identificar quando começa o pensamento ruminativo e, na maioria das vezes, aprendeu a sair dos padrões de pensamento improdutivos sobre o trabalho. Apesar desse progresso, ele continua mais vulnerável a retrocessos do que a terapeuta espera com base na sua melhora nas medidas do humor (veja o fim do Capítulo 6) e da redução nos seus sintomas de TOC e de ansiedade pela saúde. Quando a terapia focada nos problemas do Eixo I não progride conforme o esperado, pode ser que estejam implicados nas dificuldades atuais pressupostos subjacentes e crenças centrais muito resistentes. O diálogo acima ilustra a dominância do pressuposto subjacente "Se eu quiser ser visto como competente, eu preciso fazer tudo bem", que sustenta seus problemas de humor e de ansiedade (Capítulo 6). Isso também afeta outras partes da sua vida, incluindo a visão que tem de si mesmo como marido e pai. Mark também identifica um pensamento, "Eu sou um perdedor", que lhe ocorreu em diversas áreas da sua vida e que suscita emoções tão fortes que parece ser uma crença central.

Os Registros de Pensamentos são concebidos para ajudar os clientes a testarem os pensamentos automáticos, não os pressupostos subjacentes ou as crenças centrais. Portanto, é compreensível que as tentativas de Mark para lidar com as dificuldades usando um Registro de Pensamentos tenha tido um sucesso apenas parcial. Os experimentos comportamentais que Mark realizou até o momento na terapia abordaram preocupações específicas e crenças centrais relacionadas ao TOC, como "Se eu não verificar o fogão, vai acontecer um desastre e eu serei responsável" e "Se eu cometer um erro, os outros vão me criticar". Ele ainda não usou experimentos comportamentais para testar "Se eu quiser ser visto como competente, eu preciso fazer tudo bem". Para que a terapia de Mark evolua, poderá ser necessário outro nível de compreensão.

Neste capítulo, Mark e sua terapeuta usam a conceitualização longitudinal para explorar como as experiências desenvolvimentais principais levaram aos pressupostos subjacentes e às crenças centrais que ameaçam atrapalhar o seu progresso. Este nível mais alto de conceitualização busca entender as ligações entre a história do seu desenvolvimento, as suas crenças centrais, pressupostos subjacentes, estratégias comportamentais e a sua vulnerabilidade a retrocessos. Ao incorporar os pontos fortes à conceitualização longitudinal de Mark, a sua terapeuta o ajuda a construir um modelo de resiliência que pode ajudar a manter seu progresso no futuro.

POR QUE USAR UMA CONCEITUALIZAÇÃO LONGITUDINAL?

O foco da TCC nos objetivos e a ênfase no presente são frequentemente citados como princípios básicos (p. ex., J. S. Beck, 1995, p. 7-8). Se a TCC é focada no presente e orientada para os objetivos, por que usar uma conceitualização longitudinal? Quando a TCC baseada em uma conceitualização transversal é suficiente para atingir os objetivos do cliente, não é necessário estender a terapia para incluir a conceitualização longitudinal. Na verdade, a menos que haja problemas impregnados e resistentes, por exemplo, em pessoas com transtornos da personalidade, acreditamos que a conceitualização longitudinal não seja tipicamente necessária para atingir os objetivos da TCC de aliviar o sofrimento e de desenvolver resiliência. No entanto, mesmo as dificuldades do Eixo I às vezes mostram uma resposta muito lenta à TCC. Outras vezes, as respostas terapêuticas positivas alcançadas nos problemas do Eixo I parecem frágeis e altamente vulneráveis à recaída. Nesses casos, as conceitualizações longitudinais podem ajudar a decifrar os pressupostos subjacentes e as crenças centrais que interferem nos resultados positivos mais duradouros.

Como é que um foco no passado poderá ajudar Mark a seguir em frente para atingir seus objetivos? Por sua própria natureza, os pressupostos subjacentes e as crenças centrais tendem a persistir nas situações e ao longo do tempo. Eles são frequentemente aprendidos através de experiências importantes durante o desenvolvimento (Beck, 1976). As pessoas aprendem crenças centrais aos pares (p. ex., "Eu sou um perdedor" balanceada por "Eu tenho valor"), com uma dessas duas crenças sendo ativada por vez, dependendo do humor da pessoa e das suas circunstâncias de vida. Quando uma crença central é ativada na maior parte do tempo, independente do humor e da situação, isto pode ser um sinal de que uma crença alternativa que faz par com ela está muito fraca ou ausente. Nessas circunstâncias, em geral é necessário empregar métodos terapêuticos concebidos para desenvolver e para fortalecer novas crenças centrais (Padesky, 1994a). Igualmente, os pressupostos subjacentes que persistem em múltiplas circunstâncias da vida são improváveis de mudarem a menos que sejam testados diretamente por meio de experimentos comportamentais.

Durante o diálogo de abertura deste capítulo, a terapeuta de Mark se pergunta:
- Por que os ganhos de Mark não estão se mantendo?
- Por que Mark está sendo atraído de volta para antigos padrões?

As conceitualizações longitudinais oferecem respostas a essas perguntas. As conceitualizações longitudinais:
- Explicam por que está havendo um progresso limitado ou de curta duração com as conceitualizações transversais baseadas nos desencadeantes e nos fatores de manutenção.
- Explicam por que os problemas persistem nas situações e ao longo do tempo ao sugerirem como as experiências principais do desenvolvimento moldaram as crenças centrais do paciente, os pressupostos subjacentes e as estratégias para lidar com as dificuldades.
- Predizem reações futuras similares do cliente, recomendando, assim, o foco da terapia na resiliência e também na prevenção e no manejo de recaídas.

Coerente com nosso princípio de que níveis mais elevados de explicação surgem durante o curso da terapia, uma conceitualização longitudinal tipicamente se desenvolve a partir de uma conceitualização transversal. Esta é frequentemente uma característica da segunda metade e dos estágios posteriores da terapia. Assim, as conceitualizações dos desencadeantes e dos fatores de manutenção das dificuldades atuais de Mark (Capítulo 6) servem como ponto de partida para a construção de uma conceitualização longitudinal de como suas crenças e estratégias se desenvolveram. Na verdade, as conceitualizações longitudinais podem ser encaradas como uma forma especial de explicação transversal em que a conceitualização é vista através das lentes da história do desenvolvimento do cliente. As conceitualizações longitudinais perguntam: "Como foram aprendidas estas crenças centrais, pressupostos subjacentes e estratégias para lidar com as situações? Por que alguns temas são desencadeantes mais potentes do que outros? Que fatores contribuíram para os padrões de manutenção? Como os pontos fortes da pessoa impedem que as dificuldades atuais piorem?"

Ao proporcionar um entendimento de como as dificuldades atuais se desenvolveram ao longo do tempo, a conceitualização longitudinal oferece uma orientação para conceber intervenções que possam romper com as crenças impregnadas e com os padrões comportamentais conectados ao sofrimento e desenvolver a resiliência.

COMO CONSTRUIR UMA CONCEITUALIZAÇÃO LONGITUDINAL

As conceitualizações longitudinais se desenvolvem reiteradamente em duas fases. Primeiramente, terapeuta e cliente constroem uma conceitualização que usa a teoria cognitivo-comportamental para vincular as dificuldades presentes do cliente à história do seu desenvolvimento. A seguir, a conceitualização é usada para definir intervenções que possam ajudar a romper as crenças impregnadas e os padrões comportamentais que mantêm as dificuldades atuais. Além disso, as intervenções frequentemente são concebidas para fortalecer crenças e padrões comportamentais que são mais funcionais para o cliente. Os resultados da intervenção e o aprendizado que estes estimulam proporcionam um *feedback* para a conceitualização, seja confirmando ou então sugerindo modificações para ela. Conforme mostrado na Figura 7.2, a terapia se move entre estas duas fases de (1) conceitualização longitudinal e (2) intervenção baseada na conceitualização. Cada fase é informada pelas respostas do terapeuta e do cliente à pergunta: "O quanto a conceitualização está adequada?"

Passo 1
Explica as dificuldades atuais, usando a história desenvolvimental do cliente e a teoria da TCC

O quanto a conceitualização está adequada?

Passo 2
Intervenções que
1. Rompem crenças antigas e padrões comportamentais
2. Desenvolvem novas crenças e padrões comportamentais

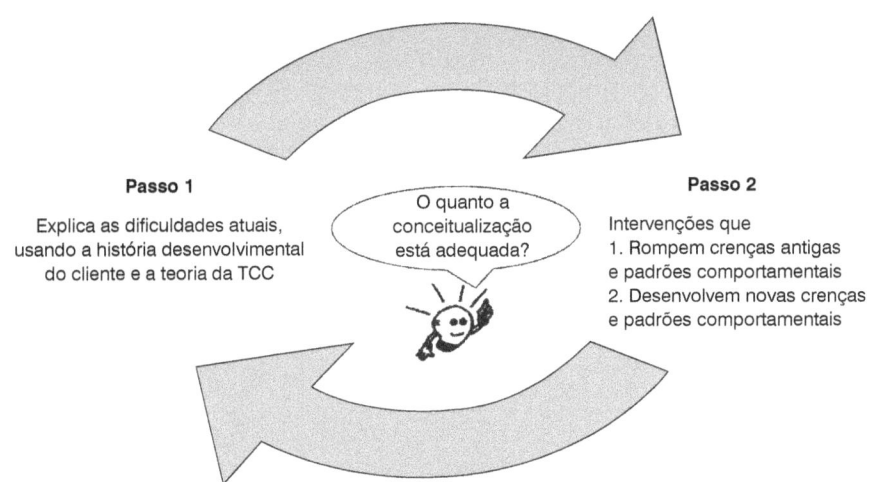

Figura 7.2 Passos na construção de uma conceitualização longitudinal.

Passo 1: usar a teoria da TCC para vincular as dificuldades atuais à história do desenvolvimento do cliente

Mark fez bons progressos na direção dos seus objetivos durante as fases intermediárias da terapia, usando as abordagens tradicionais da TCC (Capítulo 6). No entanto, como vimos no diálogo de abertura deste capítulo, seu humor e os problemas de ansiedade reapareceram em uma manhã de sábado junto às crenças relacionadas a ansiedades familiares ("Se eu quiser ser visto como compe-tente, eu tenho que fazer tudo bem" e "Eu sou um perdedor") e às estratégias (ruminação e retraimento). Tais experiências são compatíveis à conceitualização transdiagnóstica que Mark e a sua terapeuta desenvolveram para explicar a manutenção das dificuldades presentes (Figura 6.13). Assim sendo, a terapeuta opta por usar este modelo e acrescenta a ele uma camada de desenvolvimento. Ela pede que Mark acrescente a crença central "Eu sou um perdedor" na seção Crenças Centrais da Figura 6.13. Se Mark e a sua terapeuta ainda não desenvolveram um modelo unificado das suas dificuldades atuais, eles podem fazê-lo agora pelo exame das suas conceitualizações transversais, destacando o conteúdo temático em comum nos desencadeantes, nas crenças e nas estratégias de manutenção.

Com base na história desenvolvimental (veja seu Formulário de Auxílio à Coleta da História no Apêndice 5.1 e informações da avaliação inicial no Capítulo 5), a terapeuta pode formar hipóteses a respeito das origens desenvolvimentais das dificuldades atuais do cliente. Mark descreveu várias experiências que podem explicar suas crenças e estratégias comportamentais, e a sua terapeuta está curiosa a respeito dos significados que ele atribuiu a cada uma dessas experiências. A terapeuta se mostra aberta para examinar toda a história do desenvolvimento de Mark para que possam responder às seguintes perguntas:

- Mark tem uma longa história de depressão. O que desencadeou o seu primeiro episódio depressivo no final da adolescência?
- As preocupações excessivas de Mark com a saúde começaram mais ou menos na mesma época. Aconteceu alguma coisa aos 18 anos, além da experiência sexual sem proteção que ele descreveu (veja o Capítulo 6), que poderia explicar como a ansiedade pela saúde de Mark se desenvolveu e persistiu?
- O pai de Mark sofria de transtorno bipolar e tentou suicídio quando Mark tinha 8 anos de idade. Isso impôs uma considerável tensão financeira e emocional na família. A relação de Mark com seu pai é complexa (Capítulo 5 e 6). Como isso afetou Mark e o que ele aprendeu sobre si mesmo, sobre os outros e sobre o mundo?
- Enquanto ele crescia, a mãe de Mark era bastante crítica e muitas vezes ficava muito preocupada com a saúde mental do seu pai. Mesmo

agora, ela é muito crítica com Mark e Clare. Que crenças e estratégias Mark aprendeu na relação com a sua mãe?
- O irmão de Mark, David, é alguns anos mais novo. Às vezes sua mãe pedia que ele assumisse um papel mais paterno do que de irmão em relação a David. O que isso significou para Mark? O que ele aprendeu sobre si mesmo, sobre os outros e sobre o mundo?
- Mark tinha um relacionamento importante com seu avô, que fez o papel de modelo e o apoiou durante os tempos difíceis, incluindo os meses seguintes à tentativa de suicídio do seu pai. Que impacto essa relação causou em Mark?
- A música foi uma atividade importante e prazerosa para Mark durante toda a sua vida. Como esse interesse positivo informa uma conceitualização longitudinal?
- Existem outras experiências de vida ainda não mencionadas que foram influentes no desenvolvimento de Mark?

Em resumo, a terapeuta está curiosa sobre como as experiências iniciais de Mark moldaram suas crenças centrais, seus pressupostos subjacentes mais duradouros e suas formas de lidar com as dificuldades.

Uma visão desenvolvimental da crença central de Mark "eu sou um perdedor"

Para desenvolver uma conceitualização longitudinal, a terapeuta de Mark começa com uma investigação direta das origens desenvolvimentais da crença central que está em primeiro plano na mente de Mark: "Eu sou um perdedor". Surge então uma lembrança central e emocional que está em consonância com os temas no Registro de pensamentos de Mark.

TERAPEUTA: Mark, você disse que esta crença, "Eu sou um perdedor", é algo de que você não consegue se livrar. Essa ideia apareceu mais de uma vez nos seus Registros de Pensamentos e em nossas sessões. Parece que esta pode ser uma crença central para você, uma crença que é central para a forma como você pensa sobre si mesmo.
MARK: Sim, eu acho que é. (*parecendo desanimado*) Eu geralmente me sinto como um perdedor.
TERAPEUTA: Há quanto tempo você diria que pensa assim sobre si mesmo? Você consegue lembrar quando pensou pela primeira vez que era um perdedor?
MARK: (*sem hesitação*) Sim, claramente, eu me lembro de um determinado dia. (*A terapeuta o convida a dar mais detalhes.*) Acho que eu tinha uns 8 anos e meu irmão David era bem mais moço. Nós estávamos hospedados na casa do meu avô. Isso foi depois que meu pai tentou se matar. Estávamos na casa do meu avô há algumas semanas e não sabíamos o que estava acontecendo. (*Parece angustiado enquanto descreve esta lembrança; ele parece estar revivendo a cena.*) Eu não entendia, eu simplesmente não entendia o que estava acontecendo. Eu não sabia se ia perder meu pai, não sabia o que ele havia feito. O que eu tinha feito? Eu simplesmente não sabia. (*Quase chorando, mas*

se recompõe e continua.) Minha mãe veio nos visitar, e obviamente eu realmente queria saber o que estava acontecendo. Ela não gostava de ser questionada; você nunca sabia quando ela iria explodir. Durante a visita ela estava fingindo que nada tinha acontecido. O meu avô percebeu a situação; ele sabia que David e eu queríamos saber como papai estava, então ele perguntou. Bem, a aparência que o rosto dela assumiu eu ainda posso ver agora. (*Seu rosto e postura parecem desabar.*)
TERAPEUTA: Qual era a aparência? Você consegue colocar em palavras?
MARK: (*Esforça-se para encontrar as palavras.*) Foi como um lampejo de raiva, seguido por um olhar de acusação. (*A essas alturas ele visivelmente se fecha e acena negativamente com a cabeça*).

> **NA CABEÇA DA TERAPEUTA**
>
> A terapeuta observa que o afeto e a postura de Mark comunicam informações importantes sobre a ativação dessa lembrança. Ele começa a se fechar e fica visivelmente abalado quando interpreta a raiva e a acusação da sua mãe. A terapeuta levanta a hipótese de que o esforço de Mark para encontrar uma linguagem adequada indica que ele está se sentindo e pensando como uma criança de 8 anos e revivenciando o evento com se estivesse acontecendo agora. Ela está atenta para transmitir receptividade, apoio e atenção, porque as crenças centrais negativas de Mark sobre si mesmo e sobre os outros provavelmente serão ativadas junto a esta lembrança. Neste momento, ele está particularmente propenso a ver a si próprio como inútil e aos outros, incluindo a terapeuta, como críticos.

TERAPEUTA: Mark, você pode olhar para mim? (*Ele olha.*) Esta lembrança é perturbadora, eu sei, mas se conseguirmos entendê-la um pouco melhor, isso nos ajudaria a fazermos progresso. Você pode dizer o que está sentindo nessa cena?
MARK: (*Esforçando-se para encontrar as palavras certas.*) Culpa? Envergonhado, eu acho.
TERAPEUTA: E o que está passando pela sua mente?
MARK: Que foi minha culpa, que de alguma forma eu fui responsável. Eu deveria cuidar de David, ajudar minha mãe com os afazeres, contar a ela se notasse algo de errado com o meu pai, e parecia que eu nunca fazia direito. (*Começa a chorar.*)
TERAPEUTA: (*empaticamente*) O que esta acontecendo neste momento?
MARK: Eu me sinto um inútil, tão impotente. Eu queria fugir e me esconder.
TERAPEUTA: Tudo bem, não tenha pressa. É dolorido conectar-se novamente a esses sentimentos. (*Segue-se um período de silêncio enquanto eles ficam sentados quietos. A respiração de Mark se regulariza e ele retoma a compostura.*) Tem alguma coisa que você vivenciou em outros momentos durante o crescimento?
MARK: Eu frequentemente sentia que nunca conseguia fazer as coisas direito, que o que eu fazia nunca era suficientemente bom para a minha mãe (*faz uma pausa*). E que eu tinha que ser responsável por observar o humor do meu pai... que de alguma forma a sua tentativa de suicídio era minha culpa.
TERAPEUTA: Este sentimento de ser inútil, impotente, de querer desaparecer – é algo que você vivencia agora, já adulto?

MARK: Ah, sim, cada vez que eu me sinto deprimido e fico na cama, isto é exatamente o que estou sentindo. Na manhã de sábado, quando Clare entrou, é *exatamente* como eu me senti. Eu fiquei lá, deitado, me sentindo enjaulado por meus pensamentos e sentimentos, incapaz de sair da depressão. É por isso que eu meio que me fecho e fico hibernando.

TERAPEUTA: É preciso muita coragem para se defrontar com esses sentimentos e lembranças. Se eu entendi corretamente, essa crença sobre ser um perdedor data de pelo menos quando você tinha 8 anos e tinha o sentimento de que nunca conseguiria fazer o suficiente na sua família para que tudo ficasse bem e manter seu pai bem? (*Mark concorda com a cabeça.*) E agora, já adulto, quando as coisas parecem demais para você no trabalho ou em casa, ou talvez os dois, você entra em contato com pensamentos e sentimentos muito parecidos e não consegue se livrar deles com facilidade – você se sente enjaulado por eles. Parece que é isso que aconteceu na manhã de sábado e pode nos ser útil para explicar por que o Registro de Pensamentos ajudou com os seus pensamentos de preocupação, mas ajudou apenas um pouco com o seu pensamento sobre Clare vê-lo como um inútil.

MARK: (*mais animado*) E então eu fico bravo comigo mesmo por ser assim; você sabe, eu via o meu pai quando ele estava deprimido e a forma como aquilo afetava a minha família. Eu não quero ser assim! (*mais suavemente*) Eu não quero afetar a minha família da mesma forma.

TERAPEUTA: Eu posso entender.

MARK: (*Acena com a cabeça novamente; sua postura melhora.*) O que eu posso fazer quanto a isso?

TERAPEUTA: Talvez você possa começar por escrever alguma coisa no seu caderno da terapia para registrar o que estamos conversando. (*Mark escreve "perdedor" e "impotente" no seu caderno e depois desenha uma gaiola em torno dos pensamentos.*) Posso ver como você se sente enjaulado por esses antigos padrões de pensamento. Esta é uma maneira útil de representá-lo?

MARK: Sim, exceto por eu querer ser diferente.

Os problemas persistentes de humor de Mark são sustentados por crenças que estão tematicamente ligadas a experiências passadas. Quando são ativadas suas crenças centrais de que ele é "inútil" e "um perdedor", a intensidade das reações de Mark frequentemente parece em desacordo com os desencadeantes situacionais atuais. No entanto, as suas reações fazem sentido perfeitamente no contexto do seu passado. É compreensível que uma criança de 8 anos de idade que acha que sua mãe lhe deixa responsável pela saúde mental do seu pai pense em si mesma como inútil quando descobre que não consegue influenciar o humor instável do seu pai. Discussões como esta acima normalizam as crenças centrais ao colocá-las dentro do seu contexto original. Ao mesmo tempo, elas preparam o terreno para que Mark diferencie as suas experiências adultas das que pertencem à sua infância. Ele afirma enfaticamente que não quer comportar-se como seu pai. Ao anotar suas crenças centrais e desenhar uma gaiola em torno delas, ele começa a ver essas crenças e comportamentos por um ângulo diferente.

Uma visão desenvolvimental das estratégias de manutenção de Mark

Mark também examinou suas estratégias de manutenção através das lentes da história do seu desenvolvimento. As análises funcionais e os Registros de Pensamentos (Capítulo 6) revelaram o valor da ruminação de Mark com a intenção de lidar com as dificuldades: ele ruminava para manejar os sentimentos de ansiedade e de tristeza. Quando vinculada às experiências infantis precoces, Mark identificou que a ruminação se desenvolveu como uma estratégia adaptativa para lidar com as dificuldades. As demandas que a sua família tinha para com ele iam muito além das suas capacidades desenvolvimentais. Mark relembrou da sua ideia fixa quando menino: "Eu achava que se eu me preocupasse, isso me ajudaria a ficar mais bem preparado. Se eu conseguisse antecipar os problemas, eu poderia impedir que as coisas piorassem. Cada dia sem algum desastre me convencia de que isso funcionava.".

Mark e a sua terapeuta acrescentaram essas experiências desenvolvimentais relevantes à conceitualização do seu ciclo de manutenção mostrado anteriormente na Figura 6.13. A conceitualização longitudinal resultante vincula as crenças de Mark às suas experiências precoces e é apresentada na Figura 7.3. Isto marca o começo da compreensão das suas crenças e estratégias através das lentes da sua história desenvolvimental. Como enfatizam as pesquisas (Chadwick et al., 2003; Evans e Parry, 1996) e os trabalhos clínicos (Padesky, 1994a), esse processo pode ser emocional e por vezes difícil para os clientes. É importante que os terapeutas se assegurem de que este seja um processo construtivo. Os terapeutas fazem isso por meio da estimulação da autocompaixão do cliente e da incorporação dos seus pontos fortes.

Estimulando a autocompaixão dos clientes

Uma das razões para se desenvolverem conceitualizações longitudinais é ajudar os clientes a entenderem as origens das suas crenças e verem que elas fazem sentido no contexto do seu desenvolvimento. Mesmo quando as crenças são claramente falsas (p. ex., "É minha culpa que meu pai tenha tentado se matar"), pode ser terapêutico que o cliente veja como essas interpretações parecem lógicas para a mente de uma criança pequena.

Os altos níveis de responsabilidade esperados de Mark, a montanha russa do humor e o choque da tentativa de suicídio de seu pai e a preocupação da sua mãe com o marido eram realidades da infância de Mark. A recordação de que sua mãe em certo grau o deixou responsável pelas dificuldades familiares está consistente com as afirmações atuais do que a mãe faz para ele. Fica evidente com os pressupostos subjacentes de Mark ("Se eu quiser ser visto como útil, eu preciso ser responsável e fazer tudo bem") e as suas estratégias (alto padrão no trabalho, assumir muitas responsabilidades) eram adaptativos na família de Mark quando ele era criança.

Conceitualização de casos colaborativa 239

História do desenvolvimento
Meu pai sofria de transtorno bipolar, tinha muitas oscilações de humor e teve uma tentativa de suicídio quando eu tinha 8 anos.
As preocupações da minha mãe sobre a saúde mental do meu pai fizeram com que ela me atribuísse uma grande responsabilidade pelo meu irmão menor, David.
Minha mãe me criticava muito.

⬇

Crenças centrais
Eu sou um inútil, um perdedor, impotente.

⬇

Pressupostos subjacentes
Se eu quiser ser visto como competente, preciso fazer tudo bem.
Se eu não fizer tudo bem, serei visto como incompetente.

Ciclos de manutenção

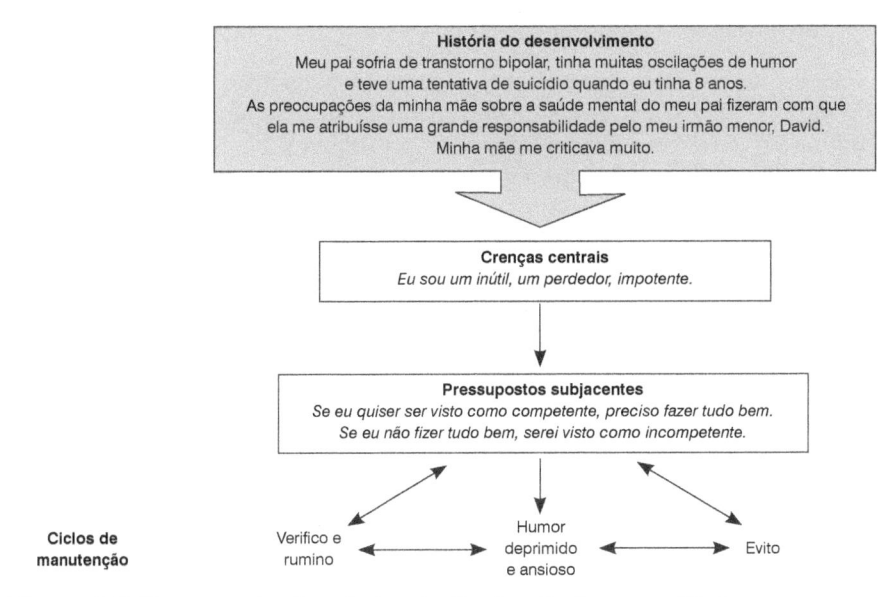

Verifico e rumino ⇄ Humor deprimido e ansioso ⇄ Evito

Figura 7.3 Uma conceitualização longitudinal preliminar para Mark.

Os processos de conceitualização longitudinal colaborativa deram a Mark uma perspectiva para que ele pudesse entender e normalizar as suas reações quando criança:

> "Eu observo os meus filhos, Jéssica e James, e o quanto Clare se importa com eles, o quanto nós dois nos importamos com eles. Quando penso no quanto eu estava carregando tudo sozinho quando era criança, a responsabilidade pelo meu irmão e por mim mesmo... as crianças não estão preparadas para tanta responsabilidade. É um milagre o quanto eu fui resiliente e simplesmente não desisti.".

A conceitualização longitudinal ajudou a mudar a perspectiva de Mark, de se ver como inútil para se ver como resiliente diante de desafios com que as crianças comumente não se defrontam. Além do mais, a sua terapeuta usou uma linguagem compassiva para comunicar a funcionalidade anterior das suas crenças e estratégias – por exemplo:
- "Faz sentido para mim que nestas circunstâncias você pensasse/praticasse [crença/estratégia]."
- "Eu posso ver como você se sente enjaulado por esses antigos padrões de pensamento."

Estas reflexões ajudam os clientes a mudarem para uma perspectiva mais autocompassiva.

Incorporando os pontos fortes do cliente

Outra forma de assegurar que a conceitualização longitudinal seja construtiva é incorporar os pontos fortes do cliente. Se Mark e sua terapeuta examinarem a conceitualização focada no problema na Figura 7.3, estarão faltando informações importantes sobre ele, e a conceitualização que emergir será inutilmente unidimensional. A indagação ativa sobre os pontos fortes e os apoios positivos na infância de Mark conduziram a informações de suma importância que ainda não haviam surgido na terapia.

A terapeuta ficou sabendo que Mark acompanhou seu avô em acampamentos quando criança. Seu avô habilmente lhe ensinou a ter iniciativa e a ser confiante nessas circunstâncias. A iniciativa de Mark e a sua atitude autoconfiante se generalizaram para outras áreas da sua vida quando ele cresceu. Estes pontos fortes são agora valorizados por seus colegas, amigos e família e são a base para muitos sucessos de Mark.

Ao contrário de muitos meninos da sua escola, a participação de Mark nos esportes foi restringida pela asma. Em consequência, ele teve muito tempo livre para a música e desenvolveu amizades com outros estudantes que compartilhavam do seu interesse. Ele se tornou um pianista talentoso, conversava durante horas com amigos sobre música e tocava em uma banda durante seus anos de adolescente. Mark atribui às suas estratégias protetoras que desenvolveu quando adolescente a ajuda para que ele estabelecesse um casamento com amor, construísse uma rede adulta de bons amigos e fosse um bom pai para seus filhos. A conceitualização elaborada na Figura 7.4 destaca os valores e os pontos fortes que dão à vida de Mark um significado positivo e o ajudam a lidar com as dificuldades de forma resiliente.

Ao incorporar os pontos fortes de Mark, a sua terapeuta mantém uma visão equilibrada do cliente que pode ser recrutado para participar no planejamento das intervenções. Se a conceitualização neste estágio não incorporar os pontos fortes do cliente, isto pode indicar que o terapeuta não está se focando neles tanto quanto seria o ideal. Em estágios posteriores da terapia, pode ser de utilidade que se tenha uma conceitualização da resiliência do cliente que especifique as crenças centrais, os pressupostos subjacentes e as estratégias que sustentam a sua resiliência em face às adversidades. Isso será ilustrado mais adiante neste capítulo, quando a conceitualização longitudinal de Mark for elaborada durante os estágios finais da sua terapia.

Protetor ou predisponente?

Observe os títulos à esquerda e à direita da Figura 7.4. É importante que terapeutas e clientes consigam discernir se os elementos de uma conceitualização longitudinal são protetores, predisponentes ou uma combinação de ambos. Estratégias similares podem servir a diferentes funções e podem ser impulsionadas por diferentes crenças. Assim como é importante que se identifiquem as crenças centrais e os pressupostos subjacentes que as impulsionam. A conceitualização competente envolve a compreensão da função das estratégias.

Por exemplo, embora ser consciencioso possa ser um ponto forte, a tendência de Mark de sentir-se excessivamente responsável pode criar dificuldades. Assim, para Mark, essas funções de conscienciosidade agem mais frequentemente como um fator predisponente do que protetor. Outro exemplo é o apoio de Clare, que pode melhorar o relacionamento entre eles e aliviar o sofrimento de Mark. No entanto, o mesmo comportamento pode reforçar a tendência de Mark a se retrair durante longos períodos de tempo. Conforme ele mesmo observa no diálogo de abertura deste capítulo, a impaciência de Clare com ele o motivou a usar algumas das habilidades que aprendeu na TCC. Contudo, se Mark estivesse mais gravemente deprimido, o comportamento de Clare poderia ter estimulado sua crença central de que ele era um inútil e exacerbasse a sua depressão.

FATORES DE PROTEÇÃO	FATORES DE PREDISPOSIÇÃO
História do desenvolvimento	
Avô, um bom modelo Sempre gostei de música Amizades fortes em torno da música Casamento estável e apoiador Me importo e amo a minha família Sucesso em minha carreira e trabalho	Transtorno bipolar do pai e tentativa de suicídio A preocupação de mamãe com a saúde mental de papai a levou a me atribuir muita responsabilidade pelo meu irmão mais novo, David Críticas frequentes da minha mãe
Crenças centrais	
Eu sou criativo, capaz, autoconfiante. Eu sou gentil, os outros me amam.	Eu sou um inútil, um perdedor, impotente.
Pressupostos subjacentes	
Quando cuido da minha família e amigos, isso os ajuda a prosperarem. Quando tenho uma semana produtiva no trabalho, percebo que tenho muito a oferecer. Se estou tocando música, eu me perco nela e tenho muito prazer.	Se eu quiser ser visto como competente, preciso fazer tudo bem. Se eu assumir a responsabilidade pela segurança da minha família, eles estarão seguros. Se a minha responsabilidade com a segurança da minha família decair, algo terrível vai acontecer a eles.
Estratégias	
Iniciativa: abordagem da autoconfiança Relações de cuidado com a família e com o amigos Todos os aspectos da música	Ruminação Trabalho em um alto padrão *vs.* evito desafios Responsabilidade excessiva *vs.* abdicar da responsabilidade Retraimento: "hibernação" Esquiva Comportamento de verificação (Conscienciosidade)

Figura 7.4 Conceitualização longitudinal para incorporar os pontos fortes de Mark.

Entendendo o começo das dificuldades presentes de Mark

Uma das razões para o desenvolvimento de uma conceitualização longitudinal é entender melhor o começo das dificuldades presentes dos clientes. Terapeuta e cliente desejam assegurar que a conceitualização longitudinal descreva bem o passado antes de a utilizarem para informar as intervenções que moldam o futuro. Até o momento, Mark e sua terapeuta identificaram o contexto em que ele aprendeu suas crenças e suas estratégias. Como isso se encaixa à compreensão da primeira crise de depressão de Mark com o TOC e das preocupações com a saúde?

A primeira crise de depressão de Mark

Os eventos que envolvem o primeiro episódio de depressão de Mark são descritos no Capítulo 6. Lembremos de que, quando tinha 17 anos, Mark afastou-se da sua banda para se preparar para os exames de ingresso na universidade. Nessa época, sua mãe estava preocupada com os problemas de saúde do seu pai. Quando Mark se saiu mal nos exames, as críticas da mãe enfatizaram ainda mais o seu próprio sentimento de inutilidade. Seu pai, devido aos problemas mentais, não dava apoio ou alguma perspectiva alternativa. Mark, copiando as estratégias que ele tinha visto seu pai utilizar, retraiu-se social e academicamente. Ele relembrou que esta foi sua primeira experiência de esquiva em longo prazo, ou "hibernação", como ele elaborou naquela época. Usando sua conceitualização longitudinal conforme mostra a Figura 7.4, Mark entendeu agora esse período de tempo da seguinte maneira:

> "Quando não me saí bem nos exames, achei que esta era mais uma prova de que eu era um inútil. Como eu não conseguia ter um desempenho de alto padrão, decidi me afastar e evitar todos os desafios. Eu tinha visto que isso funcionava para meu pai. Mas quanto mais eu hibernava, mais inútil me sentia. O lado esquerdo deste quadro (*apontando para a Figura 7.4*) mostra o que me tirou disso. Foram meus amigos e a minha música. Depois de alguns meses, um dos membros da banda me convocou para dizer que eles precisavam que eu voltasse porque o outro rapaz que me substituiu não era tão bom. Depois que eu comecei a tocar de novo, o meu humor melhorou um pouco; comecei a pensar que eu tinha alguma coisa com que contribuir. No novo período escolar consegui recomeçar a estudar também."

A primeira crise de ansiedade pela saúde e o TOC de Mark

E quanto ao começo das dificuldades de Mark com o TOC e as preocupações com a saúde? Como já foi discutido, ele começou a desenvolver crenças e estratégias referentes à responsabilidade na adolescência: "Se eu quiser ser visto como útil, eu tenho que ser responsável e fazer tudo bem". Era um comportamento funcional dentro da família que Mark adotasse um nível alto de responsabilidade pelo seu irmão e por si mesmo. Essas crenças e estratégias se generalizaram para suas relações iniciais com seus iguais. Quando fez sexo sem proteção em uma festa, aos 18 anos, ele condenou seu comportamento como irresponsável. Seu julgamento estava em consonância com os padrões que prevaleciam naquele momento e foi exacerbado ao saber que seu pai tinha sido sexualmente irresponsável no contexto dos episódios maníacos. Nos meses seguintes, ele foi consumido pela preocupação de que tivesse contraído HIV. Sua preocupação e a ansiedade física foram mutuamente reforçadoras, levando ao desenvolvimento de estratégias de verificação e de ruminação, conforme descrito no Capítulo 6. Mark acreditava que a de ruminação e a verificação evitavam que a sua ansiedade disparasse e ficasse fora de controle. A resiliência de Mark sobre a ruminação e a verificação para manejar a ansiedade apareceu primeira na infância e, no início da idade adulta, continuou a ser praticada e se automantinha.

O começo das dificuldades presentes de Mark faz sentido no contexto da sua conceitualização longitudinal (Figura 7.4). Essas discussões com sua terapeuta aumentaram a autocompaixão de Mark. Ele agora entende como suas dificuldades atuais foram sendo impregnadas ao longo do tempo.

Passo 2: escolher intervenções baseadas na conceitualização

Uma função primária da conceitualização é ajudar os terapeutas e os clientes a pensarem em intervenções que melhorem o sofrimento do cliente e desenvolvam a resiliência. Um terapeuta utiliza a conceitualização como justificativa para intervenções, perguntando: "Isso faz sentido? Você deseja [observar/fazer uma mudança em um ou mais dos elementos] e ver se surte efeito?". Uma boa conceitualização sugere claramente intervenções particulares tais como experimentos comportamentais designados para testar a funcionalidade das estratégias do cliente (Bennett-Levy et al., 2004).

Usando conceitualizações longitudinais para gerar crenças alternativas

As crenças centrais e os pressupostos subjacentes aos quais Mark está predisposto são ativados em uma ampla variedade de situações. A sua conceitualização longitudinal pode ajudar Mark a aprender formas alternativas de pensar e de comportar-se? Os textos cognitivo-comportamentais são ricos em estratégias que podem ser usadas (J. S. Beck, 1995; J. S. Beck, 2005) para gerar pensamentos e comportamentos alternativos. A terapeuta de Mark decidiu usar uma abordagem contemporânea para trabalhar com as lembranças intrusivas (Wheatley et al., 2007). O objetivo era reestruturar os significados que permeiam a lembrança emocional de Mark do encontro que ele descreveu com sua mãe e avô após a tentativa de suicídio do seu pai. Sua conceitualização longitudinal guia a terapeuta para colocar o foco na imagem do avô de Mark, porque ele é identificado como protetor na sua conceitualização longitudinal.

TERAPEUTA: (*sendo cuidadosa para transmitir curiosidade, não acusação*) Eu gostaria de entender melhor esta situação quando a sua mãe veio até a casa do seu avô. Você disse que se sentiu tão inútil, tão impotente, que teve vontade de desaparecer. Estou curiosa sobre o que aconteceria se examinássemos essa situação a partir de outra perspectiva. Por exemplo, você consegue se colocar no lugar do seu avô? (*Falando lentamente.*) Procure mudar a sua perspectiva de modo que veja essa cena através dos olhos do seu avô, por assim dizer... vendo o seu neto de 8 anos, seu neto mais novo, David, e a sua filha... qual seria a sua perspectiva se você pensasse nisso? Você consegue fazer isso?

MARK: (*depois de alguns instantes*) Sim. Deve ter sido muito difícil para minha mãe, ela devia estar assustada, sobrecarregada, confusa... Vendo isso a partir da perspectiva do meu avô, eu quero fazer o que posso para ajudá-la, é uma situação horrível para ela.

TERAPEUTA: Continuando na perspectiva do seu avô, o que você pensa sobre Mark e David?

MARK: (*Leva algum tempo para pensar a respeito.*) É bem possível que ele tenha percebido que a minha mãe não tinha a capacidade de realmente pensar em nós, a sua cabeça estava tão cheia com o que tinha acontecido com papai. (*faz uma pausa*) Eu acho que ele deve ter se sentido realmente muito protetor conosco. Eu me lembro de sentir isso por parte dele. Isso está de acordo com o que ele era em geral conosco, como um grande urso pardo protetor. Eu me sentia seguro com ele.

TERAPEUTA: Que comparação você faz entre a perspectiva do seu avô e o que você sentiu e pensou quando tinha 8 anos?

MARK: (*Parece triste.*) Eu sinto muita pena da minha mãe. (*Parece se animar*) Tive sorte por ter meu avô. Quando tinha 8 anos, particularmente por me preocupar com tudo, eu estava predisposto a tomar aquilo como algo pessoal. Você sabe, quando criança, como você mesma disse antes, eu não estava preparado para lidar com aquilo tudo.

TERAPEUTA: A sua reação quando menino é bem compreensível; como você disse, ela está de acordo com o grau de responsabilidade que às vezes você tinha na sua família. O quanto você confia na visão do seu avô sobre o que estava acontecendo com a sua mãe naquela situação?

MARK: Ah, 100%.

TERAPEUTA: E a partir desta perspectiva, o quanto você acredita que a sua mãe achava que você era um inútil?

MARK: Se eu pensar nos meus filhos, Jéssica tem mais ou menos essa idade. De forma alguma tem como ela assumir nem de perto aquela responsabilidade. Acho que a minha mãe estava muito confusa. Eu acho que não acredito que naquele momento ela estivesse pensando que eu fosse um inútil.

TERAPEUTA: Então, o quanto você pode acreditar nesta perspectiva alternativa – de que a sua mãe estava muito confusa e não tendo espaço para pensar em você?

MARK: 100%, intelectualmente, mas eu também me sinto bravo e triste em relação a isso.

Esse diálogo ilustra como o uso da imaginação para mudar as perspectivas pode ajudar a desenvolver significados alternativos para uma lembrança inicial. Esta reconceitualização do que ocorreu com sua mãe é mais funcional e fornece a Mark sementes para novas crenças centrais ("Eu sou capaz") e pressupostos subjacentes ("Se alguma coisa ficar fora de controle, não é minha culpa se dá errado"; "Se os outros estão perdidos ou perturbados, isso pode não ter nada a ver comigo"). O diálogo acima mostra apenas com a terapeuta de Mark começou o seu trabalho com ele. É interessante notar que a reestruturação de Mark introduz uma emoção nova, a raiva. A terapeuta explorou a raiva de Mark com ele. Está além do objetivo deste capítulo descrever toda a gama de estratégias cognitivas possíveis que podem ser usadas para desenvolver novas crenças e estratégias, mas os leitores interessados podem se reportar a textos e artigos pertinentes (J. S. Beck, 1995, 2005; Padesky, 1990; Padesky, 1994a; Padesky e Greenberger, 1995).

Usando uma conceitualização longitudinal para prevenir recaídas e desenvolver resiliência

As dificuldades de Mark vêm de longa data. Suas crenças centrais, pressupostos subjacentes e estratégias provavelmente serão acionados novamente no futuro. Sua conceitualização longitudinal (Figura 7.4) pode ajudar Mark e a sua terapeuta a predizerem quais as circunstâncias que podem desencadear as crenças e as estratégias a que ele está predisposto. Eles levantam a hipótese de que múltiplas demandas simultâneas, crítica, erros sérios e ameaças de danos (p. ex., enchente, incêndio) ou doenças que afetem membros da família podem reativar a vulnerabilidade de Mark à depressão, ao TOC e a preocupações. Considerando a probabilidade de ocorrência de um ou mais desses eventos, a terapeuta pede que Mark utilize sua conceitualização longitudinal para criar um *"coping card"* (J. S. Beck, 1995, 2005). Ela o convida a confeccionar um cartão que resuma as coisas mais importantes que ele aprendeu e que podem ajudá-lo a permanecer resiliente quando ocorrerem esses desencadeantes. Ela explica que o *coping card* pode ser um lembrete rápido para ele quando as coisas ficarem estressantes.

Mark desenhou duas imagens no seu *coping card* junto aos resumos das ideias principais que ele aprendeu na terapia. A primeira imagem era de um urso em uma jaula, representando Mark enjaulado pelas crenças a que tem predisposição. A segunda imagem fazia Mark se lembrar do seu avô. Era um urso pardo, segurando uma lista de crenças e estratégias protetoras (Figura 7.5). Como revela o diálogo seguinte, o cartão rico em imagens promove em Mark a sua resiliência.

MARK: O urso pardo representa todos os modos como meu avô me ensinou a ser. Ele é ativo e entende as coisas, usa de muita criatividade e tem uma atitude "positiva". Este urso na jaula simplesmente se deita e desiste.

Ponto de escolha
Meu humor está decaindo, eu posso escolher como responder!

Crença
Eu sou um perdedor.

Estratégias
Ou "exagero" ou hiberno!
Verificação interminável

Crença: *Eu sou capaz e assumo responsabilidades; atitude "eu posso fazer".*
Estratégias: Agir como meu avô me ensinou. Lembrar de encontrar tempo para desfrutar da música e dos amigos.
Manter-me ativo e usar o humor.

Figura 7.5 *Coping card* de Mark da conceitualização da sua vulnerabilidade e da sua resiliência.

TERAPEUTA: Esta é realmente uma escolha! Por que não testamos este *coping card*? Existe alguma situação que esteja se aproximando e que tenha probabilidade de afetar o seu humor, o tipo de situação em que você realmente precise ter acesso ao urso pardo?

MARK: (*Faz uma pausa para pensar.*) O Natal é sempre uma época ruim, porque o meu ambiente de trabalho fica realmente agitado e Clare e eu temos que pensar na minha mãe. É uma época estressante.

TERAPEUTA: Este parece ser um bom exemplo. Imagine uma situação difícil que poderia acontecer e descreva-a para mim como se ela estivesse acontecendo neste momento.

MARK: Vamos ver. (*Leva alguns instantes. Quando já pensou em um exemplo, ele começa.*) A minha mãe está hospedada conosco e no café da manhã ela faz alguns comentários críticos sobre como Clare e eu estamos fazendo as coisas – não, ela não diz nada, ela apenas olha como se achasse que estamos fazendo tudo errado. Clare parece incomodada e as crianças estão se comportando mal. Eu vou para o trabalho e há muitas coisas a fazer, e o meu chefe diz que ele está sobrecarregado de trabalho e quer me delegar alguns dos seus projetos.

TERAPEUTA: O que você está sentindo? O que está passando pela sua mente?

MARK: Eu me sinto como o urso na jaula (*aponta para o* coping card), deprimido, querendo hibernar, me afastar do mundo por um longo tempo!

TERAPEUTA: O que mais está acontecendo com você? O que está acontecendo no seu corpo?

MARK: Eu me sinto sobrecarregado, com um peso nos ombros e aperto no peito, respirando mais rapidamente. Eu quero ver o meu *coping card*. (*Ele olha.*) OK, sim, está tudo aí: o perdedor e o desejo de me esconder. Então, estou respirando profundamente e dizendo a mim mesmo: "Eu tenho uma escolha sobre como responder!". Ver o forte urso pardo me ajuda. (*Lê no cartão.*) "Eu tenho muito a oferecer." (*Faz uma pausa para pensar sobre isto.*) "O que o meu avô faria aqui?" (*pausa*) Ele faria uma piada com a situação, diria ao meu chefe alguma coisa como: "Você terá que me pagar um grande bônus de Natal", e depois diria: "Eu quero ajudar, mas se eu fizer o relatório anual de *marketing*, o e-mail das rotinas terá que esperar até depois do Natal, está bem?". (*Levanta os olhos para a terapeuta e sorri.*)

TERAPEUTA: Bom! Enquanto você faz isto, o que está se passando na sua mente?

MARK: Você sabe, quando eu me dou esse espaço, isso permite que o pensamento apareça na minha mente: "O meu chefe confia em mim nesta época atribulada para poder me pedir ajuda. Ele respeita o meu trabalho!". O que mais? Eu acho que eu não deixaria de ter algum tempo para sair com Peter, meu amigo, talvez ir ouvir um pouco de música, você sabe, recarregar as baterias. Talvez na véspera de Natal eu pudesse sair um pouco de casa. Tem uma boa banda local que tradicionalmente toca na véspera de Natal. Eu costumava ir todos os anos antes das crianças nascerem, uma vez eu até me levantei e toquei com a banda de improviso. (*Seus gestos e postura melhoram visivelmente à medida que vai falando.*)

> **NA CABEÇA DA TERAPEUTA**
>
> A terapeuta usa momentos como este para fazer com que Mark observe as crenças e as estratégias funcionais ativadas. Mark está naturalmente muito afinado com as crenças e as estratégias quando se encontra em uma trajetória depressiva, e é importante que ele aprenda a notar as crenças e estratégias quando também está em uma trajetória ascendente. O *coping card* que ele desenvolveu está se mostrando útil na ativação de crenças e estratégias funcionais bem no momento certo.

TERAPEUTA: O que está se passando em sua mente e o que você está sentindo?

MARK: Quer saber? Eu me sinto bem, mais forte: como aquele urso pardo! (*Aponta para o coping card.*) Eu posso lidar com isso. Se eu conseguir manter esse ritmo até o Ano Novo, será muito bom. Como diria meu avô, "Se você encontrar um urso, apenas lhe dê bastante espaço. Ele só quer seguir a sua vida em paz.". Ele era ótimo para ver o lado bom nas situações. (*Sorri com suavidade.*)

Embora Mark utilize bem o seu *coping card* no cenário acima, a sua terapeuta se pergunta o que aconteceria se Mark já estivesse um pouco deprimido. Além disso, e se a sua esposa não quiser que ele fique longe da família na véspera de Natal? E como o seu urso pardo poderia responder às críticas continuadas da sua mãe? Juntos, eles decidem ensaiar mais cenários, incluindo aqueles em que o humor de Mark estiver progressivamente pior. Estes exercícios de imaginação e as dramatizações levaram Mark a acrescentar ao seu *coping card*: "manter-me ativo" e "usar o humor".

As dificuldades podem sensibilizar uma pessoa e aumentar a sua vulnerabilidade (Monroe e Harkness, 2005) ou, como pequenas doses de um vírus, imunizar a pessoa e aumentar a sua resiliência (Rutter, 1999). Na sessão acima, a terapeuta usa doses pequenas e progressivas de estresse para inocular Mark de modo que ele consiga lidar com futuros estresses na vida real sem que entre em colapso. As dramatizações e os exercícios de imaginação permitem que Mark pratique a autoeficácia e crenças e estratégias alternativas. Cada acontecimento estressante que Mark negocia é uma oportunidade para elaborar a conceitualização, e então ela se transforma em um apoio melhor para prevenir e para manejar futuras recaídas.

Valores do cliente e resiliência

A terapia que inclui um foco nos valores e nos objetivos de mais longo prazo ajuda a conduzir as pessoas de um modo reativo para modos responsivos e proativos. Jon Kabat-Zinn faz a distinção entre modos reativos e responsivos. Ele descreve a diferença entre reagir automaticamente aos estímulos e responder com a consciência do estímulo, seus efeitos e também as crenças e ações associadas (Kabat-Zinn, 2004). Inicialmente, Mark estava sobrecarregado com os problemas. Conforme expressado no diálogo de abertura deste capítulo, embora na metade da terapia Mark já entendesse melhor a suas dificuldades presentes, ele ainda era intensamente reativo aos estímulos desencadeantes quando vivenciava quedas no humor.

Ser proativo significa articular e trabalhar em direção aos objetivos que estão fundamentados nos valores (Addis e Martell, 2004). Conforme descreveu no diálogo de abertura, em alguns dias Mark se sente desmotivado quando acorda. Sempre que ele e a sua terapeuta se encaminham de um foco único na vulnerabilidade para uma ênfase na resiliência e na vulnerabilidade, aumentam as probabilidades de que Mark consiga usar seus valores e objetivos para manejar de modo responsivo e proativamente os períodos de baixa motivação. Cada vez que age proativamente, Mark reforça crenças construtivas e estratégias que fortalecem a sua resiliência.

Nas semanas finais da sua terapia, Mark refletiu sobre a conceitualização longitudinal que ele e a sua terapeuta haviam desenvolvido e articulou os seguintes valores: "Se eu quiser ser visto como capaz no meu trabalho, é importante ser responsável e trabalhar com afinco no que eu faço. Ao mesmo tempo, eu sei que vou cometer erros e, quando o fizer, é aceitável reconhecê-los e seguir em frente." e "Se eu assumir responsabilidade pela minha família, isto será um sinal de que eu os amo. Clare pode dividir essa responsabilidade, porque ela ama a mim e às crianças.". Esses valores positivos sobre trabalho e família descrevem a vida que ele aspira levar, em vez de ser uma vida dentro da qual ele se sinta enjaulado (como desenhado na Figura 7.5).

Esses valores ajudam Mark a sair da cama quando se sente desmotivado, porque eles desvinculam a responsabilidade do perfeccionismo. Os valores de Mark vinculam os benefícios da responsabilidade à flexibilidade da aceitação dos erros e de pedir ajuda quando necessário. Quando Mark age segundo tais valores, mesmo quando sua motivação está baixa, isto proporciona evidências que apoiam uma nova crença central: "Eu sou capaz e assumo responsabilidades.". Por sua vez, esse comportamento proativo demonstra a sua estratégia preferida de "agir como meu avô". O comportamento baseado em valores é altamente reforçador. Quando Mark sai da cama, toma banho e vai para o trabalho ou leva sua filha para nadar nos dias em que está com baixa energia, ele tem uma sensação de domínio sobre as dificuldades por ter agido segundo seus valores em vez de segundo seu humor depressivo.

A terapeuta também o encorajou a se envolver em atividades prazerosas que levantassem seu ânimo e enfatizassem seus pontos positivos. A música sempre foi importante para Mark durante toda a sua vida e parecia ser um interesse importante para que ele continuasse. Durante uma sessão agendada para *follow-up*, alguns meses após o encerramento da terapia, Mark contou a sua terapeuta que tinha reencontrado o cantor da sua banda anterior e eles iam tocar em um bar local durante uma noite aberta aos artistas. Mark riu quando disse que eles estavam chamando sua nova banda de "Grateful Bears" ("Ursos Agradecidos"). A repetição da aplicação do BDI-II e BAI durante esse encontro de *follow-up* sugeriu que Mark estava quase que completamente livre de sintomas. A repetição da administração da medida do WHO-QOL-BREF mostrou que agora o seu escore estava na faixa normativa em cada uma das quatro áreas: física, psicológica, social e ambiental. Mark atribuía a sua melhora continuada ao fato de ter coisas mais prazerosas na sua vida e também por estar vivendo segundo padrões mais flexíveis.

A conceitualização é adequada?

Durante os passos reiterados do desenvolvimento e da aplicação das conceitualizações longitudinais, os terapeutas testam sua adequação usando o empirismo colaborativo. Algumas das perguntas feitas para assegurar uma boa adequação são:
- A conceitualização faz sentido? Ela é coerente e lógica?
- O cliente e o terapeuta desenvolveram a conceitualização colaborativamente? O cliente concorda integralmente com a conceitualização?
- As diferentes fontes de informação "triangulam"?
- Um supervisor ou consultor acha que a conceitualização faz sentido?

Cada uma dessas perguntas é considerada por vez em relação à conceitualização longitudinal desenvolvida por Mark e a sua terapeuta.

A conceitualização faz sentido?

O primeiro teste da adequação de uma conceitualização é ver se ela faz sentido. A história do desenvolvimento, as crenças centrais, pressupostos subjacentes e estratégias têm uma lógica coerente? A conceitualização acrescenta força explanatória? As dificuldades presentes e os objetivos do cliente podem ser esboçados explicitamente na conceitualização como um teste da sua utilidade. Idealmente, a conceitualização faz ligações e explica a lista das dificuldades presentes. Ao fazer isso, frequentemente o progresso será acelerado em direção aos objetivos da terapia.

A conceitualização transversal de Mark enfatizou suas crenças centrais sobre si mesmo como "inútil" e "impotente". Elas influenciam um pressuposto condicional: "Se eu quiser ser visto como útil, devo ser responsável e fazer tudo bem.". As estratégias de manutenção dessas dificuldades atuais fluem deste pressuposto e regra. Como a sua história desenvolvimental, conforme resumida na conceitualização longitudinal, ajuda a explicar as origens dessas crenças centrais, do pressuposto subjacente e de cada uma das dificuldades atuais de Mark? Lembremos das descrições que Mark faz do que aprendeu com as principais experiências desenvolvimentais. Quando criança, ele se sentia "inútil" e "impotente" quando não conseguia cumprir com as responsabilidades que achava que lhe foram atribuídas: monitorar o humor do seu pai e cuidar do seu irmão mais moço. Ele frequentemente percebia sua mãe como muito crítica. Agora, quando Mark falha em atingir seus altos padrões ou não cumpre com suas responsabilidades no trabalho ou em casa, essas falhas têm ressonância nas suas experiências do crescimento. Suas crenças centrais são ativadas e seu humor decai.

Mark então supercompensa retraindo-se, como aprendeu a fazer na adolescência, assistindo à resposta do seu pai à depressão. O afastamento da sua família e dos compromissos de trabalho propicia uma ampla oportunidade para preocupação e a ruminação, o que mantém seu humor depressivo. A preocupação e a ruminação fazem parte de um ciclo de autoperpetuação no qual Mark continuamente tenta encontrar informações que estejam de acordo com suas crenças centrais (p. ex., "Eu estou fazendo isso certo?" "As pessoas acham que eu sou um perdedor?"). As dificuldades de Mark para tomar decisões podem ser vinculadas aos seus altos padrões e a sua baixa autoconfiança, ambos vivenciados, no início da infância quando ele recebeu, por um lado, altos níveis de responsabilidade e, por outro, baixos níveis de apoio parental.

Embora os modelos teóricos da hipocondria e TOC forneçam boas explicações para como é mantido o comportamento de verificação de Mark, sua conceitualização longitudinal ajuda a explicar o que o predispôs a esses problemas particulares. As tentativas de Mark, no início da infância, de ser altamente responsável, juntamente às crenças catastróficas a respeito do que aconteceria se ele falhasse em cumprir com as suas responsabilidades, geraram muita ansiedade para ele. Quando criança, ele manejava sua ansiedade pela verificação. Tal estratégia generalizou-se e se fortaleceu durante a vida de Mark. Por fim, a impaciência e a raiva de Mark com os colegas de trabalho podem ser encaradas como similares à frustração que ele sente consigo mesmo quando seus altos padrões não são alcançados.

Em resumo, a conceitualização longitudinal desenvolvida por Mark e a sua terapeuta parece justificar bem todas as suas dificuldades presentes, não apenas as que faziam parte do foco ativo da sua terapia. As lembranças da infância e da adolescência revelam as origens prováveis de crenças e estratégias que faziam sentido no contexto das suas experiências iniciais e eram funcionais para ele dentro do seu contexto familiar. A mesma conceitualização explica as emoções, as crenças e as estratégias atuais de Mark em uma série de dificuldades atuais. Mesmo assim, os terapeutas comprometidos com o empirismo colaborativo permanecem abertos a conceitualizações alternativas. Em cada ponto durante a terapia, a terapeuta de Mark procura ativamente outras perspectivas. Ela incentiva Mark a observar e a relatar experiências que não estejam adequadas a essa conceitualização.

Cliente e terapeuta desenvolveram a conceitualização colaborativamente?

O segundo critério é se o cliente participou ativamente no desenvolvimento da conceitualização e endossa a sua adequação. Dos três níveis de conceitualização, a conceitualização longitudinal envolve a maior quantidade de inferência, porque levanta hipóteses sobre os mecanismos explanatórios com base na história do cliente, em vez de fazer deduções a partir de eventos atuais prontamente observáveis. O empirismo colaborativo é, portanto, necessário para minimizar os erros de pensamento e para maximizar a adequação de uma conceitualização às experiências passadas e presentes.

Cada um dos diálogos com Mark ilustra esse processo. A cada passo, a terapeuta busca as ideias, as lembranças e as observações de Mark. A conceitualização longitudinal é escrita com as próprias palavras de Mark. Cada inferência é resumida e é perguntado a Mark: "Isso faz sentido para você?" ou "De alguma maneira isso não se encaixa na sua experiência?". Mark anota a conceitualização no seu caderno da terapia e observa se ela se enquadra bem às suas experiências posteriores.

As diferentes fontes de informação "triangulam"?

As informações provenientes de fontes diferentes convergem, ou "triangulam"? Vários métodos para o desenvolvimento de uma conceitualização longitudinal podem ser usados para triangular uma conceitualização que está sendo desenvolvida. Por exemplo, Mark preencheu o Questionário de Esquemas e Crenças da Personalidade (PBQ; Beck e Beck, 1991) durante uma sessão inicial da terapia. O PBQ avalia a força com que o cliente se aferra a crenças que são consistentes com vários transtornos da personalidade. Mark endossou itens dos grupos da esquiva (p. ex., "Os outros são potencialmente críticos, indiferentes, degradantes ou rejeitadores"; "Se os outros me criticam, eles devem estar certos") e obsessivo-compulsivos (p. ex., "Eu sou totalmente responsável por mim e pelos outros"; "Se eu não tiver um desempenho do mais alto nível, eu vou falhar"), mas não em um nível que sugira que ele expressasse inteiramente um transtorno de personalidade. Essas crenças estão consistentes com suas conceitualizações desenvolvidas na sessão.

Com a permissão do cliente, as fontes adicionais de informação podem incluir membros da família, amigos, outros profissionais da saúde, registros por escrito, questionários, outros instrumentos de saúde mental e até colegas de trabalho. Por exemplo, no caso de Zainab, no Capítulo 4, seu terapeuta buscou a participação ativa do marido dela, Muhammad, para ajudar a construir conceitualizações úteis da sua vulnerabilidade e da sua resiliência.

Um supervisor ou consultor acha que a conceitualização faz sentido?

Uma quarta verificação da adequação de uma conceitualização provém da discussão com colegas experientes ou, no caso de terapeutas em treinamento, na supervisão. A supervisão ou a consulta com outro terapeuta de TCC pode ajudar a esclarecer conceitualizações e destacar áreas que requerem mais desenvolvimento com o cliente. Além do mais, a supervisão/consulta é uma boa oportunidade de praticar a confecção de conceitualizações resumidas abrangentes, conforme mostrado nas Figuras 7.6 e 7.7. Essas figuras mostram como as dificuldades atuais podem ser entendidas juntamente a alguma outra em termos de desencadeantes, de manutenção e de fatores de predisposição ou protetores. Observe que, embora a conceitualização das dificuldades presentes de Mark tenha ciclos de manutenção fechados (Figura 7.6), a conceitualização da sua resiliência crucialmente mostra o rompimento desses ciclos (Figura 7.7).

Conceitualizações resumidas como estas raramente são úteis para os clientes. Não recomendamos que os terapeutas mostrem conceitualizações resumidas aos clientes a menos que eles sejam muito interessados em desenhos de caixas de circuito! Considere uma analogia com um *software* de computador. A "interface do usuário" do *software* é o mais simples possível, prontamente compreensível e fácil de usar. As conceitualizações desenvolvidas com os clientes são o mais simples possível, prontamente compreensíveis e informam as intervenções da TCC. No entanto, em supervisão ou em consulta, pode ser de utilidade tornar explícito todo o "código da programação" da conceitualização para verificar a sua adequação. O código da programação subjacente é muito mais elaborado e complexo. Tornar explícitos os detalhes da conceitualização e buscar as ligações entre as dificuldades presentes podem informar as decisões de tratamento e também ajudam a trazer à tona problemas com a tomada de decisão clínica (veja o Capítulo 2).

Conceitualização de casos colaborativa

Experiências Desenvolvimentais

O pai sofria de transtorno bipolar, tinha muitas oscilações de humor e teve uma tentativa de suicídio quando Mark tinha 8 anos. As preocupações da mãe com a saúde mental do marido fizeram com que ela desse a Mark uma grande responsabilidade pelo seu irmão mais novo. A família teve que se mudar para uma área menos atraente, e sua mãe criticou seu pai por isso. Mark também sentiu críticas da sua mãe.

Crenças Centrais
Eu sou inútil.
Os outros são críticos/e fazem julgamentos.

Pressupostos Subjacentes
Se eu quiser ser visto como competente, eu tenho que fazer tudo bem.
Se eu quiser ser útil, eu tenho que ser responsável e fazer bem tudo o que eu fizer.
Se eu ficar vigilante, vou poder impedir que aconteçam coisas ruins.
Se eu assumir a responsabilidade pela minha família, eles estarão seguros; caso contrário, algo terrível vai acontecer a eles.

Estratégias
Trabalhar com alto padrão, evitar cometer erros.
Preocupar-se a respeito e checar os erros.
Assumir mais responsabilidades no trabalho para ajudar a sustentar a família.
Outras vezes, evitar as responsabilidades para evitar ser descoberto como não bom.

Fatores de predisposição

Começo
- Morte do pai, aumento dos contatos com a mãe, pouco sono após nascer o filho, mais responsabilidades no trabalho.
- Sem começo claro; de longa data

Dificuldades presentes
- Humor
- Raiva
- Infiel à parceira / Sexo sem proteção
- TOC
- Tomada de decisões

Desencadeantes
- Nota um erro no trabalho
- Outras pessoas cometem erros
- Preocupação com o HIV
- Pensamento intrusivo: o gás pode estar ligado.
- Tenta comprar um item caro.

Ciclos de manutenção

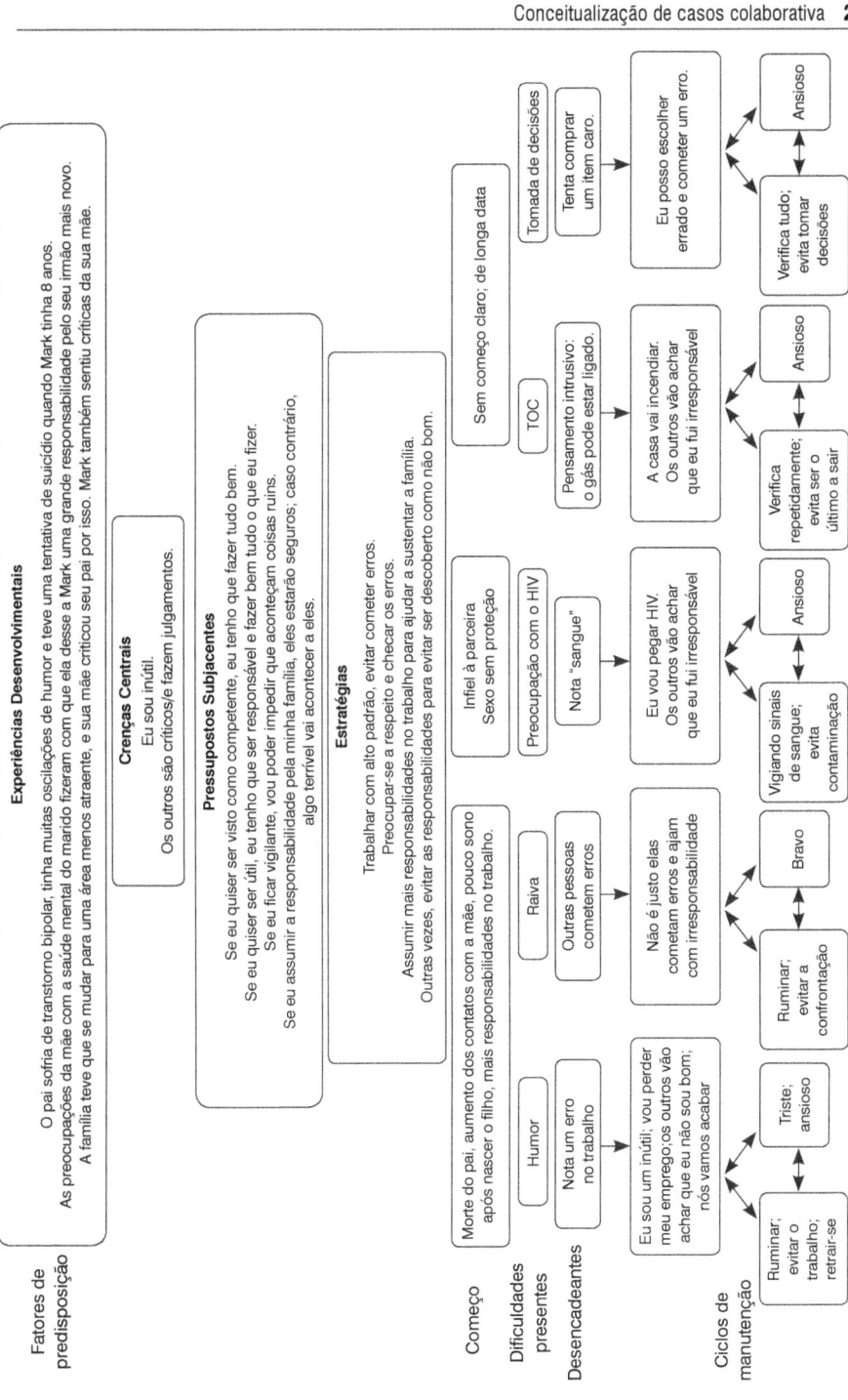

- Eu sou um inútil; vou perder meu emprego; os outros vão achar que eu não sou bom; nós vamos acabar ↔ Triste; ansioso ↔ Ruminar; evitar o trabalho; retrair-se

- Não é justo elas cometem erros e ajam com irresponsabilidade ↔ Bravo ↔ Ruminar; evitar a confrontação

- Eu vou pegar HIV. Os outros vão achar que eu fui irresponsável ↔ Ansioso ↔ Vigiando sinais de sangue; evita contaminação

- A casa vai incendiar. Os outros vão achar que eu fui irresponsável ↔ Ansioso ↔ Verifica repetidamente; evita ser o último a sair

- Eu posso escolher errado e cometer um erro. ↔ Ansioso ↔ Verifica tudo; evita tomar decisões

Figura 7.6 Uma conceitualização resumida da vulnerabilidade de Mark.

Fatores protetores

Experiências Desenvolvimentais
Avó, um apoio e modelo (urso pardo/anjo guardião)
Gosta de música
Conheceu Clare e mantém um relacionamento, cuida e ama sua família
Tem sucesso em sua carreira e trabalho

Crenças centrais
Eu sou criativo, capaz, "positivo".
Eu sou gentil, os outros gostam de mim.

Pressupostos subjacentes
Se eu quiser ser feliz, eu tenho que ser razoável comigo e valorizar todas as áreas da minha vida.
Se eu quiser ser visto como capaz em meu trabalho, é importante ser responsável e trabalhar duro no que eu faço e, mesmo assim, às vezes vou cometer erros e é aceitável que reconheça e siga em frente.
Se eu assumo responsabilidade pela minha família, isto é um sinal de que eu os amo, e Clare pode partilhar essa responsabilidade porque ela me ama.

Estratégias
Agir como seu avô.
Encontrar tempo para a música e para amizades.
Pedir ajuda; reconhecer os erros.
Concentrar-se no trabalho quando está no trabalho e na família ou em si mesmo quando não está no trabalho

Dificuldades presentes

- Humor depressivo
- Raiva
- Preocupação com HIV
- TOC
- Tomar decisões

Desencadeantes

- Nota um erro no trabalho.
- Outras pessoas cometem erros.
- Nota "sangue".
- Pensamento intrusivo: o gás pode estar ligado.
- Tenta comprar um item caro.

- Pensamentos negativos sobre si mesmo.
- Nota que outros não trabalham com o mesmo padrão.
- Preocupação com HIV: os outros vão achar que eu fui irresponsável.
- Preocupação de que o pior vai acontecer: vai ser minha culpa.
- Eu posso escolher e cometer um erro.

- Triste, ansioso
- Bravo
- Ansioso
- Ansioso
- Ansioso

Romper os ciclos de manutenção

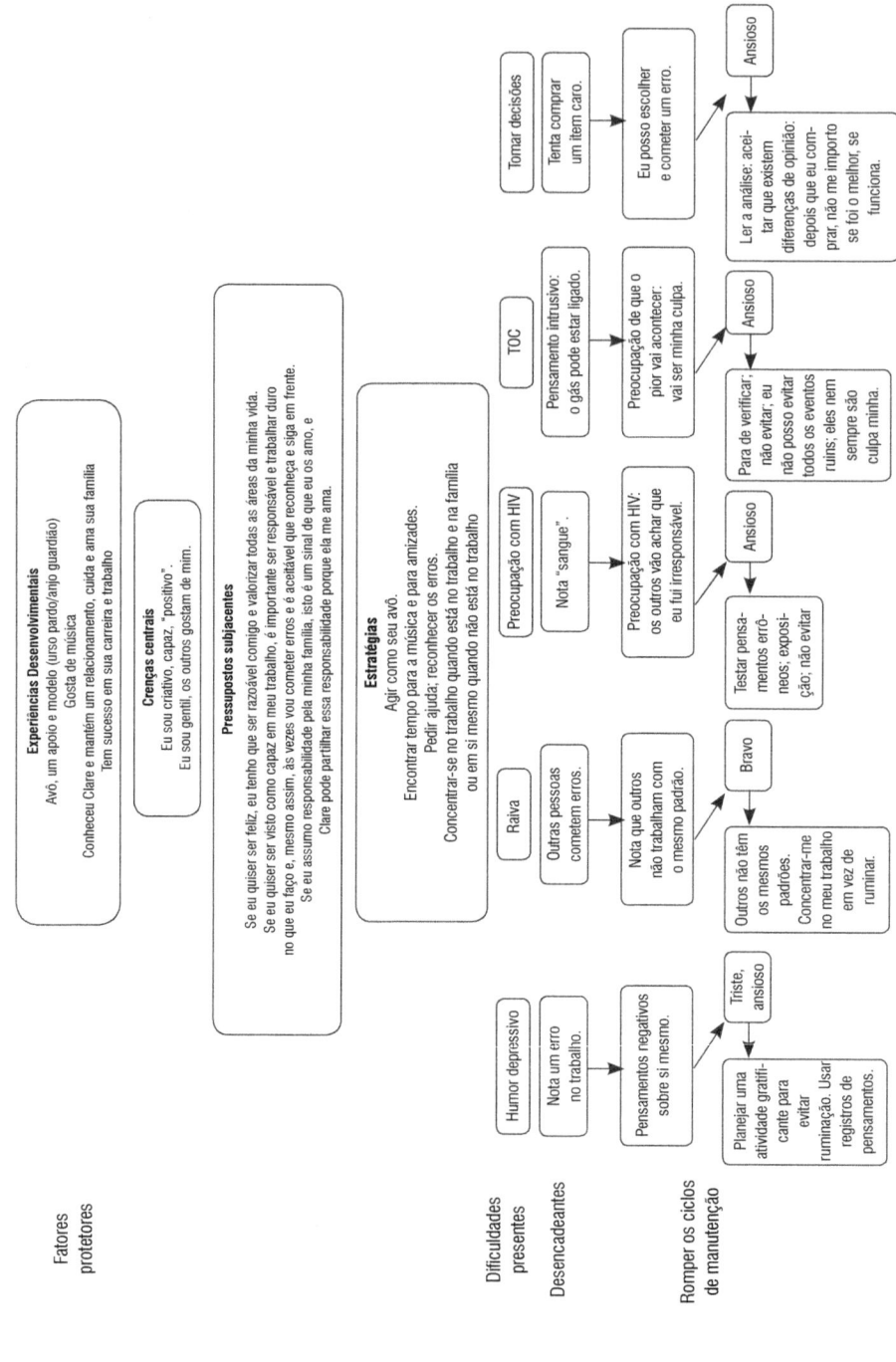

- Planejar uma atividade gratificante para evitar ruminação. Usar registros de pensamentos.
- Testar pensamentos errôneos; exposição; não evitar.
- Outros não têm os mesmos padrões. Concentrar-me no meu trabalho em vez de ruminar.
- Para de verificar; não evitar; eu não posso evitar todos os eventos ruins; eles nem sempre são culpa minha.
- Ler a análise: aceitar que existem diferenças de opinião; depois que eu comprar, não me importo se foi o melhor, se funciona.

Figura 7.7 Uma conceitualização resumida da resiliência de Mark.

RESUMO

Este capítulo ilustra como uma conceitualização longitudinal ajudou Mark a entender melhor suas dificuldades nas fases finais da terapia. Essa conceitualização foi usada para determinar intervenções que pudessem construir resiliência e também ajudá-lo a prevenir ou a manejar as recaídas com sucesso. O ciclo de conceitualização longitudinal-avaliação-intervenção-avaliação é repetido com a frequência necessária para ajudar os clientes a atingirem seus objetivos na terapia. Esta fase da terapia enfatiza de forma crescente a ajuda aos clientes para usarem sua resiliência emergente para se transformarem nos seus próprios terapeutas de TCC. Como é frequentemente verdadeiro em uma terapia de sucesso, as experiências de Mark ilustram o princípio: "As coisas que dão certo em nossas vidas predizem sucessos futuros e as coisas que dão errado não nos condenam para sempre." (Felman e Vaillant, 1987).

Resumo do Capítulo 7

- As conceitualizações longitudinais fazem ligações entre a história do cliente, suas dificuldades presentes e a teoria cognitivo-comportamental.
- As conceitualizações longitudinais são necessárias apenas quando as conceitualizações explanatórias transversais se mostram insuficientes para alcançar os objetivos do cliente. Como tais, essas conceitualizações emergem em estágios posteriores da TCC e normalmente apenas quando o foco da terapia é o tratamento de transtornos da personalidade ou os clientes relatam problemas crônicos, múltiplos e sobrepostos.
- A conceitualização longitudinal envolve um ciclo de formulação da compreensão do desenvolvimento da(s) dificuldade(s) presente(s) do cliente e o uso desse modelo para definir as intervenções, avaliando a adequação da conceitualização após cada passo. O ciclo se repete com a frequência que for necessária para ajudar os clientes a alcançarem seus objetivos na terapia.
- As conceitualizações longitudinais podem ser usadas para predizer futuras recaídas e para planejar como o cliente pode evitar e/ou manejá-las com sucesso. Usadas dessa maneira, elas ajudam a construir resiliência.

8

Aprendizagem e ensino da conceitualização de caso

"Eu acompanhei com interesse o que fez a terapeuta de Mark nos três últimos capítulos. Eu teria lidado com as coisas de modo diferente em alguns pontos, embora, de um modo geral, a conceitualização e o plano de tratamento fizessem bastante sentido. Eu gostaria de ensinar essa abordagem aos meus alunos. Por onde começo?"

Terapeuta de nível avançado em TCC

"Eu gostaria que a minha conceitualização de caso e habilidades de tratamento fossem do mesmo nível que as da terapeuta de Mark. Embora tudo nos últimos três capítulos tenha feito sentido para mim, não estou certo se eu teria ajudado Mark a construir suas conceitualizações de forma tão clara ou se teria executado tão bem os planos de tratamento."

Terapeuta de nível intermediário em TCC

"Quanto tempo levou para a terapeuta de Mark aprender todas essas teorias? Eu realmente tenho que conhecer os achados de pesquisas para ajudar os clientes a construírem conceitualizações em TCC? Tenho muito que aprender. Por onde começo?"

Terapeuta inciante em TCC

Os leitores deste texto provavelmente terão reações parecidas às de um ou mais dos terapeutas acima. Como um terapeuta desenvolve o conhecimento e as habilidades necessárias para construir de forma competente conceitualizações úteis com os clientes? Depois que se têm essas habilidades, como elas podem ser transmitidas a outros terapeutas em supervisão, consulta, salas de aula e *workshops*?

Este capítulo apresenta um modelo de aprendizagem e ensino da conceitualização de caso. Recomendamos passos específicos aos terapeutas de todos os níveis de habilidade (dos principiantes aos de nível avançado), designados para ajudá-los a adquirir e a refinar as habilidades principais e o conhecimento que está incluído em nosso modelo de conceitualização de caso colaborativa. Alguns passos podem ser dados de forma independente, e outros podem ser feitos com os colegas ou com a orientação de um supervisor, professor ou consultor mais experiente. Para os terapeutas de TCC de nível avançado que são instrutores ou dão supervisão ou consultas a outros terapeutas de TCC, oferecemos uma estrutura para ensinar as informações deste livro aos colegas.

CONCEITUALIZAÇÃO: UMA HABILIDADE DE NÍVEL SUPERIOR

A conceitualização de caso é uma habilidade de nível superior. A Figura 8.1 mostra um modelo de competência do terapeuta articulado por um grupo de trabalho de especialistas em TCC envolvidos no desenvolvimento, no treinamento e na supervisão de tratamentos (veja a Figura 8.1; Roth e Pilling, 2007). Aplicado à conceitualização de caso, este modelo sugere que existem "camadas" de conhecimento e de habilidades que os terapeutas precisam dominar para desenvolver competência. Primeiro os terapeutas precisam recorrer à teoria genérica da TCC (descrita no Capítulo 2) e a teorias relevantes específicas dos transtornos e colaborar com os clientes para aplicá-las às experiências destes. Depois disso, os terapeutas devem ser capazes de realizar intervenções cognitivas e comportamentais baseadas em evidências (veja o Quadro 1.3), usando a conceitualização como um trampolim para essas intervenções. À medida que a TCC se desenvolve para transtornos particulares e se expande para considerar novas aplicações, cresce o leque de intervenções possíveis em que os terapeutas precisam ser competentes (Beck, 2005).

Além dessas competências básicas, os terapeutas de TCC se beneficiam com várias metacompetências que os habilitam a integrar diferentes bases de conhecimento e habilidades (Roth e Pilling, 2007). As metacompetências enfatizadas neste texto incluem o empirismo colaborativo, trabalhar no nível de conceitualização adequado para um determinado cliente em um momento particular da terapia e incorporar os pontos fortes do cliente para que possa haver um equilíbrio entre o trabalho focado no problema e o trabalho focado na resiliência. A terapeuta de Mark demonstrou tais competências e metacompetências enquanto o auxiliava a conceitualizar as suas dificuldades do Capítulo 5 ao 7. A terapeuta de Mark mostrou evidências de uma base de conhecimentos ampla e profunda. Além do mais, ela foi capaz de traduzir esse conhecimento de modo flexível em cada nível de conceitualização no contexto de uma relação terapêutica ativamente colaborativa. Ela utilizou os pontos fortes de Mark em cada fase da terapia. Assim sendo, ela e Mark desenvolveram uma conceitualização não só dos seus problemas, mas também da sua resiliência, o que ele pode usar para prevenir a recaída e para atingir seus objetivos de mais longo prazo.

Competências genéricas em terapia psicológica.
Competências necessárias para se relacionar com as pessoas e para colocar em prática alguma forma de intervenção psicológica.

Competências básicas em terapia cognitiva e comportamental.
Competências básicas em TCC que são usadas na maioria das intervenções de TCC.

Técnicas especiais específicas da terapia cognitiva e comportamental
Técnicas especiais empregadas na maioria das intervenções de terapia cognitiva e terapia comportamental

Competências em TCC específicas para os problemas

Problema A – competências de TCC específicas

Problema B – competências de TCC específicas necessárias para tratar a dificuldade presente B

Problema C – competências de TCC específicas necessárias para tratar a dificuldade presente C

Metacompetências
Competências usadas pelos terapeutas para trabalhar em todos estes níveis e para adaptar a TCC às necessidades dos clientes individuais

Figura 8.1 Modelo de Roth e Pilling das competências em TCC.

Os terapeutas com estas bases e metacompetências em conceitualização de caso têm maior capacidade de alternar rapidamente entre os níveis descritivos e os níveis mais inferenciais de conceitualização. Tal flexibilidade pode se revelar como uma variável importante que prediz diferenças nos resultados da terapia. Alguns terapeutas atingem com seus clientes e de forma consistente resultados acima da média, e uma pequena minoria aparentemente produz deterioração em seus clientes (Okiishi, Lambert, Nielsen e Ogles, 2003). Na TCC, os terapeutas mais competentes têm melhores resultados com os clientes (Kuyken e Tsivrikos, no prelo). Especulamos que as habilidades de conceitualização dos terapeutas e a capacidade de ligar as conceitualizações aos métodos de tratamento explicam parte da relação que existe entre a competência dos terapeutas e os resultados da terapia. Um terapeuta que consegue *descrever colaborativamente as dificuldades presentes de uma pessoa usando a teoria cognitivo-comportamental e faz inferências explanatórias sobre as causas e os fatores de manutenção para informar as intervenções* (nossa definição de conceitualização de caso no Capítulo 1) oferece aos pacientes os caminhos para uma mudança bem-sucedida.

Um terapeuta hábil monitora continuamente o progresso da terapia, adaptando a conceitualização do caso e os métodos da terapia em resposta ao *feedback* dado pelo cliente. Para ilustrar este ponto, examinemos como um terapeuta se adaptou ao trabalho com um cliente, Lionel, que entrou em terapia com queixas de procrastinação e que frequentemente não realizava seu trabalho de casa. Seu terapeuta tinha uma hipótese provisória de que a não realização do trabalho de casa de Lionel era uma forma de procrastinação motivada pelo medo da crítica. Quando Lionel relatou dificuldades em preencher a ficha de inscrição para emprego, seu terapeuta aproveitou a oportunidade para testar a hipótese do "medo da crítica". Pediu que Lionel anotasse seus pensamentos automáticos a cada vez que procrastinasse o preenchimento da ficha de inscrição

TERAPEUTA: Eu estou curioso quanto ao que você aprendeu nesta semana sobre a sua procrastinação. Você conseguiu captar alguns pensamentos automáticos sobre a sua inscrição para emprego?
LIONEL: Eu não consegui muito, mas fiz algumas anotações na tabela que você me deu. *(Tira o papel do bolso)*. Vamos ver. OK *(faz uma pausa)*, na quarta-feira passada eu me sentei para preencher o formulário e me levantei para arrumar a cozinha.
TERAPEUTA: Então, o que se passou na sua mente quando você sentou para reencher o formulário?
LIONEL: Na verdade, nada. *(Parece um pouco evasivo)*. Eu simplesmente me senti muito mal e comecei a transpirar e a ter palpitações. *(Fica visivelmente ansioso e angustiado)*.

NA CABEÇA DO TERAPEUTA

O terapeuta começa a questionar a conceitualização articulada de que a procrastinação de Lionel esteja vinculada a pensamentos automáticos sobre a inadequação percebida ou sobre expectativas de críticas. Os pensamentos automáticos sobre inadequação frequentemente levam à esquiva, mas não costumam levar a sudorese ou a palpitações. O terapeuta pensa: "Podemos estar usando a conceitualização errada." Ele decide procurar o que mais pode estar acontecendo.

TERAPEUTA: *(inclinando-se na direção de Lionel)* Parece que você ficou perturbado ao pensar nisso. *(Lionel faz contato visual e meio que concorda com a cabeça)*. Então quando se sentou para preencher o formulário, você percebeu muita ansiedade física em seu corpo, mas não muitos pensamentos. Você pode me dizer o que aconteceu no momento em que decidiu preencher esse formulário e depois sentiu todas essas sensações físicas?

LIONEL: Eu às vezes tenho imagens na cabeça, e vi essa cena particularmente horrível. *(Parece mais ansioso e angustiado)*

NA CABEÇA DO TERAPEUTA

Lionel pode estar experimentando uma imagem ansiosa ou pode até estar tendo a lembrança de um trauma no momento. Se for a lembrança de um trauma, a pesquisa sugere que essa lembrança pode parecer que é real e um perigo iminente (Ehlers e Clark, 2000). O terapeuta pensa: "Enquanto testo esta hipótese, vou ter em mente que Lionel poderá precisar de apoio extra enquanto discutimos isso.".

TERAPEUTA: Você parece perturbado quando se lembra disso. Poderia nos ajudar se descobríssemos por que essa imagem fica no caminho do seu preenchimento do formulário. Você gostaria de me contar um pouco mais sobre isso? O que você vê?

LIONEL: OK. O que você quer saber?

TERAPEUTA: *(com uma atitude não verbal muito calma e apoiadora)* Descreva para mim o que você vê, como se estivesse vendo neste momento.

LIONEL: É mais como um vídeo do que uma imagem. Um grupo de rapazes está vindo até mim de direções diferentes e eles se revezam me empurrando por todos os lados, até que eu caio no chão e sinto e ouço suas botas me chutando. Eu escuto suas vozes dizendo coisas como "perdedor" e risadas.

NA CABEÇA DO TERAPEUTA

Este "vídeo" é descrito em sua maior parte no tempo presente, sem muito significado ou contexto. Isso fornece alguma evidência que apoia a hipótese de que Lionel está vivenciando uma lembrança traumática, que é frequentemente visual, visceral e não integrada como uma memória episódica de nível superior (Brewin, Dagliesh e Joseph, 1996).

TERAPEUTA: Isso parece terrível.

LIONEL: Sim, no final do meu serviço militar, eu costumava ser muito intimidado, você sabe, humilhado e agredido por esse grupo de homens. No final, eu estava em maus lençóis, realmente com problemas. *(Lágrimas começam a rolar em seu rosto.)* Esse vídeo sempre aparece na minha mente; e embora eu tente interrompê-lo, mesmo assim ele volta. É horrível, é como se eu voltasse àquela época.

TERAPEUTA: Parece que você passou por tempos difíceis e se sentiu humilhado. *(Lionel acena com a cabeça.)* E candidatar-se a um novo emprego lhe traz de volta essas cenas ou as imagens dessas experiências durante o seu serviço militar?

(*Lionel concorda novamente. Faz uma pausa.*) E você tem medo de se candidatar a um novo emprego porque...(*Faz uma pausa para que Lionel complete o final da sua frase.*)
LIONEL: Eu serei intimidado de novo.
TERAPEUTA: Isso realmente explica por que tem sido tão difícil para você preencher a sua inscrição para o emprego. Obrigado por me descrever esse vídeo que passa na sua cabeça. Isso me ajuda a entender muito melhor contra o que você está lutando. Eu tenho uma hipótese sobre o porquê de você ver esses vídeos em sua mente.
LIONEL: (*Olha para o terapeuta com os olhos cheios d'água.*) Por quê?
TERAPEUTA: Pelo que me parece, esses vídeos podem ser o que chamamos de lembranças traumáticas. A boa notícia é que, se você quiser, podemos trabalhar nessas lembranças para impedir que delas venham à sua mente com tanto sofrimento. Você gostaria de aprender a trabalhar com essas imagens perturbadoras de modo que consiga se defrontar com suas lembranças e entender o que aconteceu com você?

Este diálogo ilustra como um terapeuta hábil pode usar a não realização de uma tarefa como uma oportunidade para uma melhor avaliação e conceitualização. Permanecendo curioso e encorajando a auto-observação permanente de Lionel, o terapeuta transforma uma barreira potencial à terapia (a tarefa incompleta) em uma rica oportunidade terapêutica de reavaliar e revisar a conceitualização de caso atual. Em vez de pensamentos automáticos sobre inadequação, Lionel e seu terapeuta descobrem que as imagens relacionadas a lembranças traumáticas desencadeiam a sua procrastinação. Todas as competências mostradas na Figura 8.1 aparecem aqui. Como os terapeutas desenvolvem essas habilidades de conceitualização de alto nível? Trataremos deste assunto a seguir.

COMO OS TERAPEUTAS APRENDEM HABILIDADES PARA A CONCEITUALIZAÇÃO DE CASO?

Durante as últimas décadas, foram propostos vários modelos para aprender a ser terapeuta em TCC. Estes modelos descrevem os mecanismos pelos quais os terapeutas aprendem como os diferentes aspectos das habilidades de terapeuta (p. ex., envolvimento, conceitualização, atenção aos problemas na relação terapêutica) se relacionam uns com os outros. Logo a seguir adaptamos o modelo de James Bennett-Levy (Bennett-Levy, 2006) para fornecer uma estrutura para o conhecimento, o ensino e o desenvolvimento de habilidades para a conceitualização de caso. Conforme mostra a Figura 8.2, Bennett-Levy articula três aspectos da aprendizagem que estão relacionados: declarativo, procedimental e reflexivo.

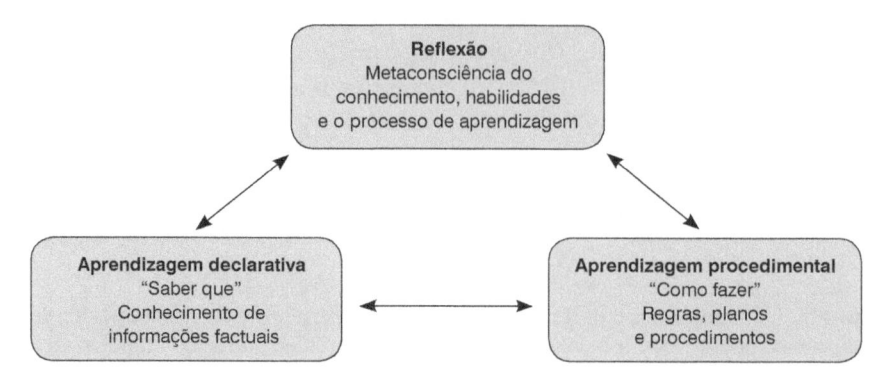

```
                    ┌─────────────────────────┐
                    │        Reflexão         │
                    │   Metaconsciência do    │
                    │ conhecimento, habilidades│
                    │ e o processo de aprendizagem│
                    └─────────────────────────┘
                       ↗                    ↖
                      ↙                      ↘
┌──────────────────────────┐        ┌──────────────────────────┐
│  Aprendizagem declarativa│        │ Aprendizagem procedimental│
│        "Saber que"       │ ←────→ │       "Como fazer"       │
│      Conhecimento de     │        │      Regras, planos      │
│    informações factuais  │        │      e procedimentos     │
└──────────────────────────┘        └──────────────────────────┘
```

Figura 8.2 Modelo de Bennett-Levy (2006) da aprendizagem do terapeuta de TCC.

Aprendizagem declarativa

A aprendizagem declarativa refere-se à *aquisição de conhecimento relevante*, como teorias de TCC, estágios do protocolo de tratamento e entender em princípio como estruturar uma sessão de TCC. Refere-se a "saber que" (Bennett-Levy, 2006). No início do treinamento, os terapeutas aprendem teorias relativas a diagnósticos comuns e as funções da avaliação e da conceitualização de caso. O conhecimento declarativo pode incluir modelos e ideias relativamente simples (p. ex., o modelo cognitivo do pânico; justificativas para a conceitualização de caso) e a compreensão profunda de modelos complexos e ideias (p. ex., modos em transtornos da personalidade; processos transdiagnósticos). A aprendizagem declarativa sobre a conceitualização de caso inclui: aprender a definição e as funções da conceitualização de caso (Capítulo 1), o modelo genérico da TCC, bem como os modelos da TCC específicos dos transtornos (Capítulo 1; Quadro 1.3), padrões cognitivo--emocional-fisiológico-comportamentais em transtornos particulares (Capítulo 5), marcadores diagnósticos de diferentes transtornos e os passos envolvidos na conceitualização de caso (Capítulos 5 a 7). Ela também se aplica ao saber *em teoria* a respeito dos princípios e dos processos integrantes da conceitualização de caso em TCC (Capítulos 2 a 4). No caso de Lionel, refere-se a conhecer os modelos de procrastinação (Burns, 1989; Burns, Dittmann, Nguyen e Mitchelson, 2001) e PTSD (Brewin et al., 1996), e também a saber como trabalhar com imagens traumáticas (Ehlers, Hackmann e Michael, 2004; Ehlers et al., 2005; Wheatley et al., 2007).

Os terapeutas com conhecimento declarativo avançado demonstram conhecimentos de modelos simples e complexos de TCC e, principalmente, tal conhecimento é bem-estruturado de modo que eles possam navegar com facilidade nesta base de conhecimento (Eells et al., 2005). Também existem evidências de que os terapeutas com uma base de conhecimento mais desenvolvida usam princípios mais refinados para organizar o conhecimento que possuem (Eells et al., 2005). Por exemplo, os terapeutas com uma compreensão avançada da conceitualização podem colaborar mais prontamente com os clientes para assegurar que exista um teste e um equilíbrio na adequação entre a base de conhecimento empírico e a experiência do cliente.

Aprendizagem procedimental

A aprendizagem procedimental refere-se à *aquisição de habilidades* e a "como" conduzir a TCC (Bennett-Levy, 2006). Os exemplos incluem ser capaz de fazer perguntas que reúnam informações sobre as dificuldades presentes de um cliente ou uma análise funcional completa de uma dificuldade presente (Capítulos 3, 4 e 5). A aprendizagem procedimental refere-se aos princípios, aos planos e aos passos envolvidos na execução das habilidades terapêuticas. Isso inclui habilidades não verbais (p. ex., observar mudanças sutis no estado emocional dos clientes), habilidades interpessoais (p. ex., assegurar uma colaboração genuína) e habilidades técnicas (p. ex., ensinar os clientes a usarem os Registros de Pensamentos). A aprendizagem procedimental é quando "os conhecimentos declarativos se tornam atualizados na prática e refinados" (Bennett-Levy, 2006; p. 64).

Amplas áreas de aprendizagem procedimental são necessárias para a conceitualização de caso efetiva, incluindo habilidades na colaboração, empirismo, implementação de cada passo em cada nível da conceitualização descrita nos Capítulos de 5 a 7 e ser capaz de equilibrar a incorporação das dificuldades e os pontos fortes. Os terapeutas precisam desenvolver competência procedimental na construção de uma relação terapêutica forte, engajando os clientes nas investigações colaborativas e todas as outras micro-habilidades envolvidas no trabalho psicoterápico em geral e na TCC especificamente. Por exemplo, a aprendizagem procedimental pode envolver o desenvolvimento de habilidades para desenvolver colaborativamente uma conceitualização descritiva das dificuldades atuais do cliente utilizando um modelo de cinco partes (Capítulos 3 e 5). O terapeuta de Lionel precisa saber como comunicar que ele entende seu sofrimento, mudar colaborativamente o foco da sessão, manter uma aliança terapêutica quando trabalha com emoções fortes e descrever modelos relevantes da TCC em uma linguagem que Lionel possa entender.

Os terapeutas possuem competências procedimentais avançadas quando eles conseguem realizar intervenções de TCC com relativa facilidade, incluindo a conceitualização de caso colaborativa. Por exemplo, nos Capítulos 5, 6 e 7, a terapeuta de Mark ilustra o domínio da aprendizagem procedimental em TCC porque conseguiu ajudá-lo a conceitualizar suas várias preocupações, incorporou os pontos fortes em cada nível de conceitualização e navegou habilmente entre os protocolos da TCC, até mesmo misturando protocolos quando as conceitualizações de Mark sugeriam que suas preocupações tinham desencadeantes e fatores de manutenção em comum.

Aprendizagem reflexiva

A aprendizagem reflexiva descreve o que acontece quando os terapeutas se afastam da sua prática clínica e observam o que aconteceu, com o objetivo de ampliar os conhecimentos e as habilidades e de melhorar a conduta terapêutica. São necessárias auto-observação, análise e avaliação; a reflexão pode ocorrer no momento ou após o fato (Bennett-Levy, 2006). A reflexão ocorre no momento em que o terapeuta nota e responde a alguma coisa quando ela está acontecendo. O terapeuta no diálogo anterior deste capítulo demonstrou aprendizagem reflexiva quando observou na sessão as fortes reações autonômicas de Lionel e considerou a sua hipótese original a respeito do significado da tarefa incompleta de Lionel.

Quando em treinamento, comumente é solicitado aos terapeutas de TCC que registrem e analisem as sessões. Os terapeutas têm tempo e espaço para observar os elementos das sessões terapêuticas sobre os quais pode ter sido difícil refletir no exato momento. Por exemplo, na sessão com Lionel, um terapeuta principiante poderia responder com frustração: "É importante que você faça a sua tarefa de casa se quiser fazer progressos. Você não precisa fazer isso com perfeição.". A análise do registro de uma sessão permite que o terapeuta observe as suas reações automáticas e reflita sobre o impacto destas e também considere respostas alternativas que possam ser mais terapêuticas. Outros exemplos de reflexão podem envolver o exame do registro de uma sessão para avaliar o quanto o empirismo colaborativo foi bem empregado e para considerar como fazer isso melhor em sessões futuras. Um supervisor ou consultor poderá guiar esse processo reflexivo.

A aprendizagem reflexiva referente à conceitualização de caso inclui a avaliação da adequação de uma conceitualização, prestando atenção ao que precisa ser aprendido e observando se a terapia está progredindo conforme o esperado. A reflexão fica evidente na sessão quando o terapeuta nota um descompasso entre o seu entusiasmo ou curiosidade em relação ao modelo conceitual e o do cliente. Fora da sessão, as reflexões do terapeuta frequentemente identificam elementos que estão faltando ou que estão mal posicionados em uma conceitualização. Ao longo deste livro, usamos os quadros "Na Cabeça do Terapeuta" para captar os processos reflexivos do terapeuta. Quando Mark e sua terapeuta tentam entender como sua história moldou as suas crenças e as suas estratégias, no Capítulo 7, a terapeuta se pergunta "Isso faz sentido? Isso é adequado?" e conclui que existem problemas que precisam ser mais explorados.

Existem evidências de que os terapeutas mais experientes possuem habilidades de automonitoramento mais desenvolvidas do que os terapeutas com menos habilidade: "Eles têm mais consciência quando cometem erros, do porquê de não conseguirem entender e de quando precisam rever as suas soluções." (Eells et al., 2005, p. 587). Mesmo assim, sempre há mais coisas a serem aprendidas em cada estágio do desenvolvimento profissional.

Aprendendo em cada estágio do desenvolvimento profissional

Coletivamente, os autores tiveram a experiência de ensinar conceitualização de caso a terapeutas de todos os níveis, desde os que ainda estavam fazendo sua formação até terapeutas de TCC com muitos anos de prática. Os estudantes de psicologia tipicamente acham a conceitualização de caso fascinante, porque ela dá a oportunidade de partir da teoria para uma compreensão das aplicações clínicas reais. Nesse estágio inicial, o aprendizado tende a ser quase que inteiramente declarativo, embora a qualidade do pensamento clínico e as perguntas dos estudantes possam ser magníficas. O conhecimento declarativo serve bem a esses estudantes quando eles assistem à gravação em vídeo de um terapeuta e um cliente que estão envolvidos na conceitualização de caso colaborativa. No entanto, se lhes for solicitado que dramatizem uma conceitualização de caso colaborativa, eles descobrirão que fazer isto requer um conjunto de habilidades diferentes (conhecimento procedimental). Consequentemente, as dramatizações do aluno em formação são tipicamente desajeitadas.

Os alunos graduados convidados a fazer a mesma dramatização tentam sintetizar o que eles sabem (conhecimento declarativo) com as habilidades terapêuticas em desenvolvimento (conhecimento procedimental). Os estudantes graduados também podem ser artificiais nas dramatizações porque esta síntese é desafiadora. Convidados a refletir sobre o que aconteceu em uma dramatização, eles são capazes de discussões perspicazes e elegantes, porque têm a oportunidade de considerar a sua experiência de união da teoria às habilidades *ao vivo*.

Na outra extremidade do *continuum*, os terapeutas muito experientes em TCC em geral já desenvolveram esse conjunto de habilidades práticas e reflexivas de que precisam para refletir por um minuto antes de descreverem as justificativas em que estão fundamentadas a sua escolha de conceitualização e a intervenção. Os terapeutas de nível avançado podem não mais perceber os pontos de escolha na terapia porque os padrões terapêuticos acabam sendo tão ensaiados que eles operam fora da consciência. Ao contrário, eles por vezes refletem em níveis mais sofisticados, tais como combinar vários esquemas conceituais com a sua experiência com outros clientes e com questões terapêuticas parecidas.

Por exemplo, quando ficou claro que Lionel não havia feito a tarefa de casa, seu terapeuta notou sua visível ansiedade na sessão. Com base na experiência, ele intuiu que a extrema ansiedade de Lionel era provavelmente resultado de pensamentos automáticos sobre inadequação. O terapeuta sabia pela teoria e pela experiência que o momento ideal de identificar os pensamentos ansiosos e as imagens centrais é quando a ansiedade está intensamente ativada. Assim, ele decidiu usar o sofrimento de Lionel como uma oportunidade para indagar empaticamente a respeito das imagens perturbadoras na esperança de que isso os orientasse quanto a hipóteses alternativas. Se questionado sobre quais regras ditadas pela experiência ele usou para fazer as escolhas sobre a intervenção e a conceitualização nesta sessão, o terapeuta poderá não conseguir articulá-las imediatamente; ele poderá dizer que suas escolhas foram "intuitivas". E, no entanto, a reflexão sobre esses processos pode ajudá-lo a identificar os princípios operacionais úteis e os enviesados na sua prática clínica. Isso será necessário se ele quiser identificar o que está funcionando e o que pode ser melhorado na sua prática clínica. E isso também pode ajudá-lo a ser um melhor professor e supervisor.

ESTRATÉGIAS PARA O DESENVOLVIMENTO DE *EXPERTISE* EM CONCEITUALIZAÇÃO DE CASO

Para desenvolver colaborativamente conceitualizações de caso conforme descrito nos Capítulos de 3 a 7, os terapeutas precisam adquirir habilidades específicas e aprender a combiná-las habilmente de diferentes formas, dependendo das necessidades e dos pontos fortes dos clientes. Nas próximas páginas, integramos os processos de aprendizagem de Bennett-Levy a um ciclo de aprendizagem de quatro estágios (veja a Figura 8.3) designado para desenvolver perícia em conceitualização de caso. Os quatro estágios são (1) avaliar as necessidades de aprendizagem; (2) definir objetivos pessoais de aprendizagem; (3) participar dos processos de aprendizagem declarativa, procedimental e reflexiva e (4) avaliar o progresso da aprendizagem para identificar outras necessidades de aprendizagem (voltando ao passo 1). Discutiremos esse ciclo de aprendizagem para cada um dos princípios enfatizados neste texto: empirismo colaborativo, níveis de conceitualização e incorporação dos pontos fortes do cliente. Como está implícito no termo "ciclo", tal modelo de aprendizagem pode se estender durante toda a carreira profissional e ser usado por terapeutas de todos os níveis de conhecimento para melhorar a prática da conceitualização de caso. Ele pode guiar o estudo pessoal do terapeuta e também os programas de supervisão, de consulta e de instrução em TCC. As seções a seguir descrevem em detalhes como os terapeutas podem usar essa estrutura de aprendizado para melhorar suas habilidades em conceitualização de caso.

Passo 1
Avaliar as necessidades de aprendizagem

Passo 2
Definir os objetivos de aprendizagem

Principiante

Intermediário

Avançado

APRENDIZAGEM

Passo 4
Avaliar o progresso da aprendizagem

Passo 3
Aprendizagem declarativa, procedimental e reflexiva

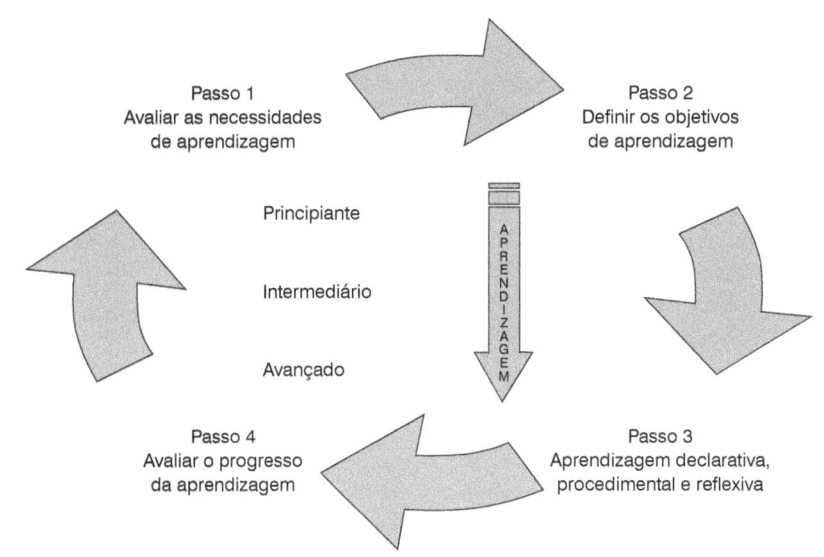

Figura 8.3 Quatro passos do aprendizado do terapeuta.

Passo 1: Avaliar as necessidades de aprendizagem

Questões gerais

Para cada um dos quatro princípios, recomendamos que os terapeutas façam uma autoavaliação dos seus conhecimentos, habilidades e necessidades de aprendizagem. Para auxiliar esse processo de avaliação, fizemos algumas recomendações específicas referentes aos conhecimentos e às competências de que os terapeutas precisam para conduzir uma conceitualização de caso colaborativa. Elas estão organizadas em três quadros (Quadros 8.1, 8.2 e 8.3), que resumem o que se espera que um terapeuta de TCC domine em cada um dos três princípios. Cada quadro agrupa competências nos níveis iniciante, intermediário e avançado de conhecimento. Por iniciante queremos nos referir aos terapeutas que ainda estão adquirindo os conhecimentos mais fundamentais descritos (por aprendizagem declarativa) ou que possuem experiência limitada na implementação bem-sucedida destes conhecimentos (habilidade procedimental). Lembre-se de que os anos de experiência não ditam o nível de conhecimento e de competência do terapeuta no que se refere à conceitualização de caso. Os terapeutas podem ter muitos anos de experiência e ainda serem iniciantes em alguns dos princípios descritos neste texto.

Raramente os terapeutas têm habilidades iguais na aplicação de cada um dos três princípios. Por exemplo, um terapeuta pode ser altamente habilidoso no empirismo colaborativo e, no entanto, ser um principiante na incorporação dos pontos fortes do cliente à conceitualização de caso. Esses quadros resumidos têm a intenção de auxiliar terapeutas e supervisores a identificarem lacunas no conhecimento e a planejarem adequadamente um estudo mais focalizado. O domínio de cada área de conhecimento ou competência listada nestes quadros requer conhecimento declarativo e habilidade procedimental. Geralmente, o conhecimento declarativo é adquirido primeiro, e depois a habilidade procedimental se desenvolve com a experiência. Como um reflexo dessa progressão no desenvolvimento, recomendamos que os terapeutas atribuam pontos às suas habilidades em cada item de cada quadro, segundo a seguinte escala de 5 pontos:

0 = ausência de conhecimento declarativo
1 = conhecimento declarativo mínimo
2 = bom conhecimento declarativo, mas pouca habilidade procedimental
3 = bom conhecimento declarativo, com habilidade procedimental moderada
4 = bom conhecimento declarativo e boa habilidade procedimental com muitos dos clientes, mas não a maioria
5 = conhecimento declarativo completo, integrado a habilidade procedimental flexível

Já descrevemos o que consideramos como uma progressão típica no desenvolvimento. Contudo, os terapeutas podem descobrir que a sua aprendizagem apresenta um padrão diferente de desenvolvimento em conhecimento e em competência. As áreas de fragilidade relativa podem ser alvo de estudo pessoal, consulta aos pares, supervisão ou consulta usando os métodos descritos no passo 3 abaixo. Alguns terapeutas se autoatribuirão escores moderados ou mais altos em itens de mais de um nível (iniciante, intermediário, avançado) dessas listas. Isto é esperado porque a aprendizagem pode se desenvolver em muitos padrões diferentes. Avalie se esses pontos fortes podem ajudar nas áreas em que existem lacunas no conhecimento. Além disso, dependendo das pontuações, os terapeutas podem seguir as orientações aos iniciantes para aprenderem alguns dos tópicos e das orientações intermediárias ou avançadas para outras áreas de estudo.

Avaliação das necessidades de aprendizagem referentes ao empirismo colaborativo

Para estabelecer e manter a colaboração com os clientes durante a conceitualização de caso, os terapeutas se baseiam nas competências genéricas da terapia e também nas que são especificadas para a conceitualização de caso. Conforme mostrado no Quadro 8.1, as competências genéricas da terapia que são essenciais para a colaboração incluem habilidades iniciais, como aprender a estabelecer uma aliança terapêutica e ouvir de modo acurado e empaticamente. As competências terapêuticas genéricas avançadas incluem a habilidade de enfrentar colaborativamente o conflito e de negociar os impasses na terapia. Além disso, o empirismo colaborativo requer competências específicas para a conceitualização de caso que permitem que o terapeuta crie pontes conversacionais entre as observações do cliente e os modelos desenvolvidos empiricamente. Estas incluem, habilidades de nível intermediário, tais como flexibilidade no uso da linguagem e de metáforas para adaptar empiricamente os modelos desenvolvidos à experiência de um determinado cliente e ao reconhecimento das experiências do cliente que confirmam ou contradizem uma determinada conceitualização. Quando os terapeutas passam para o nível mais avançado, eles conseguem exercer essas habilidades de uma maneira relaxada e conversacional e engajam os clientes na busca ativa pelas ligações entre os diferentes aspectos da experiência. Além disso, é de grande utilidade que o terapeuta possua e modele as qualidades de curiosidade, de compaixão e de mente aberta.

Quadro 8.1 Conhecimentos básicos e competências recomendados para empregar o empirismo colaborativo em conceitualização de caso

Nível de habilidade do terapeuta	Conhecimentos básicos e competência recomendados
Iniciante	• Sabe como formar e manter uma aliança terapêutica positiva.
	• Habilidades de comunicação: – consegue comunicar as ideias com clareza. – consegue ouvir bem e entender as comunicações do cliente. – as expressões verbal e não verbal são congruentes.
	• Entende o papel da colaboração na TCC e como colaborar para realizar as tarefas em comum (p. ex., a definição da agenda).
	• Reconhece a importância da estrutura da terapia, incluindo o conhecimento de como negociar as tarefas durante a hora de terapia (p. ex., o tempo a ser gasto nos vários tópicos).
	• Entende como usar a análise funcional e/ou o modelo de cinco partes.
	• Tem uma familiaridade básica com as conceitualizações explanatórias dos transtornos comuns como depressão, transtornos de ansiedade específicos e outras dificuldades atuais comuns na prática clínica.
	• Conhece métodos para identificar e para classificar emoções, pensamentos e fenômenos psicológicos.
	• Entende como envolver os clientes na observação do comportamento.
	• Conhece os quatro estágios do diálogo socrático.
	• Tem conhecimento das variações culturais.
	• Conhece os aspectos fundamentais de como montar e implementar os experimentos comportamentais.
	• Sabe como usar os Registros de Pensamentos, os registros de predição e outros métodos escritos para observar e testar crenças.
	• Entende como utilizar perguntas pertinentes para reunir as informações necessárias para formar uma conceitualização de caso.

continua

Quadro 8.1 (continuação)

Nível	Conhecimento
Intermediário	**Todo o conhecimento do nível iniciante mais:**
	Sabe como adaptar a linguagem e a metáfora do terapeuta ao nível educacional, cultural e aos interesses pessoais do cliente.
	Reconhece as experiências do cliente que confirmam e contradizem modelos conceituais particulares.
	Consegue engajar os clientes de modo que busquem as ligações entre os diferentes aspectos da sua experiência (p. ex., pensamentos e sentimentos) fora das sessões terapêuticas e as relatem ao terapeuta verbalmente e/ou por escrito.
	Tem uma compreensão clara das conceitualizações cognitivas para a depressão, para transtornos de ansiedade e para outros problemas comuns à prática clínica.
	Tem consciência das características que se diferenciam entre as dificuldades presentes similares.
	É capaz de incorporar os fatores culturais à conceitualização.
	Consegue utilizar o diálogo socrático para testar as crenças de modo efetivo.
	Consegue manter a objetividade e uma curiosidade genuína a respeito da experiência do cliente; consegue adaptar com flexibilidade a conceitualização ao *feedback* do cliente.
	Consegue apresentar ao cliente modelos baseados em evidências que são compatíveis às experiências relatadas por ele.
	Consegue construir conceitualizações individualizadas que incorporam modelos relevantes baseados em evidências.
	Consegue fazer predições e empregar experimentos comportamentais para avaliar a conceitualização de caso.
Avançado	**Todo o conhecimento dos níveis iniciante e intermediário mais:**
	Consegue enfrentar o conflito e trabalhar colaborativamente os impasses na terapia.
	É capaz de obter e de manter a colaboração com a maioria dos clientes, incluindo aqueles que têm grande dificuldade em colaborar nos relacionamentos.
	Consegue criar pontes naturais conversacionais entre as observações do cliente e os modelos desenvolvidos empiricamente.
	Está alerta às sutilezas nas semelhanças e diferenças entre os relatos da experiência do cliente e os modelos apoiados empiricamente.
	Sabe usar e/ou procurar dados do cliente para conciliar as diferenças entre os modelos apoiados empiricamente e a experiência pessoal do cliente.
	É capaz de costurar métodos empíricos de forma coerente no tecido da terapia.
	Consegue usar prontamente a conceitualização de caso para enfrentar os impasses na terapia, para avaliar as opções de tratamento e para fazer planos para lidar com recaídas.
	É capaz de refletir a respeito e identificar preconceitos pessoais que interferem nos processos empíricos.

Empirismo significa, às vezes, ligar as experiências do cliente a modelos de um transtorno particular apoiados empiricamente. Outras vezes, o empirismo refere-se ao desenvolvimento de uma conceitualização a partir de observações cuidadosas da experiência do cliente, integrando outras fontes diferentes de dados sobre o mesmo. Existem evidências de que os terapeutas de nível mais avançado têm melhores condições de ver e de usar grandes padrões de dados, talvez porque a sua base de conhecimento esteja altamente organizada e eles estejam mais capacitados para lidar com a sua base de conhecimento (Eells et al., 2005).

Os terapeutas, os instrutores e os supervisores em TCC podem usar o Quadro 8.1 para orientar a avaliação dos principais pontos fortes e das lacunas de conhecimento no empirismo colaborativo. Espera-se que os terapeutas de nível iniciante, intermediário e avançado atinjam diferentes níveis de competência e amplitude de conhecimento. Um principiante no empirismo colaborativo precisa dominar competências e conhecimentos básicos, como, por exemplo, saber como estabelecer e manter uma aliança terapêutica positiva e executar as tarefas básicas da colaboração, tais como definir a agenda de uma sessão. Além disso, os terapeutas iniciantes precisam de conhecimentos específicos para a conceitualização de caso, como, por exemplo, saber como evocar as observações do cliente necessárias para construir uma conceitualização. Os terapeutas de nível intermediário conseguem atender a essas tarefas básicas com maior habilidade, dentre uma variedade mais ampla das dificuldades presentes do cliente e com maior individualização para as necessidades do cliente.

Os terapeutas iniciantes frequentemente têm dificuldades para aplicar os conhecimentos, enquanto que os de nível intermediário utilizam os conhecimentos de forma competente, frequentemente individualizando-os para cada cliente. As seguintes falas de terapeutas iniciantes e de nível intermediário ilustram as diferenças entre o uso iniciante e intermediário da linguagem durante a conceitualização de caso:

INICIANTE: Vamos ver ser conseguimos fazer um desenho para mostrar como os seus pensamentos e sentimentos se ligam uns aos outros. (*as mesmas palavras usadas com virtualmente todos os clientes*)
INTERMEDIÁRIO: Você mencionou anteriormente que gosta de mexer em motocicletas. Quando você faz isso, é importante saber o que se conecta com o quê? (*O cliente acena afirmativamente com a cabeça.*) Talvez possamos usar as suas habilidades com a motocicleta para aprender a mexer um pouco no seu humor. Primeiro vamos ver se podemos entender o que está conectado com o quê.

Os terapeutas de nível intermediário também adquirem uma base de conhecimento mais abrangente do que os iniciantes no que tange aos modelos apoiados empiricamente para conceitualizar problemas comuns. Além disso, eles têm uma consciência das características que se sobrepõem e se diferenciam entre modelos similares. Os terapeutas de nível intermediário estão geralmente mais em sintonia do que os iniciantes com as variações na experiência baseadas culturalmente e sabem como incorporar os fatores culturais às conceitualizações. Os terapeutas podem passar muitos anos em um nível intermediário da habilidade de conceitualização de caso.

A competência avançada no empirismo colaborativo é marcada pela habilidade de estimular a colaboração e engajamento do cliente sob circunstâncias desafiadoras e também de conciliar de modo colaborativo os conflitos entre os modelos apoiados empiricamente e as observações do cliente. Neste nível, as conceitualizações de caso são prontamente utilizadas para lidar com os impasses na terapia, avaliar as opções de tratamento e fazer planos para lidar com as recaídas. Também se espera que os terapeutas de nível avançado sejam altamente reflexivos sobre o quanto suas crenças e seus valores afetam o processo de conceitualização de caso.

Avaliação das necessidades de aprendizagem referentes aos níveis de conceitualização

O exemplo do caso de Mark (Capítulos 5 a 7) ilustra como a conceitualização de caso pode se desenvolver, partindo da descrição (p. ex., análise funcional e modelo de cinco partes), para uma explicação transversal (p. ex., desencadeantes e fatores de manutenção) até o entendimento longitudinal dos fatores predisponentes que contribuem para a vulnerabilidade do cliente e fatores protetores que servem como plataforma para construção da resiliência. Chamamos essa progressão de "níveis de conceitualização" (veja a Figura 2.1). Para usar os níveis de conceitualização, os terapeutas precisam adquirir a base de conhecimento e as competências resumidas no Quadro 8.2.

Conforme observado no Quadro 8.2, os terapeutas iniciantes precisam conhecer a teoria e a pesquisa sobre transtornos particulares, seus fundamentos e os métodos envolvidos em estruturas particulares de conceitualização (p. ex., o modelo de cinco partes) e processos terapêuticos fundamentais, como a confecção de uma lista das dificuldades presentes e a definição dos objetivos. Os terapeutas com competências intermediárias em relação aos níveis de conceitualização adquirem conhecimento em maior profundidade e amplitude de aplicação. Os terapeutas avançados são capazes de desenvolver as ideias de teorias e pesquisas e de entender muito mais inteiramente como integrar as dificuldades e a resiliência do cliente às conceitualizações em cada nível. Além disso, os terapeutas avançados são melhores juízes do nível apropriado de conceitualização para um cliente particular em um ponto particular da terapia.

A terapeuta de Mark demonstrou um nível avançado de habilidade e conhecimento em relação aos níveis de conceitualização. Ela realizou habilmente todas as tarefas necessárias em cada nível de conceitualização, reconheceu e destacou temas que se vinculavam às dificuldades atuais de Mark, implementou e coordenou de forma capaz diversos protocolos de tratamento e identificou e integrou a resiliência de Mark durante a terapia. Um terapeuta com menos conhecimento e menos competências provavelmente não teria alcançado tantas coisas no tratamento de Mark dentro do prazo que dispunha. Tente imaginar como a terapia de Mark teria se desenvolvido com um terapeuta com menos conhecimentos e competências.

Quadro 8.2 Conhecimentos básicos e competências recomendados para empregar os níveis de conceitualização

Nível de habilidade do terapeuta	Conhecimentos básicos e competências recomendados
Iniciante	**Nível descritivo** • Consegue diferenciar pensamentos, humores, reações físicas, comportamentos e aspectos situacionais da experiência do cliente. • Compreende o propósito e as razões para a lista das dificuldades presentes. • Compreende os princípios e os processos da análise funcional. • Compreende os princípios e os processos do modelo de cinco partes. • Está familiarizado com um ou dois modelos de conceitualização baseados em evidências (p. ex., transtorno do pânico, TOC). • Compreende os processos de definição dos objetivos. **Nível explanatório (desencadeantes e manutenção)** • Consegue identificar pensamentos automáticos, pressupostos subjacentes e crenças centrais. • Compreende o modelo cognitivo genérico (veja o Capítulo 1). • Consegue identificar fatores desencadeantes e de manutenção. • Reconhece comportamentos de segurança. • Conhece as pesquisas referentes à etiologia, à manutenção e ao tratamento de um ou dois diagnósticos comuns. **Fatores de predisposição e protetores** • Conhece a teoria da TCC do desenvolvimento da personalidade (Beck et al., 2004). • Conhece pelo menos um modelo para entendimento da resiliência. • Entende as razões para que se faça a ligação entre a história do desenvolvimento, as dificuldades presentes e o manejo de recaídas.
Intermediário	Todo o conhecimento do nível principiante mais: **Nível descritivo** • Está familiarizado com modelos diagnósticos baseados em evidências de todos os transtornos comuns na sua prática. **Nível explanatório** • Acompanha ativamente as pesquisas referentes a etiologia, à manutenção e ao tratamento de muitos transtornos comuns na sua prática. • Reconhece os temas recorrentes ao longo dos exemplos situacionais do cliente. • Possui conhecimento de um amplo repertório de intervenções em TCC e sabe como escolhê-las com base na conceitualização.

continua

Quadro 8.2 (continuação)

	• Está familiarizado com a duração e os resultados esperados para o tratamento, com base no conhecimento de pesquisas pertinentes com várias populações clínicas. **Fatores de predisposição e protetores** • Conhece os tipos de personalidade, bem como os pressupostos subjacentes e as crenças centrais associados a cada um deles. • Sabe como evocar metáforas, estórias e imagens do cliente que estão ligadas a temas-chave e às dificuldades atuais. • Sabe como formular uma conceitualização longitudinal das dificuldades presentes e também da resiliência do cliente. • É capaz de identificar possíveis fatores de risco para recaídas futuras com base na conceitualização longitudinal do cliente.
Avançado	Todo o conhecimento do nível principiante e intermediário mais: **Nível descritivo** • Reconhece temas recorrentes em modelos baseados em evidências (p. ex., ruminação) e consegue identificar temas que fazem a ligação entre as dificuldades presentes. • É capaz de apresentar justificativas clínicas sobre quando usar cada nível de conceitualização com um cliente particular. • Conhece as justificativas e os métodos para a incorporação da resiliência em cada nível de conceitualização. **Nível explanatório** • Atualiza regularmente seu conhecimento para integrar os achados de pesquisa a partir de várias abordagens de TCC e em muitos transtornos. • Reconhece os fatores desencadeantes e de manutenção que são comuns às dificuldades presentes do cliente. • Sabe como modificar as intervenções de TCC para adequá-las às particularidades da conceitualização de um cliente ou para adaptar-se às barreiras ao tratamento. **Fatores de predisposição e protetores** • Conhece modificações na entrevista que melhoram a TCC em vários transtornos da personalidade (Beck et al., 2004). • Sabe como integrar os fatores de predisposição e protetores a uma conceitualização longitudinal.

Um terapeuta iniciante que trabalhasse com Mark poderia entender a necessidade de cada tarefa da terapia e, no entanto, ainda assim teria dificuldades com a sua implementação. Além disso, terapeutas iniciantes podem ter experiência no tratamento da depressão ou TOC ou preocupações com a saúde, mas têm menos probabilidade de ter experiência com todos os três. Assim, os terapeutas iniciantes frequentemente têm dificuldades em saber como ligar a conceitualização e os métodos de tratamento, especialmente com clientes que têm vários problemas. A amplitude de conhecimento que é necessária está ausente ou o terapeuta tem um conhecimento declarativo sem as habilidades procedimentais. Além do mais, os terapeutas iniciantes em TCC frequentemente ficam tão atentos à angústia do paciente que esquecem os benefícios de trabalhar simultaneamente com a resiliência do cliente.

Como evoluiria a terapia de Mark se ele estivesse trabalhando com um terapeuta de habilidade intermediária nos níveis de conceitualização? É mais provável que um terapeuta de nível intermediário conheça os modelos conceituais da TCC e um tratamento para cada uma das dificuldades presentes de Mark. A aprendizagem do nível intermediário de habilidade tipicamente se estende durante um longo período de tempo. Assim, enquanto alguns terapeutas de nível intermediário são parecidos com principiantes muito experientes e altamente capazes, outros têm uma prática em um nível similar ao de terapeutas avançados. Ao contrário dos terapeutas iniciantes, os de nível intermediário têm apenas lacunas ocasionais em conhecimento e habilidades. Quando encontram lacunas, a maioria deles sabe como adquirir o conhecimento e as habilidades requisitados, seja por meio do estudo da literatura pertinente, da consulta a outro terapeuta ou pela reflexão pessoal. Ao contrário dos terapeutas avançados, os de nível intermediário têm menor probabilidade de integrar com habilidade as dificuldades e resiliência do cliente em cada nível de conceitualização. Eles têm menor probabilidade de usar princípios mais refinados na solução de dilemas na terapia como, por exemplo, quando a terapeuta de Mark integrou os modelos do TOC e a hipocondria para abordar as preocupações de Mark com a saúde (veja o Capítulo 6).

Avaliação das necessidades de aprendizagem referentes à incorporação dos pontos fortes do cliente

Ao longo deste livro ilustramos os benefícios da incorporação dos pontos fortes do cliente às conceitualizações de caso. O Quadro 8.3 resume a base de conhecimento e as competências que ajudam os terapeutas a realizar isso. Os terapeutas que comumente não incorporam os pontos fortes às conceitualizações de caso precisam inicialmente desenvolver uma convicção de que isso é desejável. O conhecimento da literatura da psicologia positiva e resiliência (veja o Capítulo 4) pode ajudar os terapeutas a valorizarem os benefícios de praticar a TCC com base nos pontos fortes. Essas bases de conhecimento também ajudam os terapeutas a desenvolverem um entendimento amplo e empírico das ligações entre os pontos fortes do cliente e a saúde mental e resiliência.

Espera-se dos terapeutas iniciantes que saibam fazer as perguntas que identificam os pontos fortes do cliente e que entendam a relevância destes para a conceitualizações de caso. Quando os terapeutas chegam a um nível intermediário de competência na incorporação dos pontos fortes do cliente, começam a observar naturalmente esses pontos fortes e a incorporá-los às conceitualizações de caso com relativa facilidade. Um nível avançado de competência está associado à incorporação dos pontos fortes durante cada estágio da terapia e nível da conceitualização. Além disso, os terapeutas avançados integram ativamente os pontos fortes e a resiliência do cliente aos planos de tratamento.

Quadro 8.3 Conhecimentos básicos e competências recomendados para a incorporação dos pontos fortes do cliente

Nível de habilidade do terapeuta	Conhecimento básico recomendado e competências
Iniciante	• Compreende a relevância dos pontos fortes do cliente para a conceitualização do caso. • Conhece as perguntas para evocar os pontos fortes do cliente (cf. Capítulo 4). • Sabe empregar métodos de descoberta orientada para ajudar os clientes a identificarem os pontos fortes. • É capaz de observar pontos fortes não falados em pelo menos boa parte do tempo.
Intermediário	• Conhece a literatura sobre resiliência (veja o Capítulo 4) e está familiarizado com diversas áreas de pontos fortes.
Avançado	• É capaz de integrar os pontos fortes e as dificuldades de forma coerente em cada nível de conceitualização de caso. • Reconhece os caminhos para a mudança no contexto dos pontos fortes identificados. • Observa e infere pontos fortes não falados e consegue facilitar a consciência destes pelo cliente ao longo de cada estágio da terapia. • Integra os pontos fortes e a resiliência aos planos de tratamento.

Clarissa: um exemplo de caso na avaliação das necessidades de aprendizagem

Clarissa é uma terapeuta de TCC que trabalha em um centro comunitário de saúde mental. Ela se autoatribui pontuações sobre a base de conhecimento e competências que estão listadas nos Quadros 8.1, 8.2 e 8.3. Em todos os conhecimentos e habilidades de iniciante ela atribui pontos de 3 a 5; 4 é o seu escore mais comum no nível iniciante, com a maioria dos pontos sendo de 2 a 4. Nos conhecimentos e habilidades de nível intermediário ela se atribui de 0 a 5, com a maioria dos escores na faixa de 1 a 3. Essas pontuações indicam que, na maioria das áreas de conhecimento e de competência, ela está no nível intermediário. As suas pontuações mais avançadas estão na incorporação dos pontos fortes do cliente à conceitualização de caso. O centro comunitário de saúde mental em que ela trabalha enfatiza o desenvolvimento dos pontos fortes do cliente, de modo que ela se sente à vontade na avaliação e na incorporação dos pontos fortes do cliente na maioria das conceitualizações e dos planos de tratamento. Além disso, Clarissa reconhece que os seus próprios pontos fortes estão relacionados à colaboração com os clientes e ao uso do empirismo colaborativo nos diagnósticos de depressão e de ansiedade.

Clarissa decide que quer ampliar seus conhecimentos referentes às teorias e às práticas da TCC para além da depressão e dos transtornos de ansiedade. Muitos dos clientes na sua experiência clínica apresentam alucinações auditivas como parte da psicose. Clarissa descobre que existe uma área muito rica de teoria e de pesquisa em TCC referente à psicose e conclui que a TCC com psicoses, especialmente com clientes que têm alucinações auditivas, é uma área de conhecimento em que ela deseja investir.

Passo 2: definir os planos pessoais de aprendizagem

Assim como foi feito por Clarissa, os leitores são convidados a examinar as suas pontuações em conhecimentos e em competência para escolherem e priorizarem as áreas para aprofundar a aprendizagem. Considere os clientes que você atende e os tipos de questões clínicas com que você se defronta. Escolha investir em uma ou duas áreas que você acha que beneficiariam mais a você e aos seus clientes. Os terapeutas podem tomar essa decisão sozinhos ou com a ajuda de um supervisor ou consultor. É melhor que seja definido um objetivo de aprendizagem que possa ser alcançado em um período de poucas semanas ou meses. É muito fácil sentir-se sobrecarregado quando você decide trabalhar no desenvolvimento de muitas áreas ao mesmo tempo ou se você define objetivos de aprendizagem muito ambiciosos. É muito melhor direcionar-se para o desenvolvimento de uma ou duas áreas por vez.

Depois de escolhidas as áreas para aprendizagem, forme objetivos pessoais relacionados a elas. É útil identificar os seus objetivos em termos específicos, objetivos e mensuráveis. Clarissa define objetivos de aprendizagem para (1) aprender um modelo de TCC para a compreensão das alucinações auditivas, (2) trabalhar com dois ou mais clientes que ouvem vozes e ver como esse modelo é adequado às experiências pessoais dos mesmos e (3) utilizar a linguagem e metáforas pessoais dos clientes para construir colaborativamente uma conceitualização das suas vozes que faça sentido para eles. Essas metas são específicas e objetivas.

Clarissa decide medir seu progresso em cada um desses três objetivos da seguinte forma: (1) pedir a um colega que represente um paciente e atribua uma nota à clareza da sua explanação de um modelo da TCC para alucinações auditivas, (2) ouvir os registros das suas sessões e se autoatribuir uma nota sobre o quanto ela evoca bem as descrições das alucinações auditivas dos seus clientes de modo que possam fornecer evidências para a adequação ou variação do modelo da TCC e (3) pedir que seus clientes atribuam notas do quanto a conceitualização que eles construíram juntos é adequada à sua experiência pessoal. Ela concluirá que teve sucesso em atingir o seu objetivo quando a nota em cada uma dessas áreas for 3 ou mais na escala de 5 pontos recomendada neste capítulo. Observe que o objetivo de Clarissa não é uma *expertise* perfeita. Uma classificação 3, que indica "conhecimento com habilidade moderada", é um grande feito quando se está aprendendo alguma coisa nova. Não é necessário atingir um domínio maior do que esse antes de se encaminhar para novas áreas de aprendizagem. Por meio da prática continuada, a competência irá aumentar com o passar do tempo.

Esse processo de definição de objetivos pessoais será o mesmo se forem definidos objetivos na área do empirismo colaborativo, dos níveis de conceitualização, da incorporação dos pontos fortes do cliente ou alguma combinação desses três princípios. Ao definir os objetivos, tenha em mente que existem interações entre as áreas de aprendizagem listadas para cada princípio. Por exemplo, a colaboração pode ser melhorada quando os terapeutas têm uma boa compreensão da teoria da TCC, porque a teoria guia o terapeuta fazer perguntas referentes aos temas que são centrais às dificuldades presentes de um cliente. Assim, o cliente irá perceber que o terapeuta tem conhecimentos e pode ajudá-lo, e isso poderá estimular o seu interesse em colaborar com esse terapeuta. Igualmente, existem interações entre as áreas de conhecimento dos nossos três princípios. Por exemplo, os terapeutas que incorporam os pontos fortes em cada estágio da conceitualização também podem obter maior colaboração dos clientes. Assim sendo, o progresso em um único objetivo de aprendizagem não somente beneficia aquela área em particular, mas também a competência do terapeuta em um sentido mais amplo.

Passo 3: participar do processo declarativo, procedimental e reflexivo de aprendizagem

Depois de definidos os objetivos, os terapeutas irão escolher a melhor forma de alcançá-los. Os modos comuns de aprendizagem incluem a leitura, participação em *workshops*, dramatização, prática clínica estruturada e gravação das sessões para autoavaliação ou *feedback* do consultor. Para uma visão geral, o Quadro 8.4 resume esses modos de aprendizagem e os vincula aos processos declarativo, procedimental e reflexivo de aprendizagem de Bennett-Levy. O modelo de Bennett-Levy é uma estrutura útil para a organização de um plano de aprendizagem. Geralmente é mais sensato começar pelos métodos declarativos de aprendizagem e a seguir empregar os métodos procedimentais para aprender como empregar na prática clínica o que foi aprendido. Os processos reflexivos são úteis durante todo o processo de aprendizagem para avaliar como está se dando o aprendizado, observar as áreas em que o novo conhecimento se aplica ou não é adequado e identificar as crenças, as experiências e os processos interpessoais do terapeuta que estimulam ou impedem o progresso do aprendizado.

Quadro 8.4 Combinação dos tipos de aprendizagem com os modos primários de aprendizagem

Tipo de aprendizagem	Modos primários de aprendizagem
Declarativa "saber que" Procedimental: "saber como"	Leitura; observação de demonstrações clínicas; participação em aulas e *workshops* (ao vivo ou ouvindo *workshops* gravados) Prática de dramatização com *feedback*; trabalho clínico; sessões clínicas gravadas, com o *feedback* de um consultor ou supervisor; ensino ou demonstração das habilidades para os outros
Reflexiva: meta-consciência do conhecimento, habilidades e o processo de aprendizagem	Empirismo colaborativo na sessão; prática clínica reflexiva (p. ex., autoavaliação das gravações da sessão); prática de métodos da TCC; supervisão reflexiva; leitura/escrita reflexiva; terapia pessoal; experiências de retrocesso pessoal/ profissional; identificação e testagem de crenças relevantes do terapeuta

Nota: Segundo Bennett-Levy (2006).

Processos de aprendizagem declarativa

Os processos primários de aprendizagem declarativa são a leitura participação em aulas e *workshops*. Esses são os melhores pontos de partida para a maioria dos objetivos de aprendizagem, esteja o conhecimento do terapeuta no nível iniciante, intermediário ou avançado. O conhecimento do terapeuta da literatura empírica é mais bem obtido por meio da leitura de livros e de artigos que resumem modelos apoiados empiricamente (veja o Quadro 1.3). O conhecimento empírico avança continuamente. À medida que a pesquisa progride, o nosso conhecimento da etiologia e da manutenção das dificuldades presentes comuns é modificado e ampliado. Assim sendo, os terapeutas de todos os níveis são alertados a atualizarem regularmente a sua base de conhecimentos pela leitura de periódicos de TCC e pela participação em grupos de estudos, em conferências de TCC e em *workshops* clínicos baseados empiricamente. Os terapeutas que não têm acesso direto a *workshops* podem obter as gravações em áudio e também observar demonstrações de TCC em ação através de DVDs (p. ex., Padesky, 2008). Os *web sites* que apresentam informações sobre programas gravados incluem www.beckinstitute.org, www:octc.org e www.padeski.com.

Processos de aprendizagem procedimental

A aprendizagem procedimental comumente ocorre por meio da dramatização ou da prática clínica seguida de autoexame das gravações da sessão e *feedback* dos iguais, dos clientes, dos supervisores ou de um consultor. Terapeutas em todos os níveis de habilidade podem praticar tarefas específicas de conceitualização tanto em dramatizações quanto na terapia com a intenção de seguir os princípios descritos neste texto. Considere um terapeuta que deseja aprender ou refinar um conjunto de habilidades como, por exemplo, fazer uma lista das dificuldades presentes juntamente com a avaliação do seu impacto e a priorização. Muitos terapeutas acham útil examinar os princípios envolvidos e tomar nota de lembretes dos passos que pretendem seguir na sessão. É mais provável que os terapeutas sigam os procedimentos quando os passos são escritos em uma ficha ou bloco de anotações. Além disso, um lembrete por escrito libera o terapeuta para prestar atenção ao cliente e à questão da colaboração em vez de ter que constantemente procurar lembrar mentalmente do próximo passo que ele quer dar. Os lembretes escritos passo a passo de como realizar as tarefas de conceitualização também podem ajudar os terapeutas a aprenderem os passos e a oferecem a oportunidade de entenderem por que eles estão ordenados daquela forma.

Os terapeutas que ficam constrangidos em revisar as anotações durante a sessão são encorajados a realizar esse processo colaborativo dizendo aos clientes que estão seguindo as anotações, dando uma justificativa para fazerem isso e buscando a contribuição do cliente. Por exemplo, um terapeuta poderia dizer:

> "Eu fiz algumas anotações para a sessão de hoje para me assegurar de que eu consiga reunir todas as informações que eu acho importantes. Você poderá me ver verificando as minhas anotações de tempos em tempos para ajudar a me manter no rumo. Se você achar que estamos nos afastando do caminho, me estimule a dar uma olhada nas anotações. (*Dá um sorriso gentil*). Eu também vou incentivá-lo a tomar notas dentro e fora da sessão para garantir a nossa permanência no caminho certo para atingirmos os seus objetivos na terapia."

O *feedback* dos iguais, de um consultor ou supervisor é muito valioso enquanto se aprendem as várias tarefas de conceitualização. Os terapeutas são encorajados a gravar as sessões ou dramatizações e examiná-las em detalhes com os colegas (depois de receberem a autorização dos clientes, é claro). Terapeutas em todos os níveis de habilidade experimentam alguma ansiedade quando demonstram as suas habilidades clínicas para os outros. Assim, recomendamos que o *feedback* do terapeuta sempre comece por um exame do que ele fez bem. Da mesma forma que os clientes respondem bem quando os seus pontos fortes são incorporados à terapia, para os terapeutas fica mais fácil ouvir e incorporar um *feedback* construtivo quando os seus pontos fortes também são reconhecidos. Assim como os clientes, os terapeutas podem não estar conscientes dos seus pontos fortes. Destacá-los pode ajudar a usá-los na terapia de um modo ainda mais produtivo.

O seguinte diálogo é entre Karen e Erik, terapeutas de TCC de nível intermediário que trabalham na mesma clínica. Eles recém terminaram uma dramatização em que Karen assumiu o papel de uma cliente com ansiedade social. Erik trabalhou com ela para desenvolver uma conceitualização dos fatores desencadeantes e de manutenção. Agora Karen vai dar seu *feedback* a Eric.

ERIK: Nossa! Eu fiquei em dúvida por algum tempo se conseguiria fazer você identificar os seus processos de manutenção, mas nós chegamos lá. Como você acha que eu me saí?
KAREN: Vamos começar pelo *feedback* positivo. O que você acha que fez bem?
ERIK: É um pouco mais fácil dizer o que eu não acho que fiz bem. (*Karen permanece em silêncio, com um sorriso encorajador no rosto, e então Erik continua*). Bem, eu acho que lhe expliquei a ansiedade social de uma forma bem clara. E identificamos os seus desencadeantes em seguida. (*rindo*) Eu espero que você tenha me sentido cordial e genuíno.
KAREN: Na verdade, eu senti. Uma das coisas que eu realmente gostei nesta entrevista é que você olhou bastante para mim... não com uma atitude examinadora que poderia me deixar desconfortável, mas com um verdadeiro senso de atenção.
ERIK: Obrigado.
KAREN: Eu também acho que você fez um bom trabalho ao destacar o uso que eu fiz da expressão "Eu me sinto bloqueada". Quando você continuou usando essa linguagem isto me manteve dentro da minha experiência. E quando você me perguntou se eu tinha alguma imagem vinculada a esse sentimento... aquilo realmente rompeu as minhas barreiras porque as imagens eram muito fortes. Se você tivesse usado palavras diferentes ou não tivesse procurado pelas imagens, eu acho que teríamos nos desviado do rumo principal. (*Faz mais algumas observações positivas sobre as habilidades de Erik na entrevista*).
ERIK: OK. Estou pronto. Onde eu preciso melhorar?
KAREN: Eu fiquei um pouco perdida quando você introduziu a ideia dos processos de manutenção. Tudo parecia muito conversacional até aquele ponto, e então parece que você ficou muito profissional e formal ao descrever a manutenção para mim. Se eu realmente fosse sua cliente, acho que eu teria me assustado um pouco...como se o seu tom sério significasse que você estava a ponto de me dar más notícias.
ERIK: Hum, isso é interessante. Eu não me dei conta de que era assim. Eu realmente tenho um pouco mais de dificuldade com os fatores de manutenção, então talvez seja por isso que eu tenha ficado mais acadêmico naquele ponto.
KAREN: Talvez se ouvirmos àquela parte da gravação da nossa sessão, você vai ver o que eu quero dizer. Você acha que ajudaria falarmos sobre os modos diferentes como você poderia ter feito esta transição?
ERIK: Sim, eu gostaria de fazer isso. Eu realmente tenho dificuldade em apresentar a manutenção. Talvez você possa trocar de papel comigo e me mostrar como você falaria sobre a manutenção.
KAREN: Certamente. Você foi tão bem até aquele ponto. Eu realmente estava lhe acompanhando e sentia que você era meu aliado na compreensão de tudo aquilo. Se você conseguir encontrar uma forma de introduzir e de procurar os fatores de manutenção que o mantenha no mesmo modo conversacional e interessado, acho que as suas sessões se desenvolverão melhor. Podemos dramatizar aquela parte da sessão mais algumas vezes até que você encontre uma forma melhor de apresentar essas informações.
ERIK: Vamos fazer isso. Vou procurar o ponto na gravação.

Observe que Karen dá a Erik um *feedback* muito específico sobre o seu estilo terapêutico. A linguagem dela é objetiva, comentando sobre comportamentos específicos em vez de julgar. Como acontece com frequência, Karen nota aspectos do desempenho de Erik dos quais ele não tem consciência. Embora reconheça que tem mais dificuldades com a identificação dos fatores de manutenção, ele não está consciente de que o seu tom se alterou nesse ponto da entrevista e que o seu tom mais profissional poderia ter um impacto negativo em seus clientes. Erik escuta e considera o *feedback* de Karen. Fica evidente nesse diálogo que Karen e Erik respeitam um ao outro como terapeutas e ambos valorizam a aprendizagem. Em vez de simplesmente conversarem sobre essas questões, Erik e Karen demonstram uma disposição para fazer mais uma dramatização para experimentar as várias opções que aumentariam a competência de Erik.

Este rápido exemplo de consulta e *feedback* dos pares após uma dramatização proporciona um bom modelo a ser seguido pelos leitores. Antes de entrar em consulta uns com os outros, os terapeutas são incentivados a discutirem o foco da aprendizagem, o formato (p. ex., comentários objetivos específicos, primeiro um *feedback* positivo) e os papéis (p. ex., os terapeutas vão se revezar para dar e receber *feedback*?) que irão caracterizar a interação. Em cada nível de habilidade do terapeuta, quanto mais familiar se tornar uma habilidade na dramatização, mais fácil será expressá-la nas sessões terapêuticas.

As discussões de casos e a audição das gravações de sessões com os colegas também podem ajudar a refinar as habilidades de conceitualização de caso. É importante que durante cada uma dessas atividades tenhamos o empirismo em mente. Por vezes, as discussões clínicas de caso se perdem em conjecturas pessoais e ruminações de fatos baseados na experiência pessoal ou na história de outros clientes. Embora essas ideias às vezes conduzam a hipóteses proveitosas, é importante que os terapeutas procurem evidências na experiência atual do cliente e valorizem muito mais os achados baseados empiricamente do que incidentes de um único caso. Também é importante lembrar que as conceitualizações desenvolvidas colaborativamente com os clientes têm maior utilidade do que as que são geradas apenas pelos terapeutas, não importando o quanto estes sejam especialistas.

Processos de aprendizagem reflexiva

No diálogo de consulta entre pares apresentado anteriormente, Erik indicou que não estava ciente de que havia adotado um tom mais acadêmico com Karen no meio da entrevista. Para que ocorra a aprendizagem reflexiva, os terapeutas precisam desenvolver uma consciência reflexiva dos seus próprios pensamentos, comportamentos, emoções e reações físicas dentro e fora da terapia. Por exemplo, é importante que os terapeutas se empenhem em estar conscientes dos seus próprios vieses que podem interferir na conceitualização de caso (Capítulo 2). Alguns terapeutas favorecem tanto determinados modelos conceituais que ficam cegos para ouvir objetivamente experiências divergentes do cliente. Da mesma forma, os terapeutas podem se encantar tanto com determinados métodos terapêuticos que aplicam essas intervenções sem considerar a sua relevância para a conceitualização do caso.

Às vezes os vieses que interferem na conceitualização do caso estão mais ligados a dificuldades pessoais do terapeuta do que a erros heurísticos cognitivos gerais. A terapia pessoal do terapeuta pode ser uma parte importante da aprendizagem reflexiva, especialmente quando essa terapia for feita com um terapeuta de TCC. Esteja ou não em terapia, é benéfico que os terapeutas conceitualizem suas dificuldades pessoais em termos da TCC. Os terapeutas podem comparar as conceitualizações das dificuldades pessoais com os modelos cognitivos existentes, procurando por semelhanças e diferenças. Como parte de um processo reflexivo de aprendizagem, os terapeutas podem reunir dados adicionais das suas próprias vidas para resolver ambiguidades na conceitualização.

A utilização de métodos empíricos como a observação, a avaliação dos pensamentos e os experimentos comportamentais consigo mesmo aumentam a confiança do terapeuta na utilização desses métodos com os clientes (Bennett-Levy et al., 2001). Muitos terapeutas colocam os exercícios de auto-observação entre os mais valiosos para aumentar a consciência das ligações entre os diferentes aspectos da experiência humana. Bennett-Levy realizou uma pesquisa (Bennett-Levy et al., 2001) em que terapeutas que aprendiam terapia cognitiva participaram de exercícios de prática pessoal guiados pelo livro de exercícios do cliente, *Mind over Mood* (Greenberger e Padesky, 1995). Os terapeutas que usaram esse livro de exercícios como um guia para praticar métodos de terapia cognitiva consigo mesmos relataram um maior entendimento das justificativas e dos propósitos da terapia cognitiva, como também melhorias na habilidade para explicar e para guiar os clientes no uso desses métodos. Muitos instrutores de classe graduados e supervisores em TCC incentivam a prática pessoal da TCC, e isso tem sido recomendado como uma parte importante do aprendizado (Padesky, 1996).

O exame das gravações das sessões possibilita a prática reflexiva para terapeutas de todos os níveis de habilidade. Com a devida autorização escrita do cliente (conforme exigido pelos códigos da prática profissional), essas gravações podem ser examinadas independentemente, com um supervisor/consultor ou em colaboração com um grupo de colegas terapeutas. Os terapeutas podem usar os registros das sessões como estímulo para identificar os seus próprios pensamentos automáticos e os pressupostos subjacentes que interferem na conceitualização de caso. Por exemplo, alguns terapeutas têm um relógio interno que lhes diz a rapidez com que a terapia "deve" estar ocorrendo. Quando esse tempo é excedido, esses terapeutas podem se tornar demasiado didáticos com o objetivo de acelerar o ritmo da terapia. Padesky (2000) ensina os terapeutas a usarem tais impasses e dificuldades como um estímulo para identificarem seus próprios pressupostos subjacentes. Ela mostra aos terapeutas como conceber experimentos comportamentais dentro e fora das sessões de terapia para testar a interferência desses pressupostos.

É importante que os terapeutas fiquem alerta a situações em que as emoções, as crenças e os padrões comportamentais se apresentam na terapia paralelamente às da vida pessoal do terapeuta. Cada situação em que isso ocorre é uma boa oportunidade para identificar e para classificar pensamentos, emoções, comportamentos e respostas físicas e comparar essas observações aos respectivos modelos cognitivos. Os terapeutas podem usar essas ocasiões e essas observações para conceitualizar suas próprias reações à terapia utilizando os métodos ensinados neste texto, conforme é mostrado no exemplo a seguir.

Theresa: um exemplo de caso da prática reflexiva do terapeuta

Theresa notou que frequentemente se sentia cansada quando se encontrava com um determinado paciente, Joe, muito embora essa reação não estivesse presente nas suas sessões que ocorriam antes ou depois dos encontros com ele. Enquanto prestava atenção aos sentimentos de fadiga na sessão, Theresa tentava se animar, mas sentia-se sem energia de novo apenas alguns minutos depois. Ela refletiu sobre suas sessões com Joe durante várias semanas, procurando os desencadeantes da sua fadiga. Ela percebia que a sua energia se esvaziava tão logo via o nome de Joe na sua agenda de compromissos. Para entender essas reações, Theresa decidiu prestar atenção aos seus pensamentos, sentimentos, comportamentos e reações físicas relacionadas a Joe. Ela usou o modelo de cinco partes conforme mostrado na Figura 8.4 para fazer a ligação entre as suas observações e conceitualizar sua fadiga na sessão com ele.

Situação
Terapia com Joe

Pensamentos
A voz dele é como a de Pete.
Imagens de Pete.
Joe também não vai mudar.

Humor
Irritada (9)

Comportamentos
Ser mais soldária do que eu estou sendo.

Reações físicas
Cansada
Pouca energia

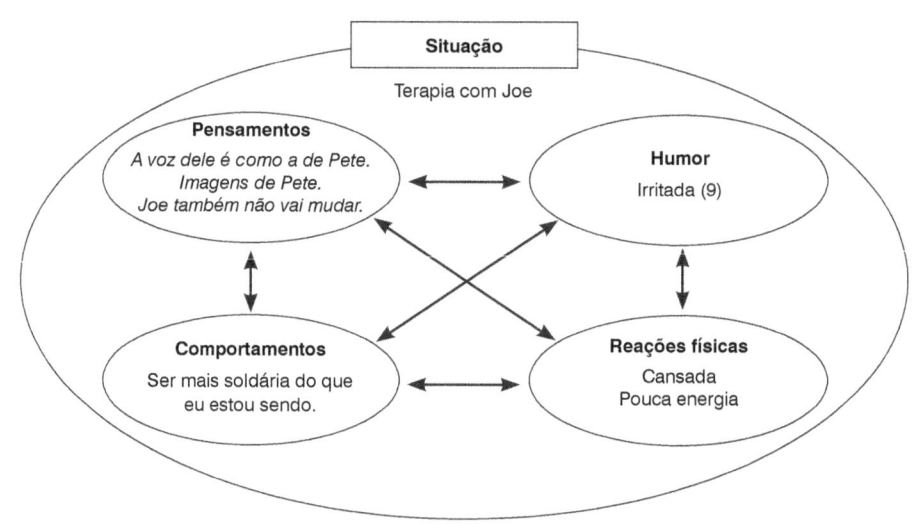

Figura 8.4 Conceitualização de Theresa das suas reações ao cliente Joe.

Theresa observou que o tom de voz de Joe e seus padrões de queixas evocavam imagens do seu irmão mais velho, Pete. Durante toda a sua vida, Theresa tentou ajudar Pete a se animar e a enfrentar seus problemas, em vez de evitá-los. Quando criança, sentia-se muito tensa diante do sofrimento do seu irmão. Ela respondia a essa tensão distanciando-se emocionalmente. Um método favorito de lidar com isso era deixar que seu corpo ficasse mole como a sua boneca de pano favorita. Esta imagem a ajudava a se desligar enquanto seu irmão esbravejava contra suas dificuldades na vida. Em anos recentes, Theresa se distanciou das frustrações de Pete; ele persistia nas queixas em vez de tentar enfrentar os desafios.

Theresa deu-se conta de que as semelhanças com Pete que percebia em seu cliente Joe provocaram irritação com este cliente durante a entrevista de admissão. Não reconhecendo naquele momento que ele evocava a lembrança de Pete, Theresa se sentia culpada quanto à irritação com esse cliente novo. Ela tinha um pressuposto subjacente: "Se eu me sentir irritada com um cliente, não vou conseguir realizar uma boa terapia". Assim, ela encobriu a sua irritação com respostas excessivamente gentis e solidárias às queixas dele. Sua desesperança de que seu cliente mudasse (assim como Pete não mudou) e a sua compaixão fingida criaram uma tensão à qual Theresa se contrapunha ficando tão cansada quanto se sentia na infância quando imitava a sua boneca de pano molenga.

Depois que Theresa preencheu no modelo de cinco partes essa conceitualização das suas reações a Joe, ela entendeu mais integralmente o que estava causando a sua fadiga nas sessões. Essa conceitualização a guiou para procurar pelas semelhanças e diferenças entre Pete e Joe para que pudesse considerar as dificuldades presentes de Joe nos próprios termos dele. Theresa pediu a um colega para consultar com ela regularmente enquanto ela tratava Joe para ajudá-la a processar as suas reações pessoais e também para garantir que ela permanecesse engajada e ativa na formulação de planos de tratamento que provavelmente seriam efetivos. Esse consultor ajudou Theresa a dramatizar as formas de conversar direta e terapeuticamente com Joe sobre como seus padrões de queixa e esquiva limitavam o progresso em direção aos seus objetivos. A energia de Theresa e o estado de alerta na sessão com Joe melhoraram imediatamente quando ela implementou essas mudanças. Essa resposta validou a pertinência da sua conceitualização. Ela monitorava a fadiga durante o curso da terapia com Joe e outros cientes como um sinal de alerta de que a sua história pessoal estava se intrometendo na terapia.

Theresa teve uma série de sessões terapêuticas ineficazes com Joe antes de se dar conta de que precisava refletir sobre o que poderia estar causando dificuldades na terapia desse paciente. Quando os terapeutas avançam em conhecimentos e habilidades, geralmente eles se engajam de forma natural nos processos de aprendizagem reflexiva durante e imediatamente após cada sessão. O aprendizado se torna mais integrado para os terapeutas quando eles refletem sobre os processos que são centrais aos modelos conceituais da TCC em relação à sua própria experiência de vida. Os terapeutas também pensam espontaneamente sobre os dilemas do tratamento fora das sessões de terapia. Ao fazerem isso, são encorajados a refletir sobre esses dilemas à luz de conceitualizações de caso pertinentes.

Processos para a aprendizagem do empirismo colaborativo

Os textos básicos sobre TCC geralmente abordam o empirismo colaborativo e fornecem exemplos clínicos deste em ação (cf. J. S. Beck, 1995; Westbrook et al., 2007), como fazem os livros sobre tópicos especiais como o uso de experimentos comportamentais em TCC (Bennett-Levy et al., 2004). Quando os terapeutas desenvolvem competência em empirismo colaborativo, o aprendizado inclui um estudo mais detalhado desses processos relacionados à conceitualização de caso. O Apêndice 8.1 inclui uma variedade de exercícios de aprendizagem que ajudam a promover a especialização clínica em empirismo colaborativo para terapeutas nos níveis iniciante, intermediário e avançado de especialização clínica. Esses exemplos de exercícios são oferecidos como um recurso para os instrutores em TCC que oferecem cursos de treinamento em conceitualização de caso. Os terapeutas individuais também podem achar útil analisar esses exercícios, procurando aqueles que possam ajudar a atingir os objetivos pessoais.

Os terapeutas desenvolvem o empirismo por meio do estudo cuidadoso da literatura empírica e também pelas práticas clínicas que estimulam a observação e a análise objetivas dos autorrelatos do cliente. Assim, os terapeutas precisam estar informados empiricamente e voltados para empírico. Depois que os terapeutas compreendem e valorizam essa abordagem, frequentemente são necessários alguns meses de prática para unir de forma confortável colaboração e empirismo. Os terapeutas iniciantes em TCC frequentemente encontram dificuldade em manter uma postura colaborativa e empírica com os clientes, embora dominem as tarefas procedimentais básicas. Os terapeutas que aprendem TCC podem apreciar a importância do empirismo e, no entanto, ficarem perdidos em meio aos "dados" dos relatos dos clientes sobre pensamentos, humores e comportamentos. Assim sendo, é útil que os terapeutas novos em conceitualização de caso em TCC ouçam gravações de sessões, seja sozinhos ou com um supervisor, para organizarem os dados do cliente e vinculá-los aos modelos baseados em evidências. As informações organizadas entre as sessões podem então ser discutidas com o cliente durante os encontros posteriores. À medida que os terapeutas vão ficando mais experientes, fica mais fácil manter uma postura empírica durante as sessões.

O foco do aprendizado se altera quando os terapeutas se tornam mais hábeis no uso do empirismo colaborativo durante a conceitualização de caso. Por exemplo, um terapeuta iniciante pode dramatizar com um colega, praticando micro-habilidades, tais como resumos precisos das dificuldades presentes e a coleta de informações sobre o cliente que são relevantes para uma conceitualização. As dramatizações do terapeuta de nível intermediário podem focalizar-se nos métodos para evocar observações relevantes do cliente na sessão, vinculando-as a modelos conceituais apoiados empiricamente. Os terapeutas de nível avançado podem querer dramatizar os desafios da colaboração ou os métodos para a integração das observações conflitantes do cliente dentro de uma conceitualização de caso coerente. Os terapeutas de nível intermediário e avançado podem usar as gravações das sessões para avaliar seu uso do empirismo colaborativo e buscar um *feedback* de como melhorar esses aspectos da conceitualização de caso.

Clarissa: um exemplo de caso para a aprendizagem dos processos referentes ao empirismo colaborativo

Anteriormente neste capítulo conhecemos Clarissa, uma terapeuta que define seus objetivos de aprender um modelo de TCC para o entendimento das alucinações auditivas e para usar tal modelo com clientes psicóticos no seu centro comunitário de saúde mental. Ela já possui competências intermediárias de TCC em empirismo colaborativo e, assim, define um objetivo maior de usar a linguagem e metáforas pessoais destes clientes para construir colaborativamente uma conceitualização das suas vozes que faça algum sentido para eles. Quais os processos de aprendizagem que Clarissa segue para atingir estes objetivos?

Primeiramente ela identifica diversos livros sobre TCC para psicose que incluem teoria, pesquisa e informações clínicas sobre como entender e conceitualizar as alucinações auditivas (p. ex., Morrison, 2002; Wright, Kingdon, Turkington e Basco, 2008). Durante um período de duas semanas, Clarissa lê seções pertinentes destes livros até que entende a teoria e os métodos clínicos comumente utilizados. Ela consegue adquirir esse conhecimento muito rapidamente, porque, enquanto lê esses livros, percebe que as competências em TCC que já havia desenvolvido para o tratamento de clientes deprimidos são exatamente as mesmas habilidades empregadas pelos terapeutas nos manuais de tratamento da psicose. Assim sendo, como geralmente acontece quando alguém atinge um nível intermediário de conhecimento e de competência, o novo aprendizado de Clarissa se desenvolve com base nas habilidades já existentes.

A seguir, Clarissa pede a um colega que trabalha com clientes com psicose se encontre com ela para dramatizarem uma conceitualização de alucinações auditivas. Este colega não é um terapeuta de TCC, mas tem muito conhecimento sobre psicose, então Clarissa acredita que ele possa lhe dar um *feedback* útil e realista sobre como os clientes podem responder ao seu estilo colaborativo empírico. Ela grava esta entrevista de modo que possa ouvi-la mais tarde. Durante seu exame da gravação, ela primeiro observa o que fez bem. Como é típico de Clarissa, ela observa que colabora bem e faz bom uso da descoberta orientada na entrevista. A seguir, procura as áreas que precisam ser melhoradas. Embora tropece um pouco em algumas partes da dramatização, Clarissa acha que fez um trabalho relativamente bom de conceitualização das vozes do "cliente" e acredita que merece pelo menos uma nota 3 em uma escala de 5. Essa autoavaliação coincide com o *feedback* do seu colega. Portanto, ela decide que está pronta para aceitar um cliente com alucinações auditivas na sua casuística.

Considerando que existem muitos outros aspectos na psicose que vão além das alucinações auditivas, Clarissa pede que outro terapeuta em TCC lhe preste consultoria enquanto trata seu primeiro cliente. A partir da sua leitura, ela tem um conhecimento razoável dos focos do tratamento no trabalho com a psicose. Ela também possui um nível adequado de competência em TCC a partir do seu longo trabalho com depressão e ansiedade para realizar este novo tipo de aplicação da terapia. Clarissa se encontra com seu consultor a cada duas semanas para examinar partes das suas sessões de terapia gravadas. O consultor lhe fornece um *feedback* valioso, como, por exemplo, observar quando ela deixa passar indicações não verbais de que o cliente está ouvindo vozes na sessão.

Clarissa também reflete regularmente sobre a terapia com seu novo cliente. Depois de uma sessão, ela se deu conta de que estava tão ávida por conceitualizar as vozes do seu cliente que o estava pressionando a fazer isso, mesmo quando ele dizia claramente que queria discutir as dificuldades atuais que tinha com seu colega de quarto. Quando reconheceu este corte na colaboração, ela deixou em segundo plano o seu objetivo de aprendizagem até um momento mais apropriado. Quando ela e o cliente finalmente conseguiram conceitualizar as vozes dele, ela ficou satisfeita por conseguir incorporar uma das suas metáforas à conceitualização. O cliente lhe disse que achava que o modelo que eles desenvolveram se adequava às suas experiências em 75%, o que Clarissa considerou um ótimo endosso.

Ao utilizar esses vários métodos de aprendizagem, Clarissa conseguiu atingir todos os seus três objetivos de aprendizagem no período de 15 semanas. Embora não fosse nenhuma especialista no trabalho com clientes que ouvem vozes, ela se sentia mais confiante de que podia, buscando consultas ocasionais, trabalhar com esses clientes. Considerando que a sua clínica vivia uma escassez de clínicos com experiência no trabalho com psicose, seus novos conhecimentos e habilidades beneficiaram muitos clientes.

Processos para a aprendizagem dos níveis de conceitualização

A revisão de capítulos pertinentes deste livro é um primeiro passo para o fortalecimento da competência em níveis de conceitualização. Cada uma das conceitualizações, descritiva (Capítulo 5), transversal (Capítulo 6) e longitudinal (Capítulo 7), está ilustrada em detalhes. Além disso, existe um resumo sucinto do modelo cognitivo genérico (Capítulo 1) e de referências, os quais são bons pontos de partida para o aprendizado da teoria e da pesquisa pertinente referente às dificuldades presentes comuns (Quadro 1.3).

Além disso, terapeutas em todos os níveis podem se beneficiar da leitura de outros textos sobre conceitualização de caso e da participação em aulas e *workshops* sobre este tema. Muitos periódicos de TCC incluem relatos de casos que podem ser lidos como exemplos de conceitualização de caso. A maioria dos artigos nos periódicos, sejam clínicos ou empíricos no seu foco, apresentam resumos sucintos da teoria e da pesquisa cognitiva referentes a dificuldades particulares dos clientes. Assim sendo, os terapeutas de todos os níveis são encorajados a assinar periódicos de TCC e a ler um ou mais artigos por mês para se manterem atualizados sobre novas teorias e pesquisas que possam informar cada nível de conceitualização.

O Apêndice 8.2 sugere uma variedade de exercícios de aprendizagem que ajudam a promover a *expertise* clínica em níveis de conceitualização para terapeutas nos níveis iniciante, intermediário e avançado da *expertise* clínica. Por exemplo, as observações de demonstrações clínicas de especialistas (ao vivo ou gravadas) frequentemente ajudam a esclarecer como as tarefas particulares da conceitualização em cada nível aparecem na situação prática. Os terapeutas iniciantes podem assistir a essas demonstrações para aprenderem as habilidades fundamentais. Os terapeutas de nível intermediário podem tentar identificar que as informações do cliente estão sendo buscadas e quais informações importantes estão faltando nessas demonstrações. Os terapeutas avançados podem ponderar sobre quando e por que determinadas informações do cliente são ou não são úteis em determinados pontos da terapia. Grupos de colegas podem assistir a demonstrações clínicas de conceitualização de caso e discutir o que acontece em termos de uma estrutura de "níveis de conceitualização".

O conhecimento procedimental referente aos níveis de conceitualização inclui (1) aprender como coconstruir cada nível com o cliente e, também, (2) adquirir sabedoria clínica (intuição informada pela experiência clínica e pesquisa baseada em evidências) para escolher qual nível deve ser o melhor em um determinado ponto da terapia. O primeiro grupo de habilidades pode ser obtido com a prática repetida e a supervisão. O segundo grupo de habilidades é de um nível mais sofisticado e se beneficia da experiência clínica e dos conhecimentos sólidos dos desenvolvimentos empíricos em TCC. Assim, os terapeutas iniciantes e intermediários desenvolvem e melhoram as habilidades necessárias para coconstruir cada nível de conceitualização. Os terapeutas com habilidades avançadas desenvolvem sabedoria clínica sobre como serem mais eficientes na aplicação dessas habilidades.

A possibilidade de um formato mais estruturado para as conceitualizações melhora a qualidade destas, pelo menos com os terapeutas iniciantes e intermediários (Kuyken, Fothergill et al., 2005; Eells et al., 2005). Neste texto, fornecemos um formato passo a passo estruturado para cada nível de conceitualização, desde as conceitualizações descritivas (Capítulo 5) até os modelos de TCC que ajudam terapeutas e clientes a fazerem inferências guiadas pela teoria com respeito às crenças subjacentes e às estratégias (Capítulos 1 e 7).

A pesquisa resumida no Capítulo 2 sugere que a fidedignidade e a qualidade das conceitualizações em TCC diminuem quando os terapeutas evoluem para os níveis mais inferenciais (Kuykenm Fothergill et al., 2005). Para evitar essa queda na qualidade da conceitualização, os terapeutas precisam de conhecimentos declarativos, de habilidades procedimentais e de capacidade reflexiva proporcionalmente maiores quando evoluem para níveis mais altos de conceitualização.

Processos para a aprendizagem da incorporação dos pontos fortes do cliente

Sugerimos que os terapeutas iniciantes em terapia focada nos pontos fortes revisem o Capítulo 4 e as seções dos Capítulos 5 a 7 que discutem a importância da inclusão dos pontos fortes na conceitualização de caso. Para aprender mais sobre pontos fortes, os terapeutas podem ler livros e artigos em periódicos nos campos da psicologia positiva (cf. Snyder e Lopez, 2005), psicologia dos pontos fortes (cf. Aspinwall e Satudinger, 2002) e resiliência (cf. Davis, 1999). Estes são campos que estão em rápido desenvolvimento e sugere-se que os terapeutas assistam a conferências que incluam essas perspectivas. Além disso, alguns instrutores de *workshop* em TCC frequentemente incorporam os pontos fortes do cliente às abordagens de tratamento e às demonstrações clínicas. Os folhetos dos *workshops* provavelmente destacarão este ponto, se for esse o caso.

O Apêndice 8.3 oferece uma variedade de exercícios que podem ajudar a desenvolver as competências necessárias para incorporar os pontos fortes às conceitualizações de caso. Por exemplo, os terapeutas podem praticar a identificação dos pontos fortes do cliente enquanto assistem a demonstrações clínicas. Quando um terapeuta procura explicitamente pelos pontos fortes em uma demonstração, os espectadores podem observar quais comportamentos não verbais, perguntas e afirmações do terapeuta facilitam ou atrapalham tal objetivo. Mesmo quando a demonstração de um terapeuta não procura pelos pontos fortes, os espectadores podem praticar essa procura e discutir como trazer isso ao conhecimento do cliente e o terapeuta pode ou não ser terapêutico.

Os terapeutas iniciantes em TCC frequentemente têm dificuldades para balancear todos os elementos da conceitualização de caso – empirismo colaborativo, níveis de conceitualização e incorporação dos pontos fortes do cliente – enquanto também aprendem habilidades micro e macro de entrevista e de conceitualização. Para eles, é importante praticar a procura dos pontos fortes do cliente como o objetivo principal de uma dramatização. No começo da aprendizagem de uma abordagem, é mais fácil praticar as habilidades reduzidas à sua essência. Os terapeutas que estão em um nível mais intermediário de conceitualização de caso em TCC, mas que raramente incorporam os pontos fortes do cliente podem acrescentar às habilidades de conceitualização existentes um foco sobre os pontos fortes. Aqueles que estão em nível mais avançado nas suas habilidades de conceitualização em TCC aceitam o desafio de procurar pontos fortes não identificados, incorporar frequentemente os pontos fortes às conceitualizações de caso e ponderar com seus clientes como os pontos fortes existentes podem auxiliar no progresso em direção aos objetivos da terapia.

Os pontos fortes do cliente podem ser incorporados em todos os níveis de conceitualização de caso. Inicialmente, os terapeutas podem aprender a fazer isso como um "acréscimo", listando os pontos fortes paralelamente a uma conceitualização focada nos problemas. Em um nível intermediário de habilidade, os terapeutas começam a incorporar os pontos fortes às conceitualizações de caso, conforme ilustrado nos Capítulos 4 a 7 deste livro. As habilidades avançadas nesta área ficam evidentes quando os terapeutas cognitivos estão igualmente em sintonia com os pontos fortes e as dificuldades durante cada estágio da terapia, reconhecendo que a consciência dos pontos fortes frequentemente revela um caminho mais positivo em direção aos resultados positivos na terapia. Assim, o aprendizado do terapeuta começa como uma habilidade para a procura dos pontos fortes, desenvolve-se gradualmente para uma habilidade de integrar os pontos fortes e dificuldades e, por fim, progride até se tornar uma perspectiva holística sobre o entendimento do funcionamento humano.

Os terapeutas que buscam os pontos fortes do cliente em todas as sessões encontram muito maior facilidade para incorporá-los às conceitualizações de caso. Os terapeutas iniciantes em TCC podem praticar formas diferentes de perguntar sobre os pontos fortes e também praticar a procura dos pontos que não são mencionados. Os protótipos de perguntas estão listados nos Capítulos 4, 6 e 7. Por exemplo, um terapeuta observou que uma mulher extremamente deprimida vinha a todas as sessões da terapia muito bem-vestida, com assessórios combinando. Em uma sessão, o terapeuta comentou que deveria ser muito difícil vestir-se tão bem quando ela se sentia tão deprimida. A cliente disse que achava que era importante vestir-se bem, não importando qual fosse o seu humor, e revelou que, na verdade, ela mesma confeccionava sua própria roupa, porque estava vivendo com uma renda limitada. Nessa rápida conversa, este terapeuta ficou sabendo que a roupa elegante da cliente revelava pontos fortes multifacetados. Ela possuía habilidades especiais em *design*, cores, imaginação e também em costura e administração financeira. A identificação destes pontos fortes levou à incorporação proveitosa dessas habilidades, bem como a metáforas sobre moda nas conceitualizações de caso posteriores.

Os clientes tipicamente não estão conscientes dos seus pontos fortes e, assim, podem não mencioná-los prontamente ao terapeuta. Por isso, os terapeutas podem praticar a busca ativa pelos pontos fortes do cliente usando a observação e a inferência. A observação envolve observar coisas sobre o cliente e as atividades dele que refletem seus pontos fortes. O exemplo acima referente à mulher deprimida que chegava às sessões vestida impecavelmente é uma ilustração de uma observação do terapeuta seguida de uma busca dos pontos fortes da cliente. Procurar através da inferência significa considerar a vida e as atividades do cliente enquanto se imagina quais os pontos fortes que podem estar incluídos na estrutura daquela história de vida. Por exemplo, um cliente que tem uma renda baixa e cuida de cinco filhos deve ter uma variedade de pontos fortes para conseguir abrigar e alimentar a sua família. Sugere-se que os terapeutas usem métodos de descoberta guiada (Padesky, 1993; Padesky e Greenberger, 1995) para estimular o reconhecimento desses pontos fortes silenciosos.

Os terapeutas frequentemente estão atentos a certas áreas, como as habilidades para solução de problemas ou manejo das emoções, e relativamente cegos para os pontos fortes em outras áreas da vida do cliente. Por exemplo, muitos terapeutas não avaliam temas de fé religiosa ou espiritual, muito embora essas áreas possam ser uma fonte poderosa de pontos fortes para os clientes. Assim sendo, é de grande utilidade que os terapeutas identifiquem os pontos cegos relativos aos pontos fortes do cliente. Pergunte:

- "Que áreas dos pontos fortes são mais prováveis que eu não repare?" (p. ex., cognitiva, moral, emocional, social, espiritual, física, comportamental)
- "De que áreas da vida de um cliente eu me descuido com mais frequência nas entrevistas?" (p. ex., trabalho, família, amigos, *hobbies*, esportes, música, atividades voluntárias, interesses intelectuais, envolvimento com mídias)

Promover a conscientização da rica diversidade das vidas dos clientes que vai além das suas dificuldades presentes é um passo necessário na aprendizagem da incorporação dos pontos fortes às conceitualizações de caso.

Mesmo os terapeutas que são dedicados à identificação dos pontos fortes do cliente e à incorporação destes às conceitualizações de caso por vezes deixam de fazer isso com determinados clientes. Pode ser de utilidade fazer um exame da casuística para identificar os clientes com quem apenas alguns pontos fortes foram identificados. Pense sobre como você procuraria outros pontos fortes com esses clientes. As perguntas listadas no Capítulo 4 podem servir como guia. Também pode ser relevante refletir se você possui alguma crença que interfere na pesquisa dos pontos fortes com determinados tipos de pacientes. Por exemplo, um terapeuta confidenciou em consulta que ele não acreditava que pessoas que tinham recebido ajuda do serviço social por mais de seis meses estivessem motivadas a participar de TCC ou de alguma outra terapia que exigisse esforço. Ele achava que esses clientes eram "preguiçosos e desmotivados". Ele não havia feito um exame dos pontos fortes com nenhum desses clientes na sua casuística. Embora este exemplo seja extremo, os terapeutas às vezes têm crenças de "baixa expectativa" em relação a clientes com determinados diagnósticos ou de determinadas idades ou grupos culturais. Os terapeutas que têm baixas expectativas com os clientes têm menor probabilidade de procurar com entusiasmo pelos seus pontos fortes.

Isso não quer dizer que todos os clientes têm um número igual de pontos fortes. Alguns clientes têm menos; outros têm pontos fortes que são muito pouco desenvolvidos. Os terapeutas podem refletir se eles assumem uma atitude diferente em relação a clientes com graus variados de pontos fortes. Alguns terapeutas ficam mais envolvidos com os clientes que são percebidos como mais vulneráveis e possuindo menos pontos fortes. Outros trabalham mais arduamente com clientes que têm múltiplos pontos fortes, que enfrentam com maior facilidade as tarefas da terapia. Analise se as diferenças na atitude terapêutica são explicadas à luz das conceitualizações de caso para estes clientes ou se elas meramente refletem a parcialidade do terapeuta. Reflita também sobre como o que você faz com esses tipos diferentes de clientes pode promover ou inibir o desenvolvimento de outros pontos fortes.

Quando os processos de aprendizagem reflexiva do terapeuta estão focados nos pontos fortes do cliente e do terapeuta, frequentemente resultam novas dimensões de compreensão. Por exemplo, a maioria dos terapeutas inicialmente tem pavor de ouvir a si mesmos nas gravações das sessões terapêuticas. Esta relutância aumenta ainda mais quando eles descobrem que têm uma escuta mais interessada nos "erros" e nas "omissões" do que nos pontos fortes. O exemplo a seguir, de um curso de treinamento, ilustra esse ponto.

John: um exame relutante

John fez um curso de treinamento de uma semana para terapeutas de nível intermediário em TCC e esperava receber *feedback* sobre suas habilidades na terapia. No segundo dia de curso, ele abordou o instrutor, o qual sugeriu que ele trouxesse para a aula do dia seguinte um segmento de 10 minutos de uma das suas sessões gravadas da qual tivesse permissão do cliente para fazer isso. A turma iria ouvir e dar *feedback*. Além disso, o instrutor pediu que John escrevesse duas ou três perguntas específicas referentes a áreas em que ele desejava *feedback*. No dia seguinte, John disse ao instrutor que tinha mudado de ideia quanto a executar a gravação. Ele a havia escutado na noite anterior e concluiu que aquele era um exemplo ruim demais para apresentar em frente ao grupo. O instrutor ouviu os comentários autodepreciativos de John e depois lhe deu a tarefa de ouvir novamente a gravação naquela noite. Enquanto ouvisse, John deveria fazer uma lista de tudo o que observasse que fez bem como terapeuta naqueles 10 minutos.

John voltou para a aula no dia seguinte com a sua gravação. Antes de executá-la, o instrutor lhe pediu que contasse ao grupo as coisas positivas que havia anotado na noite anterior. John leu uma longa lista de comentários positivos sobre a sua terapia. Comentou com um sorriso tímido: "Sabe, esta sessão está muito melhor do que quando eu a ouvi pela primeira vez." Então ele tocou a gravação e pediu *feedback* das suas perguntas de consulta. Muitas mãos se ergueram no ar, com os colegas disputando para dar *feedback* a John. No entanto, o instrutor sugeriu que ele primeiro tentasse responder às suas próprias perguntas, recorrendo ao que vinha aprendendo no curso durante aquela semana. Os colegas poderiam depois preencher os pontos que John havia omitido. Depois de uma pausa, John começou a falar sobre os princípios da terapia que poderiam ajudá-lo com os dilemas do seu caso. Ele também notou áreas em que não havia usado ao máximo as suas habilidades com a terapia e sugeriu coisas que poderia fazer diferente na próxima vez em que visse o cliente. O instrutor perguntou aos colegas sobre suas ideias adicionais. Nem uma única pessoa falou, a não ser uma mulher que comentou que John fez um resumo excelente do que aprendeu na semana.

Como mostra este exemplo, é importante para os terapeutas observarem e refletirem sobre seus próprios pontos fortes tanto quanto o é para os seus clientes. Quando John escutou a sua gravação procurando pelo que estava errado, ele concluiu que aquela era uma sessão terapêutica terrível. Quando a ouviu na noite seguinte, procurando pelo que estava certo (ou seja, seus pontos fortes), a mesma sessão lhe pareceu muito boa. Uma sessão terapêutica pode ser melhorada, mas se os terapeutas simplesmente ouvirem e ficarem atentos aos problemas nas suas gravações, muitas sessões vão parecer tão ruins quanto a sessão de John lhe pareceu inicialmente.

Os terapeutas devem desenvolver o hábito da aprendizagem reflexiva de observar em primeiro lugar os pontos fortes e as qualidades positivas, estejam eles prestando ou recebendo consulta. Quando os pontos fortes e as qualidades positivas estiverem reconhecidos, ficará mais fácil estar aberto e receptivo a novos aprendizados e também para aplicar o conhecimento que já se possui. Em vez de levarem esta afirmação ao pé da letra, os leitores deste livro são incentivados a fazer o seguinte exercício reflexivo:

1. Faça a gravação de uma sessão e escolha 10 minutos dela para exame.
2. Ouça a gravação com a intenção de observar todas as falhas, fraquezas e erros. Imagine como seria com um terapeuta mais experiente na mesma sessão.
3. Ouça a gravação por uma segunda vez e anote tudo o que você fez bem como terapeuta. Observe os fatores de relacionamento ("Eu estou sendo genuíno? Receptivo?"), as habilidades terapêuticas gerais ("Eu estou ouvindo com precisão? O ritmo está adequado ao cliente?"), as habilidades em TCC ("Eu estou seguindo a agenda? Notando os pensamentos, os sentimentos e os comportamentos importantes?") e as habilidades para conceitualização de caso ("Eu estou colaborando? Estamos usando

um nível de conceitualização adequado ao cliente neste ponto da terapia? Eu notei ou reconheci os pontos fortes do cliente?").
4. Reflita sobre o que você aprendeu com este experimento; anote isso.
5. Como você pode usar o que aprendeu para melhorar as possibilidades futuras de aprendizagem, sejam elas autodirigidas ou em consulta a outro terapeuta?).

Outro exercício reflexivo que os terapeutas podem fazer é conceitualizar uma dificuldade pessoal e identificar os seus próprios pontos fortes e integrá-los à conceitualização. Paulina é uma terapeuta de TCC de nível intermediário que tem uma tendência crônica a deixar as sessões irem além do horário. Isto é um problema, porque ela tem outras tarefas clínicas que devem ser executadas entre as consultas. Quando as sessões atrasam, todo o seu cronograma começa a se atrasar e ela não tem tempo para fazer ligações telefônicas e fazer as anotações dos seus casos entre as sessões. Ela acaba por trabalhar uma hora extra ou mais todas as noites, em consequência dos seus atrasos crônicos. Paulina se observa em suas sessões durante uma semana e nota vários desencadeantes comuns para que se atrase: emoção intensa do cliente, a sua própria insatisfação com o progresso de uma sessão e começar uma sessão terapêutica com atraso. Dentro dessas circunstâncias, ela identifica os seguintes pressupostos subjacentes como mantenedores dos seus atrasos crônicos:

"Se uma cliente está angustiada, eu continuo a sua sessão até que ela se sinta melhor; ou então a terapia será contraproducente."
"Se eu ainda não atingi o ideal, então eu devo ficar mais um pouco com o cliente até que o dinheiro que ele empregou valha à pena."
"Se meus clientes acharem que eu trabalho de acordo com o relógio, eles vão pensar que eu não me importo com eles."
"Se eu começar uma sessão com atraso e terminar na hora, o cliente vai ter a impressão de que ele é menos importante para mim do que o meu cliente anterior."

Em seguida Paulina identifica os seus pontos fortes. Ela se caracteriza como alguém que:
- Importa-se genuinamente com os clientes.
- Possui excelentes habilidades interpessoais, especialmente empatia e comunicação.
- Colabora bem com os clientes.
- Utiliza métodos empíricos na sessão, como os experimentos comportamentais.

Pauline decide ver como os seus pontos fortes podem ajudá-la a lidar de um modo mais efetivo com o tempo de duração das sessões. Ela sabe que os pressupostos subjacentes são geralmente avaliados usando experimentos comportamentais. A construção de experimentos comportamentais é um dos seus pontos fortes. Assim sendo, Paulina decide construir experimentos comportamentais para testar seus pressupostos subjacentes. Após algumas considerações, ela conclui que o terceiro pressuposto, de que os clientes interpretarão o final do horário como se ela não se importasse com eles, é central para as suas dificuldades. Pauline avalia seus pontos fortes mais uma vez para ver como eles podem guiar seus experimentos. Examinando simultaneamente seus problemas, pressupostos e pontos fortes, ocorre a Paulina que este problema pode ser abordado colaborativamente com seus clientes pelo emprego de uma boa comunicação e empatia para definir os experimentos comportamentais e obter *feedback*.

Na semana seguinte Paulina escolhe cinco clientes com os quais tem uma boa aliança terapêutica. Ela planeja realizar um experimento nas sessões deles, o qual inicia com ela lhes dizendo o seguinte no começo da sessão:

"Você deve ter notado que eu tenho um histórico de me atrasar nas sessões. Às vezes nós começamos tarde, outras vezes terminamos tarde. Isto na realidade não é bom para mim e imagino que também não seja bom para você. Você tem algum pensamento ou sentimento a respeito disso? (*Neste ponto, Paulina irá ouvir o feedback do cliente e processar as reações que ele tem em relação às suas observações. Se for relevante para o cliente, Paulina dará mais detalhes sobre por que se atrasar não é bom para ela e como os minutos entre as sessões são passados fazendo registros, revisando as anotações para as sessões seguintes, etc.*). A partir desta semana, eu tenho o objetivo de manter os meus compromissos dentro do horário agendado. Isto significa que estarei olhando para o meu relógio ou para o relógio de parede com mais frequência do que o usual. Eu também vou lembrá-lo quando nos restarem apenas 15 minutos para que você e eu possamos nos direcionar para as informações mais importantes nos minutos finais antes de acabar a nossa sessão. Como você acha que isso vai ser para você? (*Paulina irá discutir as reações do cliente e pedir que colabore com ela*). No final da sessão, eu irei verificar e ver como isso funcionou para você."

Fica bem evidente como Paulina está lançando mão dos seus pontos fortes. Ela se decide por comunicar abertamente aos seus clientes sobre o experimento, com um reconhecimento empático de que a sua mudança pode causar algum impacto neles. Ela mantém um foco terapêutico ao buscar as reações do cliente, explorar colaborativamente os significados que essa mudança pode ter para os eles e prometendo receber seu *feedback* no final das suas sessões. Ela pode até chamar isto de experimento comportamental quando falar com os clientes que estão familiarizados com essa terminologia. Pode ser encorajador para os clientes saberem que ela usa os mesmos métodos para trabalhar com as suas próprias dificuldades, assim como os utiliza com eles.

Uma área final de aprendizagem relativa à incorporação dos pontos fortes do cliente refere-se aos valores do cliente e do terapeuta. A maioria dos terapeutas sente empatia por muitos tipos de angústias dos clientes. No entanto, os valores do terapeuta podem por vezes impedir a avaliação dos pontos fortes do cliente. Levemos em conta o seguinte diálogo durante uma consulta:

Edward: um exemplo de caso sobre valores

Edward é um homem muito religioso que sofre de TOC, vivenciando pensamentos intrusivos que entram em conflito com a sua fé. Isso faz com que ele evite ir à igreja. Em vez disso, Edward reza durante muitas horas por dia, mas ainda se sente distante de Deus. A sua preocupação principal é que ele não é a pessoa que acha que deveria ser. A terapeuta de Edward discute essa questão com seu supervisor.

SUPERVISOR: Me atualize sobre o trabalho que você está realizando com Edward.
TERAPEUTA: Na verdade eu estou ficando meio emperrada. Ele está se sentindo melhor, menos incomodado pelos pensamentos indesejados. Ele está rezando menos, o que é bom, porque antes estava rezando principalmente para mostrar que era uma boa pessoa, e agora voltou a frequentar a igreja. Na sessão passada, examinamos seus objetivos, e ele disse que seu objetivo é estar mais perto de Deus. Isso é realmente muito difícil para mim porque eu não acredito em Deus, então acho que eu não sou a pessoa certa para ajudá-lo com esse objetivo.
SUPERVISOR: Isso parece ser importante abordarmos hoje. Você gostaria de falar sobre isso?
TERAPEUTA: Eu gostaria, se você achar que ajudaria. Eu estou realmente emperrada.
SUPERVISOR: Você consegue colocar em palavras o que você quer dizer com "emperrada"?
TERAPEUTA: Bem, como eu não creio, eu me sinto desconfortável quanto a ajudar alguém a trabalhar para estar mais perto de Deus. Parece que eu não tenho nada a ver com isso, na verdade.
SUPERVISOR: Como você acha que Edward iria se sentir se ele estivesse mais perto de Deus?
TERAPEUTA: Eu acho que ele se sentiria melhor e a sua vida seria mais gratificante. Ele realmente valoriza sua fé e a comunidade da sua igreja.
SUPERVISOR: Então se ele se sentisse melhor, sua vida fosse mais satisfatória e ele se sentisse mais perto de Deus, como você se sentira quanto ao futuro de Edward?
TERAPEUTA: Melhor, eu suponho.
SUPERVISOR: Você já ajudou pessoas a trabalharem em objetivos em que elas estão tentando melhorar a sua rede social ou que querem se sentir melhores consigo mesmas?
TERAPEUTA: Bem... Eu frequentemente ajudo pessoas a irem à academia ou a tentarem conhecer pessoas socialmente.
SIPERVISOR: OK, então se ele quisesse ir à academia ou fazer amigos, em que isso seria diferente do que Edward deseja – estar mais próximo de Deus?
TERAPEUTA: Eu não sei, realmente. Para mim é diferente. No entanto eu não frequento academia, e isso não me impede de incentivar os clientes que querem. Eu acho que os meus sentimentos em relação à religião é que estão no meio do caminho. (*Parece*

pensativo). Quando eu penso nisso, acho que não importa o que eu penso sobre Deus. Se é uma coisa importante para Edward, eu deveria estar trabalhando para ajudá-lo a alcançar isso. Eu poderia recomendar que ele usasse os recursos da sua igreja para imaginar como seria estar mais próximo de Deus, assim como eu recomendaria que alguém conversasse com as pessoas sobre as academias da sua região.
SUPERVISOR: Então, o quanto você se sente emperrada agora em termos do seu trabalho com Edward?
TERAPEUTA: Muito menos. Acho que se eu separar os meus valores dos dele, vou ter muito mais facilidade em apoiar o seu objetivo.

Sugerimos que os terapeutas reflitam sobre como seus próprios valores podem estimular ou impedir o progresso da terapia, especialmente quando esses valores divergem dos valores do cliente.

Passo 4: avaliar o progresso da aprendizagem para identificar outras necessidades de aprendizagem

Os mesmos métodos podem ser usados para avaliar o progresso da aprendizagem se os objetivos tiverem sido definidos na área do empirismo colaborativo, de níveis de conceitualização, da incorporação dos pontos fortes do cliente ou de alguma combinação desses princípios. Assim como Clarissa fez anteriormente neste capítulo, os terapeutas podem atribuir notas aos progres-sos nos objetivos de aprendizagem por meio da autoavaliação e também do *feedback* dos clientes, dos colegas, do supervisor ou do consultor. Lembremos que Clarissa classificou seu desempenho na conceitualização das alucinações auditivas em uma entrevista gravada com 3, em uma escala de 5, e essa classificação coincidiu com a que foi dada pelo seu colega na dramatização. O *feedback* posterior do cliente indicou que uma conceitualização colaborativa das "vozes" coincidia em 75% com a experiência do cliente. No ponto de vista de Clarissa, como também no do terapeuta experiente com quem consultou, ela alcançou com sucesso seus objetivos iniciais de aprendizagem na área da conceitualização das "vozes".

Recomendamos que os terapeutas tenham por hábito atribuir pontuações ao seu progresso na aprendizagem, pelo menos uma semana sim outra não. O progresso e o sucesso podem ser autodefinidos. Por exemplo, mesmo uma tentativa desajeitada de usar a análise funcional que conduza a um modelo ABC pode ser classificada como "sucesso" por um terapeuta iniciante. Um terapeuta de nível intermediário só poderá classificar uma intervenção como bem-sucedida se ela foi desenvolvida colaborativamente e produziu um modelo que o cliente endossou como uma "boa adequação" à sua dificuldade presente. As comparações das notas ao longo do tempo permitem que os terapeutas vejam o seu progresso na aquisição das habilidades de conceitualização.

Se a aprendizagem não estiver evoluindo conforme o esperado, então poderão ser consideradas modalidades adicionais de aprendizagem. Por exemplo, um terapeuta pode planejar inicialmente aprender mais sobre conceitualização transversal por meio do estudo individual, envolvendo leituras e o exame das gravações de sessões. Se o estudo por conta própria não conduzir ao progresso desejado, este terapeuta poderá decidir buscar uma consulta para obter ajuda no desenvolvimento dessa habilidade.

Pode ser útil definir "datas-alvo" para estimular a integração das novas habilidades à prática clínica. Além disso, as datas para uma revisão periódica lembram o terapeuta de revisitar as prioridades de aprendizagem e redefinir os objetivos, se necessário. Os terapeutas que periodicamente definem objetivos de aprendizagem e usam os métodos de aprendizagem descritos nas seções anteriores começarão a ter um domínio sobre as habilidades componentes da conceitualização de caso. No entanto, a facilidade com as habilidades componentes não é o suficiente.

Os terapeutas terão que integrar de forma coerente colaboração, empirismo e incorporação dos pontos fortes do cliente dentro de cada nível de conceitualização, além de movimentarem-se com desenvoltura entre tais níveis quando a terapia exigir. Felizmente, não é necessário atingirem um nível avançado de habilidade em cada área antes que ocorra tal integração. Mesmo os terapeutas iniciantes integram as habilidades que adquirem, frequentemente sem estarem conscientes disso. Por exemplo, um terapeuta que deseja coconstruir colaborativamente um modelo conceitual precisa conhecer pelo menos um modelo descritivo de conceitualização para começar a praticar essa tarefa.

A aprendizagem ótima requer um foco sobre o desenvolvimento de habilidades específicas e uma reflexão sobre a melhor maneira de implementar essas habilidades dentro de um determinado contexto terapêutico com um determinado cliente. Por essa razão, recomendamos que os terapeutas continuem durante toda a sua carreira a ler, a participar de *workshops* e a praticar as habilidades componentes fora das sessões de terapia. A prática dos componentes pode ocorrer em dramatizações e pela a análise das gravações das sessões com colegas ou um supervisor. Depois de moderadamente fluente em diversas habilidades individuais, os terapeutas podem praticar dramatizações que imitem situações reais de terapia, combinando habilidades como o empirismo colaborativo dentro de um dos níveis de conceitualização. Conhecimento e competências adicionais podem ser visados para um aperfeiçoamento com o passar do tempo. Recomendamos que os terapeutas trabalhem em áreas inicialmente isoladas usando o modelo de quatro passos descrito neste capítulo e então integrem o novo aprendizado às outras habilidades da sua prática clínica.

AVALIAÇÃO DA COMPETÊNCIA GLOBAL EM CONCEITUALIZAÇÃO

Para que seja possível avaliar as competências globais de TCC em conceitualização de caso, os terapeutas poderão usar uma medida padronizada de competência em vez ou além das pontuações autoatribuídas. Existe uma série de opções. A medida geral da competência do terapeuta em TCC mais amplamente utilizada é a Escala de Terapia Cognitiva (Barber, Liese e Abrams, 2003), que avalia diversos domínios de competência relevantes para a conceitualização de caso em TCC, mais notadamente os princípios de colaboração e empirismo e as muitas micro-habilidades relevantes, como a estruturação da terapia. Ela também avalia explicitamente a compreensão teórica dos terapeutas. Terapeutas e supervisores podem usar a escala enquanto ouvem as gravações das sessões terapêuticas e avaliam os pontos fortes e as metas de aprendizagem. Inúmeras medidas formais da qualidade da conceitualização de caso foram desenvolvidas (Eells et al., 2005; Kuyken, Fothergill et al., 2005). Embora estas tenham sido desenvolvidas inicialmente com o propósito de pesquisa, elas oferecem um ponto de partida para a avaliação do que faz com que uma conceitualização de caso seja de alta qualidade.

Junto com os critérios de pesquisa, os terapeutas podem usar *checklists* de autoavaliação para definirem metas de estudo pessoal, consulta e supervisão. Por exemplo, Butler (1998) oferece 10 testes de uma formulação que pode ser pontuada. Terapeutas, supervisores e instrutores também podem considerar os critérios gerais do Quadro 8.5 para avaliar conceitualizações particulares. Estes critérios utilizam conceitos mais sofisticados para a avaliação de conceitualizações de caso, como, por exemplo, compreensão e coerência. Eles sugerem que as conceitualizações de alta qualidade equilibram inúmeras tensões inerentes. Por exemplo, as conceitualizações procuram combinar a teoria e a experiência do cliente de uma forma que seja coerente e significativa para o cliente. Idealmente, uma conceitualização é o mais simples possível sem perder seu significado importante. As conceitualizações

Quadro 8.5 Critérios para julgamento da qualidade das conceitualizações de caso

---

Para avaliar a qualidade de uma conceitualização de caso, pergunte se ela é:
- **Abrangente:** Ela abrange as dificuldades principais? As informações relevantes importantes estão incluídas e as informações irrelevantes estão excluídas?
- **Parcimoniosa:** Ela é o mais simples possível, sem perda de informações importantes, significado ou utilidade para o tratamento?
- **Coerente:** Os elementos estão bem ligados? Eles fazem sentido de um modo geral em relação às dificuldades presentes do indivíduo?
- **Expressa com precisão:** A linguagem é exata, específica e suficientemente minuciosa no que diz respeito ao que é significativo para o cliente e a teoria pertinente?
- **Significativa para o cliente:** A conceitualização de caso tem ressonância completa para o cliente?

também devem se adequar a todos os dados disponíveis. As inferências serão melhores se forem desenvolvidas colaborativamente com os clientes e se fizerem sentido para o terapeuta, para o cliente e para os terapeutas consultores.

PROMOÇÃO DA APRENDIZAGEM POR MEIO DA SUPERVISÃO E CONSULTA

A supervisão e a consulta são oportunidades valiosas para refletir sobre os pontos fortes e para identificar os limites das habilidades e dos conhecimentos do terapeuta (Falender e Shafranske, 2004). Os terapeutas iniciantes e intermediários geralmente estão em supervisão enquanto estão aprendendo a TCC. Todos os terapeutas, incluindo os de nível avançado, podem se beneficiar com a consulta em determinados casos. A maioria dos leitores deste livro participa de consultas ou de supervisão, seja como terapeuta aprendiz ou como consultor/supervisor. Portanto, trataremos rapidamente de como os princípios de aprendizagem discutidos neste capítulo se aplicam a essas relações. Consideremos o seguinte trecho de uma supervisão, em que um terapeuta iniciante e seu supervisor abordam os conhecimentos e as habilidades referentes à conceitualização de um caso novo:

TERAPEUTA: Não estou certo sobre o que está acontecendo com esta cliente.
SUPERVISOR: Que ideias você tem até aqui?
TERAPEUTA: Esta cliente está com certeza muito ansiosa. Eu acho que ela deve ter ansiedade social, porque a sua ansiedade começou depois que ela passou por um episódio embaraçoso em que teve que apresentar um relatório no trabalho. Mas ela também tem ataques de pânico, então talvez tenha transtorno do pânico. Eu não tenho certeza.
SUPERVISOR: Você estudou muito sobre ansiedade social e outros transtornos de ansiedade?
TERAPEUTA: Na verdade não. Eu assisti a um *workshop* que nos ensinou os princípios básicos e dei uma olhada nos meus livros para revisar os critérios diagnósticos, mas a maior parte da minha experiência clínica até agora foi com depressão. Na verdade, se for ansiedade social, eu não estou certo do que fazer para ajudá-la.
SUPERVISOR: Com base no que você disse até agora, ansiedade social é um diagnóstico possível. As pessoas com ansiedade social podem ter ataques de pânico. Ataques de pânico não significam necessariamente transtorno do pânico. No entanto, também é possível que ela tenha ansiedade social e transtorno do pânico. Deixe-me usar um pouco do nosso tempo hoje para lhe dar um manual sobre avaliação e tratamento da ansiedade. Também vou lhe recomendar algumas leituras para você fazer nesta semana. Está bem para você?
TERAPEUTA: (*Parece aliviado*). Certamente.
SUPERVISOR: Vamos começar por um exame das diferenças diagnósticas entre os transtornos de ansiedade, porque a sua conceitualização e tratamento vão variar, dependendo do tipo de ansiedade que ela está vivenciando. Depois poderemos

explorar quais as informações que você precisa coletar na próxima sessão para ajudar a decidir o diagnóstico. Também examinaremos as conceitualizações de diversos transtornos de ansiedade possíveis, de modo que você tenha uma ideia do caminho que pode seguir com esta cliente.
TERAPEUTA: Obrigado. Eu realmente me sinto perdido sobre o que fazer a seguir.

Nesta sessão de supervisão em particular, o supervisor descobre que o terapeuta não possui conhecimento empírico básico referente ao diagnóstico e ao tratamento do transtorno de ansiedade. Sem esse conhecimento, a conceitualização de caso fica difícil, se não impossível. Assim, o foco da supervisão começa por ajudar o terapeuta a acumular esse conhecimento por meio de instrução didática e de leitura. Mais adiante na mesma sessão, o supervisor se volta para o desenvolvimento de habilidades procedimentais básicas no uso desse conhecimento. Supervisor e terapeuta montam uma dramatização para ensaiar as novas habilidades, e o supervisor combina fazer o papel da cliente:

TERAPEUTA: Diga-me, Margaret, o que passa pela sua mente quando você está tendo um ataque de pânico?
SUPERVISOR: Vamos interromper por um minuto. Lembre-se, parte do estabelecimento de uma boa aliança terapêutica e da obtenção da colaboração é dar ao cliente uma razão para você estar fazendo determinadas perguntas.
TERAPEUTA: Ah, certo!
SUPERVISOR: Pense na justificativa que você daria a Margaret e vamos começar de novo.
TERAPEUTA: (*Faz uma pausa, pensativo, enquanto verifica as anotações*). Margaret, quando nos encontramos da última vez você me falou da ansiedade e do pânico que você tem vivenciado. Antes de saber qual a melhor forma de ajudá-la, eu preciso lhe fazer mais algumas perguntas para que você e eu saibamos com um pouco mais de detalhes do que se trata a sua ansiedade. Isso estaria bem para você?
SUPERVISOR: Antes que eu responda como se fosse Margaret e nós continuemos essa dramatização, o que você acha desta justificativa? Como você se sentiu ao apresentá-la?
TERAPEUTA: Na verdade, eu me senti muito melhor. A justificativa provavelmente a ajudaria e também provavelmente me ajudaria a me sentir um pouco mais confortável em fazer as perguntas.

Os terapeutas de nível mais avançado que estão em consulta frequentemente tomam a frente na estruturação da sessão de consulta. Eles identificam os objetivos de aprendizagem, fazem perguntas específicas de consulta e discutem as dificuldades com maior conhecimento e perícia. O trecho a seguir ilustra uma sessão de consulta com uma terapeuta de nível avançado:

TERAPEUTA: Bom, a minha pergunta de consulta é: "Como eu posso chegar a uma conceitualização com Elizabeth que seja o mais simples possível?" Ela tem muitas coisas acontecendo, e eu tenho uma tendência a complicar demais as coisas. Eu na verdade quero desenvolver a habilidade de formar conceitualizações mais simples.

CONSULTOR: Esta é uma ótima pergunta. Primeiramente, qual a sua impressão do porquê de você querer deixar as coisas mais simples?
TERAPEUTA: *(Pensa um pouco sobre isso).* Eu acho que isso vai nos ajudar a focalizar. Os modelos simples são mais fáceis de entender, de lembrar, de testar e de aplicar nas situações do dia a dia. Além disso, Elizabeth tem transtorno da personalidade *borderline* e tende a ficar intensamente abalada emocionalmente. Uma conceitualização simples será mais fácil de ser lembrada por ela quando ela estiver excitada emocionalmente.
CONSULTOR: Sim, concordo. Existe algum risco em tentar desenvolver uma conceitualização simples?
TERAPEUTA: Ela é muito inteligente, e eu não quero que ela pense que eu a estou subestimando. Eu também não quero perder alguma informação que possa ser importante para nos ajudar a atingir seus objetivos. Mas nós duas trabalhamos bem juntas, então eu acho que, se verificarmos a adequação da conceitualização, tudo vai correr bem.
CONSULTOR: Bom, então a colaboração e o controle da adequação da sua conceitualização são os pontos fortes que você tem.
TERAPEUTA: *(despreocupada).* Sim, eu acho que sim. Você me conhece – eu tenho o contrário de um pré-julgamento egoísta e me foco mais no que eu preciso desenvolver do que naquilo em que eu sou realmente boa. *(O consultor concorda com a cabeça e ri).* Mas sim, está certo. Estes são os meus pontos fortes.
CONSULTOR: Então, pensando na pergunta da sua consulta, você consegue lembrar-se de casos em que você trabalhou antes em que as conceitualizações bem simples conseguiram captar a riqueza das dificuldades presentes dos clientes?
TERAPEUTA: Sim, uma porção deles.
CONSULTOR: O que essas conceitualizações tinham em comum?
TERAPEUTA: *(Pensa por um momento e ri).* Cenas ruins. Não, falando sério, quando desenvolvemos uma cena ou imagem não só do problema, mas também do que os clientes queriam, seus maiores sonhos.

Esta terapeuta de nível avançado está consciente dos seus pontos fortes (trabalhar colaborativamente, monitorar a adequação da conceitualização) e seus pontos fracos (complicar demais as conceitualizações). Quando reflete sobre suas experiências anteriores de terapia que funcionaram bem, ela consegue extrapolar princípios úteis para mantê-la no caminho da busca de uma conceitualização mais simples com Elizabeth. Observe que o consultor confia no conhecimento dos pontos fortes desta terapeuta e utiliza mais a descoberta guiada do que um ensino didático.

RECOMENDAÇÕES AOS SUPERVISORES E AOS INSTRUTORES

Os leitores que são supervisores e instrutores em TCC podem utilizar as orientações contidas neste capítulo e também os exercícios nos Apêndices 8.1, 8.2 e 8.3 para adequar os programas aos níveis de habilidades de todos os terapeutas. As aulas ou supervisões a alunos graduados seguirão em geral as orientações oferecidas aos terapeutas iniciantes. O ensino e a supervisão a pós-graduados podem implementar os exercícios descritos para terapeutas iniciantes, intermediários ou avançados, dependendo do nível das habilidades individuais ou do grupo. Tenha em mente que os terapeutas muito experientes e que são relativamente novos em TCC podem precisar começar no nível iniciante de aprendizagem de conceitualização de caso, apesar dos anos de prática clínica. Os terapeutas se beneficiam com o treinamento para o nível iniciante até que acumulem conhecimento empírico referente à teoria e à pesquisa em TCC, desenvolvam habilidades de empirismo colaborativo e aprendam métodos específicos de TCC para cada nível de conceitualização.

Às vezes instrutores pós-graduados fazem *workshops* ou seminários para grupos que incluem terapeutas que variam entre os níveis iniciante e avançado em habilidades e conhecimentos. A construção de exercícios de aprendizagem em grupos mistos, com diferentes níveis de habilidade é mais desafiadora do que ensinar grupos com níveis mais homogêneos de competência. Neste caso, precisam ser construídos exercícios de aprendizagem como as dramatizações para oferecer benefícios de aprendizagem a todos os níveis de habilidade. Os exercícios podem ser planejados com uma estrutura suficiente para que os terapeutas iniciantes consigam concluir a tarefa e, ainda, incluir complexidade suficiente para desafiar os terapeutas mais avançados que estão participando.

Um exemplo de um exercício assim seria criar uma descrição de caso de um cliente bem específico que descreva a lista das dificuldades presentes juntamente com orientações específicas para a pessoa que irá representar o papel de cliente. Os grupos com terapeutas iniciantes podem receber a tarefa de completar uma análise funcional ABC com este cliente para uma dificuldade particular. Ao mesmo tempo, pode-se solicitar aos terapeutas avançados que completem uma análise funcional de duas situações separadas e procurem os temas comuns entre elas. Os terapeutas que participam do curso podem ser encorajados a trabalhar com terapeutas que tenham nível de habilidade similar para que as discussões de aprendizagem reflexiva após as dramatizações estejam em um nível que beneficie a todos os membros do grupo de dramatização.

Terapeutas e supervisores podem querer usar este texto como parte de um currículo de aprendizagem. Se assim for, recomendamos que as indicações de leituras dos capítulos estejam vinculadas a tarefas ativas de aprendizagem, conforme descrito neste capítulo. Por exemplo, o Capítulo 3 pode ser acompanhado pela prática de habilidades relacionadas à colaboração (p. ex., definir agendas, dar justificativas para as intervenções, pedir aos clientes para identificarem e atribuírem pontos ao impacto das dificuldades presentes) e o Capítulo 4 com a incorporação dos pontos fortes do cliente (p. ex., prática de perguntas que ajudam o cliente a identificar os pontos fortes). A prática de habilidades pode ser autorreflexiva (p. ex., procurar pontos fortes dentro de si mesmo), procedimental (p. ex., prática de dramatização) e declarativa (p. ex., observação feita pelo grupo de uma gravação em DVD de um terapeuta experiente com discussão para identificar os princípios de uma boa prática). A aprendizagem didática obtida pela leitura de um livro é potencializada quando acompanhada da prática ativa da aprendizagem.

Quando este texto for usado em supervisão, os supervisionados podem receber a tarefa de ler todo o livro (juntamente com atividades práticas na supervisão e nas sessões de terapia) ou determinadas seções que sejam pertinentes às necessidades de aprendizagem avaliadas. Por exemplo, um supervisor poderia indicar o Capítulo 5 a um supervisionado que se beneficiaria com os exemplos de como desenvolver colaborativamente uma lista das dificuldades atuais e orientar o cliente a atribuir notas ao impacto e à prioridade. As referências ao longo deste livro alertam os supervisores para leituras complementares que possam aumentar o conhecimento tanto do supervisor quanto do supervisionado.

Crenças e preconceitos no ensino e na supervisão

Os terapeutas que estão aprendendo conceitualização de caso, bem como os supervisores e instrutores que a estão ensinando, estão sujeitos aos mesmos erros de pensamento heurístico e de preconceitos que foram descritos no Capítulo 2. Essas crenças e preconceitos podem criar barreiras ao aprendizado e ao ensino da conceitualização de caso em TCC. Além disso, os profissionais por vezes possuem pressupostos subjacentes específicos que podem interferir na prática, no ensino ou na aprendizagem da concetualização de caso, como descrevemos neste livro. Consideremos as seguintes crenças:

"Se o meu cliente tiver um funcionamento relativamente depressivo, ele não vai conseguir participar da conceitualização do caso. Será melhor se eu fizer isso pelo meu cliente."
"Se o terapeuta a quem eu estiver supervisionando/ensinando não tiver um bom conhecimento dos processos fundamentais da terapia, ele não poderá nem mesmo começar a aprender conceitualização de caso."
"A TCC tem protocolos de tratamento de sucesso, mas, quando se trata da conceitualização de caso, as teorias psicodinâmicas vão mais até a raiz dos problemas."
"Contanto que *eu* entenda o que está acontecendo, posso começar a tratar o meu cliente; não é necessário que ele participe da conceitualização do caso."
"Se os meus supervisionados não entendem a conceitualização de caso, então será melhor simplesmente ensiná-los a diagnosticar e depois dar-lhes um modelo conceitual apoiado empiricamente para cada diagnóstico."
"É impossível ensinar conceitualização de caso. Com experiência, cada terapeuta vai aprender naturalmente a realizá-la."

A prática reflexiva nos ajuda a identificar crenças como estas e a examiná-las ativamente. É melhor não perder de vista essas crenças. Ao contrário, elas podem ser examinadas empiricamente da mesma forma como testamos as crenças do cliente. Terapeutas, instrutores e supervisores são encorajados a identificar essas crenças e a planejar experimentos comportamentais para testá-las. Por exemplo, um terapeuta que acredita que a participação do cliente na conceitualização do caso não é importante ou é impossível pode realizar um experimento em que é construída uma conceitualização com a colaboração do cliente. Antes deste experimento, o terapeuta deve fazer predições (baseadas nas suas crenças) de quais serão os resultados. Depois de realizado o experimento, pode-se obter o *feedback* do cliente e do consultor e as predições do terapeuta são comparadas com os resultados reais. O *feedback* dos clientes e de um consultor reduz a probabilidade de uma interpretação tendenciosa dos resultados. Igualmente, instrutores, supervisores e consultores podem esforçar-se para estar conscientes dos seus preconceitos e testá-los com experimentos comportamentais, obtendo *feedback* dos alunos, dos supervisores e dos colegas.

CONCLUSÃO

Iniciamos este capítulo com comentários de terapeutas em três diferentes níveis de habilidade reagindo ao caso de Mark nos capítulos anteriores. Cada terapeuta expressou uma necessidade de aprendizagem diferente. Independente do nível de habilidade, o desenvolvimento como terapeuta em TCC requer que se tenha uma percepção do conhecimento e da competência que já possuímos e que conhecimento e habilidade queremos adquirir. A autorreflexão é crucial para a avaliação da competência. Este capítulo é concebido para ajudar os terapeutas a identificarem necessidades de aprendizagem, a organizarem os objetivos de aprendizagem e a acompanharem seu progresso na aquisição do conhecimento e das habilidades exigidos pelos nossos três princípios de conceitualização de caso. É importante que os terapeutas realizem avaliações permanentes dos pontos fortes e de suas limitações atuais em conhecimentos e habilidades.

A melhora da competência em conceitualização de caso pode ser um processo que se prolongue por toda a carreira profissional. E, no entanto, mesmo nos seus estágios iniciais, essa aprendizagem incorpora grandes gratificações em termos da qualidade da terapia que se pode oferecer. Quando conhecimento e habilidades são acrescentados e fortalecidos, os terapeutas podem desfrutar dos muitos benefícios das interações entre as competências. Os terapeutas que adotam um foco de aprendizagem na sua própria prática também adquirem um conhecimento mais profundo da teoria da TCC, dos processos empíricos e dos processos de curiosidade pessoal e descoberta que residem na essência da TCC. Seja você iniciante, intermediário ou avançado nas competências de conceitualização, este capítulo pode orientar a sua aprendizagem e o seu desenvolvimento até o nível seguinte de conhecimento.

Resumo do Capítulo 8

- Bennett-Levy (2006) descreve três processos de aprendizagem relacionados (declarativo, procedimental e reflexivo) que orientam os terapeutas no aprendizado da TCC.
- Incorporamos o modelo de Bennett-Levy ao ciclo de aprendizagem de quatro estágios para o aprendizado e o ensino da conceitualização de caso:
  - Avaliar as necessidades de aprendizagem.
  - Definir objetivos pessoais de aprendizagem.
  - Participar dos processos de aprendizagem declarativo, procedimental e reflexivo.
  - Avaliar o processo da aprendizagem para determinar necessidades de aprendizagem adiconal.
- Para avaliar as necessidades de aprendizagem, os terapeutas são incentivados a atribuírem notas ao seu conhecimento e às suas competências em áreas ligadas aos três princípios da conceitualização de caso colaborativa: empirismo colaborativo, níveis de conceitualização e incorporação dos pontos fortes do cliente.
- Os objetivos pessoais de aprendizagem devem ser específicos, observáveis e mensuráveis, além de priorizados para serem trabalhados na proporção de um ou dois por vez para que a aprendizagem não seja sobrecarregada.
- É útil que se definam objetivos de aprendizagem moderados que possam ser atingidos dentro de alguns meses.
- Os exercícios que se baseiam em várias modalidades de aprendizagem (p. ex., leitura, dramatização, *feedback* das gravações de sessões) são descritos para terapeutas em cada nível de habilidade, desde o iniciante até o avançado.
- As autoavaliações, o *feedback* do cliente, do supervisor e do consultor, bem como medidas padronizadas são utilizados para avaliar o progresso da aprendizagem.
- Recomendamos que os terapeutas incorporem a prática reflexiva, incluindo a conceitualização de caso consigo mesmos, para aumentar a consciência permanente dos pontos fortes e das necessidades de aprendizagem.

Apêndice 8.1

Exercícios de aprendizagem para desenvolver competência em empirismo colaborativo

NÍVEL INICIANTE

- Ler livros e artigos de periódicos e participar de *workshops* para aprender conceitualizações específicas em TCC dos transtornos comuns na prática clínica do terapeuta.
- Observar exemplos de sessões escritas e gravadas para identificar perguntas que esclarecem informações relevantes do cliente necessárias para as conceitualizações em TCC.
- Observar e discutir demonstrações clínicas de conceitualização de caso (p. ex., Padesky).
- Praticar micro-habilidades (p. ex., explicar as razões para determinados aspectos da conceitualização ou usar uma linguagem objetiva para fazer afirmações resumidas ou para descrever o comportamento de um cliente) e macro-habilidades (p. ex., usar o modelo de cinco partes para elaborar a conceitualização descritiva, ajudar o cliente a planejar um experimento comportamental).
- Praticar os quatro estágios do diálogo socrático (Padesky, 1993).
- Ensaiar métodos para apresentar aos clientes a ideia do empirismo.
- Trabalhar colaborativamente com os clientes e obter *feedback* de um supervisor ou de um consultor sobre como fazer isso de modo mais efetivo.
- Anotar as observações do cliente e traçar as ligações relevantes entre elas.

NÍVEL INTERMEDIÁRIO

- Focalizar no desenvolvimento das habilidades de conceitualização que são relativamente mais fracas; para fazer isso, considerar o uso dos exercícios acima para iniciantes.
- Observar os exemplos do cliente que se confirmam ou contradizem as conceitualizações de "caso-padrão".

- Prestar atenção às semelhanças e às diferenças entre os modelos de transtornos relacionados.
- Assistir a gravações de terapeutas especializados conduzindo conceitualizações de caso; identificar estratégias que parecem facilitar a colaboração e considerar quais informações do cliente elas evocam e por que essas informações podem ser importantes.
- Coletar exemplos escritos de conceitualização de caso de livros, de artigos de revistas especializadas e da própria prática.
- Praticar as habilidades pertinentes por meio de dramatizações e obter o *feedback* do "cliente" e do observador supervisor.
- Esforçar-se para maximizar a participação do cliente no processo de conceitualização.
- Apresentar aos clientes modelos apoiados empiricamente por meio da utilização dos dados do cliente para personalizar modelos *standard*.
- Praticar uma variedade de metáforas para explicar as ideias principais da TCC.
- Expressar curiosidade e despertar a curiosidade do cliente em relação a observações feitas dentro e fora da sessão que sejam relevantes para os modelos conceituais.
- Planejar experimentos comportamentais para reunir informações relevantes para a conceitualização.
- Participar de conferências ao vivo ou eletrônicas para discussões de casos de clientes que se desviam dos modelos *standard*.

NÍVEL AVANÇADO

- Considerar algum exercício das seções acima para iniciantes ou para intermediários que possa fortalecer habilidades relativamente mais fracas.
- Ler livros e artigos de revistas especializadas, conversar com colegas e participar de *workshops* para refinar o próprio conhecimento sobre os novos achados referentes a modelos apoiados empiricamente.
- Ler, consultar colegas ou participar de *workshops* para aprender como colaborar com os clientes que impõem desafios aos métodos *standard* de colaboração.
- Discutir com outros terapeutas de nível avançado como conciliar as diferenças entre os modelos desenvolvidos empiricamente e as experiências divergentes do cliente.
- Estudar como os métodos empíricos são usados diferencialmente com os vários problemas do cliente (p. ex., Bennett-Levy et al., 2004).
- Praticar a comunicação clara durante os impasses da terapia; negociar soluções colaborativas para as barreiras encontradas durante a conceitualização de caso.
- Observar as observações do cliente que contradizem os modelos empíricos; chamar a atenção para essas observações na sessão para realizar um exame colaborativo.
- Ouvir as gravações das sessões para identificar comentários pertinentes do cliente que foram negligenciados pela conceitualização do caso.
- Obter o *feedback* de todos os clientes sobre a utilidade das conceitualizações dos casos.
- Fazer predições baseadas na conceitualização dos problemas potenciais que poderão ocorrer na terapia.
- Mostrar os diagramas da conceitualização de casos a colegas terapeutas para *feedback* e discussão.
- Ensinar métodos de empirismo colaborativo a terapeutas menos experientes.

Apêndice 8.2

Exercícios de aprendizagem para desenvolver competência em níveis de conceitualização

NÍVEL INICIANTE

- Observar demonstrações clínicas, preferivelmente por instrutores ou especialistas em TCC, que mostrem como implementar tarefas de conceitualização, tais como formar uma lista das dificuldades presentes, definir objetivos e ligar a experiência do cliente à teoria da TCC usando o modelo de cinco partes ou a análise funcional.
- Praticar essas mesmas habilidades por meio da dramatização, no papel de "terapeuta" e "cliente", com o *feedback* de um terapeuta experiente.
- Prática pessoal; construir conceitualizações descritivas ou explanatórias em TCC para uma dificuldade pessoal, como, por exemplo, ansiedade pelo desempenho ou procrastinação.
- Focalizar nas conceitualizações descritivas até se qualificar para descrever uma ampla variedade de dificuldades dos clientes usando a análise funcional ou o modelo de cinco partes.
- Depois de qualificado em conceitualizações descritivas, praticar a identificação dos fatores desencadeantes e de manutenção.
- Praticar micro-habilidades (p. ex., identificação dos pressupostos subjacentes) e macro-habilidades (p. ex., construção de modelos conceituais das dificuldades do cliente em termos da TCC).
- Trazer os dilemas da terapia para a supervisão ou consulta para discussão e dramatização.

NÍVEL INTERMEDIÁRIO

- Focalizar no desenvolvimento de habilidades de conceitualização que sejam relativamente mais fracas; para realizar isso, considerar o uso dos exercícios acima para iniciantes.
- Dramatizar os níveis de conceitualização com clientes que apresetnam problemas múltiplos.

- Enfatizar o uso da linguagem do cliente na conceitualização, especialmente a incorporação de metáforas, de imagens e de outros simbolismos.
- Praticar a incorporação de fatores culturais relevantes às conceitualizações de caso.
- Praticar a testagem da "adequação" das conceitualizações dentro e fora da sessão por meio de experimentos comportamentais e da análise cuidadosa das experiências do cliente.

NÍVEL AVANÇADO

- Dramatizar a prática com clientes que se apegam fortemente a conceitualizações de caso que não têm utilidade (p. ex., todos na minha família são ansiosos; o meu DNA ansioso significa que não é possível haver mudança); praticar a busca de informações dentro de experiência do cliente que ampliem uma perspectiva que, de outra forma, ficaria muito limitada.
- Procurar ativamente temas que vinculem as dificuldades presentes do cliente.
- Ajudar os clientes a construir conceitualizações simples que expliquem uma ampla gama de experiências do cliente.
- Avaliar a "adequação" das conceitualizações por meio de buscas ativas de evidências contraditórias na experiência do cliente; esses dados podem levar a uma personalização significativa dos modelos conceituais existentes.
- Fazer as ligações entre as conceitualizações descritivas, explanatórias e longitudinais das dificuldades de um cliente em um fluxograma similar aos das Figuras 7.6 e 7.7 para identificar os temas em comum.
- Mostrar os diagramas das conceitualizações de caso a colegas terapeutas para *feedback* e discussão.
- Ensinar as habilidades de conceitualização de caso a terapeutas menos experientes.

Apêndice 8.3

Exercícios de aprendizagem para desenvolver competência dos pontos fortes do cliente

NÍVEL INICIANTE

Os terapeutas que estão começando a desenvolver habilidades de incorporação dos pontos fortes do cliente às conceitualizações de caso são encorajados a:
- Observar demonstrações clínicas e identificar pontos fortes do cliente que não foram mencionados.
- Dramatizar como fazer perguntas para evocar os pontos fortes; pedir *feedback*.
- Praticar a escrita dos pontos fortes dentro ou paralelamente às conceitualizações de caso descritivas (veja a Figura 4.1 como exemplo).
- Conceitualizar os próprios pontos fortes usando modelos da TCC.
- Identificar os pontos fortes do cliente enquanto observa demonstrações ou ouve a gravações de sessões.

NÍVEL INTERMEDIÁRIO

Quando o foco nos pontos fortes se transforma em um hábito adquirido, os terapeutas alcançam um nível intermediário de competência em que são encorajados a:
- Incorporar a busca pelos pontos fortes do cliente aos procedimentos de avaliação escritos e verbais.
- Observar os pontos fortes nos clientes e chamar a atenção deles para esses pontos fortes.
- Questionar ativamente sobre os pontos fortes na maior parte das sessões da terapia.
- Integrar os pontos fortes do cliente que foram identificados aos modelos conceituais.
- Ajudar os clientes a identificar formas pelas quais eles possam usar os pontos fortes para apoiar as intervenções de tratamento.

NÍVEL AVANÇADO

Os terapeutas que possuem competência avançada na incorporação dos pontos fortes do cliente à conceitualização de caso são encorajados a:

- Identificar pontos fortes em diversos clientes e avaliar se eles foram idealmente integrados às conceitualizações de caso.
- Apresentar uma ou duas das análises de caso acima a colegas ou a um consultor para obter *feedback* quanto à integração dos pontos fortes à conceitualização.
- Inferir ativamente os pontos fortes dos clientes novos e usar a descoberta guiada para ver se o cliente identifica pontos fortes similares ou adicionais.
- Integrar os pontos fortes do cliente em cada nível de conceitualização quando for construtivo fazê-lo.
- Integrar os pontos fortes identificados aos planos de tratamento.

9

Avaliação do modelo

A aprendizagem nunca termina; em vez disso, ela progride para níveis mais profundos de conhecimento. Este capítulo final revisita temas apresentados anteriormente neste livro para ver quais as novas perspectivas que foram obtidas por meio da nossa abordagem da conceitualização. Além disso, sugerimos direções para pesquisas futuras que podem nos ajudar a avaliar e a entender este modelo em maior profundidade. Especificamente, as próximas sessões (1) examinam aspectos característicos do nosso modelo de conceitualização, (2) discutem como o modelo pode preencher as funções da conceitualização de caso e (3) oferecem sugestões de como avaliar o modelo conceitual e empiricamente. Os principais testes do nosso modelo referem-se ao quanto ele é útil aos terapeutas e aos clientes e também ao quanto ele resiste a pesquisas cuidadosamente conduzidas.

CARACTERÍSTICAS PRINCIPAIS DO MODELO

Quais são as características que distinguem o nosso modelo e como elas são úteis aos terapeutas e aos clientes em TCC?

O modelo é uma resposta aos desafios clínicos e empíricos

Os terapeutas frequentemente consideram a conceitualização de caso como um dos aspectos mais desafiadores da TCC (Capítulo 8). A base de evidências para a conceitualização de caso oferece pouco apoio ao pressuposto de que a terapia guiada pela conceitualização tem vantagens. Na melhor das hipóteses, a pesquisa sugere que precisamos refinar a nossa abordagem da conceitualização de caso (Capítulo 1; Bieling e Kuyken, 2003). O nosso modelo de conceitualização é uma resposta a esses desafios clínicos e empíricos. Os três princípios do modelo respondem a tais desafios ao abordarem explicitamente como a conceitualização de caso pode integrar a terapia e as particularidades da experiência do cliente. O empirismo colaborativo baseia-se nas melhores evidências disponíveis e maximiza a probabilidade das conceitualizações fazerem sentido para os clientes. Propomos que a combinação de uma abordagem colaborativa, em etapas e focada nos pontos fortes torna mais provável que os clientes experienciem a conceitualização como construtiva. Os princípios ensinados neste texto podem orientar a prática da conceitualização dos terapeutas para ajudá-los a maximizar a sua eficácia como terapeutas, como consultores, como supervisores e como treinadores.

O modelo está incluído na ciência e na prática mais amplas da TCC

A terapia cognitivo-comportamental abrange muitas teorias e protocolos apoiados empiricamente (Beck, 2005; Quadro 1.3). Os terapeutas se defrontam com múltiplos pontos de escolha com cada cliente. O nosso modelo utiliza os fortes fundamentos da TCC ao fornecer uma abordagem que os terapeutas podem usar para integrar a teoria apoiada empiricamente à experiência e aos pontos fortes do cliente para informar tais pontos de escolha da terapia. Assim sendo, a nossa abordagem de conceitualização de caso está solidamente situada no interior da ciência e da prática mais amplas da TCC; ela pode servir como ponto-chave entre a ciência e a prática (Butker, 1998).

O terapeuta e o cliente criam a conceitualização em conjunto

As abordagens mais contemporâneas da TCC advogam a conceitualização como uma atividade que ocorre dentro da cabeça do terapeuta ou como uma atividade dirigida pelo terapeuta. A nossa abordagem defende que terapeuta e cliente criam as conceitualizações em conjunto, as quais se desenvolvem durante toda a terapia com um ritmo e de uma forma que é determinada por ambos, cliente e terapeuta. Dessa forma, é mais provável que terapeuta e cliente concordem na sua descrição das dificuldades e dos objetivos do paciente. Além do mais, eles terão um conhecimento compartilhado do que causa e mantém as dificuldades presentes. Esse conhecimento compartilhado dá aos clientes uma razão para mudança.

Nas fases iniciais da terapia, o terapeuta está fortemente engajado na construção e na facilitação desse processo colaborativo; à medida que a terapia evolui, o cliente vai assumindo cada vez mais a responsabilidade pelo ciclo de conceitualização e mudança. Em nosso exemplo de caso, Mark inicialmente descreveu em detalhes as suas dificuldades presentes e a sua terapeuta os capturou para dentro de uma estrutura de TCC descritiva (Capítulo 5). Quase no final da terapia, Mark tomou a iniciativa de desenvolver metáforas ricas para conceitualizar a sua vulnerabilidade e a sua resiliência crescente (Capítulo 7). A criação conjunta colaborativa de uma conceitualização incorpora as dificuldades presentes superficiais e mais profundas do paciente. Isso requer que o terapeuta construa um alto grau de confiança e seja sensível aos assuntos a discutir, às inquietações, às lembranças e às preocupações mais sutis do cliente. Por exemplo, temas que despertam vergonha ou envolvem discussões da sexualidade podem ser difíceis para alguns clientes expressarem.

Os pontos fortes do cliente são enfatizados

Desde a avaliação inicial, os terapeutas procuram por pontos fortes do cliente que possam ser incorporados às conceitualizações para que os planos de tratamento possam se basear nesses pontos fortes. Nas fases posteriores da terapia, os pontos fortes são muito enfatizados para ajudar os clientes a lidarem com as dificuldades de forma resiliente e a prevenir recaídas. Os clientes desenvolvem resiliência por meio de experiências de enfrentamento efetivo dos desafios e também por meio do comprometimento com atividades significativas que ampliam os pontos fortes. As tentativas iniciais de utilizar os pontos fortes de Mark foram dificultadas pela sua depressão. No entanto, ao final da terapia, Mark articulava de forma independente crenças e estratégias para lidar com as adversidades que foram resumidas pela sua imagem resiliente de um urso pardo (Figura 7.5). Ele também retomou a sua dedicação à música e a outras atividades positivas que enriqueceram sua vida.

Os terapeutas utilizam a própria linguagem do paciente para se assegurarem de que as conceitualizações em desenvolvimento tenham uma boa adequação à experiência dos clientes e à percepção dos seus pontos fortes. O terapeuta usa as palavras, metáforas e imagens do cliente para criar um sentimento de esperança e indicar os caminhos para a mudança (Capítulo 3). Durante o curso da terapia, os clientes começam a usar a linguagem da mesma maneira. Mark descreveu o urso pardo desta forma:

> "Ele representa todos os modos como meu avô me ensinou a ser. Ele é ativo e entende as coisas e usa de muita criatividade e tem uma atitude 'positiva'".

A conceitualização é um processo em desenvolvimento

Não pensamos na conceitualização como uma entidade fixa que é desenvolvida e definida no estágio inicial ou intermediário da terapia. Ao contrário, vemos a conceitualização como um processo que se desenvolve durante toda a terapia. As conceitualizações são não somente provisórias e sujeitas aos novos dados como também se desenvolvem de formas que servem a diferentes funções. Inicialmente, as suas funções são de descrever, definir a cena e prover educação e normalização. A função das conceitualizações transversais é de explicar as dificuldades presentes em termos dos fatores desencadeantes e de manutenção. Este pode ser o alvo da intervenção e os clientes aprendem formas alternativas de pensar e de comportar-se. As conceitualizações longitudinais se desenvolvem a partir de um entendimento desenvolvimental dos ciclos de manutenção. Essas conceitualizações ajudam a explicar as crenças e os comportamentos mais duradouros que deixam um cliente vulnerável a dificuldades futuras. Por sua vez, as conceitualizações longitudinais podem orientar o manejo das recaídas e o desenvolvimento da resiliência do cliente.

O modelo incorpora o contexto cultural e os valores pessoais dos clientes

As crenças e os comportamentos dos clientes são inevitavelmente moldados pelos seus contextos culturais. Os terapeutas de TCC incorporam às conceitualizações o contexto cultural e os valores pessoais dos clientes porque eles são parte integrante das crenças e do repertório comportamental dos mesmos. A conceitualização do caso de Rose (Capítulo 3) procurou entender suas dificuldades presentes como um conflito entre seu contexto de trabalho profissional nos Estados Unidos e os seus valores mexicano-americanos no tocante aos papéis segundo o gênero e a expressão das emoções. As conceitualizações de Rose lhe possibilitaram uma escolha autorizada – ela poderia escolher quando operar segundo os valores culturais da sua família e quando adotar os valores prevalentes no seu ambiente de trabalho. Igualmente, o terapeuta de Zainab (Capítulo 4) usou a sua relativa falta de conhecimento sobre a fé dos muçulmanos para desvendar as crenças implícitas que apoiavam um conflito entre ela e seu marido, Muhammad. Em uma sessão com o casal, Muhammad reformulou a preocupação de Zainab de que ela não estaria ensinando aos seus filhos a fé muçulmana:

> "Zainab é um exemplo de um dos pilares do Islã. Existe o pilar de Zakah, que você poderia entender como generosidade com os outros. Ela sempre fez isso, não só com o dinheiro, mas também com o seu tempo e coração. É por isso que eu a chamo de pilar."

Zainab e Muhammad usaram essa conceitualização para concordar com seus pontos fortes mútuos como pais.

No caso de Mark, ele reconheceu que alguns dos seus valores foram aprendidos com seu avô, que cresceu em uma geração em que os homens tinham que ser responsáveis e prover suas famílias sem se queixarem (Capítulos 6 e 7). A luta do pai de Mark com a doença bipolar lhe dificultou ser provedor da sua família. Essa história multigeracional proporcionou um contexto útil para a compreensão das crenças de Mark a respeito de responsabilidade. Assim, o nosso modelo acomoda prontamente as crenças culturais e os valores pessoais como parte da conceitualização de caso que está surgindo. Além do mais, encorajamos os terapeutas a usarem nas conceitualizações uma linguagem que faça menção aos valores e à cultura do cliente.

O modelo é uma estrutura heurística

O nosso modelo é mais bem utilizado como uma estrutura heurística. Como a conceitualização é uma habilidade complexa e sofisticada, os terapeutas são auxiliados pela existência de regras práticas. Nossa abordagem baseia-se em um amplo corpo de evidências sobre tomada de decisão que mostra que as abordagens heurísticas funcionam melhor quando alguém se defronta com dados complexos ou incompletos (Garb, 1998; Kahneman, 2003). Contudo, as pesquisas também sugerem que a tomada de decisão heurística é propensa a uma gama de vieses. Portanto, nosso modelo incorpora (1) métodos para minimizar esses vieses (Quadro 2.2) e (2) orientações para o aprendizado de habilidades para conceitualização de caso (Capítulo 8).

UTILIDADE E APLICABILIDADE DO MODELO

Se o caldeirão da conceitualização de caso for um modelo útil, ele deverá ajudar os terapeutas a atenderem às funções principais da conceitualização e irá se mostrar aplicável a uma variedade de contextos. As próximas seções tratam dessas questões.

O modelo atende às funções da conceitualização de caso?

A nossa abordagem cumpre com as funções comumente atribuídas à conceitualização de caso (Butler, 1998; Denman, 1995; Eells, 2007; Quadro 1.1)? Ela atende às necessidades dos terapeutas (Flitcroft et l., 2007)? Revisitamos essas funções-chave no Quadro 9.1, que também mostra como tais funções são ilustradas na terapia de Mark. As conceitualizações que Mark criou em conjunto durante a terapia foram fundamentais para a descrição das suas dificuldades presentes nos termos da TCC, aumentando a sua compreensão dessas dificuldades e informando as intervenções da terapia.

Outros exemplos de caso ao longo deste livro também ilustram as funções da conceitualização de caso especificamente em relação ao empirismo colaborativo e à incorporação dos pontos fortes do cliente. O caso de Katherine (Capítulo 3) mostra um interjogo intrigante dos fatores psicológicos (ataques de pânico) e físicos (desmaios). A terapeuta trabalha empírica e colaborativamente com Katherine para resolver esse enigma. Inicialmente, elas desenvolvem uma conceitualização cognitiva e usam um protocolo *standard* para transtorno do pânico. Contudo, os resultados das intervenções cognitivas não se "encaixam" inteiramente nessa conceitualização. A desconformidade entre a conceitualização existente e as experiências de Katherine alerta seu terapeuta para a necessidade de uma nova conceitualização que considere possíveis causas físicas para os problemas da cliente. No primeiro contato com seu terapeuta, Zainab (Capítulo 4) identifica-se como "não defeituosa". O terapeuta de Zainab segue esse caminho e foca as conceitualizações iniciais nos pontos fortes dela, usando uma metáfora dada por ela e seu marido, a de um "pilar".

Esses são apenas alguns dos casos que ilustram como nosso modelo pode cumprir as funções da conceitualização de caso. A próxima seção ilustra outros contextos em que o nosso modelo pode ser aplicado.

Quadro 9.1 Revisitando as funções da conceitualização

Função de formulação	Ilustrações de casos
1. Sintetiza a experiência do cliente, a teoria e a pesquisa	A depressão, o TOC e as preocupações de Mark com a saúde foram compreendidas e tratadas utilizando modelos e intervenções da TCC baseados em evidências. (Veja o Capítulo 6 para exemplos.)
2. Normaliza e valida as dificuldades presentes	A terapeuta de Mark conseguiu compreender e normalizar as preocupações de Mark com a saúde quando foi identificado o medo de contrair HIV. Isso levou a intervenções para normalizar os pensamentos intrusivos. (Veja o Capítulo 6.)
3. Promove o engajamento do cliente	A curiosidade e o engajamento de Mark foram aproveitados por meio da coleta de exemplos de mudanças no humor durante a semana para ajudar a identificar se as conceitualizações que se desenvolviam se adequavam bem (Capítulos 5 e 6). No final da terapia, o alto grau de engajamento de Mark significava que ele estava aprimorando a conceitualização de forma independente. (Capítulo 7.)
4. Torna mais manejáveis inúmeros problemas complexos	A apresentação de Mark era complexa e, por vezes, a conceitualização refletia esta complexidade (Figuras 7.6 e 7.7). Durante a terapia, foram feitos esforços para transformar essa complexidade em formas mais simples que fossem mais manejáveis por Mark e pelo terapeuta para usar a longo prazo.
5. Guia a seleção, o foco e a sequência das intervenções	A terapia de Mark ilustra a progressão, desde uma conceitualização descritiva inicial que molda as dificuldades presentes e os objetivos (Capítulo 5) até uma conceitualização transversal que guia as escolhas de intervenções comportamentais e cognitivas (Capítulo 6) até o trabalho cognitivo-comportamental focado em antigas crenças e padrões de comportamento. (Capítulo 7.)

continua

Quadro 9.1 (continuação)

Função de formulação	Ilustrações de casos
6. Identifica os pontos fortes do cliente e sugere formas de construir a resiliência do cliente	Os pontos fortes de Mark faziam parte da lista das dificuldades presentes (Capítulo 5), posteriormente integrados às intervenções (Capítulo 6) e a uma conceitualização da resiliência que promoveram o crescimento de Mark a longo prazo. (Capítulo 7.)
7. Possibilita as intervenções mais simples e com maior custo-benefício	Embora o progresso com o uso de modelos específicos para o transtorno fossem encorajadores (Capítulo 6), Mark e a sua terapeuta reconheceram que precisavam abordar as questões mais prevalentes e subjacentes (Processos transdiagnósticos da responsabilidade e altos padrões) para reduzir os sintomas residuais, diminuir a vulnerabilidade de Mark e desenvolver a sua resiliência. (Capítulo 7.)
8. Antecipa e responde às dificuldades terapêuticas	Como ocorre com muitos clientes com transtornos do humor, o pensamento de Mark é do tipo "ou tudo ou nada" sobre seus problemas e expressa desesperança. A terapeuta procura por variações na experiência de Mark para identificar exceções a esse humor deprimido e para identificar áreas potenciais de força e resiliência que possam ajudar a aumentar a esperança.
9. Ajuda a entender a não resposta na terapia e sugere rotas alternativas para a mudança	Após alcançar ganhos significativos, Mark tem uma explosão em casa, o que ele encara como evidência de que é "um perdedor no trabalho e em casa". A terapeuta usa o trabalho de conceitualização até o ponto para ajudar Mark a reformular a piora como "Eu tenho muito a oferecer; eu sou capaz e assumo responsabilidades". (Capítulo 7.)
10. Possibilita uma supervisão de alta qualidade	Veja exemplos ilustrativos de supervisão e consulta ligadas à conceitualização no Capítulo 8.

Aplicações mais amplas do modelo

Casais e famílias

Quase todos os exemplos de casos neste livro descrevem clientes adultos individuais. No entanto, o modelo pode ser usado igualmente bem com casais (Beck, 1989) e famílias. Por exemplo, o caso de Zainab e seu marido Muhammad ilustra como as crenças individuais e compartilhadas podem ser explicitadas e reformuladas para o encaminhamento do objetivo compartilhado do casal de uma boa coparentalidade (Capítulo 4).

A cada pessoa que é acrescentada, as conceitualizações passam a ter cada vez mais camadas e a serem mais complexas. As conceitualizações de casos familiares frequentemente incorporam as duas perspectivas parentais e diversas perspectivas dos filhos sobre os mesmos acontecimentos (veja, p. ex., Burbach e Stanbridge, 2006). São aplicados o mesmo modelo e princípios, mas os terapeutas precisam ser mais flexíveis e hábeis para captar e trabalhar simultaneamente com diversas perspectivas diferentes. Os terapeutas também precisam encontrar formas de passar essa complexidade para formatos mais simples. Por exemplo, durante a conceitualização de um antigo conflito familiar, a filha adolescente ficou sabendo que a fúria do seu pai quanto aos seus hábitos de estudo era motivada pela imagem ansiosa que ele tinha dela como uma futura adulta desempregada e muito pobre. Quando ela soube que o que motivava a raiva do pai era temor em vez de crítica, eles conseguiram conversar de um modo mais construtivo. Em estágios posteriores da terapia, o pai descreveu como ele havia abandonado a escola aos 14 anos e sentiu-se "perdido e isolado" durante vários anos. Esta conceitualização longitudinal ajudou a família a entender a intensidade emocional das reações dele.

O trabalho indireto por meio da equipe, da família e de cuidadores

As conceitualizações geralmente são desenvolvidas ativamente com os indivíduos, casais e famílias que consistem nas fontes primárias de informação a respeito das experiências pessoais. No entanto, às vezes os clientes são incapazes de participar dessa forma. Como exemplo, pessoas com prejuízos cognitivos sérios podem ser incapazes de construir colaborativamente uma conceitualização (James, 1999). Nesses casos, os cuidadores e a equipe de apoio podem colaborar em nome da pessoa. James, Kendell e Reichelt (1999) descrevem o trabalho em equipe de criar conceitualizações para compreender o comportamento por vezes confuso de pessoas com demência.

Consideremos o caso de George, um homem com demência que todas as noites perambula pela unidade residencial onde vive, verificando todas as portas, entrando nas salas das pessoas e armando os alarmes das saídas. A equipe e os residentes acham o comportamento de George perturbador. Utilizado a análise funcional, a equipe identifica os antecedentes para o padrão comportamental de George, embora devido a sua demência, os membros da equipe não consigam entrevistá-lo para entender o significado do seu comportamento. Neste exemplo, a equipe trabalha colaborativamente com a família de George para conceitualizar o que pode estar acontecendo. A família vincula o comportamento de George a um padrão de toda a vida de trancar sua casa todas as noites. Assim, o comportamento de George é entendido no contexto do seu desejo de manter sua casa e a família seguras. Esta conceitualização conduz a equipe e os residentes a interpretarem o comportamento de George como um sinal do seu cuidado com o bem-estar dos outros em vez de uma intenção de criar perturbação. Essa conceitualização normaliza o comportamento de George, muda as atitudes em relação a ele e sugere planos de tratamento, tais como acompanhá-lo à noite para que se assegure de que todos estão seguros (James, 1999).

Este trabalho de James e colaboradores demonstra que as conceitualizações cognitivas podem ser estendidas para o trabalho com os cuidadores e a equipe de trabalho com o objetivo de criar uma visão mais empática do comportamento de uma pessoa. É claro que adaptar o modelo dessa forma significa que os terapeutas precisam fazer um esforço maior para incorporar testes e equilíbrio em contraste com os possíveis preconceitos heurísticos. A pessoa envolvida nem sempre é capaz de fazer comentários sobre evidências de "adequação". Como sempre, as conceitualizações devem ser consideradas como hipóteses a serem testadas cuidadosamente em contraste com os resultados de uma intervenção.

SUGESTÕES PARA AVALIAÇÃO DO MODELO

Assim como uma conceitualização de caso precisa ser testada, o nosso modelo precisa ser avaliado objetivamente e testado empiricamente. Quais os critérios que podemos utilizar para julgarmos o nosso modelo? Como podemos avaliar se este modelo conduz a resultados melhores em TCC? Existem dois grupos de critérios relacionados que podem ajudar, e os discutiremos nas próximas seções. O primeiro é conceitual – a descrição de Eells (2007) dos desafios dialéticos enfrentados pelos terapeutas. O segundo, de Bieling e Kuyken (2003), é empírico e conduz a uma agenda sugerida de pesquisa. Iniciamos pela discussão das dialéticas na conceitualização de caso.

Critérios conceituais: dialéticas na conceitualização de caso

A dialética é definida como "um argumento que justapõe ideias opostas ou contrárias e procura resolver seu conflito" (Allen, 2000). No recente *Handbook of Psychotherapy Case Formulation* (Eells, 2007), Tracy Eells elegantemente expõe pontos-chave na dialética com que os terapeutas se defrontam quando estão construindo conceitualizações de caso. Consideramos aqui o nosso modelo de conceitualização de caso colaborativa em relação a tais dialéticas.

Dialética 1: nomotético versus ideográfico

A primeira dialética é entre as considerações nomotéticas e ideográficas. Isto é, até que ponto o que sabemos em geral a respeito de um transtorno está adequado ou entra em conflito com o que sabemos sobre a experiência individual do nosso cliente? As decisões clínicas geralmente se equilibram entre os dois polos dessa dimensão. Em um extremo, alguns clínicos são extremamente devotados à teoria da TCC e se tornam procrusteanos: adequando de forma artificial a pessoa a uma teoria. Outros clínicos submergem nos relatos dos clientes sobre suas dificuldades e desconsideram a teoria e a pesquisa pertinentes. Essas duas posições polarizadas prejudicam o cliente ao perderem informações descritivas e explanatórias importantes.

Às vezes essa dialética é motivo de discussão entre os partidários das duas abordagens: os que advogam seguir de perto os protocolos de tratamento baseados em evidências e os que promovem fielmente um tratamento guiado pelas conceitualizações de caso pragmáticas individualizadas. O primeiro grupo de prática sugere que os terapeutas usem conceitualizações de TCC baseadas em evidências ligadas a protocolos que tenham se mostrado amplamente efetivos (p. ex., Chambless e Ollendick, 2001). Outros defendem que tal ideal é impraticável; a realidade é que a maioria dos terapeutas em TCC usa uma abordagem pragmática individualizada ao tratamento (Persons, 2005). Foram propostos modelos que se baseiam em diagnósticos primários e intervenções sequenciadas para resolver esse dilema, individualizando a terapia sem ir muito além da prática baseada em evidências (p. ex., Fava et al.,, 2003; Kendall e Clarkin, 1992).

Argumentamos que a dicotomia direcionada pelo protocolo *versus* a direcionada pela conceitualização é em grande parte ilusória. No estudo de Shulte e colaboradores (1992), que comparava a terapia pelo manual e a individualizada, as análises posteriores das gravações de áudio da condição pelo manual sugeriram que os terapeutas não conseguiriam evitar individualizar o manual. Nenhum cliente se adapta exatamente a um protocolo, e os protocolos ten-dem a ser escritos como estruturas para servirem como guias. Uma das razões para uma abordagem de conceitualização de caso é que muitas apresentações dos clientes incluem comorbidade significativa e não se adaptam facilmente a uma abordagem baseada em evidências, mesmo a baseada no uso sequencial dos protocolos. A comorbidade parece ser mais a norma do que a exceção à regra (Zimmerman, McGlinchey, Chelminski e Young, 2008). É provável que a maioria dos terapeutas de TCC utilize uma abordagem individualizada de conceitualização de caso em tais casos.

Propomos que, quando as apresentações do cliente forem relativamente simples, devem ser usadas teorias e protocolos de TCC baseados em evidências como fonte primária para conceitualização e planejamento do tratamento. Isso se justifica pela simples razão de que essas abordagens operam no contexto de ensaios aleatórios controlados *e, em contraste com a tradição clínica, também operam em contextos clinicamente representativos* (Shadish, Matt, Navarro e Phillips, 2000). As abordagens segundo o manual assumem um valor ao ajudarem a definir o território mais relevante para a atenção clínica. Além do mais, elas encorajam a aplicação contínua de técnicas e o monitoramento minucioso dos resultados.

Contudo, mesmo dentro das abordagens de manuais baseadas em evidências, existem múltiplos pontos de decisão que requerem uma compreensão individualizada das dificuldades presentes dos clientes. Quando as apresentações se tornam mais idiossincráticas ou complexas, os terapeutas podem progressivamente basear-se na conceitualização de caso individualizada para se somar à melhor teoria e protocolos disponíveis. Encarando-se dessa maneira, espera-se que os terapeutas usem pelo menos um pequeno grau de conceitualização individualizada em todos os casos e baseiem-se mais nesse processo à medida que os casos forem se tornando mais complexos ou quando os clientes não responderem aos protocolos padronizados.

Como tal, nosso modelo propõe que a conceitualização de caso sirva como um elemento de coesão entre as decisões da prática clínica e a melhor teoria e protocolos disponíveis. O seu papel se torna mais significativo quando é necessária uma tomada de decisão mais individualizada. Os pontos de escolha que requerem uma conceitualização de caso individualizada são limitados aos casos relativamente simples para os quais uma teoria e um manual de tratamento sejam adequações excelentes. Com casos complexos ou quando nenhuma teoria ou manual é adequada, uma conceitualização individual é essencial para unir perspectivas teóricas diferentes e integrá-las às particularidades do caso. Nosso modelo requer que as decisões dos terapeutas sobre quando se desviar dos manuais de terapia sejam tomadas (1) empírica e (2) colaborativamente. Por exemplo, quando os clientes não apresentam progresso em direção aos seus objetivos e às melhoras esperadas nas medidas de resultados padronizadas, é sensato que se conceitualize isso e se responda apropriadamente. Na verdade, fazer isso é essencial para a melhora dos resultados (Lambert et al., 2003).

Como essa abordagem ajudou na terapia de Mark? A terapeuta de Mark usou modelos comportamentais e cognitivo-comportamentais apoiados empiricamente (Beck et al., 19979; Dobson, 1989; Martell et al., 2001) para ajudar a descrever, a entender e a intervir na depressão de Mark. Igualmente, modelos testados empiricamente de TOC (van Oppen e Arntz, 1994) e de ansiedade pela saúde (Williams, 1997) foram usados para entender seu comportamento de verificação. Ao mesmo tempo, durante a terapia, Mark e a sua terapeuta examinaram a adequação entre a experiência única de Mark e a teoria da TCC. Modelos específicos para o transtorno contribuíram para conceitualizações transversais e para um plano de tratamento que produziu um progresso significativo na direção dos objetivos de Mark. No entanto, ainda havia sintomas residuais significativos de ansiedade e de depressão (Capítulo 6). A terapia posterior utilizou um modelo mais genérico de TCC para compreender os fatores que predispuseram e protegeram Mark, de modo que outras intervenções pudessem se direcionar para esses processos cognitivos e comportamentais essenciais e reduzir os sintomas residuais de ansiedade e de depressão. Esses processos essenciais foram vitais para a compreensão da comorbidade na apresentação de Mark (Capítulo 7). Por fim, uma conceitualização individualizada dos pontos fortes e da resiliência ajudaram Mark a manejar as recaídas e a manter seus ganhos diante dos estressores da vida.

Dialética 2: complexo versus *simples*

Uma abordagem de conceitualização de caso em TCC é particularmente útil quando as dificuldades presentes do cliente são multidiagnósticas ou complexas demais para serem representadas dentro de um único esquema teórico. Os terapeutas às vezes são propensos a desenvolver conceitualizações de caso excessivamente elaboradas e complexas sob tais circunstâncias. Ao considerar a dialética da complexidade *versus* simplicidade, nosso modelo sugere que as conceitualizações de caso sejam o mais simples e pragmáticas possível sem perderem o significado essencial. Uma conceitualização complexa demais provavelmente não terá foco e deixará cliente e terapeuta sem ação. Por outro lado, uma conceitualização de caso simplista demais carece de aspectos importantes da apresentação da pessoa, e essa omissão poderá conduzir a dificuldades evitáveis. Assim sendo, a meta é uma conceitualização que inclua todos os componentes necessários, mas não os irrelevantes.

A proposta de que a mais simples de duas conceitualizações provavelmente seja a melhor não significa negar a complexidade das experiências de cada pessoa que busca ajuda. Contudo, a tarefa da conceitualização de caso não é compreender tudo sobre uma pessoa, mas trabalhar em conjunto em direção aos seus objetivos na terapia. Quando mais de uma conceitualização de caso pode ser aplicada, a preferida é a mais simples delas, porque os modelos simples são mais fáceis de compreender, de lembrar, de testar e de aplicar nas situações cotidianas. Dessa forma, embora o funcionamento cerebral possa ajudar a explicar certos aspectos de memória no transtorno de estresse pós-traumático, estes não seriam incluídos a uma conceitualização de caso, a menos que essas áreas mais complicadas fossem necessárias para entender as experiências do cliente.

Atingir a simplicidade em face de uma complexidade genuína requer um alto nível de habilidade; deve ser capturada a essência das dificuldades presentes do cliente sem "cortar fora" informações importantes de uma maneira procrusteana. Quando os terapeutas progridem do nível iniciante de competência para o nível intermediário, pode ser útil transformar as conceitualizações complexas em outras muito mais simples com a ajuda de supervisores e de consultores (Capítulo 8). Tanto as conceitualizações altamente complexas (Figura 7.5) quanto as mais simples (Figura 7.6 e 7.7) foram apresentadas para entender as dificuldades presentes de Mark. Metáforas, imagens e diagramas criados em conjunto com os clientes são formas particularmente efetivas de alcançar essa transformação.

No início da terapia, Mark usou um termo evocativo: "Um inútil". A autoimagem era parte importante das suas conceitualizações transversais e longitudinais. Além do mais, no processo de compreensão e de desenvolvimento da sua resiliência, Mark produziu imagens conceituais simples de um urso pardo selvagem enjaulado para representar a sua vulnerabilidade e a sua resiliência (Figura 7.5). A progressão de Mark de conceitualizações mais complexas para outras mais simples é um processo comum em terapia. A complexidade da compreensão é gradualmente transformada junto com os clientes em conceitualizações mais simples que eles podem usar para prevenir recaídas e para construir resiliência.

Dialética 3: subjetivo versus objetivo

A nossa experiência no trabalho com terapeutas de TCC em *workshops* e supervisão ou consulta sugere que muitos deles consideram a conceitualização de caso mais como arte do que ciência. Após um *workshop*, um terapeuta disse: "Obrigado por hoje. Eu realmente nunca tinha dado muita atenção a como eu conceitualizo. Eu tendo a obter bons resultados com os clientes, e isso é algo que eu sempre fiz de forma intuitiva. Agora eu tenho uma noção melhor do que eu venho fazendo intuitivamente durante todos esses anos.".

Da mesma forma que os especialistas que afinam piano empregam tanto a arte quanto a ciência no seu ofício, a conceitualização de caso é uma habilidade de alto nível que é tanto arte quanto ciência. Os afinadores de piano têm que se assegurar de que todas as teclas estejam no tom e que o todo esteja em harmonia. Para fazer isso, eles usam uma abordagem sistemática para garantir que cada tecla esteja no tom e, ao mesmo tempo, utilizam uma habilidade musical e um conhecimento técnico para garantir que o piano como um todo esteja em harmonia. Existem passos nesse processo, mas os passos são usados com flexibilidade. Isso faz eco com a distinção teórica de Kahneman (2003) entre tomada de decisão intuitiva e racional (Figura 2.9), como também com as visões contemporâneas sobre as habilidades avançadas para conceitualização (Eells et al., 2005). Igualmente, nosso modelo encara a conceitualização de caso como um processo dinâmico que se desenvolve ao longo do tempo (níveis de conceitualização) e demanda um alto grau de conhecimento, de tomada de decisão racional e de rigor (ciência), bem como de humanidade e de intuição (arte).

Os desafios dialéticos com que os terapeutas se defrontam são resolvidos em nosso modelo por meio da integração da teoria, da pesquisa e da experiência do cliente ao caldeirão da conceitualização de caso. Com o passar do tempo e através dos diversos níveis, as conceitualizações são gradualmente transformadas no modelo mais simples que possibilita o progresso em direção aos objetivos do cliente. Para os terapeutas, isso requer altos níveis de habilidades, já que eles utilizam o empirismo colaborativo para equilibrar a tomada de decisão intuitiva e racional.

Testes empíricos: uma agenda de pesquisa

No Capítulo 1, fizemos uma revisão crítica da base de evidência existente para a conceitualização de caso, utilizando um conjunto de critérios sugeridos por Bieling e Kuyken (2003). Naquele momento, discutimos que, assim como Nasruddin procura as suas chaves sob um poste de luz, as pesquisas realizadas até o momento examinaram a conceitualização primariamente pelas formas que são mais fáceis de estudar. Elas talvez tenham deixado passar aspectos de conceitualização que podem ser mais importantes. Na discussão que se segue, utilizamos novamente os critérios de Bieling e Kuyken (2003) para sugerir uma agenda para pesquisas futuras.

Critério de pesquisa top-down: *a teoria da conceitualização é baseada em evidências?*

O primeiro critério de pesquisa refere-se à base de evidência para as teorias e protocolos de TCC que são ingredientes importantes em nosso caldeirão da conceitualização de caso. O compromisso da TCC com a pesquisa e a prática baseada em evidências torna inevitável que as próximas décadas aportem refinamentos teóricos e terapêuticos que aumentem a especificidade dos modelos e a eficiência dos protocolos de tratamento (para uma revisão de 40 anos desse desenvolvimento, veja Beck, 2005). Além do mais, há um foco crescente na comorbidade em TCC (Clarkin e Kendall, 1992), com evidências de que terapeutas mais competentes obtêm melhores resultados com clientes que apresentam diagnósticos com comorbidade (Kuyken e Tsivrikos, 2008). As pesquisas futuras podem examinar se o sucesso do terapeuta que trata comorbidade é parcialmente mediado pela habilidade para usar a conceitualização de caso de forma efetiva com tais clientes para entender os processos centrais cognitivos e comportamentais.

A agenda da pesquisa *top-down* oferece a oportunidade de examinar perguntas intrigantes de pesquisa que vinculam a teoria da TCC com a conceitualização de caso. Com que frequência os mecanismos são descritos nas teorias dos transtornos implicados nas conceitualizações de caso individuais de pessoas que apresentam esses transtornos? Quais são as nuances nesses mecanismos no nível individual da conceitualização de caso? Quando os mecanismos aparentemente não estão presentes, como podemos entender essas diferenças individuais? Essas informações podem ser usadas para refinar a teoria e para planejar um trabalho clínico experimental para explicar as diferenças individuais. Nos clientes com apresentações comórbidas, os mecanismos implicados nas conceitualizações transversais e longitudinais se adaptam ao nosso entendimento dos processos transdiagnósticos (Harvey, Watkins, Mansell e Shatran, 2004)? Como isso melhora o nosso conhecimento da comorbidade e dos processos transdiagnósticos cognitivos e comportamentais? Como esse conhecimento aumentado informa as escolhas na terapia?

Critérios Bottom-Up

Esses critérios incluem perguntas sobre a confiabilidade da conceitualização, sua validade, se ela melhora os resultados e se é aceitável e útil tanto para o cliente quanto para o terapeuta. Até o momento, as pesquisas que tratam desses critérios *bottom-up* são mais limitadas (Capítulo 1; Bieling e Kuyken, 2003). A escassez de dados nessas áreas oferece a grande oportunidade de inovação e foi um dos propulsores para a nossa nova abordagem. Em consonância com o nosso compromisso com a ética baseada em evidências, é vital que a nossa nova abordagem seja submetida à testagem empírica. Contudo, antes que tais testes possam produzir respostas úteis, uma série de questões preliminares precisam ser consideradas.

Definição e operacionalização da conceitualização de caso

Uma pergunta inicial e óbvia é: "Como os terapeutas cognitivos conduzem a conceitualização de caso na prática da vida real?" A tradição clínica (p. ex., Butler, 1998; Eells, 2007) e pesquisas recentes (Flitcroft et al., 2007) sugerem que as funções principais da conceitualização de caso estabelecidas no Capítulo 1 (Quadro 1.1) são geralmente endossadas pelos terapeutas. Mas quais dessas funções os terapeutas consideram mais importantes e em que contextos? Até onde os terapeutas em TCC já utilizam os princípios descritos em nosso modelo e em que contextos? Eles já avançam através dos níveis de conceitualização, trabalham colaborativamente, apoiam a sua prática com empirismo e incorporam os pontos fortes do cliente? O quanto os clientes colaboram na criação das conceitualizações dos casos? A colaboração do cliente é implícita ou explícita? Como é que os princípios que definimos neste livro já são demonstrados nas sessões de terapia? Essas perguntas iniciais são principalmente descritivas e exploratórias. Elas podem ser respondidas utilizando-se métodos como entrevistas, pesquisas e questionários, como também a observação e a codificação das sessões terapêuticas.

Medindo a qualidade das conceitualizações de caso

É necessário que haja uma medida psicométrica consistente da qualidade das conceitualizações de caso para atender às necessidades dos pesquisadores clínicos e também dos instrutores. Houve duas tentativas recentes de criar tais medidas (Eells et al., 2005; Kuyken, Fothergill et al., 2005). O trabalho impressionante de Tracy Eells e colaboradores baseia-se na meticulosa codificação dos dados do cliente e em transcrições da terapia (Eells et al., 2005; Eells e Lombart, 2003). Eles salientam oito critérios: abrangência, elaboração, precisão da linguagem, complexidade, coerência, qualidade da adequação, elaboração do plano de tratamento e até que ponto o terapeuta parece seguir um processo de formulação sistemática em todos os casos. Fothergill e Kuyken (2002) desenvolveram uma medida da qualidade da conceitualização de caso em TCC que enfatiza parcimônia, coerência e a força explanatória da conceitualização. Seu sistema de pontuação possui boas evidências de confiabilidade e validade convergente entre os avaliadores.

Todavia, são necessárias medidas mais simples, fáceis de usar e psicometricamente consistentes para avaliar o nosso modelo de conceitualização. Nosso modelo sugere que as seguintes dimensões devem ser incluídas em tal medida: inclusão de teoria e pesquisa, uso adequado de níveis de conceitualização, evidências de empirismo colaborativo e um foco apropriado nos pontos fortes e na resiliência. Além de fornecer uma ferramenta de pesquisa necessária, a utilidade dessa medida no treinamento e na prática é clara. Ela ajudaria os terapeutas e os treinadores a avaliarem conhecimentos e habilidades, a estabelecerem objetivos e a avaliarem o progresso da aprendizagem.

Que fatores do terapeuta, do cliente e do contexto estão associados a uma conceitualização de caso de boa qualidade?

A competência do terapeuta, treinamento, experiência, *status* de acreditação profissional, inteligência, abertura, curiosidade ou fatores até agora não-especificados afetam a conceitualização de caso? Como os processos de tomada de decisão afetam a qualidade da conceitualização de caso? Como a tomada de decisão envolvida na conceitualização de caso difere entre os terapeutas de nível iniciante, intermediário e avançado? Um provável programa de pesquisa poderia perguntar: "Que fatores afetam a tomada de decisão clínica na conceitualização de caso?". Existe a oportunidade de tomar a extensa literatura especializada sobre tomada de decisão e extrapolá-la para a decisão clínica de um modo geral (Garb, 1998) e a conceitualização de caso, especificamente (Eells e Lombart, 2003).

O quanto é generalizado o preconceito na tomada de decisão entre terapeutas iniciantes, intermediários e avançados? Em relação ao nosso modelo, argumentamos que nossos três princípios, especialmente o empirismo colaborativo, devem fornecer um teste e um equilíbrio nos preconceitos heurísticos problemáticos comuns. Eles fazem isso? Se um terapeuta entrevista um cliente de uma maneira colaborativa e empírica, isso aumenta o *feedback* corretivo e reduz os preconceitos heurísticos?

Quais os fatores do cliente e do contexto que melhoram a qualidade das conceitualizações (Eells, 2007)? Os fatores dos clientes a serem considerados incluem: complexidade da apresentação, motivação para a terapia, grau de sofrimento, predisposição psicológica e abertura à experimentação e a experiências novas. Os fatores contextuais incluem a duração da terapia, tempo e disponibilidade de supervisão e consulta e semelhanças e diferenças entre terapeuta e cliente. Em relação ao nosso modelo específico, a esperança aumenta quando os pontos fortes do cliente são destacados? Se a conceitualização estiver no nível adequado, ela aumenta o entendimento do cliente e minimiza as chances de que o cliente e o terapeuta se sintam sobrecarregados?

O treinamento, a supervisão e a consulta melhoram as habilidades para conceitualização de caso?

Depois que entendermos melhor os fatores do terapeuta, do cliente e do contexto que melhoram a conceitualização de caso, poderemos usar esses achados para desenvolver programas de treinamento. O treinamento na nossa abordagem conduz a melhoras demonstradas no uso dos princípios explicados no modelo? Kendjelic e Eells (2007) demonstraram que o treinamento que objetivava a melhora do uso pelos terapeutas de uma abordagem sistemática conduziu a melhoras na qualidade geral da conceitualização. Utilizando esses métodos, podemos estabelecer se o treinamento em nosso modelo reduz a tendência dos terapeutas de usarem heurísticas problemáticas ou melhora a probabilidade de conceitualizações de melhor qualidade. Igualmente, a pesquisa pode examinar se modelos particulares de supervisão e de consulta melhoram a qualidade dos processos de conceitualização.

Depois de tratadas essas questões, poderemos examinar se a nossa abordagem melhora a confiabilidade e a validade das conceitualizações.

Confiabilidade e validade da conceitualização

Nosso modelo propõe uma relação um pouco diferente entre confiabilidade e validade do que a que foi proposta por Bieling e Kuyken (2003). Primeiro, ele sugere que um objetivo primário do empirismo colaborativo é o de assegurar que a conceitualização tenha *uma boa adequação para os clientes*. Dado que existem muitas conceitualizações válidas diferentes que podem surgir a partir da teoria disponível e da experiência do cliente, o principal teste da confiabilidade e da validade será se cliente e terapeuta concordarem um com o outro na geração de uma conceitualização que se encaixe à melhor teoria disponível e à experiência do cliente. Em segundo lugar, o modelo sugere que as conceitualizações se desenvolvem ao longo do tempo e, portanto, esperam-se conceitualizações diferentes nas diferentes fases da terapia. Os *designs* de pesquisa que examinam a confiabilidade até o momento ainda não consideraram o empirismo colaborativo ou os níveis de conceitualização (Kuyken, Fothergil et al., 2005; Persons, Mooney e Padesky, 1995).

Em nosso modelo, o teste de confiabilidade mais apropriado é se terapeuta e cliente concordam sobre o conteúdo da conceitualização e se o nível de concordância é mantido durante o curso da terapia. Uma primeira consideração é se os terapeutas e clientes conseguem concordar de forma independente quanto a uma lista das dificuldades presentes e aos objetivos após algumas sessões de terapia. Nas fases iniciais da terapia, a confiabilidade pode ser uma medida do quanto o terapeuta e o cliente conseguem identificar e produzir de forma independente conceitualizações descritivas similares. Quando apropriado, isso poderia ser replicado posteriormente na terapia para conceitualizações transversais e longitudinais. Esses testes avaliariam se os terapeutas e os clientes que usam o nosso modelo de conceitualização concordam entre si e continuam a concordar quando a conceitualização se desenvolve durante o curso da terapia.

Assim como um arqueiro que repetidamente erra o alvo mesmo lançando as flechas na mesma direção, é bem possível que terapeuta e cliente apresentem altos níveis de concordância em uma conceitualização errônea. Uma questão inicial importante referente à validade é se as conceitualizações de caso desenvolvidas colaborativamente relacionam-se de forma significativa às dificuldades presentes e aos fatores subjacentes a elas. Em essência, as conceitualizações derivadas do uso do nosso modelo demonstram validade convergente com outras fontes de dados, tais como as medidas padronizadas da história do cliente, crenças e comportamentos ou relatos de informantes confiáveis?

Relação da conceitualização com os processos e os resultados do tratamento

Como a conceitualização afeta os processos e os resultados da terapia? Um *design* consistente usado na década de 1980 para avaliar o impacto da conceitualização de caso (especialmente a análise funcional) era o ensaio controlado randomizado (Jacobson et al., 1989; Schulte et al., 1992). Neste *design*, os clientes são randomizados para terapeutas que combinavam em todas variáveis importantes, exceto por usarem um modelo melhorado de conceitualização de caso (o grupo experimental) ou uma abordagem padronizada (o grupo de controle). Os processos e os resultados da terapia são as variáveis independentes.

As principais perguntas da pesquisa incluem: Os clientes em uma condição de conceitualização melhorada baseada em nosso modelo relatam (1) um entendimento mais normalizado das suas dificuldades, (2) mais sentimentos de validação, (3) mais engajamento e motivação, (4) maior habilidade para identificar e usar seus pontos fortes, (5) ganhos mais imediatos na terapia e (6) ganhos mais substanciais mantidos durante períodos mais longos de tempo?

Outro exemplo de como estudar o valor da conceitualização é informado pela pesquisa que examina os fatores do terapeuta e do cliente que predizem os resultados (Hamilton e Dobson, 2002). O conteúdo e a qualidade das conceitualizações desenvolvidas na fase inicial, intermediária e posterior da terapia podem prever a resposta global ao tratamento? Em caso positivo, esse achado certamente indicaria a utilidade e o valor da conceitualização no auxílio do alívio do sofrimento e na construção da resiliência.

Em um impressionante programa de pesquisa, Michael Lambert mostrou que os resultados são melhorados quando são medidos e informados aos terapeutas (Lambert et al., 2003; Okiishi et al., 2006). Uma extensão dessa pesquisa é medir os resultados como Lambert faz e depois, quando os resultados não forem tão bons quanto o esperado, apoiar os terapeutas no seu trabalho com os clientes para aprimorar as conceitualizações. O impacto desse aprimoramento nos resultados pode então ser examinado. Dentro do nosso modelo de conceitualização, poderíamos levantar a hipótese de que os terapeutas que recebessem apoio adicional para aprimorar colaborativamente a conceitualização conseguiriam resultados melhores em relação aos terapeutas que não tivessem recebido tal apoio adicional.

Os ensaios controlados randomizados que incluem perguntas sobre os resultados do processo tipicamente requerem grandes números de participantes (Kraemer, Wilson, Fairburn e Agras, 202). Antes de planejar estudos em maior escala, é possivelmente mais apropriado refinar as perguntas da pesquisa usando *designs* de menor escala. Os *designs* de um único caso proporcionam abordagens alternativas para responder algumas das perguntas acima (Barlow, Hayes e Nelson, 1984; Hayes, 1981). Já foram feitos alguns estudos com *designs* de único caso na área da conceitualização de caso (p. ex., Chadwick et al. 2003; Moras, Telfer e Barlow, 1993; Nelson-Gray et al., 1989). Para avaliar nosso modelo, pode-se pedir aos terapeutas que "liguem" e "desliguem" diferentes elementos da conceitualização. Os clientes e também avaliadores cegos independentes podem avaliar os efeitos das alterações nos processos-chave e nos resultados ao longo do tempo. Por exemplo, em um *design* aditivo, o terapeuta acrescenta ("liga") um novo elemento (p. ex., focalização nos pontos fortes do cliente) e o cliente e o avaliador independente avaliam o impacto (p. ex., em relação ao sentimento de esperança e ao engajamento do cliente). Em um *design* de desmembramento, os componentes principais são removidos (p. ex., o empirismo colaborativo) e os avaliadores independentes e os clientes avaliam o impacto (p. ex., evidência de erros heurísticos). Tais alterações podem ser feitas durante partes das sessões terapêuticas, nas sessões inteiras ou em fases da terapia.

Estudos análogos também podem ser usados para responder a muitas das perguntas feitas acima. Os terapeutas que trabalham com dramatização com os clientes podem utilizar os *designs* de único caso descritos acima em contextos de *workshop* e de treinamento. Os componentes do nosso modelo podem ser estudados por meio de vinhetas ou de gravações de sessões que manipulem variáveis de interesse e depois examinem os efeitos dessas manipulações. Por exemplo, qual é o efeito sobre a expectativa do terapeuta e o plano de tratamento quando as vinhetas omitem ou incluem os pontos fortes do cliente?

Os estudos naturalistas usam dados coletados dos clientes em ambientes comuns de terapia (p. ex., Persons, Roberts, Zalecki e Brechwald, 2006). Muitos ambientes ambulatoriais rotineiramente coletam dados sobre os resultados. Estes dados podem ser usados como um recurso para responder a perguntas como: "O treinamento em conceitualização de caso afeta os resultados do cliente?". Os resultados do cliente antes e depois de os terapeutas receberem treinamento em conceitualização de caso podem ser comparados. Tais estudos idealmente equipariariam os clientes dos dois grupos nas variáveis iniciais demográficas e psiquiátricas e tentariam minimizar o atrito dos terapeutas nas duas fases do estudo.

Uma observação sobre metodologia

Uma das razões pelas quais a conceitualização de caso é tão pouco desenvolvida até o momento é porque esses tipos de perguntas requerem uma consideração cuidadosa da metodologia. A pesquisa sobre os resultados do processo referentes ao nosso modelo de conceitualização precisa considerar uma série de fatores complexos:
- A conceitualização de caso ocorre no contexto de muitos outros fatores que constituem a TCC. Por exemplo, a aliança terapêutica e a realização competente das intervenções em TCC são pré-requisitos para a mudança. Qualquer pesquisa sobre conceitualização de caso deve levar em conta esses fatores contextuais.
- Nosso modelo de conceitualização contém diversos elementos diferentes: Todos eles são relevantes para a pergunta de pesquisa que está sendo formulada? Qual o impacto de (1) avançar progressivamente através dos níveis de conceitualização, (2) empregar o empirismo colaborativo e (3) focar nos pontos fortes do cliente? Pode-se esperar que cada um desses aspectos do modelo tenha efeitos um pouco diferentes sobre os processos e os resultados da terapia. Por exemplo, poderíamos predizer que um foco nos pontos fortes do cliente aumentaria a esperança dos clientes e dos terapeutas, reduziria o estigma, melhoraria a aliança de trabalho e reduziria a recaída. A focalização progressiva nos níveis de conceitualiza-ção poderia estimular o senso de domínio dos clientes e dos terapeutas e reduziria a possibilidade de angústia do cliente em comparação com a formulação excessiva de hipóteses inferenciais no começo da terapia. Em resumo, a pesquisa precisa abordar tais princípios separada e juntamente, em termos do seu impacto na compreensão e na mudança.
- As medidas da conceitualização de caso, do processo da terapia e dos resultados da terapia são adequados e psicometricamente consistentes? Por exemplo, para testar nosso modelo, os pesquisadores precisam incorporar medidas do sucesso em atingir os objetivos pessoalmente definidos e a resiliência, além das mudanças nos instrumentos padronizados que medem o alívio do sofrimento.
- Chadwick e colaboradores (2003) mostram que terapeutas e clientes podem relatar discrepâncias no impacto da conceitualização. E a avaliação das versões do terapeuta e do cliente sobre o processo e os resultados terapêuticos pode ser necessária. Além disso, os efeitos positivos e negativos da conceitualização devem ser medidos. Dito isso, levantamos a hipótese de que as discrepâncias entre os relatos de cliente e de terapeuta sobre o impacto da conceitualização serão reduzidas se eles criarem as conceitualizações em conjunto ao longo do tempo, especialmente se essas conceitualizações incorporarem explicitamente os pontos fortes e estiverem afinadas com a resiliência do cliente.

A metodologia da pesquisa sobre o processo terapêutico e seus resultados tornou-se mais sofisticada em anos recentes. Inúmeros trabalhos originais publicados recentemente puderam informar a agenda de pesquisa que apresentamos acima (Garratt, Ingram, Rand e Sawalani, 2007; Hayes, Laurenceau, Feldman, Strauss e Cardaciotto, 2007; Holmbeck, 2003; Kraemer et al., 2002; Laurenceau, Hayes e Feldman, 2007; Pachankis e Goldfried, 2007; Perepletchikova e Kazdin, 2005).

CONCLUSÃO

Descrevemos uma abordagem para a conceitualização de caso em TCC que une teoria e prática, informa a terapia e tem potencial para enfrentar a investigação empírica. Esse modelo dá um passo adiante em direção à resolução dos desafios enfrentados pelos terapeutas que utilizam a conceitualização na sua prática diária, além dos desafios apresentados pela pesquisa que examina a conceitualização de caso em TCC. Esperamos que os terapeutas, como consequência da leitura deste livro, tenham agora uma compreensão mais profunda da conceitualização de caso. Além do mais, esperamos que os terapeutas que seguirem as orientações práticas fornecidas nos capítulos anteriores experimentem melhoras perceptíveis nas suas habilidades de conceitualização.

A conceitualização de caso é um processo colaborativo, dinâmico e construtivo. Apresentamos a nossa visão de que a função primária da conceitualização de caso é *orientar a terapia para aliviar o sofrimento do cliente e construir a sua resiliência*. Acreditamos que os processos de conceitualização que descrevemos fortaleçam a TCC de formas que possam atingir esses objetivos com maior eficiência do que as práticas de conceitualização atuais. Nosso modelo encoraja terapeutas e clientes a trabalharem juntos para integrar os melhores conhecimentos científicos às observações mais pessoais do cliente no que se refere às dificuldades e aos pontos fortes. Conforme demonstramos, esse processo ocorre reiteradamente durante o curso da terapia. Oferecemos o nosso modelo como um mapa para guiar essa aventura de descobertas compartilhadas.

Apêndice

Formulário de auxílio à coleta da história

AUXÍLIO À COLETA DA HISTÓRIA

O propósito deste questionário é obter algumas informações sobre o seu passado que possam nos ajudar a entender a sua situação. Teremos a oportunidade de discutir as suas dificuldades em detalhes, mas poderemos não ter tempo para discutir todos os aspectos da sua história e situação. Este formulário lhe dá a oportunidade de nos fornecer um quadro mais completo e de fazer isso no seu próprio ritmo. Algumas questões são bem factuais, enquanto que outras têm uma natureza mais subjetiva. Se você achar difícil alguma parte do formulário, por favor, deixe em branco e poderemos discutir na sua entrevista. Enquanto isso, se você tiver algum problema em preencher alguma das seções, por favor, não hesite em nos contatar. **Todas as informações que você der neste formulário são confidenciais.**

SEUS DADOS PESSOAIS

Nome		Estado civil	
Data de nascimento		Religião	
Sexo		Data	
Ocupação		Telefone	

SUAS DIFICULDADES E OBJETIVOS

Por favor, liste resumidamente as três dificuldades principais que o levaram a buscar ajuda.

1.

2.

3.

Por favor, diga o que você deseja alcançar ao frequentar o nosso centro.

1.

VOCÊ E SUA FAMÍLIA

1. Qual o seu local de nascimento? _____

2. Por favor, dê alguns detalhes sobre o seu **PAI** (se souber)
   - Qual a idade dele atualmente? _____
   - Se ele já não está vivo, com que idade morreu? _____
   - Que idade você tinha quando ele morreu? _____
   - Qual é, ou era, a ocupação dele? _____

Por favor, conte alguma coisa sobre seu pai, seu caráter ou personalidade, e o seu relacionamento com ele.

3. Por favor, dê alguns detalhes sobre a sua **MÃE** (se souber)
   - Qual a idade dela atualmente? _____
   - Se ela já não está viva, com que idade morreu? _____
   - Que idade você tinha quando ela morreu? _____
   - Qual é, ou era, a ocupação dela? _____

Por favor, conte alguma coisa sobre sua mãe, seu caráter ou personalidade, e o seu relacionamento com ela.

4. Se existiram/existem problemas no seu relacionamento com seus pais, por favor, descreva o(s) mais importante(s).

O quanto isso o incomoda atualmente? (por favor, circule)

    Em absoluto   Um pouco   Moderadamente   Muito   Não poderia ser pior

Seus irmãos e irmãs (se souber)

5. Quantos filhos, incluindo você, há na sua família? _____

Por favor, dê seus nomes e outros detalhes listados abaixo. Inclua você e, por favor, comece pelo mais velho. Inclua também meio-irmãos, filhos de padrasto ou madrasta ou outras crianças adotadas por seus pais e indique quem são elas.

Nome	Ocupação	Idade	Sexo	Comentários
			M/F	
			M/F	
			M/F	
			M/F	
			M/F	
			M/F	

6. Por favor, descreva as relações importantes com seus irmãos, se são benéficas ou problemáticas para você.

7. Como era o clima geral na sua casa?

8. Houve alterações importantes, por exemplo, mudanças ou outro evento significativo, durante a sua infância ou adolescência? Inclua alguma separação da família. Por favor, dê as idades aproximadas e detalhes.

9. Houve mais alguém que tenha sido importante para você durante a sua infância (p. ex., avós, tias/tios, amigo da família, etc.)? Em caso afirmativo, você poderia nos contar alguma coisa sobre ele?

10. Alguém na sua família já recebeu tratamento psiquiátrico?   Sim   Não   Não tenho certeza

11. Alguém na sua família tem história de doença mental, álcool ou abuso de droga?   Sim   Não   Não tenho certeza

Em caso afirmativo, por favor, preencha:

Membro da família	Lista de problemas psiquiátricos específicos, abuso de álcool ou drogas
1.	
2.	
3.	
4.	

12. Algum membro da sua família já teve uma tentativa de suicídio? S/N
    Em caso afirmativo, qual seu grau de parentesco com essa pessoa? _____

13. Algum membro da sua família já morreu por suicídio? S/N

Em caso afirmativo, qual seu grau de parentesco com essa pessoa? _____

SUA EDUCAÇÃO

1. (a) Por favor, conte-nos alguma coisa sobre a sua escolaridade e a sua educação.

   (b) Você gostava de escola? Houve algum sucesso ou dificuldade em particular? Quais foram os mais importantes?

O quanto isso o incomoda? (por favor, circule)

Em absoluto   Um pouco   Moderadamente   Muito   Não poderia ser pior

SUA HISTÓRIA LABORAL

1. Que atividade ou papel principal você desempenha atualmente?

2. Por favor, conte-nos alguma coisa sobre a sua vida laboral passada, incluindo os empregos e os treinamentos que fez.

3. Houve dificuldades particulares? Quais foram as mais importantes?

EXPERIÊNCIA DE ACONTECIMENTOS PERTURBADORES

1. Às vezes acontecem coisas às pessoas que são extremamente perturbadoras – coisas como estar em uma situação de ameaça à vida, como um desastre importante, um acidente muito grave ou um incêndio; ser agredido fisicamente ou estuprado; ou ver outra pessoa ser morta, muito ferida ou ficar sabendo de algo terrível que aconteceu a alguém próximo a você. Em algum momento durante a sua vida, algum deste tipo de coisas aconteceu a você?

(a) Em caso negativo, por favor, marque aqui. _____

(b) Em caso afirmativo, por favor, liste os eventos traumáticos.

	Descrição breve	Data (mês/ano)	Idade
1.			
2.			
3.			
4.			
5.			
6.			

Caso tenha sido listado algum evento: Às vezes as coisas ficam voltando em pesadelos, *flashbacks* ou pensamentos dos quais você não consegue se livrar. Isso já aconteceu a você?   Sim   Não

Em caso negativo: E quanto a ficar muito perturbado quando você esteve em uma situação que lhe fez lembrar de uma dessas coisas terríveis?   Sim   Não

1. Você alguma vez passou pela experiência de abuso físico quando criança?   Sim   Não   Não tenho certeza

2. Você alguma vez passou pela experiência de abuso físico quando adulto?   Sim   Não   Não tenho certeza

3. Você alguma vez passou pela experiência de abuso sexual quando criança?   Sim   Não   Não tenho certeza

4. Você alguma vez passou pela experiência de violência sexual, incluindo encontros amorosos ou conjugais?   Sim   Não   Não tenho certeza

5. Você alguma vez passou pela experiência de abuso emocional ou verbal quando criança?   Sim   Não   Não tenho certeza

6. Você alguma vez passou pela experiência de abuso emocional ou verbal quando adulto?   Sim   Não   Não tenho certeza

SEU PARCEIRO E SUA FAMÍLIA ATUAL

1. Sobre o(s) seu(s) **parceiro(s)**
   (a) Por favor, descreva brevemente relacionamento(s) anterior(es) importante(s), em ordem cronológica. Inclua o tempo que durou e por que você acha que o(s) relacionamento(s) terminavam.

   (b) Você tem um parceiro atualmente? Em caso positivo,
   Qual a idade dele/dela? _____
   Qual a ocupação dele/dela? _____
   Há quanto tempo vocês estão juntos? ___

   (c) Por favor, conte-nos alguma coisa sobre seu parceiro(a), seu caráter ou personalidade, e o seu relacionamento com ele/ela. O que você gosta nessa relação?

   (d) Se houver problemas no relacionamento com o seu parceiro, por favor, descreva o(s) mais importante(s).

   O quanto isso o incomoda atualmente? (por favor, circule)

   Em absoluto   Um pouco   Moderadamente   Muito   Não poderia ser pior

2. Como é sua vida sexual? Você tem alguma dificuldade em sua vida sexual? Em caso positivo, por favor, tente descrevê-la.

   O quanto isso o incomoda atualmente? (por favor, circule)

   Em absoluto   Um pouco   Moderadamente   Muito   Não poderia ser pior

3. Sobre seus **filhos** (se souber)
   a. Se você tiver filhos, liste-os por ordem de idade. Por favor, indique algum filho de casamento(s) anterior(es) e filhos adotados; indique quem eles são.

Nome	Ocupação	Idade	Sexo	Comentários
			M/F	
			M/F	
			M/F	
			M/F	
			M/F	
			M/F	

b. Por favor, descreva seu relacionamento com seus filhos. se houver alguma dificuldade com seus filhos, por favor, descreva a(s) mais importante(s).

O quanto isso o incomoda atualmente? (por favor, circule)

Em absoluto   Um pouco   Moderadamente   Muito   Não poderia
                                                                  ser pior

SUA HISTÓRIA PSIQUIÁTRICA

1. Você já foi hospitalizado por algum motivo emocional ou psiquiátrico? S/N
   Em caso afirmativo, quantas vezes você foi hospitalizado? _____

Data	Nome do Hospital	Razão para hospitalização	Foi útil?

2. Você já recebeu tratamento psiquiátrico ou psicológico ambulatorial? S/N
   Em caso afirmativo, preencha o seguinte:

Data	Nome do Hospital	Motivo do tratamento	Foi útil?
			Y / N
			Y / N
			Y / N

3. Você está tomando alguma medicação por motivos psiquiátricos? S/N
   Em caso afirmativo, preencha o seguinte:

Medicação	Dosagem	Freqüência	Nome do médico que prescreveu

Você já tentou suicídio? S/N
Em caso afirmativo, quantas vezes você tentou suicídio? _____

Data aproximada	O que exatamente você fez para se machucar?	Você foi hospitalizado?
		S/N
		S/N
		S/N
		S/N

SUA HISTÓRIA MÉDICA

1. Quem é seu clínico geral?

Nome	
Endereço do clínico	

2. Quando foi a última vez que você fez um *check-up*? _____

3. Você foi tratado pelo seu clínico geral ou foi hospitalizado neste último ano? S/N
Em caso afirmativo, por favor, especifique. _____

4. Houve alguma mudança na sua saúde geral neste último ano? S/N
Em caso afirmativo, por favor, especifique. _____

5. No momento você está tomando alguma medicação não-psiquiátrica ou drogas de prescrição? S/N

Medicações	Dosagem	Frequência	Razão
1.			
2.			
3.			
4.			

6. Você já teve ou tem uma história de (marque todos os que se aplicam)

  ☐ Derrame   ☐ Febre reumática   ☐ Cirurgia cardíaca
  ☐ Asma   ☐ Sopro cardíaco   ☐ Ataque cardíaco
  ☐ Tuberculose ☐ Anemia   ☐ Angina
  ☐ Úlcera   ☐ Hipertensão ou hipotensão ☐ Problemas de tireóide
  ☐ Diabete

7. Você está grávida ou acha que pode estar?   Sim   Não

8. Você já teve ataques, acessos, convulsões ou epilepsia?   Sim   Não

9. Você tem prótese de válvula cardíaca?   Sim   Não

10. Você tem alguma condição médica atual?   Sim   Não
    Em caso positivo, por favor, especifique:

HISTÓRIA DE USO DE ÁLCOOL E DROGAS

1. O seu uso de álcool já lhe causou algum problema? S / N

2. Alguém já lhe disse que o álcool lhe causava algum problema ou reclamou sobre o seu comportamento de beber? S/ N

3. O seu uso de drogas já lhe causou algum problema? S / N

4. Alguém já lhe disse que as drogas lhe causavam algum problema ou reclamou sobre o seu uso delas? S / N

5. Você já ficou "viciado" em alguma medicação prescrita ou já tomou mais do que deveria? S/ N Em caso afirmativo, por favor liste essas medicações:

6. Você já foi hospitalizado, entrou em programa de desintoxicação ou esteve em algum programa de reabilitação por problemas com alguma droga ou álcool? S/ N Em caso afirmativo, quando e onde você foi hospitalizado?

SEU FUTURO

1. Por favor, mencione alguma satisfação particular que você obtém com a sua família, com sua vida laboral ou com outras áreas que são importantes para você.

2. Você poderia nos contar alguma coisa sobre seus planos, suas esperanças e suas expectativas para o futuro?

3. Por favor, você poderia nos contar como se sentiu preenchendo este questionário?

Obrigado

Referências

Abramowitz, J. S. (1997). Effectiveness of psychological and pharmacological treatments for obsessive-compulsive disorder: A quantitative review, *Journal of Consulting and Clinical Psychology, 65,* 44-52.
Addis, M. E., & Martell, C. R. (2004). *Overcoming depression one step at a time: The new behavioral activation approach to gettineyour life back.* Oakland, CA: New Harbinger.
Allen, R. (2000). (Ed.). *The new Penguin English dictionary* (Penguin Reference Books). New York: Penguin Books.
American Psychiatric Association. (2000). *Diagnostic and statistical manual of mental disorders* (4th ed.). Arlington, VA: Author. American Psychological Association. (2000). Guidelines for psychotherapy with lesbian, gay, and bisexual clients. *American Psychologist, 55,* 1440-1451.
American Psychological Association. (2003). Guidelines on multicultural education, training, research, practice, and organizational change for psychologists. *American Psychologist, 58,* 377-402.
Aspinwall, L. G., & Staudinger, U. M. (Eds.). (2002). *A psychology of human strengths: Fundamental questions and future directions for a positive psychology.* Washington, DC: American Psychological Association.
Barber, J. R, Liese, B. S., & Abrams, M. J. (2003). Development of the cognitive therapy adherence and competence scale. *Psychotherapy Research, 13,* 205-221.
Barber, I. R, Luborsky L., Crits-Christoph, R, & Diguer, L. (1998). Stability of the CCRT from before psychotherapy starts to the early sessions. In L. Luborsky & P. Crits-Christoph (Eds.), *Understanding transference: The Core Conflictual Relationship Theme method* (2nd ed., pp. 253-260). New York: Basic Books.
Barlow, D. H. (Ed.). (2001). *Clinical handbook of psychological disorders* (3rd ed.). New York: Guilford Press.
Barlow, D. H., Hayes, S. C., & Nelson, R. O. (1984). *The scientist-practitioner: Research and accountability m Clinical and educational settings.* Oxford, UK: Pergamon Press. Barnard, P. J., & Teasdale, J. D. (1991). Interacting cognitive subsystems: A systemic approach to cognitive-affective interaction and change. *Cognition and Emotion, 5,* 1-39.
Baucom, D. H., Shoham, V, Mueser, K. T, Daiuto, A. D., & Stickle, T. R. (1998). Empirically supported couple and family interventions for marital distress and adult mental health problems. *Journal of Consulting and Clinical Psychology, 66,* 53-88.

Beck, A. T. (1967). *Depression: Causes and treatment.* Philadelphia: University of Pennsylvania Press.
Beck, A. T. (1976). *Cognitive therapy and the emotional disorders.* New York: Meridian.
Beck, A. T. (1989). *Lave is never enough: How wuples can overcome misunderstandings, resolve conflicts, and solve relationship problems through cognitive therapy.* New York: HarperCollins.
Beck, A. T. (1996). Beyond belief: A theory of modes, personality, and psychopathology. In P. M. Salkovskis (Ed.), *Frontiers of cognitive therapy* (pp. 1-25). New York: Guilford Press.
Beck, A. T. (2002). Prisoners of hate. *Behaviour Research and Therapy, 40,* 209-216.
Beck, A. T. (2005). The current state of cognitive therapy: A 40-year retrospective. *Archives of General Psychiatry, 62,* 953-959. Beck, A. T, & Beck, J. S. (1991). *The Personality Belief Questionnaire.* Philadelphia: Beck Institute. [Unpublished manuscript]
Beck, A. T, Brown, G., Epstein, N., & Steer, R. A. (1988). An inventory for measuring Clinical anxiety-psychometric properties. *Journal of Consulting and Clinical Psychology, 56,* 893-897.
Beck, A. T, Brown, G., Steer, R. A., & Weissman, A. N. (1991). Factor analysis of the Dysfunctional Attitude Scale. *Psychological Assessment, 3,* 478-483.
Beck, A. T, Emery, G., & Greenberg, R. L. (1985). *Anxiety disorders and phobias: A cognitive perspective.* New York: Basic Books.
Beck, A. T, Freeman, A., Davis, D. D., Pretzer, J., Fleming, B., Arntz, A., Butier, A., Fusco, G., Simon, K. M., Beck, J. S., Morrison, A., Padesky, C. A., & Renton, J. (2004). *Cognitive therapy of personality disorders* (2nd ed.). New York: Guilford Press.
Beck, A. T, & Rector, N. A. (2003). A cognitive model of hallucinations. *Cognitive Therapy, 27,* 19-52.
Beck, A. T, Rush, A. J., Shaw, B. E, & Emery G. (1979). *Cognitive therapy of depression.* New York: Guilford Press.
Beck, A. T, Steer, R. A., & Brown, G. K. (1996). *The Beck Depression Inventory-Second Edition.* San António, TX: The Psychological Corporation.
Beck, A. T, Wright, F. D., Newman, C. E, & Liese, B. S. (1993). *Cognitive therapy ofsübstance abuse.* New York: Guilford Press.
Beck, J. S. (1995). *Cognitive therapy: Basics and beyond.* New York: Guilford Press.
Beck, J. S. (2005). *Cognitive therapy for challenging problems.* New York: Guilford Press.
Beck, R., & Fernandez, E. (1998). Cognitive-behavioral therapy in the treatment of anger: A meta-analysis. *Cognitive Therapy and Research, 22,* 63-74.
Bennett-Levy, J. (2006). Therapist skills: A cognitive model of their acquisition and refinement. *Behavioural ema, Cognitive Psychotherapy, 34,* 57-78.
Bennett-Levy, J., Butier, G., Fennell, M., Hackmann, A., Mueller, M., & West-brook, D. (2004). *The Oxford guide to behavioural experiments in cognitive therapy.* Oxford, UK: Oxford University Press.
Bennett-Levy, J., Turner, R, Beaty, T, Smith, M., Paterson, B., & Farmer, S. (2001). The value of self-practice of cognitive therapy techniques and self-reflection in the training of cognitive therapists. *Behavioural and Cognitive Psychotherapy, 29,* 203-220.
Beynon, S., Soares-Weiser, K., Woolacott, N., Duffy, S., & Geddes, J. R. (2008). Psychosocial interventions for the prevention of relapse in bipolar disorder: Systematic review of controlled trials. *British Journal of Psychiatry, 192,* 5-11.
Bieling, P. J., Beck, A. T, & Brown, G. KL. (2000). The sociotropy-autonomy scale: Structure and implications. *Cognitive Therapy and Research, 24,* 763-780.

Bieling, P. J., & Kuyken, W. (2003). Is cognitive case formulation science or sci-ence fiction? *Clinical Psychology: Science and Practice, 10,* 52-69.
Blenkiron, P. (2005). Stories and analogies in cognitive-behaviour therapy: A Clinical review. *Behavioural and Cognitive Psychotherapy, 33,* 45-59.
Borkovec, T. D. (2002). Life in the future versus life in the present. *Clinical Psychology: Science and Practice, 9,* 76-80.
Boyce, W. T, & Ellis, B. J. (2005). Biological sensitivity to context: I. An evolutionary-developmental theory of the origins and functions of stress reactivity. *Development and Psychopathology, 17,* 271-301.
Brewin, C. R., Dalgleish, T, & Joseph, S. (1996). A dual representation theory of posttraumatic stress disorder. *Psychological Review, 103,* 670-686.
Burbach, E, & Stanbridge, R. (2006). Somerset's family interventions in psychosis service: An update. *Journal of Family Therapy, 28,* 39-57.
Burns, D. D. (1989). *Thefeelinggood handbook: Using the new mood therapy in everyday life.* New York: HarperCollins.
Burns, L. R., Dittmann, K., Nguyen, N. L., & Mitchelson, J. K. (2001). Academic procras-tination, perfectionism, and control: Associations with vigilant and avoidant coping. *Jour-nal of Social Behavior and Personality, 15,* 35-46.
Butier, A. C., Chapman, J. E., Forman, E. M., & Beck, A. T. (2006). The empiri-cal status of cognitive-behavioral therapy: A review of meta-analyses. *Clinical Psychology Review, 26,* 17-31.
Butier, G. (1998). Clinical formulation. In A. S. Bellack & M. Hersen (Eds.), *Comprehensive Clinical psychology* (pp. 1-24). New York: Pergamon Press.
Chadwick, P. Williams, C., & Mackenzie, J. (2003). Impact of case formulation in cognitive-behaviour therapy for psychosis. *Behaviour Research and Therapy, 41,* 671-680.
Chambless, D. L., & Gillis, M. M. (1993). Cognitive therapy of anxiety disorders. *Journal of Consulting and Clinical Psychology, 61,* 248-260.
Chambless, D. L., & .01 lendick, T. H. (2001). Empirically supported psychological inter-ventions: Controversies and evidence. *Annual Review of Psychology, 52,*685-716.
Clark, D. A., Beck, A. T, & Alford, B. A. (1999). *Scientific foundations of cognitive theory and therapy of depression.* New York: Wiley.
Clark, D. M. (1986). A cognitive approach to panic. *Behaviour Research and Therapy, 24,* 461-470.
Clark, D. M. (1997). Panic disorder and social phobia. In D. M. Clark & C. G. Fairburn (Eds.), *Science and practice of cognitive behaviour therapy* (pp. 121-153). New York: Oxford University Press.
Clark, D. M., & Wells, A. (1995). A cognitive model of social phobia. In R. G. Heimberg, M. Liebowitz, D. Hope, & - F. Scheier (Eds.), *Social phobia: Diagnosis, assessment and treatment* (pp. 69-93). New York: Guilford Press.
Clarkin, J. E, & Kendall, P. C. (1992). Comorbidity and treatment planning: Summary and future directions. *Journal of Consulting and Clinical Psychology, 60,* 904-908.
Craske, M. G., & Barlow, D. H. (2001). Panic disorder and agoraphobia. In D. H. Barlow (Ed.), *Clinical handbook of psychological disorders: A step-by-step treatment manual* (3rd ed., pp. 1-59). New York: Wiley.
Crits-Christoph, P. (1998). Changes in the CCRT pervasiveness during psycho-therapy. In L. Luborsky & P. Crits-Christoph (Eds.), *Understanding transfer-ence: The Core Conflictual Relationship Theme method* (2nd ed., pp. 151-164). New York: Basic Books.

Crits-Christoph, R, Cooper, A., & Luborsky, L. (1988). The accuracy of thera-pists' interpretations and the outcome of dynamic psychotherapy. *Journal of Consulting and Clinical Psychology, 56,* 490-495.

Davis, D., & Padesky, C. (1989). Enhancing cognitive therapy for women. In A. Freeman, K. M. Simon, H. Arkowitz, & L. Beutier (Eds.), *Comprehensive handbook of cognitive therapy* (pp. 535-557). New York: Plenum Press.

Davis, N. (1999). *Resilience: Status of the research and research-based programs* [working draft]. Rockville, MD: U.S. Department of Health and Human Services, Substance Abuse, and Mental Health Services Administration, Center for Mental Health Services. As of Octo-ber 2008, available from www.mental-health.samhsa.gov/schoolviolence/5-28resilience.asp

Denman, C. (1995). What is the point of a case formulation? In C. Mace (Ed.), *The art and science of assessment in psychotherapy* (pp. 167-181). London: Routledge.

DeRubeis, R. J., Brotman, M. A., & Gibbons, C. J. (2005). A conceptual and methodological analysis of the nonspecifics argument. *Clinical Psychology: Science and Practice, 12,* 174-183.

Dimidjian, S., Holion, S.D., Dobson, K.S., Schmaling, K.B., Kohienberg, R., Addis, M., Gallop, R., McGlinchey J., Markley, D., Gollan, J.K., Atkins, D.C., Dunner, D.L., & Jacobson, N.S. (2006). Randomized trial of behavioral activation, cognitive therapy, and antidepressant medication in the acute treatment of adults with major depression. *Journal of Consulting and Clinical Psychology, 74(4),* 658-670.

Dobson, K. S. (1989). A meta-analysis of the efficacy of cognitive therapy for depression. *Journal of Consulting and Clinical Psychology, 57,* 414-419.

Eells, T. D. (Ed.). (2007). *Handbook of psychotherapy case formulation* (2nd ed.). New York: Guilford Press.

Ells, T. D., & .Lombart, K. G. (2003). Case formulation and treatment concepts among novice, experienced, and expert cognitive-behavioral and psychodynamic therapists. *Psychotherapy Research, 13,* 187-204.

Eells, T. D., Lombart, K. G., Kendjelic, E. M., Turner, L. C., & Lucas, C. P. (2005). The quality of psychotherapy case fbrmulations: A comparison of expert, experienced, and novice cognitive-behavioral and psychodynamic therapists. *Journal of Consulting and Clinical Psychology, 73,* 579-589.

Ehlers, A., & Clark, D. M. (2000). A cognitive model of posttraumatic stress disorder. *Behaviour Research and Therapy, 38,* 319-345.

Ehlers, A., Clark, D. M., Hackmann, A., McManus, E, & Fennell, M. (2005). Cognitive therapy for posttraumatic stress disorder: Development and evaluation. *Behaviour Research and Therapy, 43,* 413-431.

Ehlers, A., Hackmann, A., & Michael, T. (2004). Intrusive reexperiencing in posttraumatic disorder: Phenomenology, theory, and therapy. *Memory, 12,* 403-415.

Eifert, G. H., Schulte, D., Zvolensky M. J., Lejuez, C. W, & Lau, A. W. (1997). Manualized behavior therapy: Merits and challenges. *Behavior Therapy, 28,* 499-509.

Emmelkamp, P. M. G., Visser, S., & Hoekstra, R. J. (1988). Cognitive therapy and exposure in vivo in the treatment of obsessive-compulsives. *Cognitive Therapy and Research, 12.* 103-114.

Epstein, N., & Baucom, D. H. (1989). Cognitive-behavioral marital therapy. In A. Freeman & K. M. Simon (Eds.), *Comprehensive handbook qf cognitive therapy* (pp. 491-513). New York: Plenum Press.

Evans, J., & Parry, G. (1996). The impact of reformulation in cognitive-analytic therapy with difficult-to-help clients. *Clinical Psychology and Psychotherapy, 3,* 109-117.

Fairburn, C. G., Cooper, Z., & Shafran, R. (2003). Cognitive-behaviour therapy for eating disorders: A "trans-diagnostic" theory and treatment. *Behaviour Research and Therapy, 41,* 509-528.
Falender, C. A., & Shafranske, E. P. (2004). *Clinical supervision: A competency-based approach.* Washington, DC: American Psychological Association.
Fava, G. A., Ruini, C., & Belaise, C. (2007). The concept of recovery in major depression. *Psychological Medicine, 37,* 307-317.
Fava, M., Rush, A. J., Trivedi, M. H., Nierenberg, A. A., Thase, M. E., Sackeim, H. A., et al. (2003). Background and rationale for the Sequenced Treatment Alternatives to Relieve Depression (STAR*D) study. *Psychiatric Clinics of North América, 26,* 457-494.
Felsman, J. K., & Vaillant, G. E. (1987). Resilient children as adults: A 40-year study In E. J. Anthony & B. J. Cohier (Eds.), *The invulnerable chilf,* (pp. 289-314). New York: Guilford Press.
Ferster, C. B. (1973). A functional analysis of depression. *American Psychologist, 28,* 857-870.
Flitcroft, A., James, I. A., Freeston, M., & Wood-Mitchell, A. (2007). Determining what is important in a good formulation. *Behavioural and Cognitive Psychotherapy, 35,* 325-333.
Fothergill, C. D., & Kuyken, W. (2002). *The quality of cognitive case formulation rating scale.* Exeter, UK: Mood Disorders Centre. [Unpublished manu-script]
Fowler, D., Garety, R, & Kuipers, E. (1995). *Cognitivo behavior therapy for psychosis: Theory and practice.* New York: Wiley.
Fredrickson, B. L. (2001). The role of positive emotions in positive psychology: The broaden-and-build theory of positive emotions. *American Psychologist,* 56,218-226.
Frost, R., Steketee, G., Amir, N., Bouvard, M., Carmin, C., Clark, D. A., et al. (1997). Cognitive assessment of obsessive-compulsive disorder. *Behaviour Research and Therapy, 35,* 667-681.
Garb, H. N. (1998). *Studying the clinician: fudgment research and psychological assessment.* Washington, DC: American Psychological Association.
Garratt, G., Ingram, R. E., Rand, K. L., & Sawalani, G. (2007). Cognitive processes in cognitive therapy: Evaluation of the mechanisms of change in the treatment of depression. *Clinical Psychology: Science and Practice, 14,* 224-239.
Ghaderi, A. (2006). Does individualization matter? A randomized trial of standardized (focused) versus individualized (broad) cognitive-behavior therapy for bulimia nervosa. *Behaviour Research and Therapy, 44,* 273-288.
Gladis, M. M., Gosch, E. A., Dishuk, N. M., & Crits-Christoph, P. (1999). Qual-ity of life: Expanding the scope of Clinical significance. *Journal of Consulting and Clinical Psychology, 67,* 320-331.
Greenberger, D., & Padesky, C. A. (1 995). *Mind over mood: Change how you feel by changing the way you think.* New York: Guilford Press.
Hackmann, A., Bennett-Levy, J., & Holmes, E. A. (in press). *The Oxford guide to imagery in cognitive therapy.* Oxford, UK: Oxford University Press.
Hamilton, K. E., & Dobson, K. S. (2002). Cognitive therapy of depression: Pretreatment patient predictors of outcome. *Clinical Psychology Review, 22,* 875-893.
Harper, A., & Power, M. (1998). Development of the World Health Organization WHOQOL-BREF quality of life assessment. *Psychological Medicine, 28,* 551-558.
Harvey, A. G., Bryant, R. A., & Tarrier, N. (2003). Cognitive-behaviour therapy for posttraumatic stress disorder. *Clinical Psychology Review, 23,* 501-522.
Harvey A. G., Watkins, E., Mansell, W, & Shafran, R. (2004). *Cognitive-behavioural processes across psychological disorders: A transdiagnostic approach to research and treatment.* Oxford, UK: Oxford University Press.

Hayes, A. M., Laurenceau, J. R, Feldman, G., Strauss, J. L., & Cardaciotto, L. (2007), Change is not always linear: The study of non linear and discontinuous patterns of change in psychotherapy. *Clinical Psychology Review, 27,* 715-723.

Hayes, S. C. (1981). Single-case experimental design and empirical Clinical practice. *Journal of Consulting and Clinical Psychology, 49,* 193-211.

Hayes, S. C., & Follette, W. C. (1992). Can functional analysis provide a substi-tute for syndromal classification? *Behavioral Assessment, 14,* 345-365.

Hays, P. A. (1995). Multicultural applications of cognitive-behavioral therapy *Professional Psychology: Research and Practice, 25,* 309-315.

Hays, P. A., & Iwamasa, G. Y. (2006). *Culturaily responsive cognitive-behavior therapy: Assessment, practice, and suwrvision.* Washington, DC: American Psychological Association.

Hollon, S. D., DeRubeis, R. J., Shelton, R. C., Amsterdam, J. D., Salomon, R. M., O'Reardon, J. P., et al. (2005). Prevention of relapse following cognitive therapyvs. medications in moderate to severe depression. *Archives of General Psychiatry, 62,* 417-422.

Holmbeck, G. N. (2003). Toward terminological, conceptual, and statistical clarity in the study of mediator and moderators: Examples from the child Clinical and pediatric literatures. In A. E. Kazdin (Ed.), *Methodological issues ema strategies m Clinical research* (3rd ed., pp. 77-105). Washington, DC: American Psychological Association.

Horvath, A. O. (1994). Research on the alliance. In A. O. Horvath & L. S. Greenberg (Eds.), *The working ailiance: Theory, research and practice* (pp. 259-287). New York: Wiley

Horvath, A. O., & Greenberg, L. S. (Eds.). (1994). *The working ailiance: Theory, research, and practice.* New York: Wiley.

Jacobson, N. S., Dobson, K. S., Truax, P. A., Addis, M. E., Koerner, K., Gollan, J. K., et ai. (1996). A component analysis of cognitive-behavioral treatment for depression. *Journal of Consulting and Clinical Psychology, 64,* 295-304.

Jacobson, N. S., Martell, C. R., & Dimidjian, S. (2001). Behavioral activation treatment for depression: Returning to contextual roots. *Clinical Psychology: Science and Practice, 8,* 255-270.

Jacobson, N. S., Schmaling, K. B., Holtzworthmunroe, A., Katt, J. L., Wood, L. E, & Folliette, V M. (1989). Research-structured vs. clinically flexible versions of social learning-based marital therapy. *Behaviour Research and Therapy, 27,* 173-180.

James, I. (1999). Using a cognitive rationale to conceptualize anxiety in people with dementia. *Behavioural and Cognitive Psychotherapy, 27,* 345-351.

James, I. (2001). Psychological therapies and approaches in dementia. In C. G. Ballard, J. O'Brien, I. James, & A. Swann (Eds.), *Dementia: Management of behavioural and psychological symptoms.* New York: Oxford University Press.

James, I., Kendell, K., & Reichelt, F. K. (1999). Using a cognitive rationale to conceptualise anxiety in people with dementia. *Behavioural and Cognitive Psychotherapy, 27,* 345-351.

Judd, L. L., Pauius, M. P, Zeller, R, Fava, G. A., Rafanelli, C., Grandi, S., et al. (1999). The role of residual subthreshold depressive symptoms in early episode relapse in unipolar major depressive disorder. *Archives of General Psychiatry, 56,* 764-765.

Kabat-Zinn, J. (2004). *Whereveryou go, thereyou are.* New York: Piatkus Books.

Kahneman, D. (2003). A perspective on judgment and choice: Mapping bounded rationality. *American Psychologist, 58,* 697-720.

Kendall, P. C., & Clarkin, J. F. (1992). Comorbidity and treatment implications: Introduction. *Journal of Consulting and Clinical Psychology, 60,* 833-834.

Kendjelic, E. M., & Eells, T. D. (2007). Generic psychotherapy case formulation training improves formulation quality. *Psychotherapy, 44,* 66-77.

Kernis, M. H., Brockner, J., & Frankel, B. S. (1989). Self-esteem and reactions to failure: The mediating role of overgeneralization. *Journal of Personality and Social Psychology, 57,* 707-714.
Kingdon, D. G., & Turkington, D. (2002). *A case study guide to cognitive therapy of psychosis.* Chichester, UK: Wiley. Kohlenberg, R. J., & Tsai, M. (1991). *Functional analytic psychotherapy: Creating intense and curative therapeutic relationships.* New York: Springer.
Kraemer, H. C., Wilson, G. T, Fairburn, C. G., & Agras, W S. (2002). Mediators and moderators of treatment effects in randomized Clinical trials. *Archives of General Psychiatry, 59,* 877-883.
Kuyken, W (2004). Cognitive therapy outcome: The effects of hopelessness in a naturalistic outcome study. *Behwiour Research and Therapy, 42,* 631-646.
Kuyken, W (2006). Evidence-based case formulation: Is the emperor clothed? In N. Tarrier (Ed.), *Case formulation in cognitive behaviour therapy* (pp. 12-35). Hove, UK: Brunner-Routlege. Kuyken, W, Fothergill, C. D., Musa, M., & Chadwick, P. (2005). The reliability and quality of cognitive case formulation. *Behaviour Research and Therapy, 43,* 1187-1201.
Kuyken, W, Kurzer, N., DeRubeis, R. J., Beck, A. T, & Brown, G. K. (2001). Response to cognitive therapy in depression: The role of maladaptive beliefs and personality disorders. *Journal of Consulting and Clinical Psychology, 69,* 560-566.
Kuyken, W, & Tsivrikos, D. (in press). Therapist competence, comorbidity and cognitive-behavioral therapy for depression. *Psychotherapy and Psychosomatics.*
Kuyken, W, Watkins, E., & Beck, A. T. (2005). Cognitive-behavior therapy for mood disorders. In G. Gabbard, J. S. Beck, & J. Holmes (Eds.), *Psychotherapy in psychiatric disorders* (pp. 113-128). Oxford, UK: Oxford University Press.
Lambert, M. J. (Ed.). (2004). *Bergin and Garfield's handbook of psychotherapy and behavior change* (5th ed.). New York: Wiley.
Lambert, M. J., Whippie, J. L., Hawkins, E. J., Vermeersch, D. A., Nielsen, S. L., & Smart, D. W. (2003). Is it time for clinicians to routinely track patient outcome? A meta-analysis. *Clinical Psychology: Science and Practice, 10,* 288-301.
Lau, M. A., Segai, Z. V, & Williams, J. M. (2004). Teasdale's differential activation hypothesis: Implications for mechanisms of depressive relapse and suicidal behaviour. *Behaviour Research and Therapy, 42,* 1001-1017.
Laurenceau, J. P, Hayes, A. M., & Feldman, G. C. (2007). Some methodological and statistical issues in the study of change processes in psychotherapy. *Clinical Psychology Review, 27,* 682-695.
Lewis, G..(2002). *Sunbathing in the rain: A cheerful book about depression.* London: Flamingo, HarperCollins.
Lewis, S. Y. (1994). Cognitive-behavioral therapy. In L. Comas-Díaz & B. Greene (Eds.), *Women of color: Integrating ethnic and gender identities in psychotherapy* (pp. 223-238). New York: Guilford Press.
Linehan, M. M. (1993). *Cognitive-behavioral treatment of borderline personality disorder.* New York: Guilford Press.
Lopez, S. J., & Synder, C. R. (2003). *Positive psychological assessment: A handbook of models and mensures.* Washington, DC: American Psychological Association.
Luborsky, L., & Crits-Christoph, P. (1998). *Understanding transference: The Core Conflictual Relationship Theme method* (2nd ed.). New York: Basic Books.
Luborsky, L., Crits-Christoph, R, & Alexander, K. (1990). Repressive style and relationship patterns: Three samples inspected. In J. A. Singer (Ed.), *Repression and disassociation:*

Implications for personality theory, psychopathology, and health. Chicago: University of Chicago Press.

Luborsky, L., & Diguer, L. (1998). The reliability of the CCRT measure: Results from eight samples. In L. Luborsky & P. Crits-Christoph (Eds.), *Understanding transference: The Core Conflictual Relationship Theme method* (2nd ed., pp. 97-108). New York: Basic Books.

Luthar, S. S., Cicchetti, D., & Becker, B. (2000). The construct of resilience: A critical evaluation and guidelines for future work. *Child Development, 71,* 543-562.

Lyubomirsky, S. (2001). Why are some people happier than others? The role of cognitive and motivational processes in well-being. *American Psychologist, 56,* 239-249.

Lyubomirsky, S., Sheldon, K. M., & Schkade, D. (2005). Pursuing happmess: The architecture of sustainable change. *Review of General Psychology, 9,* 111-131.

Martell, C. R., Addis, M. E., & Jacobson, N. S. (2001). *Depression in context: Strategies for guided action.* New York: Norton.

Martell, C. R., Safran, S. A., & Prince, S. E. (2004). *Cognitive-behavioral therapies with lesbian, gay, and bisexual clients.* New York: Guilford Press.

Masten, A. S. (2001). Ordinary magic: Resilience processes in development. *American Psychologist, 56,* 227-238.

Masten, A. S. (2007). Resilience in developing systems: Progress and promise as the fourth wave rises. *Development and Psychopathology, 19,* 921-930.

McCullough, J. P. (2000). *Treatment for chronic depression: Cognitive behavioural analysis system of psychotherapy (CBASP).* New York: Guilford Press.

Monroe, S. M., & Harkness, K. L. (2005). Life stress, the "kindiing" hypothesis, and the recurrence of depression: Considerations from a life stress perspective. *Psychological Review, 112,* 417-445.

Mooney, K. A., & Padesky, C. A. (2002, July). *Cognitive therapy to build resilience.* Workshop presented at the annual meetings of British Association of Cognitive and Behavioural Psychotherapies, Warwick, UK.

Moras, K., Telfer, L. A., & Barlow, D. H. (1993). Efficacy and specific effects data on new treatments: A case study strategy with mixed anxiety-depression. *Journal of Consulting and Clinical Psychology, 61,* 412-420.

Morrison, A. (2002). *A casebook of therapy for psychosis.* New York: Brunner-Routledge.

Mumma, G. H., & Mooney, S. R. (2007). Comparing the validity of alternative cognitive case formulations: A latent variable, multivariate time series approach. *Cognitive Therapy and Research, 31,* 451-481.

Mumma, G. H., & Smith, J. L. (2001), Cognitive-behavioral-interpersonal scenarios: Interformulator reliability and convergent validity. *Journal of Psychopathology and Behavioral Assessment, 23,* 203-221.

Needleman, L. D. (1999). *Cognitive case conceptualization: A guide book for practitioners.* Mahwah, NJ: Erlbaum.

Nelson-Gray, R. O., Herbert, J. D., Herbert, D. L., Sigmon, S. T, & Brannon, S. E. (1989). Effectiveness of matched, mismatched, and package treatments of depression. *Journal of Behavior Therapy and Experimental Psychiatry, 20,* 281-294.

Newman, C. E, Leahy, R. L., Beck, A. T, Reilly-Harrington, N. A., & Gyulai, L. (2002). *Bipolar disorder: A cognitive therapy approach.* Washington, DC: American Psychological Association.

Nolen-Hoeksema, S. (1991). Responses to depression and their effects on the duration of depressive episodes. *Journal of Abnormal Psychology, 100,* 569-582.

Nolen-Hoeksema, S. (2000). The role of rumination in depressive disorders and mixed anxiety/depressive symptoms. *Journal of Abnormal Psychology, 109,* 504-511.
Okiishi, J. C., Lambert, M. J., Nielsen, S. L., & Ogies, B. M. (2003). Waiting for supershrink: An empirical analysis of therapist effects. *Clinical Psychology and Psychotherapy, 10,* 352-360.
Okiishi, J. C., Lambert, M. J., Eggett, D., Nielsen, L., Dayton, D. D., & Vermeersch, D. A. (2006). An analysis of therapist treatment effects: Toward providing feedback to individual therapists on their clients psychotherapy outcome. *Journal of Clinical Psychology, 62,* 1157-1172.
Ost, L. G., & Breitholtz, E. (2000). Applled relaxation vs. cognitive therapy in the treatment of generalized anxiety disorder. *Behaviour Research and Therapy, 38,* 777-790.
Pachankis, J. E., & Goldfried, M. R. (2007). On the next generation of process research. *Clinical Psychology Review, 27,* 760-768.
Padesky, C. A. (1990). Schema as self-prejudice. *International Cognitive Therapy Newsletter, 6,* 6-7. Retrieved October 13, 2008, from *www.padesky.com/clinicalcomer/pubs.htm*
Padesky, C. A. (1993, September). *Socratic questioning: Changing minas or guiding discovery?* Invited keynote address presented at the 1993 European Congress of Behaviour and Cognitive Therapies, London. Retrieved October 13, 2008, from *www.padesky.com/clinicakomer/pubs.htm*
Padesky, C. A. (1994a). Schema change processes in cognitive therapy. *Clinical Psychology and Psychotherapy, l,* 267-278. Retrieved October 13, 2008, from *www.padesky.com/clinicalcomer/pubs.htm*
Padesky. C. A. (1994b). For Milton H. Erickson Foundation and Center for Cognitive Therapy (co-producers). *Cognitive therapy for panic disorder: A client session* [DVD]. Huntington Beach, CA: Center for Cognitive Therapy. Available from *www.padesky.com.*
Padesky, C. A. (1996). Developing cognitive therapist competency: Teaching and supervision models. In P. M. Salkovskis (Ed.), *Frontiers of cognitive therapy* (pp. 266-292). New York: Guilford Press.
Padesky, C. A. (1997a). Center for Cognitive Therapy (Producer). *Collaborative case conceptualization: A client session* [DVD]. Huntington Beach, CA: Center for Cognitive Therapy. Available from *www.padesky.com.*
Padesky, C. A. (1997b). *Behavioral experiments: Testing the mies that bind* (Audio CD No. BEHX). Huntington Beach, CA: Center for Cognitive Therapy. Available from *www.padesky.com.*
Padesky, C. A. (2000). *Therapists' beliefs: Protocois, personalities, and guided exer-cises* (Audio CD No. TB l). Huntington Beach, CA: Center for Cognitive Therapy. Available from *www.padesky.com.*
Padesky, C. A. (2004). Center for Cognitive Therapy (Producer). *Constructing NEW underlying assumptions and behavioral experiments* [DVD]. Huntington Beach, CA: Center for Cognitive Therapy. Available from *www.padesky.com.*
Padesky, C. A. (2005, June). *The next phase: Building positive aualities with cognitive therapy.* Invited address at the International Congress of Cognitive Psycho-therapy, Göteborg, Sweden.
Padesky, C. A. (2008). Center for Cognitive Therapy (Producer). *CBT for social anxiety* [DVD]. Huntington Beach, CA: Center for Cognitive Therapy. Available from *www.vadesky.com.*
Padesky, C. A., & Greenberger, D. (1995). *Clinicians guide to Mind over Mood.* New York: Guilford Press.
Padesky, C. A., & Mooney, K. A. (1990). Clinical tip: Presenting the cognitive model to clients. *International Cognitive Therapy Newsletter, 6,* 13-14. Retrieved October 13, 2008, from *www.padesky.com/clinicalcomer/pubs.htm*

Padesky, C. A., & Mooney, K. A. (2006). *Uncover strengths andbuild resilience using cognitive therapy: Afour-step model.* Workshop presented for the New Zealand College of Clinical Psychologists in Auckland, New Zealand.

Perepletchikova, F., & Kazdin, A. E. (2005). Treatment integrity and therapeutic change: Issues and research recommendations. *Clinical Psychology: Science and Practice, 12,* 365-383.

Persons, J. B. (1989). *Cognitive therapy in practice: A case formulation approach.* New York: Norton.

Persons, J. B. (2005). Empiricism, mechanism, and the practice of cognitive-behavior therapy. *Behavior Therapy, 36,* 107-118.

Persons, J. B., & Bertagnolli, A. (1999). Interrater reliability of cognitive-behavioral case formulations of depression: A replication. *Cognitive Therapy and Research, 23,* 271-283.

Persons, J. B., Mooney, K. A., & Padesky, C. A. (1995). Interrater reliability of cognitive-behavioral case formulations. *Cognitive Therapy and Research, 19,* 21-34.

Persons, J. B., Roberts, N. A., Zaiecki, C. A., & Brechwaid, W. A. G. (2006). Naturalistic outcome of case formulation-driven cognitive-behavior therapy for anxious depressed outpatients. *Behaviour Research and Therapy, 44,* 1041-1051.

Power, M. J., & Dalgleish, T. (1997). *Cognition and emotion: From order to disorder.* Hove, UK: Psychology Press.

Raue, P. J., & Goldfried, M. R. (1994). The therapeutic aliance in cognitive-behavioral therapy. In A. O. Horvath & L. S. Greenberg (Eds.), *The working aliance: Theory, research and practice* (pp. 131-152). New York: Wiley.

Riskind, J. H., Williams, N. L., Gessner, T. L., Chrosniak, L. D., & Cortina, J. M. (2000). The looming maladaptive style: Anxiety, danger, and schematic processing. *Journal of Personality and Social Psychology, 79,* 837-852.

Roth, A., & Fonagy, P. (2005). *What works for whom?: A critical review of psychotherapy research* (2nd ed.). New York: Guilford Press.

Roth, A., & Pilling, S. (2007). *The CBT competences framework for depression anel anxiety disorders.* London: Centre for Outcome Research and Evaluation.

Rutter, M. (1987). Psychosodal resilience and protective mechanisms. *American Journal of Orthopsychiatry, 57,* 316-331.

Rutter, M. (1999). Resilience concepts and findings: Implications for family therapy. *Journal of Family Therapy, 21,* 119-144.

Ryff, C. D., & Singer, B. (1996). Psychological well-being: Meaning, measurement, and implications for psychotherapy research. *Psychotherapy and Psy-chosomatics, 65,* 14-23.

Ryff, C. D., & Singer, B. (1998). The contours of positive human health. *Psychological Inquiry, 9,* 1-28.

Safran, J. D., Segal, Z. V., Vailis, T. M., Shaw, B. F., & Samstag, L. W (1993). Assessing patient suitability for short-term cognitive therapy with an inter-personal focus. *Cognitive Therapy and Research, 17,* 23-38.

Salkovskis, P. M. (1999). Understanding and treating obsessive-compulsive disorder. *Behaviour Research and Therapy, 37,* S29-S52.

Salkovskis, P. M., & Warwick, H. M. C. (2001). Making sense of hypochondriasis: A cognitive model of health anxiety. In G. J. G. Admundson, S. Taylor, & B. J. Cox (Eds.), *Health anxiety: Clinical and research perspectives on hypochondriasis and related conditions* (pp. 46-63). New York: Wiley.

Sanavio, E. (1980). Obsessions and compulsions: The Padua Inventory. *Behaviour Research and Therapy, 26,* 169-177.

Schneider, B. H., & Byrne, B. M. (1987). Individualizing social skills training for behaviour-disordered children. *Journal of Consulting and Clinical Psychology, 55,*444-445.
Schulte, D., & Eifert, G. H. (2002). What to do when manuais fail? The dual model of psychotherapy. *Clinical Psychology: Science and Practice, 9,* 312-328.
Schulte, D., Kunzel, R., Pepping, G., & Shulte-Bahrenberg, T. (1992). Tailor-made versus standardized therapy of phobic patients. *Advances in Behaviour Research and Therapy, 14,* 67-92.
Seligman, M. E. P. (2002). *Authentic happiness: Using the new positive psychology to realize your potential for lasting fulfillment.* New York: Free Press.
Seligman, M. E. P, & Csikszentmihalyi, M. (2000). Positive psychology: An introduction. *American Psychologist, 55,* 5-14.
Shadish, W R., Matt, G. E., Navarro, A. M., & Phillips, G. (2000). The effects of psychological therapies under clinically representative conditions: A meta-analysis. *Psychological Bulletin, 126,* 512-529.
Shaw, B. E, Elkin, I., Yamaguchi, J., Olmsted, M., Vallis, T. M-, Dobson, K. S., et al. (1999). Therapist competence ratings in relation to Clinical outcome in cognitive therapy for depression. *Journal of Consulting and Clinical Psychology, 67,* 837-846.
Sloman, L., Gilbert, E, & Hasey, G. (2003). Evolved mechanisms in depression: The role and interaction of attachment and social rank in depression. *Journal of Affective Disorders, 74,* 107-121.
Snyder, C. R., & . Lopez, S. J. (2005). *Handbook of positive psychology.* New York: Oxford University Press.
Strauman, T. J., Vieth, A. Z., Merrill, K. A., Kolden, G. G., Woods, T. E., Klein, M. H., et al. (2006). Self-system therapy as an intervention for self-regulatory dysfunction in depression: A randomized comparison with cognitive therapy. *Journal of Consulting and Clinical Psychology, 74,* 367-376.
Tang, T. Z., & DeRubeis, R. J. (1999). Sudden gains and criticai sessions in cognitive-behavioral therapy for depression. *Journal of Consulting and Clinical Psychology, 67,* 894-904.
Tarrier, N. (2006). *Case formulation in cognitive behaviour therapy: The treatment of challenging and complex cases.* Hove, UK: Routledge.
Tarrier, N., & Wykes, T. (2004). Is there evidence that cognitive behaviour therapy is an effective treatment for schizophrenia? A cautious or cautionary tale? *Behaviour Research and Therapy, 42,* 1377-1401.
Teasdale, J. D. (1993). Emotion and two kinds of meaning: Cognitive therapy and applied cognitive science. *Behavior Research and Therapy, 31,* 339-354.
Thich Nhat Hahn. (1975). *The miracle of mindfulness.* Boston: Beacon Press.
Truax, C. B. (1966). Reinforcement and non reinforcement in Rogerian psychotherapy. *Journal of Abnormal Psychology, 71,* 1-9.
van Oppen, P., & Arntz, A. (1994). Cognitive therapy for obsessive-compulsive disorder. *Behaviour Research and Therapy, 32,* 79-87.
van Oppen, R, de Haan, E., van Balkom, A. J. L., Spinhoven, P., Hoogduin, K., & van Dyck, R. (1995). Cognitive therapy and exposure in vivo in the treatment of obsessive-compulsive disorder. *Behavior Research and Therapy, 33,* 379-390.
Warwick, H. M., Clark, D. M., Cobb, A. M., & Salkovskis, P. M. (1996). A controlled trial of cognitive-behavioural treatment of hypochondriasis. *British Journal of Psychiatry, 169,* 189-195.

Watkins, E., & Moulds, M. (2005). Distinct modes of ruminative self-focus: Impact of abstract versus concrete rumination on problem solving in depression. Emotion, 5, 319-328.

Watkins, E., Scott, J., Wingrove, J., Rimes, K., Bathurst, N., Steiner, H., et al. (2007). Rumination-focused cognitive behaviour therapy for residual depression: A case series. *Behaviour Research and Therapy, 45,* 2144-2154.

Weissman, A. N., & Beck, A. T. (1978). *Development and validation of the Dys-functional Altitudes Scale: A preliminary investigation.* Paper presented at the American Educational Research Association, Toronto, Canada.

Wells, A. (2004). A cognitive model of GAD. In R. G. Heimberg, C. L. Turk, & D. S. Mennin (Eds.), *Generalized anxiety disorder: Advances in research and practice* (pp. 164-186). New York: Guilford Press.

Wells-Federman, C. L., Stuart-Shor, E., & Webster, A. (2001). Cognitive therapy: Applications for health promotion, disease prevention, and disease management. *Nursing Clinics of North América, 36,* 93-113.

Westbrook, D., Kennerley, H., & -Kirk, J. *(2007). An introduction to cognitive behaviour therapy: Skills and applications.* London: Sage.

Wheatley, J., Brewin, C. R., Patel, T, Hackmann, A., Wells, A., Fisher, R, et al. (2007). "I'll believe it when I can see it": Imagery rescripting of intrusive sensory memories in depression. *Journal of Behavior Therapy and Experimental Psychiatry, 38,* 371-385.

Williams, C. (1997). A cognitive model of dysfunctional illness behaviour. *British Journal of Health Psychology, 2,* 153-165.

Wright, J. H., Kingdon, D. G., Turkington, D., & Basco, M. R. (2008). *CBT for severe mental illness.* Arlington, VA: American Psychiatric Publishing. Young, J. E. (1999). *Cognitive therapy for personality disorders: A schema-focused approach* (3rd ed.). Sarasota, FL: Professional Resource Press.

Zigler, E., & Phillips, L. (1961). Psychiatric diagnosis: A critique, *Journal of Abnormal and Social Psychobgy, 63,* 607-618.

Zimmerman, M., McGlinchey, J. B., Chelminski, I., & Young, D. (2008), Diagnostic comorbidity in 2,300 psychiatric outpatients presenting for treatment evaluated with a semistructured diagnostic interview, *Psychological Medicine, 38,* 199-210.

Zimmerman, M., McGlinchey, J. B., Posternak, M. A., Friedman, M., Attiullah. N., & Boerescu, D. (2006). How should remission from depression be defined?: The depressed patient's perspective. *American Journal of Psychiatry, 163,* 148-150.

Índice

ABC, Modelo. *Veja também* Análise funcional
 humor depressivo e, 187-189, 189f, 193-194, 193f
 níveis de conceitualização e, 62f
 resiliência e, 200-201, 200f
 supervisão e consulta e, 303-305
 visão geral, 156-161, 159f, 186-187
Aliança terapêutica, 83-84, 86
Aliança, na terapia. *Veja* Aliança terapêutica
Análise funcional
 aprendendo a conceitualizar e, 310
 aprendizagem procedimental, 263
 competências e, 269, 273
 conceitualização de caso e, 330-332
 conceitualização descritiva e, 156, 172, 174
 conceitualização transversal e, 55, 187, 189f
 definição dos objetivos e, 168, 169
 fatores de manutenção e, 193f, 237-238
 humor depressivo e, 166, 187-189, 189f
 Modelo funcional, 157-161, 159f
 necessidades de aprendizagem e, 299
 níveis de conceitualização e, 62f, 272
 resiliência e, 123
 supervisão e consulta e, 303-305
 visão geral, 157, 158-159, 159f, 161, 321
Ansiedade
 avaliação e, 154
 colaboração e, 276
 competências e, 270-260, 280, 288, 301-302
 empirismo colaborativo e, 90-91
 exemplos de casos, 50-54, 94-100
 fatores físicos e, 103
 modelos cognitivos de, 23, 34, 37
 modos e, 31
 pensamentos automáticos relacionados à, 96
 transtorno obsessivo-compulsivo (TOC) e, 215-216, 216f
Ansiedade pela saúde
 conceitualização de caso e, 324
 início, 243
 visão geral, 62-63, 219-223, 222f, 230, 235
Ansiedade social, 96, 301-302
Antecedentes, 157, 190f. *Veja também* modelo ABC; Desencadeantes
Aprendendo a conceitualizar. *Veja também* Ensino
 aprendizagem procedural, 262f, 263-264
 aprendizagem reflexiva, 262f, 264-265
 avaliação da competência/progresso da aprendizagem, 298-301
 avaliar as necessidades de aprendizagem, 267-276
 conceitualização como uma habilidade de nível superior, 257-261, 258f
 desenvolvimento profissional e, 265-266
 empirismo colaborativo e, 308-309
 estratégias para o desenvolvimento da *expertise*, 266-300, 284f
 exemplo de caso, 276, 283-286, 287-288, 297-298
 níveis de conceitualização e, 310-311
 pontos fortes e, 312-313
 supervisão e consulta e, 300-306
 visão geral, 256-257, 261-266, 262f, 267f, 306-307
Aprendizagem declarativa, 262-263, 262f, 267-268, 278-279

Aprendizagem procedimental, 262f, 263-264, 278-279, 282, 290
Aprendizagem reflexiva
  ensino e supervisão e, 305-306
  exemplo de caso de, 283-285-286
  pontos fortes e, 294-295
  visão geral, 262f, 264-265, 278-279, 282-286, 284f, 306-307
Ativação comportamental, 27, 133, 150, 202
Autorreflexão
  ensino e supervisão e, 305-306
  pontos fortes e, 294-295
  visão geral, 262f, 264-265, 278-279, 282-286, 284f, 306-307
Avaliação
  avaliação biopsicossocial, 151-152-153
  colaboração durante, 151-154
  conceitualização de caso e, 27
  conceitualização descritiva e, 46, 101
  diagnóstico e, 167-168
  dificuldades presentes e, 151-156
  medidas de, 84, 152-153, 154-156, 175-184. *Veja também medidas específicas*
  níveis de conceitualização e, 46
  pontos fortes e, 75, 144, 312, 316-318
Avaliação biopsicossocial, 151-156

Base de evidência. *Veja também* Pesquisa
  adequação e, 197-201, 197f, 199f, 200f
  aprendendo a conceitualizar e, 287, 290
  competências e, 270, 273, 274
  conceitualização de caso e, 30-30, 45, 64, 69, 96-96, 156, 319, 322-324
  conceitualização descritiva e, 50
  critérios *bottom-up* e, 37-42, 327-328
  critérios *top-down* e, 30-37, 326-328
  curiosidade e, 90
  desencadeantes e, 226
  empirismo e, 87-88, 90-94
  experiência do cliente e, 186-187
  manuais de tratamento, 44
  níveis de conceitualização e, 60-61
  planos de tratamento, 162
  priorização das dificuldades atuais e, 150
  visão geral, 23, 30-42
Bennett-Levy, modelo de aprendizagem, 261, 262f, 307
Busca de tranquilização, 219-223, 222f
Caderno de anotações, terapia, 121-122, 146
Caderno de exercícios da terapia, 121-122, 146

Caldeirão da pesquisa da conceitualização descritiva em terapia cognitivo-comportamental e, 21-23, 22f, 315, 319
  conceitualização descritiva e, 156-168, 159f, 161f, 166f
  empirismo e, 67-69
  funções da conceitualização de caso e, 23
  melhoras na terapia e seus resultados e, 39-41
  não resposta à terapia e, 27
  resiliência e, 123
Caldeirão da teoria da conceitualização de caso em terapia cognitivo-comportamental e, 21-23, 22f, 315, 319
  conceitualização descritiva e, 156-168, 159f, 161f, 166f
  conceitualização longitudinal e, 234-243, 239f, 241f
  critérios *top-down* e, 30-37
  empirismo e, 67-69
  funções da conceitualização de caso e, 23, 75
  resiliência e, 123
CCRT, 29-30, 38-39, 42
Colaboração. *Veja também* Empirismo colaborativo
  aprendendo a conceitualizar e, 268, 271-272, 285-290, 308-309
  competências e, 257
  conceitualização longitudinal e, 251
  definição dos objetivos e, 168-173
  durante a avaliação, 151-154
  visão geral, 47, 71-73, 80-86, 110, 315-316
Comorbidade, 19, 20, 25, 42, 64, 323, 326-327, 328
Competências
  análise funcional e, 269, 273
  ansiedade e, 269-270, 280, 288, 301-302
  avaliação, 306-307
  baseadas em evidências, 270, 273, 274
  caldeirão da conceitualização de caso e, 328-330
  colaboração e, 257
  comportamentos de segurança e, 273
  conceitualização como uma habilidade de alto nível e, 257-261, 258f
  desencadeantes e, 261, 264, 310
  diagnóstico e, 273
  diálogo socrático e, 269, 270, 308
  dificuldades presentes em 257-259, 270, 271, 273, 274, 277-279, 310-311
  estratégias e, 266-300, 284f, 309, 316

exemplo de caso de, 276, 283-286
experimentos comportamentais e, 270, 273
fatores de manutenção e, 310
imagens e, 274, 311
metáforas e, 274, 309, 311
modelo de cinco partes e, 269, 272, 273, 308, 310
recaída e, 257, 270, 272, 273, 274
resultados e, 257, 274
supervisão e, 300-302
terapeuta, 257-261, 258f, 266-300, 284f, 328-330
transtorno da personalidade e, 274
transtorno de pânico e, 273
transtorno obsessivo-compulsivo (TOC) e, 273, 274
tratamento individualizado e, 270, 322
treinamento e, 257
Comportamental, teoria, 156
Comportamento. *Veja também* Modelo ABC; Fatores de manutenção; Comportamentos
   adequação e, 197
   aprendendo a conceitualizar e, 264, 282, 283, 285, 284f, 295
   avaliação biopsicossocial e, 151-152
   avaliação e, 154, 156
   conceitualização de caso e, 25-26, 38, 316-318, 321, 330-331
   conceitualização descritiva e, 50-54, 52f, 166-167, 166f, 173
   conceitualização longitudinal e, 250
   conceitualização transversal e, 54-58, 186
   contexto cultural e, 317
   critérios *top-down* e, 326-327, 328
   de segurança
   definição dos objetivos e, 169
   desencadeantes e, 189-190, 190f
   diagnóstico e, 168
   dificuldades presentes e, 233
   empirismo colaborativo e, 63, 287
   empirismo e, 87
   estratégias e, 33-34
   estrutura da terapia e, 84
   história desenvolvimental e, 30, 235, 242
   humor depressivo e, 190f, 194, 200f, 209, 215-216, 216f
   intervenções e, 244, 319
   metáforas, estórias e imagens e, 128, 132f
   modelo de cinco partes e, 101-102, 161, 162-163, 164
   modos e, 31

não resposta à terapia e, 27
níveis de conceitualização e, 46, 61-63, 62f
no modelo de cinco partes, 162-163
pensamentos automáticos e, 34
pontos fortes e, 116, 118, 121-122, 123-126, 125f, 139, 292
pressupostos subjacentes e, 33-34
resiliência e, 193, 193f, 248
TOC e, 218, 219-221, 222-223, 225
valores e, 248
visão geral, 103-109, 110f, 157
Comportamentos de segurança, 31-33, 89-90, 152-153, 218, 273. *Veja também* Fatores de manutenção
Conceitualização. *Veja* Conceitualização de caso em geral
Conceitualização de caso em geral. *Veja também* Empirismo colaborativo; Modelo do caldeirão; Conceitualizações descritivas; Empirismo; Conceitualizações explanatórias; Níveis de conceitualização; Conceitualizações longitudinais
   adequação, 197-201, 197f, 199f, 219, 249-252, 253f-254f
   aplicabilidade da, 318-322
   avaliação, 322-333
   características da, 314-318
   definição dos objetivos e, 168-173
   definição, 21-23, 22f, 327-329
   descritiva, 50-54, 52f, 140-141
   funções, 23-28, 165
   longitudinal, 58-60, 59f
   medindo 328-329
   modelos de, 61-62, 62f
   operacionalização, 327-328-329
   pontos fortes, 121-122, 121f
   princípios, 45-48
   resiliência e, 123, 125f, 131f, 132f, 133-136
   transversal, 54-58, 56f, 57f
   visão geral, 314-318, 333
Conceitualizações descritivas, 140-184. *Veja também* Conceitualização de caso em geral
   aprendendo a conceitualizar e, 272-274
   definição dos objetivos e, 168-173
   dificuldades atuais e, 141-156
   Formulário de Auxílio à Coleta da História, 175-184
   resiliência e, 123, 139
   teoria da terapia cognitivo-comportamental e, 156-168, 159, 161f, 166f
   visão geral, 50-54, 52f, 140-141, 173-174

Conceitualizações explanatórias, 185-226. *Veja também* Conceitualização de caso em geral; Conceitualizações transversais
　exemplo de caso de, 56-58
　humor depressivo e, 187-211, 189f, 190f, 193f, 197f, 199f, 200f, 207f, 208f
　intervenções baseadas em, 201-204
　ligação das dificuldades atuais e, 223-225, 224f
　níveis de conceitualização e, 62
　preocupações obsessivas e, 211-223, 214f, 216f, 222f
　resiliência e, 123, 139
　resultados das, 225-226
　visão geral, 34-37, 185-186, 225-226
Conceitualizações longitudinais, 227-255. *Veja também* Conceitualização de caso em geral
　adequação e, 249-252, 253f-254f
　construção de, 233-252, 244f, 239f, 241f, 246f, 253f, 254f
　flexibilidade e, 62
　intervenções baseadas em, 243-252, 246f
　pontos fortes e, 316-318
　razões para usar, 231-233
　resiliência e, 123, 139
　visão geral, 58-60, 59f, 227-230, 229f, 252, 255
Conceitualizações transversais. *Veja também* Conceitualizações explanatórias
　aprendendo a conceitualizar e 272-274
　conceitualização longitudinal e, 231
　desenvolvimento das, 186-187, 187f
　flexibilidade e, 62
　humor depressivo e, 187-211, 189f, 190f, 193f, 197f, 199f, 200f, 207f, 208f
　intervenções baseadas nas, 201-204
　ligação entre as dificuldades atuais e, 223-225, 224f
　resiliência e, 123, 139
　resultados das, 225-226
　visão geral, 54-58, 56f, 57f, 185-186, 225-226
Concordância entre os avaliadores. *Veja* Confiabilidade
Confiabilidade
　colaboração e, 71
　conceitualização de caso e, 290
　critérios *bottom-up* e, 327-328, 330-331
　heurística e, 70
　Tema Central de Relacionamento Conflituoso (CCRT), 29-30

visão geral, 38, 329-331
Consulta
　aprendendo a conceitualizar e, 280-282, 300-306
　aprendizagem reflexiva e, 264
　caldeirão da conceitualização de caso e, 320, 329-330
　conceitualização longitudinal e, 252, 253f-254f
　erros na tomada de decisão e, 70
　exemplo de caso de, 65-66
　função da conceitualização de caso e, 27-28
Crenças. *Veja também* Pensamentos automáticos; Preconceitos; Crenças centrais; Pressupostos subjacentes
　alternativas, 243-245, 247
　conceitualização longitudinal e, 234-235, 243-245
　crenças centrais, 32-32, 106-107, 239f, 241f, 253f, 254f
　critérios *top-down* e, 30-32
　estratégias e, 33-34
　exemplo de caso de, 98-100, 99f, 100f
　humor depressivo e, 206, 207-211, 207f, 208f
　níveis de conceitualização e, 60f, 62f
　no ensino e supervisão, 305-306
　pensamentos automáticos, 34-37, 104-105
　pontos fortes e, 116
　pressupostos subjacentes, 32-33, 105-106
　resiliência e, 126-127, 137-138
Crenças centrais. *Veja também* Crenças
　conceitualização longitudinal e, 241f, 253f, 254f
　visão desenvolvimental das, 239f
　visão geral, 31-32-33, 106-107
Critérios *bottom-up*, 30, 37-51, 327-328, 333
Critérios *top-down*, 30, 30-37, 326-328
Cultura
　caldeirão da conceitualização de caso e, 317
　como fonte de pontos fortes, 118-119
　exemplo de caso de, 94-100, 98f, 99f, 100f
　visão geral, 102-103
Curiosidade, 88-90, 146-147
Definição dos objetivos, 168-173, 276-279
Depressão
　conceitualização explanatória e, 187-211, 189f, 190f, 193f, 197f, 199f, 200f, 207f, 208f
　conceitualização longitudinal e, 242-243, 250-251

exemplo de caso de, 50-54
início, 194-195, 242-243
modelos cognitivos de, 34
não resposta à terapia e. 27
priorização das dificuldades atuais e, 149-150
TCC e, 36
Descoberta guiada, 192, 292
Desencadeantes
  adequação e, 197-201, 197f, 199f, 200f
  aprendendo a conceitualizar e, 272-274, 280
  fatores cognitivos e, 104-105
  fatores culturais e, 102-103
  competências e, 261, 264, 310
  conceitualização de caso e, 27-28, 37, 46-47, 48-49, 75
  conceitualização explanatória e, 79, 186-187
  conceitualização longitudinal e, 61-63, 231-233, 234, 237, 245, 248, 252, 253f, 254f
  conceitualização transversal e, 187-188, 203-205, 210-213, 221, 222-225, 226, 316
  humor depressivo e, 190-195, 190f, 193f, 203-204, 206, 208f
  identificação, 214-216
  Modelo ABC e, 157
  modos e, 31
  pontos fortes e, 119, 138, 139
  resiliência e, 123, 139
  visão geral, 54-58, 56f, 57f
Desenvolvimento profissional, 265-266. *Veja também* Aprendendo a conceitualizar
Diagnóstico. *Veja também diagnósticos específicos*
  aprendizagem declarativa, 262
  avaliação biopsicossocial e, 151-152
  empirismo colaborativo e, 276
  comorbidade e, 20, 326-328
  competências e, 273
  conceitualização de caso e, 20, 44-45, 49, 96, 322
  conceitualização explanatória e, 214
  múltiplo, 94, 326-327
  pontos fortes e, 293
  resumo clínico e, 167-168
  supervisão e consulta e, 302, 306
  teorias baseadas em evidências e, 214
Diagrama da Conceitualização de Caso, 38
Dialética ideográfica, 322-324
Diálogo socrático
  aprendendo a conceitualizar e, 305, 308
  competências e, 269, 270, 308
  empirismo e, 88, 91,94, 100, 98f, 99f, 100f, 101, 110

exemplo de caso de, 91-93, 187-189
observações do cliente e, 101
teste das hipóteses e, 69
visão geral, 186-187
Dificuldades atuais
  abordagem guiada pelos princípios e, 48
  aprendendo a conceitualizar e, 272, 287, 288, 292, 299
  aprendizagem procedimental, 263
  caldeirão da conceitualização de caso e, 21, 22f, 318, 319
  colaboração e, 315, 330-331
  competências e, 257-260, 269, 270, 271, 273, 274, 277-279, 310-311
  conceitualização de caso e, 20, 49-50, 301, 323, 324-325, 327-328
  conceitualização descritiva e, 141-156, 149, 153-154, 156-157, 173, 174
  conceitualização explanatória e, 186-187, 201-202, 211
  conceitualização longitudinal e, 230, 233, 242-243, 248, 249-250, 253f, 254f, 255
  conceitualização transversal e, 221-222, 226, 316-318
  critérios top-down e, 37
  definição dos objetivos e, 168-173
  empirismo e, 94-95
  estrutura terapêutica e, 84-84
  fatores de manutenção e, 186
  funções da conceitualização de caso e, 23-28, 40, 43
  identificação, 141, 146-147
  impacto das, 146-147, 151
  início, 194-195, 242-243
  ligação das, 223-225, 224f, 234-243
  lista das, 146-147, 156, 330-331
  modelo de cinco partes e, 54-58, 101, 104-108, 161, 166-167, 285-286
  níveis de conceitualização e, 46, 288
  no contexto, 151-156
  origens das, 60f
  pontos fortes e, 75, 115, 119, 133, 135, 136, 138, 292
  priorização das, 149-151
  supervisão e consulta e, 252, 303-305
  teorias baseadas em evidências e, 64, 67-69, 76, 88, 90
  visão geral, 140-143
Dilema procrusteano, 19, 21-23, 65-66, 89, 322
Empirismo colaborativo. *Veja também* Colaboração; Empirismo

aprendendo a conceitualizar e, 268, 271-272, 285-286, 290, 308-309
caldeirão da conceitualização de caso e, 22f, 21-23, 315-316
conceitualização descritiva e, 173
exemplo de caso de, 89-90, 94-100, 287-288
modelo de cinco partes e, 101-110, 110f
visão geral, 47, 63-73, 67f, 110
Empirismo. *Veja também* Empirismo colaborativo
aprendendo a conceitualizar e, 268, 271-272, 285-288, 308-309
caldeirão da conceitualização de caso e, 22f, 21-23, 326-327, 333
visão geral, 47, 63-73, 67f, 87-101, 98f, 99f, 100f, 110
Engajamento, 24-25, 134-135, 319
Ensino. *Veja também* Aprendendo a conceitualizar
aprendizagem procedural, 278-279
conceitualização como uma habilidade de nível elevado, 257-261, 258f
estrutura terapêutica e, 84-84
exemplo de caso de, 276, 283-286, 287-288, 297-298
pontos fortes e 130-131
recomendações referentes a, 303-306
visão geral, 42, 256-257, 266, 306-307
Erros na tomada de decisão, 64-67-68, 67f, 70, 88-89, 325-326-327. *Veja também* Vieses
Escala de Atitudes Disfuncionais, 69
Escala de Terapia Cognitiva, 300
Escalas de Beck, 134, 154-156
Esquema. *Veja* Crenças
Esquiva 205-206, 209, 215-216
crenças centrais e, 107
curiosidade e, 88
fatores de manutenção e, 58, 173, 196, 197-201, 197f, 199f, 200f, 202,
humor depressivo e, 169, 195-204
identificação, 143-143
Modelo ABC e, 157-161, 163
não resposta à terapia e, 27
pensamentos automáticos e, 259
TOC e, 221
transtorno de ansiedade generalizada e, 37
Estórias, resiliência e, 128-133, 131f, 132f
Estratégias
aprendizagem reflexiva e, 264
competências e, 266-300, 309, 316
crenças centrais e, 107

conceitualização de caso e, 38, 58, 119
conceitualização longitudinal e, 62, 230, 233, 241f, 243-245, 249-251, 253f, 254f
conceitualização transversal e, 186-187, 194, 201, 221
empirismo colaborativo e, 94
história desenvolvimental e, 234-235, 237-242
metáforas, estórias e imagens e, 108 128, 131-133
modos e, 30
níveis de conceitualização e, 60f, 62f
pensamentos automáticos e, 105
pontos fortes e, 137-138, 316
resiliência e, 126-127, 136, 248
visão geral, 32-33, 34
Estrutura da terapia, 81, 84, 86, 88-100, 98f, 99f, 100f
exemplo de caso de, 51-54
Experiente, terapeuta, 266-300, 284f, 329-330. *Veja também* Competências
aprendendo a conceitualizar e, 272-274
conceitualização longitudinal e, 231
Experimentos comportamentais
aprendendo a conceitualizar e, 283, 296-297, 305, 306
ativação comportamental, 202-203
competências e, 269, 270, 273
conceitualização de caso e, 110
empirismo colaborativo e, 285-286
empirismo e, 94-100, 98f, 99f, 100f
exemplo de caso de, 89-90, 98-100, 99f, 100f
fora das sessões, 101
humor depressivo e, 209-210
intervenções baseadas nas conceitualizações e, 243
observação do cliente e, 101
pontos fortes e, 119
pressupostos subjacentes e, 204-205
TOC e, 230, 231
visão geral, 204
Famílias e casais, 320-322
Fatores ambientais, 161-162, 161f
Fatores de manutenção
adequação e, 197-201, 197f, 199f, 200f
aprendendo a conceitualizar e, 272-274
aprendizagem procedimental, 263-264
competências e, 310
conceitualização de caso e, 71, 75, 79, 173, 280-282

conceitualização explanatória e, 61-62, 186, 186-187
conceitualização longitudinal e, 231-233, 253f, 254f
conceitualização transversal e, 190-201, 190f, 197f, 199f, 200f, 203, 204-205, 208f, 210, 214, 221, 225-226
dificuldades atuais e, 223-225, 224f, 316
humor depressivo e, 195-197, 203-204
identificação, 214-216
pontos fortes e, 119
resiliência e, 123, 138-139
TOC e, 218, 223
visão desenvolvimental dos, 237-238, 239f
visão geral, 54-58, 56f, 57f, 186, 205-206
Fatores de risco
aprendendo a conceitualizar e, 272-274
avaliação biopsicossocial e, 152-153
conceitualização longitudinal e, 58-60, 59f, 240, 241f, 242, 253f
níveis de conceitualização e, 48-49
Fatores emocionais, 96, 104-109, 110f, 161-162, 161f
Fatores predisponentes. *Veja também* Vulnerabilidade
aprendendo a conceitualizar e, 272-274
avaliação biopsicossocial e, 152-153
conceitualização longitudinal e, 58-61, 59f, 240-242, 241f
conceitualização transversal e, 219
níveis de conceitualização e, 48-49
Fatores protetores
aprendendo a conceitualizar e, 272-274
conceitualização de caso e, 21-23, 79
conceitualização longitudinal e, 58-60, 59f, 63, 210, 240, 241f, 242, 252, 253f, 254f
dificuldades atuais e, 225
níveis de conceitualização e, 46, 48-49
teorias baseadas em evidências e, 37
Fatores psicológicos, no modelo de cinco partes, 103, 161f, 162
Formulário de Auxílio à Coleta da História, 152-154, 175-184, 234-235, 335-344
Grupo de Qualidade de Vida da Organização Mundial da Saúde, escala (WHOQOL), 156
Heurística. *Veja também* Vieses; Erros na tomada de decisão
aprendendo a conceitualizar e, 329-330
aprendizagem reflexiva e, 282
conceitualização de caso e, 225, 318, 321
empirismo colaborativo e, 173, 329-330

empirismo e, 64-65, 66, 67-68, 70, 90
ensino e supervisão e, 305
resultados e, 331-332
História desenvolvimental, 58-60, 59f, 234-243, 239f, 241f, 253f, 254f
História familiar, 151-152, 336-338. *Veja também* História desenvolvimental; História pessoal
História pessoal, 23, 151-152-152-153, 285-286. *Veja também* História desenvolvimental; História familiar
História. *Veja* História desenvovimental; História familiar; História pessoal
Humor
conceitualização explanatória e, 187-211, 189f, 190f, 193f, 197f, 199f, 200f, 207f, 208f
conceitualização longitudinal e, 250-251
no modelo de cinco partes, 161f
Imagens
ansiedade e, 89, 163, 260, 261-262, 266
competências e, 274, 311
conceitualização longitudinal e, 245
resiliência e, 128-133, 131f, 132f, 245
visão geral, 107-109, 110f
Instrumentos de avaliação padronizados, 154-156. *Veja também* Avaliação
Intervenções. *Veja também* Terapia
baseadas em conceitualizações explanatórias, 201-204, 217-220
caldeirão da conceitualização de caso e, 319
conceitualização longitudinal e, 233-252, 233f, 239f, 243-252, 246f, 253f-254f
humor depressivo e, 201-211, 207f, 208f
pontos fortes e, 121-122
preocupações obsessivas e, 217-220
Inventário de Aliança Terapêutica, 84
Inventário de Ansiedade de Beck(BAI), 154-156
Inventário Depressão de Beck-II (BDI-II), 154-156
Lista de problemas. *Veja* Dificuldades atuais
Metacompetências, 258f, 257. *Veja também* Competências, terapeuta
Metáforas
aprendendo a conceitualizar e, 277, 288
clientes e, 101
colaboração e, 316-318, 325
competências e, 274, 309, 311
conceitualização de caso e, 292
conceitualização transversal e, 222

resiliência e, 128-133, 131f, 132f
visão geral, 107-109, 110f, 110
Métodos para lidar com as dificuldades, 195-197, 209-210, 238, 245-247, 137f
Mind Over Mood (Greenberger e Padesky, 1995), 101
Modelo de cinco partes
  aprendizagem reflexiva e, 285, 286
  competências e, 269, 272, 273, 308, 310
  conceitualização descritiva e, 156, 173
  definição dos objetivos e, 168, 169-170
  dificuldades atuais e, 174, 263
  exemplo de caso do, 66
  heurística e, 66
  humor depressivo e, 189-190
  necessidades de aprendizagem e, 272
  níveis de conceitualização e, 62f
  pontos fortes e, 123, 124, 125f
  visão geral,, 50-54, 52f, 101-110, 110f, 156, 161-167, 161f, 166f, 186-187
Modelo do caldeirão. *Veja também* Conceitualização de caso em geral
  aplicabilidade do, 318-322
  avaliação, 321-333
  características do, 314, 318
  clientes e, 101-110, 110f
  conceitualização de caso e, 21-23, 22f, 42
  conceitualização descritiva e, 141-142, 156
  conceitualização explanatória e, 186, 197, 217, 225-226
  empirismo colaborativo e, 173
  empirismo e, 87, 94
  princípios da conceitualização de caso e, 45-48
  resultados do, 225-226
  TCC e, 37
  teoria e pesquisa e, 156-168
  utilidade e aplicabilidade do, 318-322
  visão geral, 44-47, 79-80, 174, 333
Modos
  aprendizagem declarative, 262
  modos de aprendizagem, 278-279
  valores e, 248
  visão geral, 30, 31, 32-33-34
Não resposta à terapia, 27, 83, 320
Níveis de conceitualização
  aprendendo a conceitualizar e, 272-274, 288-290, 310-311
  descritiva, 50-54, 52f
  flexibilidade nos, 60-63, 60f, 62f
  longitudinal, 58-60, 59f

pontos fortes e resiliência e, 138, 139
transversal, 54-58, 56f, 57f
visão geral, 21-23, 46-63, 49f, 52f, 56f, 57f, 59f, 60f, 62f
Normalização das experiências do cliente, 23-24, 165, 220-219, 319, 331-332
Objetivos da terapia
  aliança terapêutica e, 124
  aprendendo a conceitualizar e, 266, 272, 276-279, 285-286, 287, 290, 298-299, 306-307
  avaliação biopsicossocial e, 151-152
  avaliação do progresso em direção aos, 63
  colaboração e, 72, 80, 83, 84
  conceitualização de caso e, 26, 43, 46-47, 257, 266, 315, 319, 323, 324-325, 326-327, 328-329, 330-331, 333
  conceitualização descritiva e, 141, 154, 160, 173
  conceitualização explanatória e, 225-226
  conceitualização longitudinal e, 60, 41, 255
  definição dos objetivos e, 168-173
  dificuldades atuais e, 234, 248, 249
  empirismo colaborativo e, 298-299
  engajamento e, 24
  Formulário de Auxílio à Coleta da História, 175-176, 336
  metáforas, estórias e imagens e, 131
  níveis de conceitualização e, 61
  pontos fortes e, 74-75, 114-116, 119, 133-138, 139
  resultados e, 40
  valores e, 248
  visão geral, 23, 133-136, 174
Pensamentos automáticos
Pensamentos automáticos. *Veja também* Crenças; Pensamentos intrusivos; Registro
  conceitualização longitudinal e, 230
  crenças centrais e, 106
  de Pensamentos
  empirismo e, 94
  exemplo de caso de, 55-57, 56f, 57f
  identificação 104-105
  pensamentos automáticos positivos, 209-210
  pressupostos subjacentes e, 33-34
  visão geral, 30, 32-33, 34-37, 104-105
Pensamentos intrusivos, 213-214, 214f, 215-220, 216f. *Veja também*
Pensamentos. *Veja também* Pensamentos automáticos
  conceitualização explanatória e, 213-214, 214f
  intervenções e, 216-220

no modelo de cinco partes, 161f
teoria da especificidade cognitiva e, 96
TOC e, 215-216f
Pesquisa. *Veja também* Base de evidências
caldeirão da conceitualização de caso e, 21-23, 22f, 315, 319
conceitualização descritiva e, 156-168, 159f, 161f, 166f
empirismo e, 67-69
funções da conceitualização de caso e, 23
melhoras na terapia e seus resultados e, 39-41
não resposta à terapia e, 27
resiliência e, 123
Resiliência. *Veja também* Pontos fortes
caldeirão da conceitualização de caso e, 319
conceitualização de caso explanatória e, 225-226
conceitualização longitudinal e, 58-60, 59f, 245-247, 246f, 248-249, 254f
construção como uma função da terapia, 23, 133-136
crenças e, 209-210
funções da conceitualização de caso e, 26
níveis de conceitualização e, 138, 139
pensamentos automáticos e, 209-210
pontos fortes em 47, 73-74, 116
TCC e, 36
visão geral, 122-133, 125f, 131f, 132f, 139
Planejamento do tratamento. *Veja também* Terapia
colaboração e, 83
conceitualização explanatória e, 210
estrutura da terapia e, 84
funções da conceitualização de caso e, 25-27
resiliência e, 133-136
Pontos fortes. *Veja também* Resiliência
aprendendo a conceitualizar e, 275-276, 290-298, 312-313
caldeirão da conceitualização de caso e, 23, 316-318
culturais, 118-119-119
funções da conceitualização de caso e, 26
identificação dos, 114-119, 143-146
incorporação às conceitualizações, 73-75, 119-121, 121f, 143-146
níveis de conceitualização e, 58-60, 59f, 238-240
resiliência e, 122, 133
sofrimento e, 136-138

valores pessoais, 118-118-119
visão geral, 47, 102, 139
Preocupações obsessivas, 211-223, 214f, 216f, 222f, 250-251. *Veja também* Ansiedade pela saúde
exemplo de caso de, 51-54
Pressupostos subjacentes. *Veja também* Crenças
conceitualização longitudinal e, 323f, 243-245, 253f, 254f
identificação, 105-106
níveis de conceitualização e, 60f, 62f
resiliência e, 127
visão desenvolvimental dos, 239f
visão geral, 32-34, 105-106
Psicose
aprendendo a conceitualizar e, 288
exemplo de caso, 287-288
modelos cognitivos de, 34
pontos fortes e, 115, 118-119, 122, 131
TCC e, 36
teorias baseadas em evidências e, 40, 79
Questionário de Esquemas e Crenças da Personalidade (PBQ), 251
Recaída
competências e, 257, 270, 272, 273, 274
conceitualização de caso e, 332-333
conceitualização explanatória e, 225-226
conceitualização explanatória e, 332-333
conceitualização longitudinal e, 231, 233, 245-247, 246f, 252
estrutura terapêutica e, 84
não resposta à terapia e, 27
pontos fortes e, 316-318, 324-325
prevenção de, 27, 245-247, 246f
Registro de Pensamentos,
conceitualização longitudinal e, 230, 229f, 230
exemplo de caso de, 55-57, 56f, 57f
fatores de manutenção e, 237-238
humor depressivo e, 205-206, 207f, 209-210
Registro de Pensamentos Disfuncionais, 69
visão geral, 105
Resiliência. *Veja também* Pontos fortes
caldeirão da conceitualização de caso e, 319
conceitualização de caso explanatória e, 225-226
conceitualização longitudinal e, 58-60, 59f, 245-247, 246f, 248-249, 254f
construção como uma função da terapia, 23, 133-136

crenças e, 209-210
funções da conceitualização de caso e, 26
níveis de conceitualização e, 138, 139
pensamentos automáticos e, 209-210
pontos fortes em 47, 73-74, 116
TCC e, 36
visão geral, 122-133, 125f, 131f, 132f, 139
Resultados
　aliança terapêutica e, 84
　avaliação e, 63, 154-156, 323-324
　caldeirão da conceitualização de caso e, 225-226, 330-333
　CCRT e, 29-30
　colaboração e, 84-86, 90
　competências e, 257, 274
　conceitualização de caso e, 30, 39-41, 71, 74-75, 318, 322, 325
　conceitualização explanatória e, 186, 200-201, 204
　conceitualização longitudinal e, 231, 233
　critérios *bottom-up* e, 37-38, 327-328
　critérios *top-down* e, 326-327
　definição dos objetivos e, 169, 175
　estrutura terapêutica e, 86
　flexibilidade e , 257
　intervenções e, 233
　melhoras nos, 39-41
　não resposta à terapia e, 27
　pesquisa e, 174
　pontos fortes e, 21-23, 26, 290
　pressupostos subjacentes, 106
　resiliência e, 133-136, 134, 200-201
　supervisão e consulta e, 28
Ruminação, 199-201, 199f, 200f, 237-238
Sistemas racionais, 66-67-68, 67f, 325-327
Subjacentes, pressupostos. *Veja também* Crenças
　identificação, 105-106
　níveis de conceitualização e, 60f, 62f, 241f, 243-245, 253f
　resiliência e, 127
　visão desenvolvimental dos, 239f
　visão geral, 32-34, 105-106
Supervisão
　aprendendo a conceitualizar e, 42, 45, 256-257, 267-268, 278-279, 280-282, 300-306
　aprendizagem procedimental e, 290
　aprendizagem reflexiva e, 264
　caldeirão da conceitualização de caso e, 320, 329-330
　competências e, 300, 302
　conceitualização de caso e, 24, 27-29, 320, 325

conceitualização longitudinal e, 252, 253f-254f, 310
critérios *bottom-up* e, 329-330
exemplo de caso de, 65-66
erros na tomada de decisão e, 70
funções da conceitualização de caso e, 27-29
Tarefas para fazer em casa
　colaboração e, 73, 81
　estrutura da terapia e, 84
　Modelo ABC, 189
　pontos fortes e, 121-122
　realização das, 259, 261, 264, 265
　Registro de Pensamentos , 207f
　TOC e, 218-220
Teoria, terapia cognitivo-comportamental
　conceitualização de caso e, 21-23, 22f, 315, 319
　conceitualização descritiva e, 156-168, 159f, 161f, 166f
　conceitualização longitudinal e, 234, 239f, 241f
　critérios *top-down* e, 30-37
　empirismo e, 67-69
　funções da conceitualização de caso e, 23, 75
　resiliência e, 123
Terapeuta. *Veja também* Competências; Aprendendo a conceitualizar
　caldeirão da conceitualização de caso e, 328-330
　conceitualização como uma habilidade de nível elevado e, 257-261, 258f
　empirismo e, 87-101, 98f, 99f, 100f
　estratégias para desenvolver *expertise*, 266-300, 284f
　metacompetências, 258f
　reflexão e, 282, 285-286, 284f
Terapia. *Veja também* Intervenções; planejamento do tratamento
　aliança, 83, 84-86
　baseada em evidências, 30-42, 30-37, 37-42, 87-88, 90-94, 149-150, 197-201, 197f, 199f, 322-324
　caldeirão da conceitualização de caso e, 330-331, 332-333
　estrutura, 84-84, 86, 88-100, 98f, 99f, 100f
　piora, 27, 320
　planos de tratamento, 25-27, 83, 84, 133-136, 210
　resiliência e, 133-136
Teste de hipóteses, 49-50, 69, 91-93, 94-95, 98, 98f

Índice **367**

Transtorno da personalidade
  aprendizagem declarativa em 262
  competências e, 274
  conceitualização longitudinal e, 231, 251-252, 255, 303
  critérios *top-down* e, 37
  modelos cognitivos de, 34
  Questionário de Esquemas e Crenças da Personalidade (PBQ) e, 251
  TCC e, 36
  visão geral, 31-33
Transtorno de Estresse Pós-traumático (TEPT)
  aprendizagem declarativa, 263
  conceitualização de caso e, 325
  exemplo de caso de, 20, 23, 26
  níveis de conceitualização e, 62-63
  TCC e, 36
Transtorno de pânico
  aprendendo a conceitualizar e, 301-302
  ataques de pânico e, 301-302
  competências e, 273
  conceitualização de caso e, 318
  exemplo de caso de, 89-90
  modelos cognitivos de, 36, 91
  natureza sobreposta do, 220
Transtorno obsessivo-compulsivo (TOC)
  ansiedade pela saúde e, 165
  competências e, 273, 274
  conceitualização de caso e, 319
  conceitualização explanatória e, 214-223, 214f, 216f, 222f, 225-226
  conceitualização longitudinal e, 230, 242, 250-251
  diagnóstico e, 168
  empirismo e, 324
  exemplo de caso de, 297-298
  início, 243
  resiliência e, 245
  valores e, 297
Transtornos de ansiedade, 31, 36-37
Tratamento segundo o manual, 40, 41, 322-324

Treinamento. *Veja também* Aprendendo a conceitualizar
  aprendizagem declarativa, 262
  aprendizagem reflexiva e, 264
  competências e, 257-257
  conceitualização de caso e, 38-39, 41, 42, 70, 287, 303
  erros na tomada de decisão e, 66-68
  exemplo de caso de, 293-297
  supervisão e consulta e, 252
  visão geral, 20, 328-330, 332-333
Validade
  conceitualização de caso e, 38-39, 70-72, 77
  conceitualização transversal e, 220-219
  critérios *bottom-up* e, 37, 327-328
  empirismo e, 67-68, 70
  teorias cognitivo-comportamentais e, 34
  visão geral, 29-30, 328-329, 329-331
Valores, pessoais, 26, 60, 100, 118-119, 128-129, 133, 135, 248-249, 297-298, 317
  exemplos de caso de, 94-98, 122-126, 129-133, 248-249
Vieses
  caldeirão da conceitualização de caso e, 328-330
  erros na tomada de decisão, 64, 67-68, 67f, 88-89, 325-327, 328-330
  no ensino e supervisão, 305-306
  preconceitos heurísticos, 64-65, 90, 173, 322, 329-330
Vulnerabilidade. *Veja também* Fatores predisponentes
  aprendendo a conceitualizar e, 272
  colaboração e, 315-316
  conceitualização de caso e, 319, 325
  conceitualização descritiva e, 173
  conceitualização longitudinal e, 230, 245, 246f, 247
  conceitualização transversal e, 191
  níveis de conceitualização e, 46
  resiliência e, 248
  visão geral, 57-61, 59f, 253f